비달지반안정

비탈지반 안정

이 상 덕 저

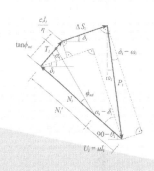

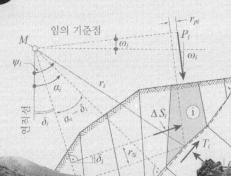

에이퍼브

머리말

지반공학은 비교적 뒤늦게 시작된 공학이지만, 각종 관련 산업이 발달하여 사회적으로 수요와 적용사례가 급증하였다. 따라서 많은 연구가 이루어지면서 **지반공학 이론과 실무 (설계 및 시공) 기술**이 획기적으로 발전되었다.

소성이론이 발달하여 흙 지반 (소성체) 거동을 해석하는 것이 가능하게 되었다. 따라서 토압과 기초의 지지력과 지반안정 등 지반공학 안정문제들을 이론적으로 해석할 수 있는 바탕이 마련되었다.

그리고 **컴퓨터와 수치해석 이론**이 발달하여 (지반상태와 경계조건 및 3차원 거동 등) 복잡하고 어려워서 해석하기 곤란했던 문제를 (컴퓨터를 이용해서 수치해석하여) 상당한 수준의 정밀도로 그 안정성을 판정할 수 있게 되었다.

비탈지반의 안정성은 대개 극한해석 이론을 적용하고 해석하여 판정한다. 그것은 극한 해석 이론이 비탈지반에 적용하기에 적합해서 자연히 빈번하게 적용되었고, 그러면서 (그 이론이) 비탈지반을 중심으로 연구되고 심화되어 발전하였기 때문이다. 따라서 비탈지반 에서 극한해석 이론과 적용성은 물론 해석결과의 신뢰도가 특히 높다.

비탈지반의 안정성은 초기에는 대개 **극한평형**을 적용하여 해석하였으나, 근래에 **극한 해석**하는 경향으로 바뀌어 가고 있다. 극한해석 이론은 상한법과 하한법으로 구분되어서 발전하였고, **극한해석 상한이론**이 빈번히 적용된다.

일반적으로 알려져 있는 비탈지반 안정해석 방법은 대개 초기 **극한 평형법**이나 근래의 **극한해석 하한법** 또는 **극한해석 상한법** 중의 하나이다. 이 방법들은 3 가지 **역학조건** (평형조건, 적합조건, 파괴조건) 을 모두 만족하지는 못한다.

그런데 **운동요소법**을 적용하면 평면 경계면 (전단 파괴면) 을 따라 운동하는 운동요소들이 이들 3 가지 **역학조건** (평형조건, 파괴조건, 적합조건) 을 모두 다 충족시킬 수 있다.

운동요소들은 평면 경계면(전단 파괴면)을 따라 활동하는 동안 **정역학적으로 평형**을 이루면서 **에너지 평형**을 이룬다. 운동요소들의 운동에 의하여 **내부에서 소산된 에너지**가 외력이 **외부에서 행한 일**과 같다고 보고 **최소 에너지 평형상태**의 목적함수를 구한다.

운동요소법은 근래에 자주 적용되는 **소성 평형을 기반**으로 하는 비탈지반 안정해석법 (극한 평형법과 극한해석 하한법) 및 **에너지 평형을 기반**으로 하는 비탈지반 안정해석법 (극한해석 상한법)을 모두 다 포괄하는 개념이다. 따라서 운동요소법은 이론적 기반이 **정역학적 평형** 또는 **에너지 평형**으로 상이해서 결과를 상호 비교할 수 없었던 비탈지반 안정해석 이론들을 포괄하여 그 우열을 판정하는 것도 가능한 방법이다.

활동 파괴체를 (절편법의 절편처럼) 측면이 연직이 되도록 **연직 운동요소**로 분할하고, **측면력의 작용방향각**을 상수나 변수 또는 함수로 적용할 수 있으므로, 운동요소법을 적용하여 (거의 모든 절편법을 포괄하는) **통합 절편법**을 유도할 수 있다.

통합 절편법을 적용하면 **실제에 근접한 안정성**을 산정할 수 있음은 물론 (각 절편법의 특성으로 인하여) 절편법에 따라 불가피하게 발생하는 오차에 기인하는 **혼선을 기피**할 수 있고, 각 **절편법의 적용한계**를 판정할 수 있다.

기존 절편법에서는 주변조건(지층 구성이나 특성 등)과 개별 경계조건에 의한 영향을 고려하지 않고, 일률적으로 **활동파괴형상**을 (원호 등으로) 가정하기 때문에 각 절편법의 적용성이 처음부터 제한된다.

그러나 운동요소법에 기초하여 유도된 **통합 식**을 적용하고 (평형이론과 에너지 이론을 접목하여) **최적화 기법**을 적용하면 활동파괴 형상을 무리하게 가정할 필요가 없고 계산을 통해 (지반상태와 경계조건 등에 의하여 결정되는) 활동파괴 형상을 구해서 실제에 맞는 비탈지반의 활동파괴 형상과 안정성을 해석할 수 있다.

비탈지반 내의 특정 면(또는 영역)에서 작용력(작용 모멘트)이 저항능력(저항 모멘트)보다 커지면, 전단응력이 한계 값(전단강도)을 초과하게 되어 지반이 전단파괴(**응력파괴**)되며, 누적 전단변형이 그 한계 값(파괴 전단 변형량)을 초과하게 되어서 지반이 전단파괴(**변형파괴**)된다.

비탈지반의 전단파괴에 대한 안정성은 비탈지반의 **경사를 완화**시키거나 지반의 **전단강도를 증가**시키거나 지반의 **전단응력을 감소**시키거나 또는 비탈지반에 지지 **구조부재를 설치**하는 등의 방법으로 향상시킬 수 있다.

이 책에서는 **비탈지반의 활동파괴에 대한 안정성을 전통적 극한평형상태 안정해석**(비탈면 위주로 ; 제 2 장 ~ 제 9 장) 과 **한계상태 안정해석**(제 10장 ~ 제 11장) 으로 구분하여 설명한다.

비탈지반의 활동파괴에 대한 전통적 극한평형상태 안정해석은 제 2 장부터 제 9 장까지 설명한다.

- **비탈지반의 파괴**(제 2 장) 의 형태, 전단파괴, 변형파괴, 활동파괴속도 등
- **비탈지반 활동파괴 안정해석**(제 3 장) 을 위한 기본가정, 전응력 해석과 유효응력 해석을 결정하는 배수조건, 안전율 정의 등(비탈면과 큰 비탈 및 단구에 대해)
- 비탈지반의 (원호나 직선 또는 대수나선 형상) **단일 파괴체의 활동파괴거동**(제 4 장)
- 비탈지반의 활동파괴 안정해석에 적용하는 **절편법**(제 5 장) 의 이론과 특성 및 적용방법
- 비탈지반의 활동파괴 안정해석에 적용하는 **운동요소법**(제 6 장) 의 이론과 특성 및 적용방법
- 비탈지반에서 **지하수의 영향**(제 7 장) 을 고려한 활동파괴 안정성 검토
- **비탈지반의 동적거동**(제 8 장) 의 동적거동특성, 동적지반조사, 액상화 지반판별, 동하중에 의한 지반의 액상화, 지진 후 지반강도의 감소와 저하된 활동파괴 안정성을 설명한다.
- **비탈지반의 3 차원 활동파괴거동**(제 9 장) 은 절편법이나 단일파괴체법으로 수행한다.

비탈지반의 활동파괴에 대한 한계상태 안정성은 제 10장부터 제 11장까지 설명한다.

지반의 한계상태(10 장) 는 안정성에 대한 **극한 한계상태**나 사용성에 대한 **사용 한계상태** 및 사고 등 극단상황에 대한 **극단 한계상태**로 구분하고, 지반의 한계상태 안정성은 한계상태에 대한 지반의 최대 저항능력을 기준으로 판단한다.

한계상태 설계에서는 (안전한 적용사례가 무수하게 많은) **허용응력 설계**와 유사한 결과를 얻을 수 있게 하기 위해 **기본변수**(하중, 재료강도, 구조물 치수) 의 **특성 값**을 (부분안전계수를 적용하여) **설계 값**으로 변환시킨 후에 적용한다.

비탈지반에서 **안전율**은 두 가지 개념, 즉 **글로벌 안전율** 개념과 **한계상태 부분 안전율** 개념으로 정의한다.

글로벌 안전율 개념에서 **안전율**은 **최대 저항능력과 실제 작용 (부담) 하중의 비**로 정의한다. 그러나 이 개념에서는 실제 작용하중 (및 부담하중) 이나 최대 저항능력의 개별적 차이를 고려할 수 없으므로, 대개 **최대 저항능력을 축소시켜 적용**한다.

한계상태 부분안전율 개념에서는 (부분안전계수를 적용하여) **감소시킨 설계 저항능력**이 (부분안전계수를 적용하여) **증가시킨 설계 작용 (및 부담) 하중**을 초과하도록 설계한다.

한계상태 설계의 안정성 검증에서는 계산모델, 규범적 방법, 실험 및 재하시험, 관찰법 등으로 한계상태에서 설계 저항능력의 설계 작용하중 초과여부를 검토하여 그 **안정성을 판정**한다.

지반의 한계상태 설계는 유로코드에 잘 정리되어 있다.

유로코드 한계상태 지반 설계법에서는 4개의 **설계변수** (하중, 재료물성, 저항력, 구조적 하중) 중에서 2개 설계변수 (하중/재료물성, 하중/저항력, 구조적 하중/재료물성) 에 **부분안전계수**를 적용한다. 이때 2개 설계변수의 선택에 따라 3가지 설계법이 파생된다.

설계법 1에서는 2개의 설계변수로 **하중/재료물성**을 선택하고, **부분안전계수**를 2개 설계변수에 모두 적용하지 않고 **하중 (설계법 1 조합 1)** 에만 적용하거나 또는 **재료물성 (설계법 1 조합 2)** 에만 적용한다.

설계법 2에서는 2개 **설계변수로 하중/저항력**을 선택하고 각각 부분안전계수를 적용한다.

설계법 3에서는 2개 **설계변수로 하중/재료물성**을 선택하고 각각 부분안전계수를 적용한다.

비탈지반의 한계상태 해석 (11 장) 에서는 한계상태의 안정해석에 대한 **가정조건**을 검토하거나 **관찰결과**를 참조하여 비탈지반에서 **한계상태 발생 여부**를 판정하고, **유효응력 해석**을 수행하여 **비탈지반의 안정성**을 판단한다.

비탈면 (유한비탈지반) 의 한계상태 안정은 (부분안전계수로 변환시킨) **변환 설계변수**를 적용하고 전통적 **비탈면 안정해석법 (절편법)** 으로 **한계상태 해석결과**나 전통적 **설계안정도표**로부터 판정한다.

큰 비탈의 한계상태 안정은 **전체 안전율에 대한 식으로** 계산하거나 **부분안전계수를 적용**하고 해석한다. 큰 비탈의 하부에 투수성 지층이 있으면 **물의 영향이 없고**, 하부에 불투수성 지층이 있으면 **물이** 비탈지반 내를 흐르고 침투력이 작용한다.

단구의 한계상태 안정은 대체로 비탈면에 대한 한계상태 안정해석법을 이용하여 해석한다. **지지 구조물**을 설치한 단구도 활동면 상부의 활동 파괴체 (지지구조물 포함) 를 절편으로 분할하고 해석한다.

한계상태 지반설계의 적절성은 **설계부담하중**의 **설계저항능력** 초과여부로 **검증** (설계검증/강도검증) 하며, 하중-재료계수 설계법 (**하중강도 설계법**) 이나 하중-저항계수 설계법 (**LRFD 방법**)이 적용된다. 예제를 통해서 큰 비탈이나 유한 비탈면의 안전성을 극한해석하여 판정하는 과정을 익힌다.

따라서 최근까지 개발되어 비탈지반에 적용되어 왔던 이론들을 종합하여 비탈지반안정해석 방법에 대한 적용성을 검토하고 정리할 필요가 있다.

"좋은 것을 나한테만 주지 말고 자네도......"

"옛날 朴仁老라는 선비가 있었는데요.

어느 날 친구가 보내온 홍시(紅柿)를 보고, 詩를 지었어요.

'반중 조홍감이 고와도 보이나다.'

가져다 어머니 드릴 생각에 홍시 색이 더욱 고왔답니다.

제가 얼마나 행복한데요. 어머니!"

거기까지만 설명해드렸는데.....

새 책이 모습을 갖추었습니다.

그런데 두 번째 구절부터는 직접 설명해 드릴 수 없게 되었습니다.

"유자(柚子)아니라도 품엄즉도 하다마는."

부족하지만 소중하게 품고서 달려가 보여드릴 만은 하건만...

"품어가 반길 이 없을 새 글로 설워하노라."

그래도 아버지께 보여드릴 수 있어서....... 아버지 고맙습니다.

이번에도 오로지 인내해온 나의 그녀 성은에게 또 한 권의 책이 의미가 있기를 바라고, 병찬, 민선, 웨인, 룬정, 규로, 휘로에게는 든든한 믿음이 되기를 바랄 뿐이다. 그리고 꿈 키우기를 시작한 원희와 새아기 유진에게는 힘이 되고 선물이 될 수 있으면 좋겠다.

천지의 은혜가 스며 있는 한 방울의 물처럼 그리고 만인의 노고가 결실된 한 알의 곡식처럼, 이 책은 나와 깊이 인연한 이들이 노력하여 이룬 성과물이다. IGUA 가족, 정인 가족, 씨아이알 가족들에게 감사를 표현하고 싶다. 특히 정인의 유민구 박사에게 큰 고마움을 표현하고 싶다.

책이 나올 수 있도록 애써준 도서출판 씨아이알의 김성배 사장님과 관계자들께도 감사드린다.

2024年 10月

沃湛齋 思源室에서

月城後人 處仁 淸愚 李相德

이 책에서는 **비탈지반의 활동파괴에 대한 안정**을 해석하는 원리와 방법을 설명하였다.

토질역학, 재료역학, 탄성학, 소성학, 지반공학 등에 근거하는 **극한평형**을 기반으로 하는 **글로벌 안전율 개념의 전통적 비탈지반 안정해석 방법**을 설명하였다.

그리고 최근 지반공학 분야에 빈번하게 되고 있는 **에너지 이론**과 **소성평형**을 기반으로 하는 **부분안전율 개념의 극한 한계상태 비탈지반 안정해석 방법**을 설명하였다.

이 책의 내용은 비탈지반의 안정을 해석하고 평가하는 일에 관여하는 기술자가 **반드시 알아야 하는 최소한의 기술적 사항**들이다.

따라서 이 책에 수록한 내용조차 알지 못하고 **감히 비탈지반의 안정에 관해 왈가왈부**하는 지반 기술자가 생기지 않기를 바랄뿐이다.

목차

제 3 장 비탈지반의 활동파괴 안정

제 4 장 비탈지반의 단일전단파괴 해석

제 5 장 비탈지반의 절편해석

제 6 장 비탈지반의 운동요소해석

제 7 장 비탈지반에서 지하수의 영향

제 8 장 비탈지반의 동적거동

제 9 장 비탈지반의 3차원 거동

제 10 장 비탈지반의 한계상태 안정

제 11 장 비탈지반의 극한 한계상태 해석

비탈지반안정

제1장 비탈지반의 안정 개요

1.1 개 요

비탈지반 (또는 **비탈**) 은 자연적 또는 인공적 작용에 의해 표면이 경사지게 생긴 지반을 말한다. 과거에는 비탈지반을 모두 '**사면**'이라고 총칭하였으나 요즈음에는 세분하여 규모 (경사면의 높이 및 길이 등) 가 유한한 것을 **비탈면** (또는 유한 비탈지반, slope)이라 하고 매우 큰 것을 **큰 비탈** (무한비탈지반, long slope)이라 한다. 계단모양 급경사 단차가 있는 것을 **단구** (terrace) 라고 한다.

비탈면 (유한 비탈지반, slope) 은 (호안, 교통로, 제방, 저수댐 등을 설치하기 위해) 인공적으로 지반을 굴착 (**굴착 비탈면**) 하거나 성토 (**쌓기 비탈면**) 하여 생성 (**인공 비탈면**) 되거나 자연적 현상에 의해 생성 (**자연 비탈면**) 되어 규모가 유한한 비탈지반이다. 자연 비탈면은 지형에 따라 형상이 다르다. 즉, 자연 비탈면이 **유년기 지형**에 있으면 경사가 급하고, **장년기 지형**에 있으면 가파르고 길며, **노년기 지형**에 있으면 완만한 경우가 많다. 굴착 비탈면은 지반상태를 확실히 알기 어렵지만, 쌓기 비탈면은 지반상태를 확실하게 아는 경우가 많다.

큰 비탈은 인공 또는 자연적으로 생성되고 규모가 큰 비탈지반 (무한 비탈지반) 을 말한다.

단구는 지표면의 (일부 또는 전체) 형상이 단차 (급경사부) 가 있는 계단모양의 비탈지반이다. 단구는 자연현상 (침식 및 퇴적) 에 의해 해안 (**해안단구**) 이나 하천가 (**하안단구**) 에 생성되거나, 도로나 구조물 등 건설행위로 인해 생성된다. 단구가 스스로 안정 (자립) 하지 못하는 경우에는 지지 구조물 (옹벽이나 앵커 등) 을 설치하여 안정시킨다.

비탈지반 (비탈) 은 흙 (지반) 비탈과 암반 비탈이 있고, 상부는 흙 지반이고 하부는 암반 (흙 – 암반)인 복합지반 비탈이 있다. 복합지반 비탈은 암반의 상부 지표부근이 풍화되어 생기거나 암반 위에 흙 지반이 퇴적되어서 생긴다.

흙 비탈은 지표 (또는 내부) 지반침식, 전단파괴, 침투파괴, 선단파괴, 과도한 침하 등의 발생에 대해 안정해야 한다. **사질토 비탈**은 쉽게 침식되고, **점성토 비탈**은 주로 전단파괴된다.

흙 비탈의 지표지반은 지표수에 의해 **침식** (지표침식) 되거나, 물에 씻겨 유사화 되어 흘러 내리거나 (**지표세굴**), **건조**되어 지표에서 이탈되어 굴러 내린다 (**건조침식**). 비탈지반은 지하수 침투에 의해 세립분이 유실 (**지반 내 침식**) 되면 이완되어 불안정해진다. 지표침식과 건조침식은 비탈에 보호공 설치하여 방지하고, 지표세굴은 소단과 배수로를 설치하여 지표수 유속을 감소시켜 방지한다.

암반 비탈의 안정성은 암반의 강도는 물론 불연속면의 상태를 고려할 수 있는 '**암반 비탈 안정 해석법**'으로 판정한다. 암반 비탈을 굴착하면 암반 내에서 응력이 해방되고, 온도가 변하며, 물의 영향을 받아 불연속면이 새로 발생되거나 확장되어 암반이 박리되고 탈락되며, 암석 풍화가 촉진되어 흙 비탈로 변한다. 큰 산에서 풍화속도는 산 정상보다 (응력해방과 물 영향이 집중된) 골짜기에서 더 빠르다.

흙과 암반 복합지반 비탈의 안정성은 상부 흙 지층 (흙 비탈) 과 하부 암반층 (암반 비탈) 을 포함하여 해석해야 한다. 그러나 복합지반 비탈의 안정해석법은 아직까지 일반화되어 있지 않고, 복합지반을 해석할 수 있는 기술자도 많지 않아서 복합지반 비탈을 억지로 흙 지반 (흙 비탈 해석) 또는 암반 (암반 비탈 해석) 비탈로 단순화한 후에 해석하며, 이에 따라 문제가 발생하는 경우가 많다.

비탈지반 내의 특정 면 (또는 영역) 에서 작용력 (작용 모멘트) 이 저항력 (저항 모멘트) 보다 크면, 전단응력이 한계 값 (전단강도) 을 초과하여 전단파괴 (**응력파괴**) 된다. 비탈지반은 지반 누적 전단 변형이 한계 값 (파괴 전단변형량) 을 초과하더라도 전단파괴 (**변형파괴**) 된다. 비탈지반 전단파괴에 대한 안정성을 증대시키려면, 비탈 경사완화나 지반 전단강도 증가 (그라우팅 등) 나 전단응력 감소 또는 지지구조부재 설치 (앵커 등) 등으로 전단저항을 증가시켜야 한다.

비탈지반이 융기지형이나 파상지형 또는 단차지형이면, 활동파괴나 크리프가 발생할 수 있다. 침수 지역에서는 지표수, 지하수, 엽상 모래층 분포, 피압수, 침투수 유출, 우물 등을 고려하여 안정 해석한다. 비탈높이의 절반 또는 경사면의 직각 깊이 2.0m 이상인 지반이 비탈지반 안정에 기여하며, 높이 $h' \geq$ 6.0m이면 입도분포, 상대밀도, 투수성, 전단강도 등을 고려하여 안정해석한다.

흙 비탈의 설계경사는 비탈 높이와 지반상태에 따라 다르며, 중간 이상 조밀하게 규정대로 다짐하여 조성한 비탈지반은 침투력이 작용하지 않을 때에는 표준경사를 적용할 수 있다.

암반 비탈은 무결함 암반이면 연직으로 굴착가능하며, 층상 암반이면 최대 층리 경사로 굴착할 수 있고, 풍화암이면 안정 보조공 (이완암 제거, 주입, 앵커설치, 지지벽 설치 등) 이 필요할 수 있다.

수변 비탈은 침투압을 고려하여 경사를 정하고, 파랑이나 수류에 의한 침식에 대비 (피복석 설치, 판 대기, 덮어 씌우기 등) 하며, 투수성 배후지반은 점토나 아스팔트 등으로 차수한다.

　이 책은 **비탈지반 활동파괴**에 대한 **전통적 극한평형 안정** (비탈면 위주로 제2 장 ~ 제 9 장) 과 최근 대두된 **한계상태 안정** (제 10장 ~ 제 11장) 을 설명한다.

　비탈지반의 파괴 (2장) 는 붕괴파괴나 유동파괴 또는 활동파괴의 형태로 일어난다. 가파른 비탈 상부가 붕괴되면 탈락되어 중력에 의해 하부에 쌓이고, 유동파괴되면 유동상태 지반이 흘러내린다. 활동파괴는 지반이 전단 파괴면을 따라 미끄러지므로 공학적 분석이 가능하다. 즉, 지반이 응력초과 (전단강도 초과) 또는 변형초과 (한계전단변형 초과) 로 전단파괴되며, 파괴체가 파괴면을 따라 미끄러지고, 그 파괴형상과 속도는 경계조건과 지반에 따른 파괴거동으로부터 예측할 수 있다.

　비탈지반의 활동파괴에 대한 안정 (3 장) 은 경계조건과 지반상태를 적용하고서 전응력 또는 유효응력 해석하여 평가한다. 안전율은 지반을 연속체로 보고 수치해석하거나 전단파괴면 지반에 소성이론을 적용하고 한계평형 해석하거나 극한해석하여 구한다. 이때 파괴체가 활동 파괴면을 따라 평행이동 또는 회전활동한다고 보고, 힘의 평형 또는 모멘트 평형을 적용한다.

　활동 파괴면 (소성평형상태) 상 응력은 Kötter - Reißner 식으로 계산하며, 이 식은 활동파괴면이 특수 형상 (적합조건충족) 일 때에만 평형조건과 파괴조건을 적용하여 해를 구할 수 있다 (『토압론』, 이상덕).

　초기 비탈지반 안정해석법들은 비탈지반에 평면이나 원형 또는 대수나선 전단파괴면을 가정하고 활동면 상부 단일 파괴체에 (힘 또는 모멘트) 평형 적용하고 안정검토 (**단일 파괴체법**, 4 장) 하였다.

　그 후에 활동면 상부 파괴체를 다수 연직절편으로 분할하고, 각 (또는 전체) 절편의 (힘 또는 모멘트) 평형으로부터 **비탈지반 안정**을 해석하는 **절편법** (5 장) 이 개발되었다. 절편법은 다양한 형상의 활동면에 적용가능하고 계산이 간단하며 결과가 안전측이지만, 아직 불완전한 방법이다.

　운동요소법을 적용한 비탈지반 안정해석 (6 장) 에서는 활동 파괴체를 (절편 대신) 운동요소로 분할하고 에너지 해석하여, 외력이 행한 일이 운동요소 간 상대운동에 의한 내부 소산에너지와 같다고 가정하고 안정성을 평가한다. 운동 요소법은 식과 미지수의 개수를 일치시킬 수 있으며, 운동요소 측면을 연직으로 분할하여 통합 절편법의 식을 유도할 수 있다. 운동 요소법은 흙 비탈과 암반비탈은 물론 (흙과 암반) 복합지반 비탈에 곧바로 적용할 수 있다.

　비탈지반 내에 지하수가 흐르면, 지하수에 의한 정수압과 침투력이 비탈지반에 활동 유발력으로 작용하므로, **비탈지반 안정성에 대한 지하수 영향** (7 장) 을 고려해야 한다.

　지진 등 동하중에 의해 압력파가 작용하면, 유효응력이 감소되어 지반이 액상화되거나 강도가 감소하며 비탈지반 경사 증가효과가 일어난다. **동하중에 대한 비탈지반 안정해석** (8 장) 에서 지반 액상화를 검토하고, 동하중에 의한 전단강도 감소를 추정하여 지진 전후 비탈지반 안정을 검토한다.

　비탈지반의 3 차원 안정해석 (9 장) 을 위한 (2 차원 절편법을 확장한) 3 차원 절편법이 개발되었으나 실용화되지 못하고 있다. 대체로 단일 파괴체로 단순화하고 암반의 블록파괴법을 적용하거나 3 차원 상태 힘의 (또는 모멘트) 평형을 적용하여 안정성을 해석한다.

지반의 안정성은 대개 한계상태에 대한 지반의 최대 저항능력을 기준으로 하여 판단한다. **지반의 한계 상태** (10 장) 는 3 가지가 있다. 즉 안정성에 대한 한계상태 (**극한 한계상태**) 나 사용성에 대한 한계상태 (**사용 한계상태**) 및 사고 등 극단상황에 대한 한계상태 (**극단 한계상태**) 가 있다.

지반거동의 불확실성을 고려할 수 있는 설계법으로 **허용응력 설계법** (ASD 또는 WSD) 과 **하중 - 강도 설계법** (하중 - 재료계수 설계법) 및 **하중 - 저항계수 설계법** (LRFD) 등이 있다.

최근까지 **허용응력설계법**이 주류를 이루어 왔다. **글로벌 안전율** 개념에서는 안전율이 최대 저항 능력과 실제 작용하중(부담하중)의 비율인데, 이때에는 작용하중(및 부담하중)이나 저항능력의 개별적 차이를 고려할 수 없기 때문에 저항능력을 축소시켜 적용한다.

한계상태 설계에서는 허용응력 설계와 유사한 결과를 얻기 위해 기본변수 (하중, 재료강도, 구조물 치수) 의 특성 값을 (부분안전계수를 써서) 설계 값으로 변환시켜서 적용한다.

한계상태 부분안전율 개념에서는 (부분안전계수로) 감소시킨 설계저항능력이 (부분안전계수로) 증가시킨 설계 작용 (및 부담) 하중을 초과하도록 설계한다. 한계상태 설계 안정성 검증은 한계 상태에 대해 설계저항능력의 설계 작용하중 초과여부를 (계산모델, 규범적 방법, 실험 및 재하시험, 관찰법 등으로) 확인한다. 이때 저항능력과 작용하중에 동일한 부분안전계수를 적용하면, 안정성 수준 (저항능력 활용도 μ 와 글로벌 안전계수 η 의 관계) 을 구할 수 있다.

유로코드 한계상태 지반 설계법에서는 **4개 설계변수** (하중, 재료물성, 저항력, 구조적 하중) 중에서 2개 변수 (하중/재료물성, 하중/저항력, 구조적 하중/재료물성) 에 **부분안전계수**를 적용하며, 이때 2개 변수 선택에 따라 **3 가지 설계법**이 파생된다.
　① 2 개 변수로 **하중/재료물성**을 선택하면 **설계법 1** 이고,
　　 부분안전계수를 하중에 적용하면 **설계법 1 조합 1**, 재료물성에 적용하면 **설계법 1 조합 2** 이다.
　② 2 개 변수로 **하중/저항력**을 선택하고 각각에 부분안전계수를 적용하면 **설계법 2** 가 된다.
　③ 2 개 변수로 **하중/재료물성**을 선택하고 각각에 부분안전계수를 적용하면 **설계법 3** 이 된다.

비탈지반의 극한 한계상태 해석 (11 장) 에서는 안정해석 가정조건을 검토한 (또는 관찰한) 결과 로부터 한계상태 발생 여부를 판정하고, 유효응력 해석하여 안정성을 판단한다.

비탈면의 극한 한계상태 안정은 (부분안전계수로 변환한) 변환 설계변수를 적용하고 전통적인 비탈면 안정해석법 (절편법) 으로 한계상태 해석하거나 전통적 설계안정도표를 근거하여 판정한다.

큰 비탈의 극한 한계상태 안정은 전체 안전율에 대한 식으로 계산하거나, 부분안전계수를 적용하고 해석하여 판정한다. 큰 비탈 하부에 투수층이 있으면 지하수 영향이 없지만, 하부에 불투수성 지층이 있으면 지하수가 비탈지반 내를 흐르므로 침투력 (불투수층 경계면에 평행) 이 작용한다.

단구의 극한 한계상태 안정은 비탈면에 대한 극한 한계상태 안정해석방법으로 해석하며, 대개 활동면 상부의 활동 파괴체 (지지구조 포함) 를 절편으로 분할하고 해석한다.

극한 한계상태 지반설계의 적절성은 설계부담하중의 설계저항능력 초과 여부로 검증 (설계 검증/ 강도검증) 하며, **하중-재료계수 설계법** (하중강도 설계법) 이나 **하중-저항계수 설계법** (LRFD) 이 적용된다. 예제를 통해 큰 비탈이나 비탈면 (유한 비탈지반) 의 안전성을 극한해석하여 판정과정을 익힌다.

제 2 장　**비탈지반의 파괴**

2.1 개 요

　비탈지반 내에서 (여러 가지 원인에 의해) 전단응력이 증가되거나 전단 저항력이 감소되면 전단 파괴가 발생된다.
　굳은 지반에서는 대개 선형파괴가 발생되어 전단파괴면 상부 파괴토체가 전단면을 따라 활동하고, **무른(약한) 지반**에서는 영역파괴가 발생되어 넓은 지반영역이 크게 변형된다.

　비탈지반의 파괴형태 (2.2 절) 는 붕락파괴나 활동파괴 또는 유동파괴가 있다.

　비탈지반의 전단파괴 (2.3절) 는 비탈지반 내의 특정 면 (전단 파괴면) 이나 영역 (전단 파괴영역) 지반에서 (전단응력이 증가되거나 전단저항력이 감소되어) **전단응력이 한계 전단저항력 (전단강도)**을 **초과**할 때에 발생 (**응력파괴**) 된다.
　그리고 지반 내에서 **전단응력이 커서** (전단강도 근접) **큰 전단변형이 발생**하거나 **누적 전단변형이 그 한계 값** (파괴 전단 변형량) 을 **초과**할 때에도 전단파괴가 발생 (**변형파괴**)된다.
　비탈지반의 전단파괴는 파괴체가 전단파괴면을 따라 활동하는 형태로 발생된다.

　비탈지반의 활동파괴 속도 (2.4 절) 는 비탈지반이 응력파괴 (전단응력이 전단강도를 초과) 될 때는 빠르며, 변형파괴 (누적 전단변형이 한계치를 초과) 될 때는 느리다.
　비탈지반의 변위거동은 깊이별로 상이하게 일어날 수 있으며 지중 경사계를 설치해서 관측할 수 있다.

2.2 비탈지반의 파괴 형태

비탈지반의 파괴는 지층 형상과 지하수 상태 및 외력 등에 의해 영향을 받아, **붕락파괴** (2.2.1절)나 **표면유동파괴** (2.2.2 절) 또는 **활동파괴** (2.2.3 절) 의 형태로 발생된다.

비탈지반의 안정해석에서는 **지반의 전단파괴** (2.3 절) 로 인해 발생하는 **활동파괴**를 주로 설명한다. 비탈지반은 전단파괴되기 전에도 (전단변형과 크립변형으로 인하여) 지속적으로 변형되며, 지반변형은 지반이 전단파괴되기 직전에 급증하며, 지반 내 전단응력이 궁극전단강도에 도달될 때까지 **비탈지반 활동파괴속도** (2.4 절) 가 가속된다.

2.2.1 붕락파괴 (falls)

붕락파괴 (falls, 그림 2.1a) 는 연직 또는 연직에 가까운 급경사 비탈지반에서 윗부분이 국부적으로 파괴되어 탈락된 후에 중력에 의해 굴러 떨어져서 비탈의 선단 밑에 쌓이는 형태로 일어나는 비탈지반 파괴이다. 이때에 탈락되는 파괴체와 원지반 사이에는 전단변위가 거의 발생하지 않으며, 낙하속도가 빠르다.

붕락파괴는 급경사 비탈지반에서 빠르게 진행되며, 파괴면은 대개 평면이다.

2.2.2 표면유동파괴 (flows)

표면 유동파괴 (flows, 그림 2.1b) 는 지반이 (전단파괴 되지 않고) 전단변형이 크게 일어나서 흘러내리는 (유동) 현상이며, 연약한 지반 (earth flow) 이나 컨시스턴시 지수가 큰 (함수비가 큰) 점토 (mud flow) 에서 일어난다. 넓은 영역에서 얕은 깊이로 비탈의 선단방향 (비탈 아래 방향) 으로 느린 속도로 흘러내리는 특성이 있어서 표면유동파괴라고 한다.

유동파괴는 함수비가 큰 점성토에서 낮은 경사의 평면형상의 면을 따라 느린 속도로 일어난다.

2.2.3 활동파괴 (slides)

비탈지반의 활동파괴 (slides) 는 (활동력이 활동저항력 보다 커서 발생하는) **지반의 전단파괴**로 인해 전단 파괴면이 생성되고, 전단 파괴면 상부의 지반 파괴체가 이 전단 파괴면 (활동 파괴면) 을 따라 미끄러지는 (활동하는) 형태로 일어난다.

비탈지반의 **활동 파괴면 (전단 파괴면) 형상**은 직선, 원호, 대수나선, 임의 형상, 복합형상 등으로 다양하므로 단순화시킨 후에 안정성을 해석한다.

비탈지반의 활동파괴는 활동 파괴면의 형상에 따라 회전 활동 (그림 2.1c) 하거나 평행이동활동 (그림 2.1d) 하거나 또는 복합 활동 (그림 2.1e) 한다.

　지반이 균질하면 곡면 활동 파괴면 (원호, 대수나선, 임의 곡선, 유사 곡선 등) 이 형성되어서 **회전 활동파괴** (그림 2.1c) 된다. 지표에서 하부로 갈수록 전단강도가 커지는 지반에서는 전단 파괴면이 얕은 깊이에서 평면으로 생성되어서 **평행이동 활동파괴** (그림 2.1d) 가 일어나며, 평면 전단 파괴면을 따라 블록 (block slide) 이나 슬래브 형 (slab slide) 으로 활동파괴 된다. 비탈지반 하부에 견고한 지층이 존재하면 회전과 동시에 평행 이동하는 **복합형상 활동파괴** (그림 2.1e) 가 발생된다.

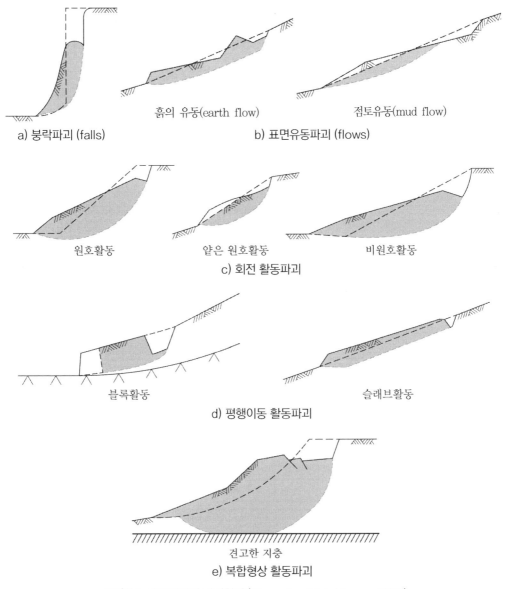

a) 붕락파괴 (falls)

흙의 유동(earth flow)

점토유동(mud flow)

b) 표면유동파괴 (flows)

원호활동

얕은 원호활동

비원호활동

c) 회전 활동파괴

블록활동

슬래브활동

d) 평행이동 활동파괴

견고한 지층

e) 복합형상 활동파괴

그림 2.1 비탈지반의 파괴형태 (Skempton/Hutchinson, 1969)

2.3 비탈지반의 전단파괴

비탈지반 전단파괴는 지반 내 **전단응력**이 한계 값 (전단강도) 을 초과 (**응력파괴**, 2.3.1 절) 하거나, 지반 내 **전단변형**이 한계 값 (파괴 전단변형량) 을 초과 (**변형파괴**, 2.3.2 절) 할 때에 일어난다.

비탈지반의 **전단파괴 발생원인** (2.3.3 절) 은 전단응력의 한계 값 초과나 전단저항력의 감소이다. 비탈지반의 **전단파괴 형태** (2.3.4 절) 는 활동파괴체가 전단 파괴면을 따라서 미끄러지는 형태로 일어나며, 전단파괴에 영향 미치는 **특수 조건** (2.3.5 절) 은 층상 지층, 지하수, 외력 등이 있다.

2.3.1 비탈지반의 응력파괴

비탈지반에 작용하는 힘은 활동파괴를 유발시키려는 **활동력**과 활동 파괴에 저항하는 **활동 저항력**으로 구별한다 (그림 2.2). 활동력이 활동저항력보다 작으면 안정하고 (**탄성평형**), 크기가 같으면 등속으로 활동하며 (**소성평형**), 활동력이 더 크면 가속으로 활동한다.

비탈지반에 외력이 작용하거나 주변 환경 변화로 인해 발생된 활동력에 의해 지반 내 전단응력이 지반의 전단강도 (활동 저항력) 를 초과하거나, 다양한 원인에 의하여 지반의 **전단 저항력**이 전단응력보다 작아지면, 비탈지반이 전단파괴되어 전단파괴면을 따라 활동 (활동파괴) 한다.

표 2.1 활동력과 활동저항력

활 동 력	- 활동 파괴체와 지보재의 자중 G - 활동 파괴체에 불리하게 작용하는 외력 P - 지하수에 의한 정수압이나 침투력 F - 지반진동이나 지진에 의한 힘
활동 저항력	- 활동 파괴면에 작용하는 전단저항력 T(점착력 C + 마찰저항력 R) - 활동 파괴체에 유리하게 작용하는 앵커력 A 또는 버팀재 저항력 - 활동 파괴면에 설치된 지보 구조체의 전단저항력

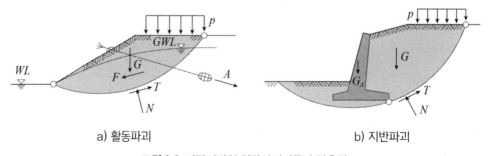

a) 활동파괴   b) 지반파괴

그림 2.2 비탈지반의 전단파괴거동과 작용력

2.3.2 비탈지반의 변형파괴

지반의 변형은 등방압 (수직응력) 에 의한 **압축변형**과 축차응력 (전단응력) 에 의한 **전단변형**의 형태로 발생되며, 전단변형은 비탈지반의 전단(변형)파괴와 관련이 있다.

지반의 전단변형은 **재료적 전단변형**과 활동에 의한 **운동학적 전단변형**으로 구분하며, 실제에서는 그 복합 형태의 전단변형도 일어난다.

1) 재료적 전단변형

외력이 작용하여 지반 내 응력이 증가되면 **재료적 전단변형**이 발생되며, 재료적 전단변형이 한계값 (파괴 전단변형량) 보다 커지면 지반이 전단파괴 된다.

지반이 전단파괴되기 이전이라도 지반 내 전단응력의 크기가 지반의 전단강도 크기에 근접하면 상당한 크기의 전단변형이 발생되어 누적되는데, 누적된 전단변형이 그 한계 값을 초과하면 지반이 전단파괴된다.

지반의 파괴거동은 **점성 파괴거동** (전단강도가 파괴속도에 의존, 포화상태의 점성토) 또는 **소성 파괴거동** (전단강도가 파괴속도와 무관, 비점성토) 의 형태로 발생된다.

2) 운동학적 전단변형

지반 내 일부 (또는 넓은) 영역에서 (전단응력이 전단강도 보다 커져서) 지반이 전단파괴되면, 지반 파괴체가 전단파괴면 (활동파괴면) 을 따라 움직이면서 **운동학적 전단변형**이 발생된다.

비탈지반의 활동파괴는 (Coulomb 토압이론에서와 같이) 지반 내에서 지극히 한정된 폭 (두께 수 mm 이내) 으로 형성된 전단 파괴면을 따라 발생된다. 이때에는 전단 파괴면 상부의 지반 파괴체가 이 전단 파괴면 (즉, 활동파괴면) 을 따라 강체처럼 활동한다 (**선형파괴**, linear failure).

또한, **비탈지반의 활동파괴**는 (Rankine 의 토압이론에서와 마찬가지로) 비탈지반 내의 일부 또는 전체 영역에서 형성된 연속적 변위장이 넓은 영역으로 확산되어서 발생되는 경우 (**영역파괴**, zone failure) 가 있다.

느슨한 모래나 연약한 점토에서 발생되는 영역파괴는 점토지반에서 일어나는 지표지반의 유동 (flow) 과 전혀 다른 개념이다.

암반의 파괴는 선형파괴의 특수한 예이다.

2.3.3 비탈지반의 전단파괴 발생원인

비탈지반은 다양한 원인에 의해 (활동유발 외력 및 전단응력의 증가에 의해서) **활동력이 증가**되거나 (저항외력 및 전단저항강도의 감소에 의하여) **활동 저항력이 감소**되어서, 활동력이 활동저항력보다 커지면 **활동파괴**된다.

활동력 증가요인이나 활동 저항력 감소요인에 의해 지반 전단응력이 증가하고, **지반의 유효 전단응력**이 그 한계 값 (즉, 지반의 **전단강도**) 을 초과하면, 비탈지반이 활동파괴된다.

1) 활동 유발력 (활동외력 및 지반전단응력) 증가요인

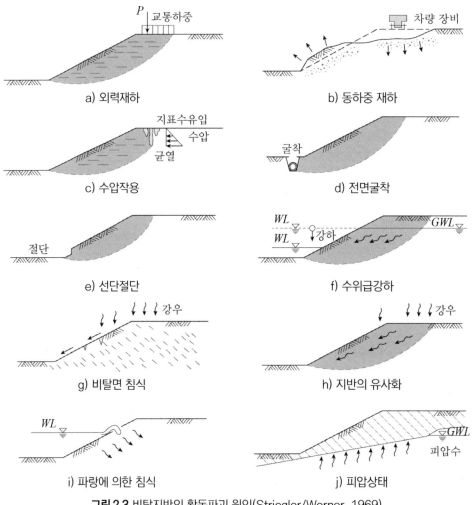

그림 2.3 비탈지반의 활동파괴 원인(Striegler/Werner, 1969)

비탈지반에 정적외력 (그림 2.3a) 이나 동적하중 (그림 2.3b) 또는 수압 (그림 2.3c) 이 작용하면 **활동력이 증가**한다. 비탈을 선단굴착 (그림 2.3d) 하거나 절단 (그림 2.3e) 하거나 외부의 지하수위가 강하 (그림 2.3f) 해도 활동력 증가효과가 있다 (**저항외력 감소**로 볼 수도 있다.).

다음 **활동 유발력 증가요인**이 발생하면 비탈지반 내 전단응력이 증가된다.

- **비탈지반 정점부 재하** : (그림 2.3a)
  비탈지반에 정하중이나 동하중이 재하되면, 지반의 전단응력이 증가
- **동하중 재하** : (그림 2.3b)
  지진 등 동하중에 의한 가속도로 인해 지반응력이 반복 변화하여 전단응력이 증가
- **비탈지반 정점부 균열내 수압작용** : (그림 2.3c)
  비탈지반 정점부 균열이 물로 채워지면 수압이 작용하여 지반의 전단응력이 증가
- **비탈지반 선단의 굴착 또는 절단** : (그림 2.3d) (그림 2.3e)
  선단을 굴착 또는 절단하면 비탈지반의 경사와 높이가 증가하여 지반 전단응력이 증가
- **비탈지반 선단부에서 외부수위 강하** : (그림 2.3f)
  비탈지반 하부의 외부수압은 안정에 유리하나, 외부수위가 강하되면 전단응력이 증가
- **비탈지반 내 침투력 작용** : 침투압은 외압처럼 작용하여, 지반의 전단응력이 증가
- **함수비 증가로 인한 지반자중 증가** : 함수비가 증가하면 자중이 커져서 전단응력이 증가.

2) 활동 저항력 (저항외력 및 전단저항강도) 감소요인

비탈지반이 지표수에 의해 침식 (그림 2.3g) 되거나, 유사화 (流砂化) (그림 2.3h) 되거나, 호안이 파랑에 의해 침식 (그림 2.3i) 되거나, 하부지반이 피압상태 (그림 2.3j) 이면 **활동저항력이 감소**된다.

또한, 다음 **활동 저항력 감소요인**에 의해서도 지반의 전단강도가 감소된다.

- 함수비 증가에 의한 점토의 팽창이완
- 간극수압 증가에 의한 유효응력의 감소
- 동상 후의 지반연화
- 불균질한 지반의 국부적 변형
- **지반 내 인장균열 (cracking) 발생** : 주로 정점부 지반에 인장응력이 발생하여 전단강도 감소
- **지반팽창 (swelling)** : 고소성 과압밀 점토는 작은 구속압에서 전단강도 감소, 표면활동파괴
- **단층활면 (slickenside) 생성** : 고소성 흙지반에서 국부적으로 전단되어 활동면 방향으로 입자들이 재배열되어 매끄러운 **단층활면이 생성**, 내부마찰각이 0.2~0.25 로 감소
- **암석 성분분리 (decomposition)** : 점토기반 암석 (셰일 등) 의 구성성분이 분리
- **지속하중에 의한 크리프 (creep) 발생** : 습윤-건조, 동결-융해 반복 시, 크리프 가속화
- **용탈 (leaching) 발생** : 염류나 석회 성분 등의 용탈에 의한 간극 증가 (quick clay 등)
- **변형률 연화 (strain softening)** : 피크강도 후 변형률 증가에 따라 전단저항력이 감소
- **풍화 (weathering)** : 강성지반이 물리적, 화학적, 생물학적 풍화로 강도손실
- **반복하중 (cyclic load) 재하** : 입자 간 결합손상 및 간극수압 증가, 느슨한 모래는 액성화

2.3.4 비탈지반의 전단파괴 형태

비탈지반은 **붕락파괴**나 **유동파괴** 또는 **활동파괴**되며, 지반의 전단파괴에 의한 활동파괴는 비탈지반을 안정해석하여 공학적 예측이 가능하다. 여기서는 전단파괴에 의한 활동파괴를 주로 다룬다.

비탈지반이 전단파괴되면 파괴토체가 전단 파괴면을 따라 미끄러지며 (활동), **활동파괴형상**은 경계조건과 지반조건 (지층형상, 지하수 상태, 외력 등) 에 따라 달라진다. 비탈지반 내에 있는 연약 지층이나 유기질 층의 분포는 물론 지반의 점착성이나 소성성은 비탈지반의 **활동파괴형상에 영향을 미치는 지반조건**이 된다.

1) 비탈지반의 전단파괴

비탈지반 일부에서 활동력이 활동 저항력보다 커지면, 지반이 전단파괴 되어서 전단 파괴면 (활동파괴면) 이 생성되고, 이 면을 따라 비탈지반의 일부가 미끄러 진다 (활동한다).

비탈지반의 **전단 파괴면**은 운동학적 불연속면 (Kinematic discontinuity) 이며, 지반이 균질하고 경계조건이 단순하면 파괴면 형상이 단순하고, 지반상태나 경계조건이 복잡하면 파괴면 형상이 복잡하게 생성된다. 비탈지반의 **활동파괴형상**은 직선, 원호, 대수나선, 임의 형상, 복합형상 등으로 단순화하여 해석한다.

비탈지반에서는 최대 주응력이 중력방향 (연직) 이 아니고, 비탈 지표면의 경사에 의하여 영향을 받는다. 이때 비탈지반의 규모가 한정되고, 지표면 형상이 단순하며, 지반이 균질하면 곡면 활동면 (원호, 대수나선, 임의 곡선, 유사 곡선 형상) 이 형성되어 **회전 활동파괴**된다.

지표면에서 하부로 갈수록 전단강도가 증가하는 층상 비탈지반에서는 평면 활동면이 형성되고, 이를 따라 블록 (block slide) 이나 슬래브형 (slab slide) 으로 **평행이동 활동파괴** 된다. 비탈지반의 하부에 견고한 지층이 존재하면 회전과 동시에 평행 이동하는 **복합 활동파괴**가 발생된다.

2) 비탈지반의 활동파괴면 형상

비탈지반의 활동파괴면은 지반이 전단파괴된 (소성상태) 부분이며, 두께가 수 mm 이내로 얇기 때문에 발견하기 어렵고, 다만 지표면에서는 활동파괴면의 시작점과 끝점만 관찰된다.

비탈지반의 활동 파괴형상은 (현장에 지중 경사계 등을 설치하고) 계측하여 확인할 수 있다.

비탈지반의 활동 파괴면은 경계조건에 따라 다양한 형상으로 생성 (그림 2.4) 되지만, 비탈지반 경계조건과 지반상태가 단순한 경우에는 예측할 수 있다. 대개 직선, 원호, 대수나선, 임의 형상 및 복합형상으로 단순화할 수 있는 경우가 많다.

(1) 직선형 파괴 (linear failure) : 그림 2.4 a

불연속면 또는 연약 지층을 포함하는 비탈지반이나 급경사 사질토 비탈에서는 평면 활동파괴면이 생성되고, 이 평면을 따라 활동파괴된다 (**평면 활동파괴**).

(2) 원호형 파괴 (circular failure) : 그림 2.4 b

순수 점토나 균질하고 연약한 점성토에서는 대개 원호형상으로 활동파괴 된다 (**원호 활동파괴**).

(3) 대수나선형 파괴 (log spiral failure) : 그림 2.4 c

급경사 비탈지반에서 많이 발생되는 **대수나선 활동파괴**는 활동면에 작용하는 마찰응력의 합력이 대수나선의 pole 을 지나므로 회전모멘트가 발생되지 않는다.

(4) 임의형상 파괴 (arbitrarily shape failure) : 그림 2.4 d

비탈지반을 구성하는 지층상태나 경계조건이 복잡하면, 활동파괴가 임의 형상으로 발생한다(**임의 형상 활동파괴**). 발생된 파괴면을 측정하고 단순화하여 안전율을 계산할 수 있다.

(5) 복합형상 파괴 (combined shape failure) : 그림 2.4 e,f

지반이나 경계조건에 따라 평면과 곡면이 조합된 **복합형상 활동파괴**가 일어날 수 있다.

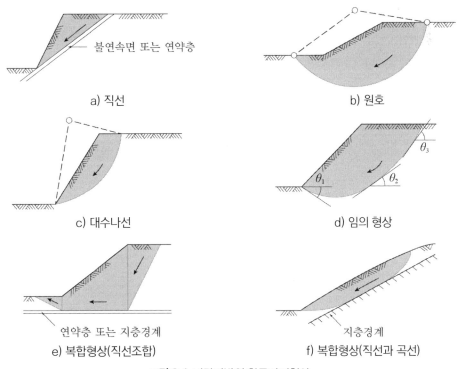

그림 2.4 비탈지반의 활동파괴형상

3) 지반조건에 따른 비탈지반의 파괴형상

비탈지반의 활동파괴는 지반조건 (지반 내에 있는 연약 지층 또는 유기질 층 등) 과 지반의 점착성이나 소성성에 따라 다른 형상 (그림 2.5) 으로 발생된다.

(1) 지반 내 연약 지층 : 그림 2.5 a
비탈지반에 상대적으로 연약한 지층 (암반 내 절리, 이암 내 미세균열, 풍화대 등) 이 존재할 때는, 이 연약한 지층을 따라 비탈지반이 활동 파괴된다.

(2) 비점착성 지반 : 그림 2.5 b
점착력이 없는 **비점착성 지반** (모래나 자갈) 에서는 곡률반경이 매우 큰 곡선형상의 활동파괴가 발생되고 파괴체가 비탈지반 표면지층의 경계면을 따라 활동한다.

(3) 약점착성 지반 : 그림 2.5 c
점착력이 작은 **약점착성 지반** (실트질 모래 지반 등) 에서는 활동 파괴면이 대개 비탈지반 내에서 형성되고 비탈선단의 저부로는 확대되지 않는다.

(4) 강점착성 지반 : 그림 2.5 d
점착력이 큰 **강점착성 지반**에서는 활동 파괴면이 비탈지반의 저부로 확대되어 (깊게) 형성된다.

(5) 고소성성 지반 : 그림 2.5 e
고소성성 지반 (몬트 모릴로나이트를 다량 함유) 에서는 활동 파괴면이 넓은 구간에서 완만하게 형성되어 점진적으로 활동파괴된다.

(6) 유기질토 저부지반 : 그림 2.5 f
비탈의 저부지반이 유기질을 다량 함유하여 강도가 상대적으로 작은 유기질토인 경우에는 활동 파괴면이 비탈면의 저부지반을 깊게 관통하는 형상으로 형성된다.

(7) 경사진 점착성 저부지반 : 그림 2.5 g
사질토 비탈에서 저부의 지반이 점성토이면, 점성토 지층의 상부에 지하수가 집결되어서 (점성토 컨시스턴시가 변하여) 지반이 연화되기 때문에 지층 경계면을 따라 전단파괴 된다.

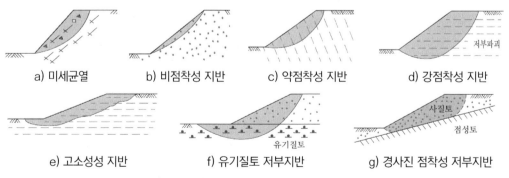

a) 미세균열   b) 비점착성 지반   c) 약점착성 지반   d) 강점착성 지반

e) 고소성성 지반   f) 유기질토 저부지반   g) 경사진 점착성 저부지반

그림 2.5 지반조건에 따른 비탈지반 활동파괴형상

2.3.5 특수조건에서 비탈지반의 활동파괴

비탈지반의 활동파괴거동에 영향을 미치는 **특수 조건**은 층상지반, 비탈지반에 존재하는 지하수, 비탈지반에 작용하는 외력 등이 있다.

1) 층상지층

여러 개 지층으로 구성된 층상지반에 있는 비탈지반에서는 활동 파괴면이 각 지층의 상대적 전단 강도와 지층 두께에 의한 영향을 받아서 형성된다.

층상지반에서는 지층의 변화를 고려하고 절편법 (제 5 장) 을 적용하여 계산하거나, **단일 파괴체** (제 4 장) 로 가정하고 해석하며, 층상지반을 균질한 지반으로 가정하고 가중 평균 전단강도정수 c_{mm} 과 ϕ_{mm} 을 적용하여 해석한다.

층상지반의 **가중 평균 전단강도정수** c_{mm} 과 ϕ_{mm} 는 다음 식으로 계산한다.

$$c_{mm} = \frac{\sum c_i \, l_i}{\sum l_i}$$

$$\tan\phi_{mm} = \frac{\sum \sigma_i \, l_i \tan\phi_i}{\sum \sigma_i \, l_i} \tag{2.1}$$

위 식에서 c_i 와 ϕ_i 는 i 번째 지층의 강도정수 (점착력과 내부 마찰각) 이고, l_i 와 σ_i 는 각각 지층 i 에 대한 활동 파괴면의 길이와 수직응력이다(그림 2.6).

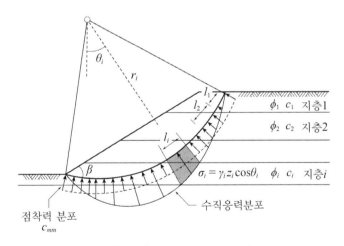

그림 2.6 층상지반의 비탈면 파괴

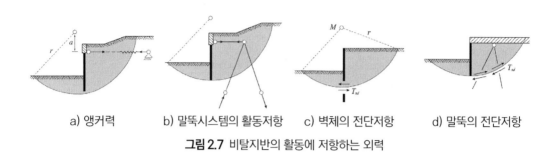

a) 앵커력　　　　b) 말뚝시스템의 활동저항　　　c) 벽체의 전단저항　　　d) 말뚝의 전단저항

그림 2.7 비탈지반의 활동에 저항하는 외력

2) 비탈지반 내 지하수

비탈지반에서는 정점부 배후지반의 지하수위가 비탈지반 전면 선단부 하부지반의 지하수위 보다 높은 경우가 많으며, 이에 따라 비탈지반 내에서 지하수가 흘러내린다. 따라서 비탈지반에서는 대개 지하수가 선단방향으로 흘러내려 비탈지반 **지표면에서 유출**되거나 선단 전면의 **하부지반으로 유입** 되면서 비탈지반에 **침투력이 작용**한다.

비탈지반 내에 지하수가 존재하면, 지하수의 압력에 의한 수평력이 활동력으로 작용하기 때문에 비탈지반의 안전율이 저하된다. 비탈지반에서 내부의 지하수위가 외부 수위보다 높으면 지하수가 비탈지반 내에서 흐르며, 이에 따라 침투력이 작용한다.

비탈지반 내 지하수위가 급격히 강하되면 유효응력이 증가되고 부력이 감소되므로 비탈지반이 불안정해 진다. 급격한 지하수위 강하의 영향은 침투력을 생각하지 않고 과잉간극수압만 고려해도 충분히 정확한 결과를 구할 수 있는 경우가 많다.

3) 외력

비탈지반에는 다양한 형태와 크기로 외력 (앵커, 스트러트, 강성 네일, 말뚝 등에 의한 힘) 이 작용 할 수 있다. 외력은 활동 파괴체의 외부에 작용하면 활동 저항력이 되고 (그림 2.7), 활동 파괴체 내부에 작용하면 활동에 저항할 수 없다 (그림 2.8).

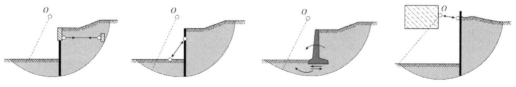

a) 활동에 무관한 앵커력　b) 활동에 무관한 벽체 버팀　　c) 활동에 무관한 옹벽　　d) 활동에 무관한 벽체 지지

그림 2.8 활동에 무관한 외력 (Smoltczyk, 1993)

2.4 비탈지반의 활동파괴 속도

비탈지반의 변형파괴 (2.4.1 절) 는 지반의 전단파괴변형과 크립 변형 등에 의해 발생된다. 액상화 되거나 유사화되어 흐르는 지반을 **토사류 (토석류)** 라 한다. **비탈지반의 활동파괴 속도** (2.4.2 절) 는 경계조건과 지반상태에 의해 영향을 받고, 비탈지반의 변위거동은 **지중경사계로** 측정할 수 있다.

2.4.1 비탈지반의 변형파괴

비탈지반을 파괴시키는 전단변형은 지반의 **크립 변형**과 지반 **전단변형** 등이 있고, 각 형태에 따라 변형속도가 다르다. 지반은 **액상화**되거나 느슨한 지반이 포화되면 유사화 (**토사류**) 되어 흐른다.

1) 크립 변형

비탈지반은 (지반의 전단응력이 전단강도보다 작더라도) **크립 거동**에 의해 서서히 변형되어 등속으로 활동파괴될 수 있다. 이러한 경우에는 대체로 곡률이 큰 활동면이 형성된다.

2) 전단변형

점성토 비탈은 점진적으로 전단파괴 되므로, 전단파괴 이전에 발생된 전단변위가 이미 상당히 큰 상태이며, 전단파괴가 발생되면 활동이 시작된다.

활동면에서 전단 저항력이 활동유발력과 크기가 같으면 (점성토 비탈) **활동이 등속으로 지속**된다. 그러나 활동면에서 전단저항력이 감소되어 활동 유발력이 더 크면 궁극전단강도에 도달될 때까지 **활동속도가 가속**되며, 궁극전단강도에 도달된 후에는 비탈지반의 **활동이 등속으로 계속**된다.

이런 경향은 심하게 과압밀된 점토에서 뚜렷하고, 궁극전단강도가 변하면서 변위가 계속되므로, 비탈지반의 활동파괴 여부는 장기간 규칙적으로 관측하여 알 수 있다.

3) 액상화와 토사류

액상화 (liquefaction) : 소성성이 작은 점성토 비탈 또는 균등하고 미세한 포화된 모래 비탈은 지진 등의 동하중이 재하되면 간극수압이 증가 (유효응력이 감소) 하기 때문에 지반이 액상화 (liquefaction) 되어 유동한다. 이때는 경사가 완만해도 비탈지반이 불안정해진다.

토사류 : 비탈지반의 상부 (대략 8부 능선) 에 위치한 지반이 느슨한 사질토나 정규압밀 점성토 인데, 강우로 인해 유사화 되어 경사면을 급격히 흘러내리면, 유입된 공기방울이 윤활역할을 하여 유사체 흐름이 급가속 되고, 흐름거리가 길면 그 속도가 흐름거리와 비탈지반의 경사 및 지반상태에 의존하여 (속도가 수백 km/h 정도가 될 정도로) 매우 빨라진다. 이와 같은 액상화 유사의 흐름을 **토사류** (또는 **토석류**) 라고 말하며, 발생하면 상당한 피해가 발생될 가능성이 크다.

2.4.2 비탈지반의 활동파괴 속도

비탈지반 내 전단응력이 전단강도와 같아지거나 전단강도를 초과하면, 비탈지반이 활동파괴되며, 전단저항력이 감소되면 궁극전단강도에 도달될 때까지 **활동파괴속도**가 가속된다.

지반이 (전단응력이 전단강도 보다 작아서) 전단파괴 되지 않더라도 전단변형이 지속적으로 누적되면 비탈지반은 **점진적으로 활동파괴** (progressive sliding failure) 된다. 자연상태 비탈지반의 활동파괴가 장기간 매우 느리게 진행되면, 비탈지반에 있는 나무가 활모양으로 휘어서 성장한다.

비탈지반의 전단파괴는 전단응력이 큰 비탈면 선단부근에서 시작되어서 배후 비탈지반으로 전파된다. 비탈지반의 정점부 지반에 인장응력이 발생되어 정점부 지반이 균열되면, 지표수가 유입되어 수압 (수평압력) 이 작용하며, 이는 비탈지반의 안정성에 불리한 활동력이 된다. 큰 규모로 발생된 비탈 정점부 균열에 물이 고여서 연못 (pond) 등이 형성되고, 비탈 선단부 균열에서 지하수가 유출되어 옹달샘이 될 수도 있다.

조밀한 사질토 (응력－변형률 관계에서 최대응력, 즉 peak점이 뚜렷) **비탈**에서 활동파괴는 급격하게 일어나고, 응력이 집중 (강도에 도달) 된 위치에서 시작하여 점차 비탈 전체에 전파된다.

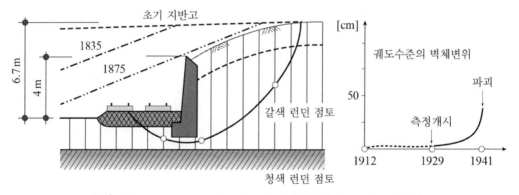

그림 2.9 비탈지반의 점진적 활동파괴거동 실제 예 (Skempton, 1964)

느슨한 사질토 (응력－변형률 관계가 완만하게 증가) 비탈은 변형파괴 (전단변형이 누적되어서 전단파괴) 되므로, 변위가 상당한 크기로 발생된 이후에 비로소 활동파괴가 진행된다.

비탈지반의 변위거동은 일상적 방법으로 측량하거나, 지중 경사계를 설치하여 계측할 수 있다. 지중 경사계는 대체로 비탈지반 내에 두 개 이상을 충분히 깊게 매설하고 주기적으로 측정한다. 지중 경사계를 사용하여 측정하면, 비탈지반의 수평방향 변위거동은 물론 활동 파괴면의 발생위치와 각 구성지층의 수평 변위거동 특성을 알 수 있다.

제 3 장 비탈지반의 활동파괴 안정

3.1 개 요

비탈지반에 작용하는 힘들은 활동파괴를 유발하는 **활동력**(자중과 상재하중)과 활동파괴를 억제하는 **활동 저항력**(활동 파괴면상 전단 저항력)으로 구분할 수 있고, 이 힘들은 활동 파괴면(또는 파괴영역)에서 힘(또는 모멘트)의 평형을 유지한다. 그런데 활동력(자중과 상재하중)은 크기 및 작용방향을 알고 있고, 활동 파괴면의 소요 전단저항력은 작용방향을 알고 있으므로 이 힘들은 힘의 다각형(힘의 평형)을 성립시킨다.

따라서 **힘의 다각형**으로부터 (힘의 평형 유지에 필요한) 소요 전단저항력을 구할 수 있고, 이렇게 구한 활동파괴면의 소요 전단 저항력과 최대 전단 저항력(지반의 전단강도)을 비교하여 비탈지반의 안정상태를 평가할 수 있다.

비탈지반의 활동파괴에 대한 안정은 소성이론을 적용하여 한계평형 해석하거나, 극한해석하거나, 지반을 연속체로 보고 수치해석하거나, 이론적으로 해석할 수 있다.

비탈지반의 활동파괴에 대한 안정성은 여러 가지 **안정해석 기본가정**(3.2 절)을 통해 경계조건을 단순화하고, **안정해석 배수조건**(3.3 절)에 따라 적합한 강도정수를 적용해서 전응력 해석하거나 유효응력 해석하여 검토하며, 안정상태는 **안전율**(3.4 절)로 나타낸다.

과거에는 **비탈지반**을 모두 '**사면**'이라 총칭했으나 요즘에는 경사면 길이가 유한하면 **비탈면**(유한 비탈지반), 무한히 길면 **큰 비탈**(무한 비탈지반), 경사면에 급경사 단차가 있으면 **단구**로 구분한다.

비탈면의 활동파괴 안정(3.5 절)은 지반을 연속체로 보고서 수치해석하거나 활동파괴면(영역)에 소성이론 적용하고 극한해석하여 평가한다. 유한 비탈지반에서 활동파괴는 깊게 일어난다.

큰 비탈의 활동파괴 안정(3.6 절)은 공액요소 힘의 평형으로부터 판정한다. 지하수 영향을 받는 경우와 받지 않는 경우로 구분한다. 큰 비탈은 얕은 깊이로 비탈표면에 평행하게 활동파괴 된다.

단구의 활동파괴 안정(3.7 절)은 지지구조물(옹벽이나 앵커)을 포함하는 지반이 원호형상으로 전단파괴되어 활동한다고 가정하고, 단일파괴체로 해석하거나 절편으로 분할하여 해석한다.

3.2 비탈지반의 활동파괴 안정해석 기본 가정

비탈지반의 활동파괴 안정은 소성이론을 적용하여 한계평형해석하거나, 극한해석하거나, 지반을 연속체로 간주하고 수치해석하거나, 이론식을 적용하여 해석한다.

비탈지반 이론은 비탈지반의 응력과 변형상태 및 파괴거동을 완전하게 해석할 정도로 발전하지는 못하였기 때문에, 지극히 단순한 비탈면이 아니면 이론적으로 해석할 수 있는 경우가 흔하지 않다.

비탈지반 중에서 큰 **비탈이나 단구의 활동파괴 안정성**은 해석할 수 있는 보편적 방법이 아직까지 없기 때문에 **비탈면에 대한 활동파괴 안정해석법**을 변화시켜서 적용한다.

비탈면은 규모 (높이 및 경사) 가 유한한 비탈지반이므로, 그 활동파괴면의 경계조건, 즉 시점과 종점이 뚜렷하여 해석하기가 용이하다. 일반 조건 비탈면은 그 안정성을 일상적 가정을 적용하여 경계조건과 지반상태를 단순화시키고 주로 소성이론을 적용하고서 해석 (한계평형해석, 극한해석) 하거나 수치해석하여 평가한다.

비탈지반은 평면 변형률 상태이며 활동 파괴체는 강체이고, 지반은 등체적 전단변형 되는 것으로 가정한다. 비탈지반의 파괴상태는 적용하기 쉽고 충분히 검증된 지반 파괴식을 적용하여 해석한다. **비탈지반의 안전율**은 경계조건과 지반상태 및 시간 경과정도에 따라 **초기 안전율** (또는 **궁극 안전율**) 을 적용한다.

① **강체 활동 파괴체** : 활동 파괴체는 **강체**이며, 그 하부 경계면 (활동파괴면) 에 작용하는 힘과 모멘트는 크기가 알려져 있고, 이들은 **평형**을 이룬다.

② **평면 변형률 상태** : 비탈지반은 단면이 일정하고 길이가 긴 구조물이므로 **평면 변형률 상태**로 해석하며, 특수한 경우에는 3 차원으로 해석한다.

③ **Mohr-Coulomb 파괴식** : 지반의 파괴상태에 대해서 여러 가지 파괴식 들이 제시되어 있으나 대체로 식이 복잡하거나 변수를 구하거나/적용하기가 어렵다. 따라서 비탈지반 안정해석에는 적용하기 쉽고 충분히 검증된 Mohr − Coulomb 파괴식을 주로 적용한다.

④ **등체적 전단** : 지반은 **등체적 전단**된다고 가정하며, 이때에 **다일러턴시 각** ψ (dilatancy angle) 는 전단 시는 '**영**'을 적용하고 ($\psi = 0$), 이완 시는 최대로 '**내부 마찰각**' ($\psi = \phi$) 을 적용한다.

⑤ **초기 안전율과 궁극 안전율** : 비탈지반은 경계조건과 지반상태 및 시간의 경과정도에 들어맞는 안전율을 적용한다. 비탈지반에서 **초기 안전율** (initial safety factor) 은 비배수 전단강도 정수 c_u, ϕ_u 적용하고 전응력해석하여 구하고, 긴 시간이 경과된 후 **궁극 안전율** (end safety factor) 은 유효 전단강도정수 c', ϕ' 를 적용하고 유효응력 해석하여 결정한다.

3.3 비탈지반의 활동파괴 안정해석 배수 조건

비탈지반 내 지하수위는 배후지반 지하수위 보다 낮고 선단으로 갈수록 낮아지며, 지반 투수성과 배수상황 및 시간경과에 따라 달라진다. **비탈지반 내 지하수 흐름** (배수) 은 선단 방향으로 진행되고, 비탈지반 내의 지하수는 수량이 많거나 지하수위가 높거나 동수경사가 큰 경우에는 비탈 지표면에서 유출되고, 지하수위가 낮거나 동수경사가 작을 때에는 비탈 선단에서 유출된다.

비탈지반의 안정성은 지반의 유효응력에 의하여 결정되는데, 비탈지반의 유효응력은 비탈지반 내 지하수 상태 (지반의 투수성과 현장 배수상황) 와 시간경과에 의해 달라지므로 비탈지반의 안정성은 단기안정과 장기안정으로 구분하여 현장조건과 배수상황에 합당한 강도정수를 사용해서 검토한다.

점성토의 장기안정이나 배수가 자유로운 사질토의 장·단기 안정성을 검토할 때는 유효 강도정수 (배수상황) 를 적용하여 **유효응력 해석**한다. 반면에 점성토의 초기 안정이나 시공 중의 안정성을 검토할 때에는 비배수 강도정수 (비배수 상황) 를 적용하여 **전 응력 해석**한다.

비탈지반의 안정성은 비탈지반 **배수상황** (3.3.1 절) 을 고려하여 해석한다. **지반의 배수조건** (3.3.2 절), 즉 배수상황 또는 비배수 상황은 압밀이론의 시간계수 T_v 나 지반 투수계수 k 로부터 판정한다. 비탈지반의 안정성은 안정해석조건에 따라 유효 전단강도정수를 적용하고 유효응력 해석 (배수상황) 하거나 비배수 전단강도정수를 적용하고 전응력 해석 (비배수 상황) 하여 검토한다.

3.3.1 비탈지반의 배수상황

비탈지반의 안정성은 **배수조건** (지하수의 상태, 시간경과 등) 을 고려하여 해석한다. **배수조건**이 배수상황일 때는 유효응력해석하고, 비배수 상황일 때는 전응력 해석한다.

비탈지반에서 배수조건이 배수상황 또는 비배수 상황인지는 압밀이론의 시간계수 T_v (time factor) 또는 투수계수 k 로부터 판정한다.

배 수 상 황 : 시간계수 $T_v > 3.0$, 또는 투수계수 $k > 1.0 \times 10^{-4} \, \text{cm/s}$

비배수 상 황 : 시간계수 $T_v < 0.01$, 또는 투수계수 $k < 1.0 \times 10^{-7} \, \text{cm/s}$

시간계수 T_v 는 압밀계수 c_v 와 배수거리 H 및 경과시간 t 로부터 계산한다.

$$T_v = \frac{c_v t}{H^2} \tag{3.1}$$

안전율은 이론적으로 유효응력 해석이나 전응력 해석에서 구한 값이 같으므로, 모든 문제에 적용할 수 있다. 따라서 배수상황에 따라 적용하기 쉬운 쪽의 안전율을 택하여 적용한다.

3.3.2 비탈지반의 안정해석 배수 조건

비탈지반의 안정성은 안정해석 조건 (배수조건과 비배수 조건) 에 따라 유효응력해석하거나 전응력 해석하여 검토한다.

비탈지반이 **배수상황**이면 과잉 간극수압이 '**영**'인 상태이므로, **유효응력 해석**하고 배수조건 (CD 시험) 에서 구한 **유효 전단강도정수**를 적용한다. 비탈지반이 **비배수 상황**이면 비배수 조건 (CU, UU 시험) 으로 실내시험하여 구하거나 현장 시험하여 구한 **비배수 전단강도정수**를 적용하고 **전응력 해석**하여 검토한다.

전응력 해석법에서는 전응력을 적용하기 때문에 간극수압을 적용할 필요가 없다. 이때 전단강도는 전응력으로 나타낸 $\tau_f = c + \sigma \tan\phi$ 를 적용하고, 전응력에는 습윤 단위중량이나 포화 단위중량을 사용한다.

전응력 해석법으로는 $\phi = 0$ **해석법** ($\phi = 0$ analysis) 이 가장 대표적인 방법이고, 그 방법은 적용하기가 단순하고 계산 분량이 적은 장점이 있다. 그러나 설계 타당성을 검토하려면 시공 중에 정확한 강도측정이 필요하다.

유효응력 해석법에서는 유효응력을 적용하므로 간극수압을 고려한 **유효전단강도** ($\tau_f = c' + \sigma' \tan\phi'$) 를 사용한다. 흙의 전단강도는 유효응력에 의해 결정되므로 설계타당성을 검토하기 위해 공사 중에 간극 수압의 측정이 필요하다.

비탈지반 내의 간극수압은 유효응력 해석하는 경우에만 고려하며, 비탈지반의 외부에서 경계면에 작용하는 수압은 비탈지반에서 힘의 평형에 직접 관여하기 때문에 전응력 해석은 물론 유효응력 해석에서도 모두 외압으로 고려한다.

쌓기 비탈지반에서 **다단 재하조건** 또는 **점증 재하조건**으로 시공되는 경우에는 '**양**'의 과잉간극수압 (positive excess pore pressure) 이 발생된다. 따라서 비탈지반 완공 후에 시간이 경과하여 과잉 간극수압이 소산되면 유효응력이 증가한다. 쌓기 비탈지반은 완공된 직후가 가장 위험하기 때문에 **단기 안정해석**이 매우 중요하다.

깎기 비탈지반에서는 지반의 굴착이 진행됨에 따라 '**음**'의 과잉간극수압 (negative excess pore pressure) 이 발생된다. 따라서 깎기 비탈지반에서는 완공 후에 시간이 경과해야 '음'의 과잉 간극 수압이 소산되어 유효응력이 감소한다. 따라서 장기간이 경과된 이후에 가장 위험하므로 **장기 안정해석**이 필요하다.

3.4 비탈지반의 안전율

비탈지반의 안전율은 활동파괴에 대한 정보는 물론 비탈지반 자료 (지반 강도, 작용하중, 파괴 형상 등) 의 불확실성과 해석기술의 부족에 의한 위험성을 덜고, 변형을 허용치 이내로 제한하기 위해 적용한다. 비탈지반 안전율은 안정상태와 불안정 상태의 경계 (극한평형상태) 를 1.0 ($\eta = 1.0$) 으로 하며, 안전율이 1.0 보다 크면 ($\eta > 1.0$) 안정하고, 1.0 보다 작으면 ($\eta < 1.0$) 불안정하다.

비탈지반 안전성은 **활동파괴 안전율** (3.4.1 절) 과 침투파괴, 선단국부파괴, 침하파괴 등에 대한 **기타 안전율** (3.4.2 절) 로 검토하며, **최소 안전율** (3.4.3 절) 에 대한 활동면이 예상 활동파괴면이다.

3.4.1 비탈지반의 활동파괴에 대한 안전율

비탈지반의 활동파괴 안전율 η 는 극한전단응력 τ_f 과 활용전단응력 τ_m 의 비(그림 3.1a), 활동저항력 과 활동유발력의 비(그림 3.1b), 활동저항 모멘트와 활동유발 모멘트의 비(그림 3.1c) 등으로 정의한다.

$$\eta = \tau_f / \tau_m$$
$$\eta = \frac{활동저항력}{활동력} \qquad\qquad (3.2)$$
$$\eta = \frac{활동저항모멘트}{활동모멘트}$$

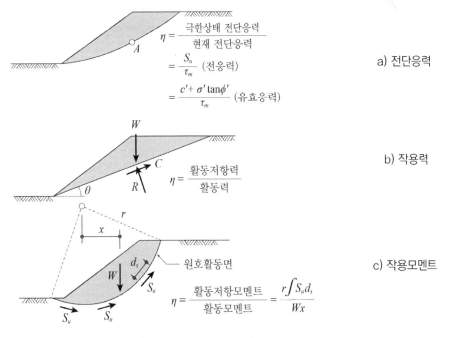

a) 전단응력

$$\eta = \frac{극한상태\ 전단응력}{현재\ 전단응력}$$
$$= \frac{S_u}{\tau_m}\ (전응력)$$
$$= \frac{c' + \sigma' \tan\phi'}{\tau_m}\ (유효응력)$$

b) 작용력

$$\eta = \frac{활동저항력}{활동력}$$

c) 작용모멘트

$$\eta = \frac{활동저항모멘트}{활동모멘트} = \frac{r \int S_u d_s}{Wx}$$

그림 3.1 비탈면 안전율의 정의

1) 전단강도와 활용 전단응력의 비 (Fellenius 안전율) $\eta = \tau_f/\tau_m$

비탈지반은 다양한 원인에 의해 지반 내 전단응력이 증가되거나 지반 전단강도가 감소되어, 전단응력 τ 가 전단강도 τ_f 에 도달하거나 더 커지면 ($\tau \geq \tau_f$) 불안정해진다.

Fellenius 의 안전율 η (1927) 는 지반의 전단강도 τ_f 와 활용전단응력 τ_m 의 비로 정의하며, 이때 전단강도 τ_f 는 Mohr - Coulomb 의 파괴조건을 적용한다.

$$\tau_f = c + \sigma_f \tan\phi \tag{3.3a}$$

$$\tau_m = c_m + \sigma_m \tan\phi_m \tag{3.3b}$$

$$\eta = \frac{지반의전단강도}{활용전단응력} = \frac{\tau_f}{\tau_m} \tag{3.3c}$$

그런데 점착력 c 및 내부마찰각 ϕ 에 대한 **부분안전율** η_c 및 η_ϕ (partial safety factor) 는 이상적으로 **궁극 안전율** η 와 같아야 한다.

$$\eta_\phi = \frac{\tan\phi}{\tan\phi_m} \tag{3.4a}$$

$$\eta_c = \frac{c}{c_m} \tag{3.4b}$$

$$\eta = \eta_c = \eta_\phi \tag{3.4c}$$

활용전단강도 τ_m (mobilized shear strength) 은 그림 3.2 에서와 같이 Mohr - Coulomb 파괴포락선에서 구한 전단강도 τ_f 를 안전율 η 로 나눈 값이며, 활용 점착력 c_m 과 활용 내부 마찰각 ϕ_m 은 점착력 c 와 내부 마찰각 ϕ 를 각각의 부분안전율 η_c 와 η_ϕ 로 나눈 값이다.

$$\begin{aligned} &\tau_m = \tau_f / \eta \\ &c_m = c/\eta_c \\ &\tan\phi_m = \tan\phi/\eta_\phi \end{aligned} \tag{3.5}$$

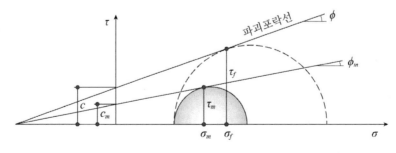

그림 3.2 활용 전단강도 τ_m 의 정의

2) 활동 저항력과 활동력의 비

비탈지반이 안정한 상태를 유지하려면 **활동 저항력** R이 **활동력** S 보다 크거나 ($\sum R > \sum S$), 또는 활동 저항력 R을 활동력 S로 나눈 값 (안전율 η) 이 1.0 보다 커야 한다.

$$\eta = \frac{활동저항력}{활동력} = \frac{\sum R}{\sum S} > 1 \tag{3.6}$$

3) 활동 저항모멘트와 활동 모멘트의 비

비탈지반의 안정상태는 **활동 저항모멘트** R_M가 **활동 모멘트** S_M보다 크거나 ($\sum R_M > \sum S_M$), 또는 활동 저항모멘트 R_M을 활동 모멘트 S_M로 나눈 값 (안전율 η) 이 1.0 보다 커야 유지된다.

$$\eta = \frac{활동저항모멘트}{활동모멘트} = \frac{\sum R_M}{\sum S_M} > 1 \tag{3.7}$$

3.4.2 비탈지반에 적용되는 기타 안전율

비탈지반의 안정은 주로 활동파괴 (선단 활동파괴와 바닥면 수평 활동파괴 및 저부지반 활동) 에 대한 **활동파괴 안전율**로 검토하며, 그밖에도 **침투파괴** (비탈지반의 내부지반 침식 및 저부지반 침식) 와 **비탈지반 선단의 국부적 파괴** 및 **침하파괴** 등에 대해서도 검토한다 (그림 3.3).

비탈지반의 기타 안전율 η 는 다음과 같이 다양한 기준에 대해 정의한다.

$$
\begin{aligned}
&\text{비탈지반의 선단 활동파괴} &&: \eta = \frac{활동저항모멘트}{활동모멘트} > 1.3 \\
&\text{비탈지반의 저부 활동파괴} &&: \eta = \frac{활동저항모멘트}{활동모멘트} > 1.3 \\
&\text{비탈지반 (댐) 의 수평 활동파괴} &&: \eta = \frac{바닥면마찰저항력}{수평력} > 1.3 \\
&\text{비탈지반의 침투파괴} &&: \eta = \frac{활동저항모멘트}{활동모멘트} > 1.3 \\
&\text{댐 저부지반 침투파괴} &&: \eta = \frac{수중단위중량}{침투력} > 3.0 \\
&\text{비탈지반 선단의 국부파괴} &&: \eta = \frac{선단저항력}{선단작용력} > 1.3 \\
&\text{비탈지반의 침하} &&: \eta = \frac{허용침하}{현재침하} > 1.0
\end{aligned}
\tag{3.8}
$$

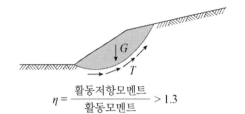

$$\eta = \frac{활동저항모멘트}{활동모멘트} > 1.3$$

a) 비탈지반의 선단 활동파괴

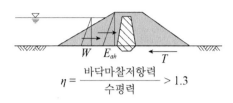

$$\eta = \frac{바닥마찰저항력}{수평력} > 1.3$$

e) 비탈지반의 수평 활동파괴

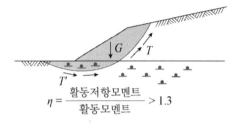

$$\eta = \frac{활동저항모멘트}{활동모멘트} > 1.3$$

b) 비탈지반의 저부 활동파괴

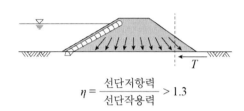

$$\eta = \frac{선단저항력}{선단작용력} > 1.3$$

f) 비탈지반 선단의 국부 파괴

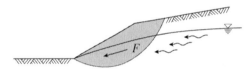

$$\eta = \frac{활동저항모멘트}{활동모멘트} > 1.3$$

c) 비탈지반의 내부 지반침식

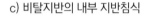

$$\eta = \frac{허용침하}{현재침하} > 1.0$$

g) 비탈지반의 침하

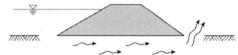

$$\eta = \frac{수중단위중량}{침투력} > 3.0$$

d) 비탈지반의 저부 지반침식

그림 3.3 비탈지반의 안전율

표 3.1 비탈지반의 적용 안전율 (DIN 4084)

하 중	η	η_ϕ	η_c / η_ϕ
지속하중, 규칙하중	1.4	1.3	
불규칙하중	1.3	1.2	0.75
충격·사고하중	1.2	1.1	

3.4.3 비탈지반의 활동파괴에 대한 최소 안전율

비탈지반의 안전율은 활동 파괴면의 크기나 위치에 따라서 다르기 때문에 안전율이 최소가 되는 활동 파괴면을 찾아 이를 **예상 활동 파괴면**으로 간주하고 그때의 안전율을 구하며, 하중에 따라 표 3.1 값을 적용한다.

최소 안전율 및 예상 활동 파괴면은 활동 파괴면이 **원호형상**이면 매우 쉽게 찾을 수 있다. 즉, 여러 개의 예상 원호 활동 파괴면에 대해 안전율을 구하고, 안전율 크기가 같은 원호 활동면의 중심점들을 연결하여 나타낸 **안전율 등고선**으로부터 **최소 안전율** (예상 안전율) 과 해당 원호의 중심 (즉, **예상 활동 파괴면**) 을 찾아낸다. 안전율 등고선은 지반이 균질하면 좁고 긴 타원형이며, 그 장축은 일반적으로 비탈지반 지표면의 중앙에 직교한다 (그림 3.14).

안전율의 최소치와 **해당 활동 파괴면**은 대개 다음 방법으로 구한다.
- 안전율 등고선으로부터 안전율의 최소치와 해당 활동 파괴면을 찾아낸다.
- 활동 파괴면에 대한 (원호 중점이나 활동면의 좌표 등) 변수를 설정하고 안전율을 목적함수로 하고 **최적화 기법** (optimization technique) 을 적용하여 안전율 최소치와 해당 활동 파괴면을 (안전율 등고선을 그리지 않고) 바로 계산해 낸다.
  최적화 기법은 매우 효과적이지만 알고리즘이 복잡하지 않아야만 지반에 적용하기에 적합하다 (Gussmann, 1987 ; Lee, 1987).

안전율이 가장 작은 예상 활동 파괴면은 대체로 다음과 같은 특성이 있다.
- 내부마찰각이 $\phi > 5°$ 이면 활동 파괴면은 대개 비탈지반의 선단을 지난다 (Taylor, 1937).
- 비탈지반의 배후 지표면과 원호 활동 파괴면은 둔각으로 만난다 ($\theta_r \geq 90°$ 그림 3.4).
- 비탈지반이 연성지반 층 ($\phi < 5°$) 의 상부에 위치하고, 연성지반 층의 하부에 강성지층이 존재하면 대개 연성지층과 강성지층 경계면을 지나는 저부 활동파괴가 일어난다.

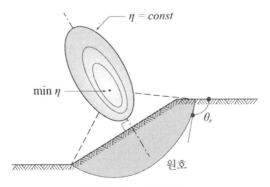

그림 3.4 안전율의 분포

3.5 비탈면의 활동파괴 안정해석

자연작용 (자연 비탈지반) 이나, 인위적 지반 굴착작업이나 성토작업 (인공 비탈지반) 에 의하여
한정된 길이로 생성되는 **비탈면 (유한 비탈지반)** 은 경계조건이 명확하므로 활동파괴가 대개 제한된
크기와 깊은 심도로 뚜렷하게 발생한다. 비탈면에 비해 상대적으로 규모가 장대한 **큰 비탈 (무한
비탈지반)** 에서는 활동파괴가 얕은 깊이로 지표면에 평행하게 발생되는 경향을 보인다.

과거에는 비탈지반을 모두 '**사면**'이라 총칭했으나 요즈음에는 세분하여 길이가 유한하면 **비탈면
(유한 비탈지반)** 이라 하고, 거의 무한히 길면 **큰 비탈 (무한 비탈지반)** 이라 한다.

여기서는 길이가 유한한 비탈지반, 즉 **비탈면 (유한 비탈지반) 의 활동파괴 안정해석**을 설명한다.

비탈면의 안정성은 현장 지질상태, 기존 활동 파괴면의 존재 여부, 안전율 정의, 단기 또는 장기
안정 (전응력 해석 또는 유효응력 해석), 간극수압 등을 고려하고 적합한 방법을 선정하여 해석한다.
비탈면 안정해석결과의 정확도는 대체로 해석방법 선택보다는 토질정수와 간극수압의 선택에 의해
좌우된다. 대개 해석방법의 선택은 이차적인 문제일 뿐이다.

비탈면의 안정해석은 형상과 지반상태를 정량화하여 적용하며, 이를 위하여 지반을 연속체로 간주
하고 수치해석 (**연속체법**, 3.5.1 절) 하거나, 활동 파괴면 (활동 파괴영역) 에 소성이론을 적용하고
극한상태소성 해석 (**극한상태 해석법**, 3.5.2 절) 한다.

3.5.1 연속체법

지반을 연속체로 가정하고 **수치해석법** (유한요소법 FEM, 유한차분법 FDM) 으로 비탈면 안정을
해석할 수 있다 (**연속체법**, 그림 3.5). 정확한 재료모델을 적용하면 좋은 결과를 얻을 수 있으나,
탄성측에서 접근하는 **탄소성 모델**을 적용하므로 (소성거동하는) 활동파괴 상태 계산에 한계가 있다.

정확한 재료모델을 구하기가 어렵고, 계산시간과 비용이 많이 소요되며, 파괴상태에 근접하면서
수렴하기가 어렵거나 불확실할 수 있고, 계산과정에 대한 추적이 어렵다. 따라서 수치해석법은
실무에 적용하는 데 한계가 있다.

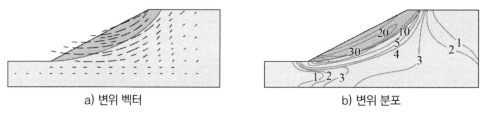

a) 변위 벡터   b) 변위 분포

그림 3.5 비탈면의 활동파괴면 형성에 대한 수치해석 결과 (Vermeer, 1995)

3.5.2 극한상태 해석법

활동파괴에 대한 비탈면의 안정은 활동 파괴체가 활동 파괴면상 (하부 경계면) 에서 **극한평형 상태**라고 간주하고 (힘 또는 모멘트) **극한 평형식**을 적용하여 검토한다. 지반은 항복과 동시에 파괴되어 소성상태로 된다고 가정하고, **항복조건** (소성이론) 을 적용하여 파괴면 작용력을 구한다.

비탈면의 안정성 해석조건은 정역학적 조건 (**평형조건**, equilibrium) 과 운동학적 조건 (**적합조건**, compatibility) 및 응력-변형률 관계조건 (**항복조건**, yield criteria) 이 있다. 소성이론을 적용하고 지반 및 비탈면의 안정성을 해석하는 방법은 **극한 평형법**(limit equilibrium methed)과 **극한해석법** (limit analysis methed) 이 대표적이다. 지반의 극한상태 해석법에 대한 내용은 『토압론』(이상덕, 2017) 을 참조한다.

1) 안정성 해석조건

소성이론에 의한 비탈면 안정성 결과가 다음 세 조건을 충족하면 **정해** (absolute solution) 이다.
- **정역학적 조건** : 평형조건 (equilibrium)
- **운동학적 조건** : 적합조건 (compatibility)
- **응력-변형률 관계조건** : 항복조건 (yield criteria)

정역학적 조건이 충족되기 위해서는 대상 지반의 응력장 (stress field) 내 모든 위치에서 응력이 평형조건을 만족하고 그 경계 조건을 만족해야 한다.

운동학적 조건을 충족시키기 위해서는 적용 파괴메커니즘이 합당하여 지반 (또는 속도장) 내 모든 곳에서 **미소변위의 변화가 적합** (compatible) 하고, **운동학적으로 허용상태**이어야(kinematically admissible) 한다. 즉, 파괴체 상호접촉면이나 경계면에서 벌어지거나(no gaps) 중첩(no overlaps)되지 않고, 변형률 (strain) 의 방향이 연속 (continuous) 이어야 한다.

지반은 파괴 (항복점 도달) 와 동시에 소성상태가 된다고 가정하고, 지반이 파괴 (항복점 도달, 즉 소성상태가) 되기 시작하는 응력상태는 **Mohr – Coulomb 의 파괴식**을 적용하여 계산한다.

그러나 위 3 가지 조건들을 모두 만족하면서 동시에 실용성이 확보되는 완전한 해석방법이 아직 알려져 있지 않다. 현재 자주 적용되는 비탈면 안정해석방법들은 대개 위 3 가지 조건을 (모두 만족시키지는 못하고) 부분적으로만 만족시킬 수 있는 근사적인 방법들이다.

실무에서 잘 알려진 **기존의 비탈면 안정해석 방법** 중에는 완전한 방법은 아니지만, 그 이론적 특성을 잘 알고 나서 주의하여 적용하면 완전 해에 거의 근접하는 결과를 얻을 수 있는 것들이 있다. 반면에 같은 방법을 적용하더라도 그 이론적 특성을 잘 모르고 적용하면, 부적합한 결과가 산출되더라도 이를 인지하지 못하여 큰 낭패를 볼 수 있다.

2) 극한 평형법 (limit equilibrium method)

극한 평형법은 활동파괴 토체가 활동 파괴면 상에서 극한 평형상태라고 가정하고, 그 안정성을 해석하는 방법이다. 활동 파괴면에서 지반은 전단파괴 (소성) 상태이며, 지반응력은 Mohr - Coulomb 파괴식을 적용하여 구한다. 영역파괴 되는 경우에는 지반을 무수하게 많은 미소요소로 분할하고 그 경계면이 활동 파괴면이라 생각하고 안정성을 계산한다.

전단 파괴면에서는 지반응력이 소성 (파괴) 상태이므로 Mohr - Coulomb 파괴식을 적용하지만 전단 파괴면이 아닌 곳에서는 Mohr - Coulomb 파괴조건의 충족 여부를 알 수 없다.

극한 평형법에서는 적합조건 (compatibility) 이 충족되지 않고, 응력 - 변형률 조건이 고려되지 않으며, 평형조건이 제한적 의미로만 만족된다.

극한평형법의 해는 평형조건을 만족하는 여러 해들 중 하나일 뿐이고 유일해 (unique) 인지는 알 수 없다. 그러나 결과가 대체로 안전측이다. Sokolovski (1965) 의 해는 균질한 굴착면에 대해 체계적 해석이 가능하기 때문에 안전율표 (safety factor chart) 를 만들 수 있는 장점이 있다.

3) 극한 해석법 (limit analysis method)

극한해석법은 단일 활동 파괴체나 활동 파괴토체를 분할하여 생긴 다수의 파괴체 (또는 절편) 가 파괴면을 따라서 활동한다고 가정하고, 정역학적 허용 응력장에서 평형을 이루는 하중을 적용하여 안전율을 구하거나 (하한법), 운동학적 허용 변위장에 대응하는 하중에 대해 외력에 의한 일률과 내부 에너지 소산율이 같다고 가정하고 안전율을 구하는 (상한법) 방법이다.

정역학적 허용 응력장 (statically admissible stress field) 에서 평형을 이루는 하중을 적용하여 안전율을 구하는 극한해석법을 **극한 해석 하한 법(lower bound)** 이라고 한다.

운동학적 허용변위장 (kinematically admissible displacement field) 에 대응하는 하중에 대해 외력에 의한 일률과 내부 에너지의 소산율이 같다고 간주하고 안전율을 구하는 극한 해석법을 **극한 해석 상한 법(upper bound)** 이라고 한다 (Gudehus, 1972).

극한해석법에서 구한 **상한 해** (upper bound solution) 와 **하한 해** (lower bound solution) 가 일치하면, 이 해는 **유일한 정해** (unique absolute solution) 가 된다.

극한 해석법을 적용하여 구한 결과는 불안전측에 속하기 때문에 모형실험이나 현장관측 결과로 부터 실제에 가장 근접한 파괴형상을 구해서 적용하고 해석해야 한다.

지반의 극한해석에 대한 내용은 Chen (1975) 을 참조한다.

(1) 하한법(lower bound method)

극한해석 하한법은 먼저 응력장 (stress field) 을 일축압축 (uniaxial compression) 상태, 이축압축 (biaxial compression) 상태, 정수압 (hydrostatic pressure) 상태 등으로 가정하고 응력장 내 모든 위치에서 응력분포가 허용 응력장을 만족한다는 조건을 적용하여 해를 구하는 방법이다. 이때 평형조건 (equilibrium) 과 경계조건 (boundary condition) 및 항복조건 (yield condition) 을 만족한다.

극한해석 하한법으로 구한 해는 곧 **하한해**이다.

정역학적 응력장으로는 **인장응력을 포함하는 응력상태** 등 복잡한 응력상태를 택할 수도 있다.

극한해석 하한법에서는 응력장을 변화시켜서 더 나은 결과를 구할 수 있다.

(2) 상한법(upper bound method)

극한해석의 상한법은 운동학적 경계조건 (kinematical boundary condition) 을 만족하는 파괴 메커니즘을 가정하고, 파괴체가 미소변위를 일으킬 때에 주변지반 또는 속도장 (body or velocity field) 내 미소변위의 변화가 운동학적으로 허용치 이내 (kinematically admissible velocity field) 인 조건에서 자중 포함한 **외력이 행한 일률** (rate of external work) 과 소성변형된 영역의 **내부 에너지 소산율** (rate of internal energy dissipation) 이 동일하다고 가정하고 해를 구하는 방법이다.

극한해석 상한법으로 구한 해는 **상한 해**이다.

극한해석 상한법은 극한 평형조건을 만족하지만 극한 평형법과 구분되는 방법이다. 극한해석의 상한 해는 주어진 활동 파괴면에 대한 것이기 때문에 활동 파괴면의 형상과 크기에 따라 그 값이 달라진다. 따라서 극한해석 상한법을 적용할 때에는 활동 파괴면의 형상과 크기를 변화시켜가면서 최적치를 찾아야 한다.

국부적 소성 응력장 (partial plastic stress field) 을 제외한 다른 위치에서는 **속도장**이 '**영**'이고 운동학적으로 허용상태이면 이 해는 **불완전 해** (incomplete solution) 이다. 그러나 운동학적으로 허용상태인 국부적 소성 응력장을 전체적으로 확장했을 때에 **평형조건과 항복조건**을 만족하면 (즉, 그 해가 하한 해임이 증명된다면) 이 해는 **완전 해** (complete solution) 가 된다.

그런데 이 해를 구하기 위해서는 미소요소에 대한 평형식 (미분방정식) 을 적분해야 한다. 그러나 무게 없는 점토와 같이 일부 특수한 지반에서만 적분이 가능하여 그 완전해가 존재한다.

3.6 큰 비탈의 활동파괴에 대한 안정

비탈지반은 자연적으로 생기거나 또는 깎기나 쌓기 작업 등 인공적인 행위에 의해 생겨난 계단 모양의 지형인 **단구**와 규모가 유한한 **비탈면 (유한 비탈지반)** 그리고 주로 자연적으로 생겨서 길이가 무한히 긴 **큰 비탈** (무한 비탈지반 또는 **장대 비탈면**, infinite slopes) 이 있다.

여기서는 길이가 무한히 긴 **큰 비탈의 활동파괴 안정해석**을 설명한다.

큰 비탈에서는 지반 내의 최대 주응력 방향이 큰 비탈 지표면에 평행하기 때문에 큰 비탈에서 활동 파괴는 비교적 얕은 깊이로 비탈지반의 지표면에 평행한 (전단파괴) 면을 따라 발생된다고 가정하고 그 안정성을 해석한다.

규모가 크지 않은 유한 비탈지반, 즉 **비탈면**이더라도 얕고 긴 형상으로 파괴되어 활동 파괴면의 시점 및 종점의 영향을 무시할 수 있는 경우에는 큰 비탈과 동일한 개념으로 해석할 수 있다.

지표면에서 하부로 갈수록 (지표에서 깊어질수록) 전단강도가 증가되는 지반에 위치하는 비탈면에서도 (큰 비탈과 유사하게) 전단강도가 상대적으로 작은 지표면 근접 지반을 따라 얕은 두께로 활동 파괴되는 경우가 많다.

큰 비탈과 지하수 (3.6.1 절) 는 서로 긴밀한 관계를 갖는다. 따라서 큰 비탈은 지반 내에 지하수가 존재하면서 흘러내리므로 활동파괴 안정성이 **지하수 흐름에 의한 영향을 받는 경우** (3.6.2 절) 와 지하수가 없거나 지하수위면이 깊게 위치하여 활동파괴 안정성이 **지하수 흐름에 의한 영향을 받지 않는 경우** (3.6.3 절) 로 구분하여 해석한다.

수중 큰 비탈에서는 침투력이 작용하지 않으므로, 유효중량 G' 에 의한 힘의 평형을 생각한다.

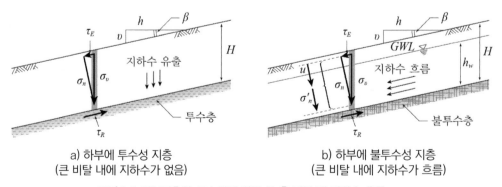

a) 하부에 투수성 지층
(큰 비탈 내에 지하수가 없음)

b) 하부에 불투수성 지층
(큰 비탈 내에 지하수가 흐름)

그림 3.6 하부지층의 투수성에 따른 큰 흙 비탈 내 지하수 흐름

3.6.1 큰 비탈과 지하수

큰 비탈의 하부로 깊지 않은 곳에 **불투수 지층** (암반 또는 점토층) 이 존재하면 (그림 3.6b) 큰 비탈에 유입된 물이 밖으로 유출 (하부의 불투수층으로 유입) 되지 못하고, 큰 비탈 내에서 불투수 지층의 경계면에 평행한 방향으로 흘러내린다.

이때 큰 비탈의 안정성은 **지하수 흐름에 의한 영향**을 받게 된다. 큰 비탈 지반 내에서 **지하수위 면**과 **지하수의 흐름방향**과 **침투력의 작용방향** 및 **동수경사**는 모두 불투수층 경계면 (대개 큰 비탈 지표면에 평행) 에 평행하다.

큰 비탈의 지반 하부에 **투수성 지층**이 존재하면 (그림 3.6a) 큰 비탈에 유입된 물이 연직 하향으로 흘러서 큰 비탈의 밖 (하부 투수성 지반 층) 으로 유출된다. 따라서 큰 비탈 지반 내에 지하수가 남아 있지 않게 되어서, 큰 비탈의 안정성이 지하수 흐름에 의한 영향을 받지 않는다. 이때에는 지하수가 전혀 없는 건조한 큰 비탈과 활동파괴 거동이 유사하다.

큰 비탈의 하부에 불투수 지층이 존재하더라도 지하수위 면이 큰 비탈의 활동파괴면보다도 더 낮은 곳에 위치하는 경우에는 큰 비탈의 안정성이 지반 내 물에 의한 영향 (간극수압 및 침투력) 을 받지 않는다.

이와 같이 **건조한 큰 비탈** 및 **수중 큰 비탈**에서는 비탈지반 내에 있는 물에 의한 영향을 받지 않으므로 안정성이 같다.

3.6.2 지하수 흐름의 영향을 받는 큰 비탈

큰 비탈에서 지하수위면이 활동파괴면 상부에 위치하면, 지하수 흐름의 영향을 고려하고 안정 해석 한다. 그림 3.7 은 지하수위 면이 활동파괴면의 상부로 mz 에 위치하고, 지하수는 지표면에 평행한 방향으로 정상침투 (steady seepage) 되는 경우를 나타낸다.

큰 비탈 유선망에서 침윤선과 유선은 지표에 평행하고 등수두선은 유선에 수직이다.

지하수에 의한 영향을 받는 **큰 비탈의 활동파괴에 대한 안정성**은 큰 비탈을 절편으로 분할하고 절편에 힘의 평형을 적용하여 계산한다.

절편 (공액요소, 그림 3.7 의 짙은 음영부) 은 폭이 단위길이이고, 상부경계가 지표이며, 하부경계 (바닥면의 길이 l, 경사 β) 가 활동 파괴면이 되고, 상하 경계는 서로 평행하고, 좌우 경계는 연직 **(공액요소)** 이다.

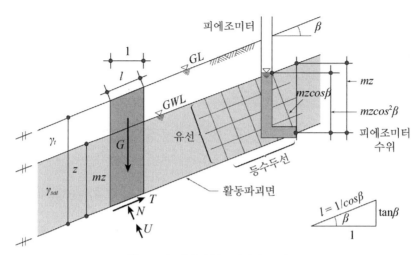

그림 3.7 큰 비탈의 활동파괴와 공액요소

절편에 작용하는 힘은 (절편 측면력을 무시하면) 절편의 무게 G 와 절편 바닥면 (활동 파괴면) 에 작용하는 전단저항력 T 및 수직력 N 이다.

절편 바닥면 (활동면) 에서 **수직응력** σ 은 수직력 N (절편 무게 G 의 바닥면 수직성분 $N = G\cos\beta$) 을 바닥면 면적 $l = 1/\cos\beta$ 로 나눈 값, 즉 $N/l = G\cos^2\beta$ 이고, **전단응력** τ 는 전단력 T (절편무게 G 의 바닥면에 대한 접선성분 $T = G\sin\beta$) 를 절편 바닥면의 면적 l 로 나눈 값, 즉 $T/l = G\sin\beta\cos\beta$ 이다.

따라서 절편 바닥면 (활동파괴면) 에 작용하는 **수직응력** σ 와 **전단응력** τ 의 크기는 다음이 된다.

$$\sigma = \frac{N}{l} = \frac{G\cos\beta}{l} = G\cos^2\beta = \left\{(1-m)\gamma_t + m\gamma_{sat}\right\} z\cos^2\beta$$

$$\tau = \frac{T}{l} = \frac{G\sin\beta}{l} = G\sin\beta\cos\beta = \left\{(1-m)\gamma_t + m\gamma_{sat}\right\} z\sin\beta\cos\beta \tag{3.9}$$

절편 바닥면 (경사 β) 상부로 지하수면의 연직깊이가 mz 이지만, 바닥면에 평행하게 침투가 발생하므로 절편 바닥면의 수두는 유선망에서 구하면 $mz\cos^2\beta$ 이 된다. **간극수압** u 는 물의 단위중량 γ_w 에 수두 $mz\cos^2\beta$ 를 곱한 값이다.

$$u = mz\gamma_w\cos^2\beta \tag{3.10}$$

전단강도에 대한 **Fellenius 의 안전율** η 는 다음이 된다.

$$\eta = \frac{\tau_f}{\tau} = \frac{c' + (\sigma - u)\tan\phi'}{\tau} \tag{3.11}$$

위 식의 우측 항에 수직응력 σ 와 전단응력 τ (식 3.9) 및 수압 u (식 3.10)를 대입하여 정리하면, 지하수위가 활동 파괴면의 상부 mz 에 위치하는 **큰 비탈의 전체 안전율** η 를 구할 수 있다.

$$\eta = \frac{c' + (G - mz\gamma_w)\cos\beta\tan\phi'}{G\sin\beta} \tag{3.12}$$

위 식에서 $m = 1$ 이면 지하수위면이 지표면과 일치하고, $m = 0$ 이면 지하수에 의한 영향이 없고, 큰 비탈이 수중 $(m > 1)$ 에 위치하는 경우에는, 유효중량 G' 에 의한 힘의 평형을 생각하여 안전율을 구한다.

그런데 지하수위가 지표와 일치 $(m = 1)$ 하는 경우에는 위 식은 지반에 따라 다음과 같은 식으로 단순해진다.

- 혼합지반 $(c' > 0, \phi > 0)$:
$$\eta = \frac{c' + (G - z\gamma_w)\cos\beta\tan\phi'}{G\sin\beta} \tag{3.13a}$$

- 비점착성 지반 $(c' = 0,$ 모래, 자갈$)$: 자중 $G = \gamma_{sat}lz$ 이고, $\gamma_{sat} \leq 2\gamma_{sub}$ 이므로
$$\eta = \frac{(\gamma_{sat} - \gamma_w)\cos\beta\tan\phi'}{\gamma_{sat}\sin\beta} \tag{3.13b}$$
$$= \frac{\gamma_{sub}}{\gamma_{sat}}\frac{\tan\phi'}{\tan\beta} \simeq \frac{1}{2}\frac{\tan\phi'}{\tan\beta}$$

- 점착성 지반 $(c' > 0, \phi = 0,$ 점토$)$:
$$\eta = \frac{c'}{G\sin\beta} \tag{3.13c}$$

큰 흙 비탈의 전체 안전율 η 에 대한 식 (3.12) 에 간극수압계수 $r_u = \frac{\gamma_w h_w}{\gamma H}$ 와 절편의 무게 $G = \gamma H\cos\beta$ 를 대입하여 정리하면, **큰 흙 비탈의 전체 안전율** η 는 다음이 된다.

$$\eta = \frac{c' + (1 - r_u)\gamma H\cos^2\beta\tan\phi}{\gamma H\sin\beta\cos\beta} \tag{3.14}$$

여기에서 c' 와 ϕ 는 흙의 유효 점착력과 마찰저항각, γ 와 γ_w 는 흙과 물의 단위중량, r_u 는 간극수압계수, β 는 큰 비탈의 경사각, H 와 h_w 는 그림 3.6 과 같다.

건조한 큰 비탈 또는 **투수성 지층 상부 큰 비탈**은 간극수압계수 $r_u = 0$ 로 설계하며, 기존 활동면을 모두 포함하는 큰 비탈의 안전율은 $\eta \approx 1.2$ 로 설계한다.

3.6.3 지하수 흐름의 영향을 받지 않는 큰 비탈

지하수가 없어 **건조하거나 수중에 있는 큰 비탈**에서는 큰 비탈 내에서 지하수 흐름이 발생하지 않는다.

1) 건조한 큰 비탈

지하수 흐름이 없는 **건조한 큰 비탈**에서 전단강도에 대한 전체 안전율 η는 식 (3.12) 에 $m = 0$ 을 대입하여 구할 수 있고, 지반에 따라 다음이 된다.

- **혼합지반** $(c' > 0,\ \phi > 0)$: $\eta = \dfrac{c' + G\cos\beta\tan\phi'}{G\sin\beta}$ (3.15a)

- **비점착성 지반** $(c' = 0,\ 모래,\ 자갈)$: $\eta = \dfrac{\tan\phi}{\tan\beta}$ (3.15b)

- **점착성 지반** $(c' > 0,\ \phi = 0,\ 점토)$: $\eta = \dfrac{c'}{G\sin\beta}$ (3.15c)

큰 모래 비탈의 안전율은 활동 파괴면의 깊이 z 에 무관하며, 큰 비탈 경사가 내부 마찰각보다 작으면 안정하다. 위 식 (식 3.15b) 은 포화되어 침투되는 큰 모래 비탈의 안전율 (식 3.13b) 의 두 배이다. 따라서 큰 모래 비탈이 침투되면 지하수가 없을 때보다 안전율이 절반으로 작아진다.

2) 수중 큰 비탈

수중에 위치하는 **수저 큰 비탈**에서는 지하수 흐름이 없으므로, 유효중량 $G' = \gamma' z$ 에 의한 힘의 평형을 생각하여 안전율을 구한다. 활동 파괴면의 수직응력 σ' 와 전단응력 τ 는 다음 같다.

$$\sigma' = \frac{G'\cos\beta}{1/\cos\beta} = \frac{\gamma' z\cos\beta}{1/\cos\beta} = \gamma' z\cos^2\beta$$
$$\tau = \frac{G'\sin\beta}{1/\cos\beta} = \gamma' z\cos\beta\sin\beta$$ (3.16)

따라서 활동 파괴에 대한 안전율 η 는 식 (3.11)으로부터 다음이 된다.

- **혼합지반** $(c' > 0,\ \phi > 0)$: $\eta = \dfrac{\tau_f}{\tau} = \dfrac{c' + \sigma'\tan\phi}{\tau} = \dfrac{c' + \gamma' z\cos^2\beta\tan\phi'}{\gamma' z\sin\beta\cos\beta}$ (3.17a)

- **비점착성 지반** $(c' = 0,\ 모래,\ 자갈)$: $\eta = \dfrac{\tan\phi'}{\tan\beta}$ (3.17b)

- **점착성 지반** $(c' > 0,\ \phi = 0,\ 점토)$: $\eta = \dfrac{c'}{G\sin\beta}$ (3.17c)

따라서 **수중 큰 비탈**의 안전율은 건조 상태 큰 비탈의 안전율과 같다. 수중에서는 활동 파괴면 전단강도가 수압 영향만큼 감소하고, 지반자중이 유효중량으로 작용하여 활동 파괴면의 전단응력도 감소하므로 안전율에는 변화가 없다.

3.7 단구의 활동파괴에 대한 안정

단구는 급경사 단차가 계단모양으로 (자연적 또는 인공적으로) 지표면에 생성된 비탈지반이며, 계단모양의 급경사 지표면 (단차부) 이 스스로 안정 (자립) 하지 못하면 **지지 구조물** (옹벽, 앵커 등) 을 설치하여 단차부를 지지 (안정성 확보) 한다. 따라서 단구는 단차부의 안정성은 물론 단차부를 포함하는 전체 비탈지반의 안정성을 검토해야 한다.

옹벽으로 지지한 단구의 활동파괴 안정 (3.7.1 절) 은 **옹벽 바닥면 미끄러짐 파괴** (활동파괴) 와 옹벽을 포함하는 **단구지반의 지반파괴**에 대해 검토한다.

옹벽을 포함하는 **단구지반의 지반파괴**에 대한 안정성은 대개 **원호형상으로 지반파괴 (원호 활동파괴)** 된다고 가정하고 **절편법** (제 5 장, Bishop **간편법** 등) 으로 전체 안전율을 구하여 판정한다. 즉, 원호 활동파괴면을 가정하고, 활동면 상부 활동파괴체를 (지표형상 고려하여) 절편으로 분할하고 모멘트 평형조건을 적용하여 안전율을 구한다. 이때 단구 지지구조물 (옹벽 등) 도 절편으로 분할한다. 최소안전율과 최적 활동파괴 형상과 규모는 활동면 형상을 변화시키면서 찾는다.

옹벽지지 단구가 불안정하면 앵커를 설치하여 보강하고 필요시 긴장력을 가해 안정성을 확보한다. **앵커보강한 옹벽으로 지지한 단구의 활동파괴 안정** (3.7.2 절) 은 **앵커력** (앵커와 활동면의 교차점에 작용) 을 고려하여 해석한다. **앵커력의 활동면의 접선분력은 활동 유발력을 변화** (증가 또는 감소) 시키고, **수직분력은 활동 저항력을 증가**시킨다. 앵커는 **활동유발력은 최소**이고, **활동저항력은 최대**가 되도록 배치한다. 접선분력이 활동 유발력을 증가시킬 경우에는 앵커설치에 따른 영향을 검토한다.

보강토 옹벽으로 지지한 단구의 활동파괴 안정 (3.7.3 절) 은 보통의 옹벽으로 지지하는 경우와 동일한 개념으로 바닥 미끄러짐과 지반파괴 (외적안정) 에 대해 검토한다.

3.7.1 옹벽으로 지지한 단구의 활동파괴 안정

단구를 지지하는 **옹벽**은 활동파괴, 전도파괴, 침하파괴, 기초파괴, 부력파괴, 세굴파괴 등에 대해 안정해야 한다. **옹벽지지 단구**에서 **활동파괴**는 옹벽 바닥면에서 미끄럼 파괴 (**수평 활동파괴**) 와 (지반의 전단파괴에 의한) 옹벽 포함 지반의 활동파괴 (**지반파괴**) 에 대해 각각 안정을 검토한다.

1) 단구를 지지하는 옹벽에서 바닥면의 미끄럼 파괴 안정성

단구를 지지하는 옹벽에서 바닥면의 미끄럼 파괴는 옹벽이 수평방향으로 미끄러지는 **수평 활동파괴**이다. **옹벽의 수평활동에 대한 안전율** η_a 은 수평활동에 저항하는 힘 (바닥면 마찰저항력) 과 수평활동을 발생시키는 힘 (수평토압) 을 비교하여 검토하며, 바닥면의 수평경사 α 와 작용외력의 연직경사 δ_R 및 바닥면 마찰각 δ_s 에 따라 다음과 같다 (그림 3.8).

$$\eta_a = \frac{\text{수평활동에 저항하는 힘}}{\text{활동을 일으키는 힘}} = \frac{\tan\delta_s}{\tan(\delta_R - \alpha)} \tag{3.18}$$

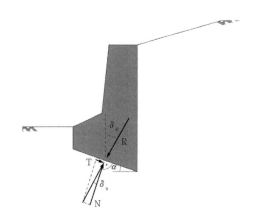

- α : 옹벽 바닥면의
  수평에 대한 경사
- δ_R : 작용외력의 합력 R 의
  연직방향에 대한 경사
- δ_s : 바닥면의 마찰각
  (보통 $\delta_s \fallingdotseq \phi$)

그림 3.8 옹벽지지 단구에서 옹벽 바닥면 활동저항력

2) 옹벽으로 지지한 단구에서 옹벽 포함 지반의 활동파괴 안정성

옹벽지지 **단구**는 옹벽을 포함한 전체지반이 **활동파괴 (지반파괴)** 에 대해 안정해야 한다. 이때 활동파괴는 직선 (Coulomb, 1776) 이나 원호 또는 대수나선 (Rendulic, 1940) 형상으로 발생할 수 있고 (그림 3.9), 대개 옹벽바닥면 후단을 통과하는 원호형상 (그림 3.10) 을 가정할 경우가 많다.

옹벽으로 지지한 단구의 활동파괴 안정성은 원호 활동면에 지반의 극한조건을 적용하고 상부 활동파괴 토체를 단일 활동파괴체 (강체로 간주) 로 간주하고 힘 또는 모멘트 평형을 적용하여 구한 안전율 (Fellenius, 1927) 에서 판정하고, 이는 제 4 장 (**단일 활동파괴 해석**) 에서 설명한다. 그밖에 원호 활동파괴면 상부의 활동 파괴체를 다수 절편으로 분할하고 **비탈면 (유한 비탈지반)** 에 대한 **절편해석법 (Bishop 간편법)** 등으로 절편 시스템의 전체 안전율을 구해 **단구의 활동파괴 안정성**을 검토할 수 있다. 절편법은 제 5 장 (**절편해석**) 에서 설명한다.

(1) 옹벽으로 지지한 단구에서 옹벽 포함 지반의 단일 활동파괴 해석

옹벽으로 지지한 단구는 **옹벽 바닥 후단**을 통과하는 **원호형상으로 활동파괴** 되며, **원호 활동면** 상부 단일 활동파괴체가 활동면상에서 극한평형상태라고 간주하고, 비탈면의 단일 활동파괴 해석법 (제 4.2 절) 으로 검토할 수 있다 (**모멘트 평형법**, Fröhlich, 1955).

원호 활동파괴 안전율 η_e 는 활동모멘트 S_M 와 저항모멘트 R_M 의 비로 정의한다.

$$\eta_e = R_M / S_M \tag{3.19}$$

(2) 옹벽으로 지지한 단구에서 옹벽 포함 지반의 절편해석

옹벽지지 단구의 활동파괴 안정성은 벽체뒷면 하단 점 B (그림 3.10) 를 지나는 원호 활동면 상부 활동 파괴체를 연직절편으로 분할하여 **절편법 (제 5 장)** 으로 해석할 수 있다. **절편시스템**은 지반 절편과 콘크리트절편 및 (지반과 콘크리트) 합성 절편으로 구성된다.

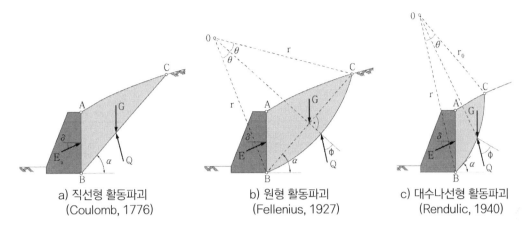

a) 직선형 활동파괴
(Coulomb, 1776)

b) 원형 활동파괴
(Fellenius, 1927)

c) 대수나선형 활동파괴
(Rendulic, 1940)

그림 3.9 옹벽지지 단구의 활동파괴 형상

Bishop 간편법 (제 5.3 절) 으로 **절편 해석**하여 **옹벽지지 단구의 원호 활동파괴 안정성**을 구할 때 원호 활동면은 벽체뒷면 하단 점 B 를 지난다고 가정한다(그림 5.7b). 그림 3.9b 에서 원호반경 r 은 원호의 중심각 θ (B 점과 활동면의 지표 교차점 C 점의 사이각의 절반)와 원호의 할선 BC 의 수평각 α 로부터 결정된다 (h 는 점 B 와 점 C 의 높이차, $r = h/(2\sin\theta\,\sin\alpha)$).

옹벽 지지 단구의 활동파괴에 대해 **활동 유발력**은 지반 **자중**과 **작용하중** 및 **기타 외력**의 합력이고, **활동 저항력**은 지반의 전단저항력에 옹벽의 지지 저항력을 추가한 힘이다.

옹벽으로 지지한 단구의 활동파괴 (지반파괴)에 대한 **전체 안전율** η_g는 **활동 저항모멘트** R_M 과 **활동 유발모멘트** S_M 의 비이며, 원호중점을 변화시키며 파괴체 규모와 최소 안전율을 찾는다.

$$\eta_g = \frac{R_M}{S_M} \tag{3.20}$$

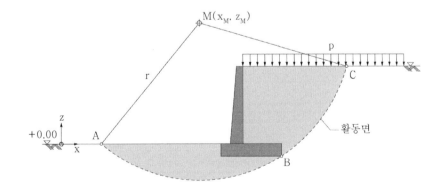

그림 3.10 옹벽지지 단구의 원호 활동파괴

3.7.2 앵커보강 옹벽으로 지지한 단구의 활동파괴 안정

옹벽을 설치하여 지지한 단구는 앵커로 보강하여 안정성을 증진할 수 있다. 앵커보강한 옹벽으로 지지하는 단구의 활동파괴 안정성은 **앵커력** (프리스트레스 포함) 에 의해 대부분 증가하지만, 조건에 따라 감소될 수도 있다.

앵커는 그림 3.11 과 같이 수평에 대하여 **하향경사** ϵ_A 로 설치하며, 앵커 축선과 활동면 교차점의 활동면 접선 (**수평상향경사** θ_i) 은 **교차각** $\alpha_A = \theta_i + \epsilon_A$ 로 만난다 (그림 3.15).

앵커력은 활동파괴나 지반변형 또는 기타 원인에 의해 앵커부재가 인장될 때에 발생되는 **인장력**이며, (사전 긴장한) **프리텐션 앵커**에서는 프리스트레스 (긴장력) 에 인장력이 추가되는 값이다. 앵커력은 활동면에서 마찰저항력과 전단저항력을 발생시킨다.

단구를 지지하는 옹벽을 앵커로 보강하면 **앵커력의 활동면 수직분력**에 의한 활동면의 마찰력은 **활동저항력**을 증가시켜서 활동억제에 유리하다. 그러나 **활동면 접선분력**은 활동 유발력 (급경사 앵커) 을 증가시켜 불리하게 작용할 수 있고 활동저항력(완경사 앵커) 을 증가시켜 유리하게 작용할 수 있다.

앵커보강 비탈지반에 대한 사항은 3.8 절을 참조한다.

비탈지반의 활동 유발 모멘트는 주로 지반자중 G 와 상재하중 P_v 에 의하여 발생된다. 그런데 **앵커**와 **활동면 교차각**이 $\alpha_A > 90°$(급경사 앵커) 일 경우에는 **앵커력**을 가하면 **활동면 접선분력**이 **활동 유발력**에 의해 **활동 유발 모멘트**가 발생되어 총 **활동 유발 모멘트**가 증가된다. 이때는 **앵커력을 포함하는 경우**와 **포함하지 않는 경우**에 대해 계산한 값 중에서 **불리한 쪽**을 택한다.

비탈지반의 활동 저항모멘트는 앵커력의 **연직분력**에 의하여 발생된 활동면의 마찰 저항력에 기인한 모멘트와 그 **접선분력** (전단저항력) 에 의한 모멘트를 합한 크기만큼 증가된다.

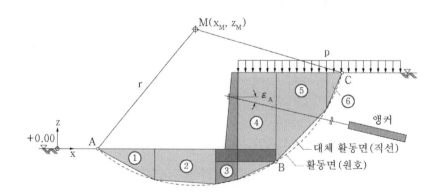

그림 3.11 앵커보강 옹벽으로 지지하는 단구의 절편분할

3.7.3 보강토 옹벽으로 지지한 단구의 활동파괴 안정

단구는 보강토 옹벽을 설치하여 지지할 수도 있다. **보강토 옹벽으로 지지한 단구의 안정**은 옹벽으로 지지한 단구와 같이 옹벽 바닥면 미끄러짐이나 옹벽포함 지반 활동파괴 **(지반파괴, 외적안정)**를 검토한다. 보강토 옹벽은 **외적안정**을 확보하도록 기본치수로 설치한다 (보강띠 길이는 보강토 옹벽 높이 0.7~0.8 배 이상, 기초깊이는 보강토 옹벽 높이 0.1 (수평지반) 또는 0.2 (경사지반) 배 이상).

그런데 보강토 옹벽은 층별로 성토하면서 전면판과 보강재를 설치하기 때문에 **내적안정** (전면판의 기울어짐이나 보강재의 뽑힘이나 끊어짐 등) 에 대해서도 검토해야 한다.

활동 파괴체에 자중 G, 수평외력 H, 연직외력 V, 활동파괴면의 반력 Q, 활동 파괴면과 교차하는 보강띠 인장력 합력 $\sum Z_i$ 등이 작용하며, 이 힘들은 **한계 평형상태** (limit equilibrium state) 이다.

보강토 옹벽의 활동파괴는 대체로 직선이나 원호 또는 대수나선형으로 발생되며, 보강재의 재료 상태나 설치상태가 부적절하거나, 성토지반의 전단강도가 취약하거나, 외부하중이 과다하게 작용할 때에는 보강 성토체 내에서 쐐기형 활동파괴가 일어날 수 있다.

보강토 옹벽이 활동파괴 되면, 활동파괴면 상부의 활동 파괴체에 **한계 평형법** (limit equilibrium method) 이나 **극한해석법** (limit analysis method) 을 적용해서 발생가능한 모든 활동 파괴면에 대해 안전율을 구하여 최소 안전율과 활동 파괴면을 구한다.

보강토 옹벽으로 지지한 단구의 활동파괴에 대한 안정성을 검토하는 경우에는, 보강띠의 선단을 경계로 하는 보강토체를 (일반 옹벽과 같은) 지지 구조물로 간주한다 (『기초공학』, 이상덕, 2014).

보강토 옹벽의 기초지반이 연약하거나, 옹벽의 높이에 비해 보강재 길이가 짧거나, 보강토 옹벽의 전면을 굴착하거나, 보강토 옹벽으로 단구를 지지하는 경우에는 **지반 – 보강토 복합체의 활동파괴 (지반파괴)** 가 발생할 가능성이 높다. **지반파괴 (지반 – 보강토 복합체의 활동파괴) 에 대한 안정**은 **보강토 옹벽의 보강재 후단** (그림 3.12 의 B 점) 을 통과하는 **원호 활동파괴면**에 대해 검토한다.

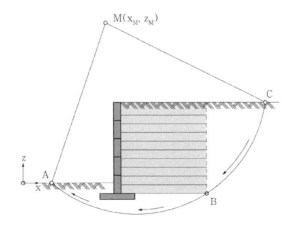

그림 3.12 보강토 옹벽 지지 단구의 원호활동파괴

3.8 보강 비탈지반의 활동파괴에 대한 안정

비탈지반이 안정 (자립) 하지 못하면 **지지구조물을** 설치하고, **활동파괴안정을** 검토한다.

보강 비탈지반의 활동파괴 안정은 활동면 상부의 활동파괴 토체를 절편으로 분할하고 모멘트 평형 조건을 적용하여 **절편법** (제 5 장) 으로 구한 전체 안전율로 판정한다. 이때 지지구조물 (옹벽 등) 도 절편으로 분할한다. **최소 안전율과 최적 활동파괴 형상 및 규모는** 활동면 형상을 변화시켜서 찾는다.

앵커력의 활동면 수직분력은 활동 저항력을 발생시키고, 그 **활동면 접선분력은** 활동 유발력을 변화 (증가 또는 감소) 시킨다. 앵커는 **활동 유발력이 최소이고 활동 저항력이 최대가** 되도록 배치한다.

비탈지반의 안정성이 부족하면, **지지 구조물로** 보강하여 **저항능력을** 증가시켜 안정성을 확보한다. **전단보강 비탈지반의 활동파괴에 대한 안정해석** (3.8.1 절) 에서 보강효과가 유리한지 불리한지를 검토하고, **프리텐션 재하여부를** 판정한다. 인장재 (앵커) 나 압축재 (버팀대) 를 설치하면, 부재력 (긴장력) 에 의해 발생되는 모멘트만큼 저항능력이 추가로 발생된다.

앵커보강 비탈지반의 활동파괴에 대한 안정해석 (3.8.2 절) 에서 **앵커력의 접선분력은** 활동면의 경사에 따라 **활동저항 모멘트 (완경사 앵커)** 나 **활동유발 모멘트 (급경사 앵커)** 를 발생시킨다.

3.8.1 전단보강 비탈지반의 활동파괴에 대한 안정

비탈면 지반이 내부 (또는 표면) 에서 침식되거나, 동결융해 등에 의해 열화되거나, 외력이 과도하게 작용하면, 활동파괴에 대항하는 지반의 전단저항력이 부족해질 수 있다.

이때는 절단저항부재 (**억지말뚝, 구조체** 등) 나 **인장부재** (앵커, **인장말뚝, 소구경 주입말뚝, 쏘일 네일링, 강재 띠, 지반 보강섬유** 등) 또는 **압축부재** (버팀대 등) 를 설치하여 **저항능력을 보강**한다.

1) 절단저항 부재의 절단저항

절단저항 부재 (억지말뚝, 억지구조체 등) 는 단면의 절단 저항력이 큰 부재이며, 부재 **절단저항력** T_{si} 는 부재 **특성 절단저항능력을 부분안전계수로** 나눈 값을 적용한 활동저항능력 R_M 은 **설계 절단 저항력**의 활동파괴면 접선방향 성분 $T_{si}\cos\theta_i$ 에 의한 모멘트만큼 증가된다 (식 3.22 의 분자, 그림 3.13). **활동유발모멘트** E_M 은 **절단저항부재** (억지말뚝, 억지구조체 등) 에 무관하므로 변하지 않는다.

(1) 활동 유발모멘트

활동 유발모멘트 E_M 은 자중 G_i 와 상재하중 P_{vi} 에 의해 발생된다.

$$E_M = r\sum_i (G_i + P_{vi})\sin\theta_i \tag{3.21}$$

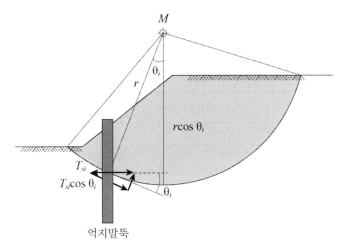

그림 3.13 억지말뚝이나 지지 구조체의 전단저항

(2) 활동 저항모멘트

활동 저항모멘트 R_M 은 자중 G_i 와 상재하중 P_{vi} 에 (제 1 항) 의한 마찰저항력 (제 1 항) 과 점착저항력 (제 2 항) 및 절단저항 **부재의 절단 저항력** T_{si} **의 활동면 접선분력** $T_{si}\cos\theta_i$ (제 3 항) 에 의한 저항모멘트의 합이다.

$$R_M = r \sum_i \frac{(G_i + P_{vi})\tan\phi_i + c_i b_i + T_{si}\cos\theta_i}{\cos\theta_i + \tan\phi_i \sin\theta_i} \tag{3.22}$$

2) 인장재 및 압축재

인장재 (앵커) 또는 **압축재 (버팀대)** 를 설치하면, 인장재에 발생하는 **긴장력**이나 **압축재에 작용**하는 **압축력의 수직분력**에 의한 마찰저항력 및 접선분력에 의한 전단저항력에 의해 발생되는 모멘트만큼 **저항능력이 증가**된다. 인장재는 내부에 설치하는 앵커가 대표적이며 3.8.2 절에서 설명한다. 외부에 설치하는 버팀대는 주로 압축력이 작용하는 부제이므로 압축재라고 말하기도 한다.

3.8.2 앵커보강 비탈지반의 활동파괴에 대한 안정

앵커보강 비탈지반의 활동파괴 안정성은 **앵커력** (프리스트레스 포함) 에 의해 증가되거나 감소된다.

앵커는 앵커의 허용하중과 앵커력을 고려하여 그 설치간격을 결정하고, **활동 유발력**은 **최소**가 되고 **활동 저항력**은 **최대**가 되도록 배치한다.

앵커는 **길이가 늘어나면**, 인장부재에 **인장력**이 유발되어 앵커력이 되고, (사전 긴장한) **프리텐션 앵커**에서는 **인장력**이 기존 앵커력 (긴장력) 에 추가되어서 총 앵커력이 증가된다. 따라서 앵커 인장부재의 자기 긴장 (또는 압축) 에 의한 **인장력** (또는 압축력) 이며, **프리텐션 앵커**에서는 **긴장력 (프리텐션)** 에 이 앵커력을 합한 힘이다. 활동파괴나 지반변형 등에 의해 앵커길이가 **짧아지면** 압축력이 유발되고 (**자기 긴장앵커**), **프리텐션 앵커**는 이 **압축력**만큼 앵커력 (즉, 긴장력) 이 감소된다.

앵커력 접선분력은 **활동저항모멘트** (완경사 앵커) 나 **활동유발모멘트** (급경사 앵커) 를 발생시킨다.

앵커력의 연직분력은 (영구작용하중, 즉 자중 및 **연직 변동작용하중**과 유사하게) 활동면에서 수직력을 **증가**시켜 **마찰 저항력을 증가**시키고, 이는 **추가 저항 모멘트**를 발생시켜 **저항능력**이 증가된다.

앵커력의 수평분력은 추가 모멘트를 발생시킨다 (Bishop 법에서는 **저항능력**에 포함되지 않는다).

1) 앵커 설치경사 및 설치간격

앵커의 설치경사는 대개 **수평 하향경사** ϵ_A 로 하며, 절편 i 에서 활동면 (수평경사 θ_i) 과 **교차각** $\alpha_{Ai} = \theta_i + \epsilon_{Ai}$ 로 교차한다. 앵커와 절편 바닥면의 **교차각**이 $\alpha_A < 90°$ 이면 **앵커가 유효**하고 (그림 3.15), $\alpha_A < 75°$ 면 **긴장이 가능**하다 (E DIN 4084).

앵커력 F_A 이 **앵커허용하중** F_{Aal} 을 초과하지 않도록 **앵커 허용하중** F_{Aal} 을 **앵커력** F_A 로 나누어서 **앵커설치간격** l_A 를 정한다. 이때 앵커력 F_A 는 대개 **앵커력 계산 치의 80%** 를 적용한다 (식 3.24).

2) 앵커력의 발생

앵커보강 비탈지반에서 다음 원인에 의해 앵커부재가 인장변형 (앵커길이의 신장) 되면, **앵커에 인장력 (앵커력)** 이 발생된다 (**자기 긴장상태**). 긴장력을 가하고 설치한 (프리텐션) 앵커에서도 자기 긴장상태가 되면 **인장력**이 추가로 발생되므로 **앵커력**은 **긴장력과 인장력의 합**이 된다.

　　– 비탈지반 활동운동에 따른 앵커길이 신장 (**앵커와 활동면의 교차각**이 $\alpha_A < 90°$인 완경사 앵커)
　　– 활동파괴체의 (온도 상승, 함수비 증가, 지반동결 등에 의한) 부피 증가에 따른 앵커길이 신장
　　– 활동면에서 지반의 다일러턴시에 의한 부피팽창

반면 앵커보강 비탈지반에서 다음 원인에 의하여 **앵커길이가 짧아지면 압축력이 유발**되고 (**자기 긴장앵커**), 프리텐션 앵커에서는 기존 앵커력 (즉, 긴장력) 이 **압축력**만큼 감소된다. **앵커의 길이가 짧아지면** 압축력이 유발되고 (**자기 긴장앵커**), 프리텐션 앵커에서 **앵커력**은 기존의 앵커력 (긴장력)에서 **압축력**만큼 감소된 값 (**긴장력에서 압축력을 뺀 값**) 이다.

　　– 비탈지반 활동운동에 따른 앵커길이 단축 (**앵커와 활동면의 교차각**이 $\alpha_A \geq 90°$인 급경사 앵커)
　　– 활동파괴체의 (온도 강하, 함수비 감소, 지반압축 등에 의한) 부피감소에 따른 앵커길이 단축
　　– 활동면에서 지반의 부피 수축

앵커의 활동억제에 대해 유리한 상황인지 **불리한 상황**인지를 $\alpha_{A,\max}$ 를 기준으로 구분한다. **앵커의 자기긴장** (지반변형에 의한 **길이증가**) 상태는 **앵커와 활동면의 교차각** α_A 가 **한계각도** $\alpha_{A,\max}$ (표 3.2) 를 초과하지 않을 때 ($\alpha_A < \alpha_{A,\max} < 90°$) 에 일어난다.

자기 긴장 앵커는 지반에 따라 **앵커와 활동면의 교차각의 한계각** $\alpha_{A,\max}$ 를 표 3.2 의 값으로 감소시켜 적용한다. 이때에 활동면에서 **지반부피가 감소**되며, 이로 인하여 **앵커의 길이변화 영향**이 어느 정도 보완될 수 있다.

표 3.2 자기 긴장상태 앵커의 지반종류에 따른 최대 경사각 (E DIN 4084)

지반 종류	중간 조밀 비점성토, 반고체상태 점성토	강성 점성토	느슨 비점성토, 연약 점성토
$\alpha_{A,\max}$	85°	80°	75°

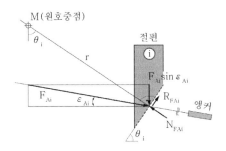

그림 3.14 앵커력의 연직분력에 의한 활동면 마찰저항력 ($\alpha_A \leq 90°$)

3) 앵커의 활동저항 모멘트

앵커력 F_{Ai} 의 연직분력에 의한 마찰 저항력과 접선분력에 의한 전단 저항력에 의하여 **활동저항 모멘트** R_M 이 유발된다.

앵커의 활동억제 효과는 앵커력을 **연직** (vertical) 방향과 **활동면 수직** (normal) 방향 및 **활동면 접선** (tangential) 방향으로 분력하여 확인한다. Bishop **절편법**에서는 수평력을 고려하지 않으므로 앵커력의 연직분력에 의한 저항모멘트만 생각한다 (수평분력에 의한 저항모멘트는 고려하지 않는다.).

① 앵커력 F_{Ai} 의 **연직분력** F_{Avi} 는 연직하중 (자중 G_i 및 **연직 하중** P_{vi}) 에 추가되고, 이로 인해 증가되는 **활동면의 수직력** N_i 이 **마찰 저항력** R_i 을 **발생**시키므로 (그림 3.16b), 전체 **활동 저항 모멘트**가 커진다. Bishop 절편법에서는 연직분력에 의한 저항모멘트만 생각한다.

② **활동면 수직분력** $F_{Ai} \sin \epsilon_{Ai}$ 에 의해 유발된 **마찰력**은 **활동 저항력**으로 작용하여 **활동 저항 모멘트** R_M 를 증가시켜서 **활동 저항능력**이 된다.

③ **활동면 접선분력**은 앵커와 활동면의 교차각에 따라 **활동 저항능력**이나 **부담하중**을 발생시킨다.
   $\alpha_A > 90°$ (급경사 앵커, 그림 3.15a) 이면 회전활동 운동할 때 앵커길이가 짧아지므로 **압축 상태**가 되어 앵커에 압축력이 발생하고, 이 압축력은 **활동 유발력**이 되어 **활동 유발모멘트**를 증가시킨다. **앵커력을 포함할 때**와 **포함하지 않을 때**를 계산하여 **불리한 쪽**을 택한다.
   $\alpha_A = 90°$ 이면, 앵커는 길이가 변하지 않고 회전만 하므로 앵커력이 유발되지 않는다.
   $\alpha_A < 90°$ (완경사 앵커, 그림 3.15b) 이면, 발생 앵커력은 **활동 저항력**이 되어 **활동 저항 모멘트** R_M 을 증가시키고 **활동 저항능력**이 된다.

④ **활동면 수평분력** F_{Ahi} 은 **활동 저항력**이 되어 **활동 저항모멘트** R_M 를 증가시킨다 (그림 3.16a). 수평력을 고려하지 않는 Bishop **법**은 수평분력에 의한 저항모멘트를 고려하지 않는다.

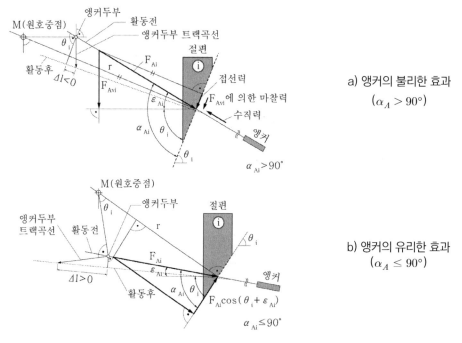

a) 앵커의 불리한 효과
$(\alpha_A > 90°)$

b) 앵커의 유리한 효과
$(\alpha_A \leq 90°)$

그림 3.15 설치각도에 따른 앵커의 효과

활동저항 모멘트 R_M 은 연직하중 (자중 G_i, 연직하중 P_{vi}, 앵커력 F_{Ai} 의 연직분력 $F_{Avi} = F_{Ai}\sin\epsilon_{Ai}$) 이 발생시킨 마찰저항력 $F_{Avi}\tan\phi_i$ 에 의한 **모멘트**와 지반점착력 $c_i b_i$ 에 의한 **모멘트** 및 활동면 접선 분력 $F_{Ai}\cos(\theta_i + \epsilon_{Ai})$ 에 의한 **모멘트**를 합한 값이다. 지하수 영향 없고 원호반경 r 이면 다음이 된다.

$$R_M = r\sum_i \frac{(G_i + P_{vi} + F_{Ai}\sin\epsilon_{Ai})\tan\phi_i + c_i b_i}{\cos\theta_i + \tan\phi_i\sin\theta_i} + r\sum_i F_{Ai}\cos(\theta_i + \epsilon_{Ai}) \qquad (3.23)$$

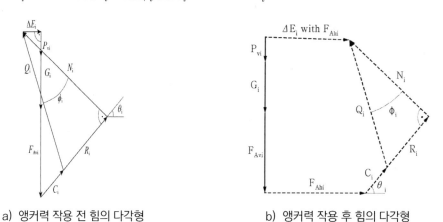

a) 앵커력 작용 전 힘의 다각형   b) 앵커력 작용 후 힘의 다각형

그림 3.16 앵커 수평분력에 의한 영향

4) 소요 앵커력

앵커력 연직분력 F_{Avi} 에 의한 **활동저항모멘트 변화량** ΔR_M 와 **활동면 접선분력** $F_{Ai}\cos(\theta_i+\epsilon_{Ai})$ 에 의한 **활동유발 모멘트 변화량** ΔE_M 의 차이로부터 **소요 앵커력** F_A 과 **소요 설치간격** l_A 를 구한다.

앵커력 연직분력 $F_{Ai}\sin\epsilon_{Ai}$ 에 의하여 **활동면 수직력**이 $N_{FAi}=F_{Ai}\sin\epsilon_{Ai}\cos\theta_i$ 만큼 증가되고, 이로 인해 **마찰 저항력** R_i 이 발생된다.

$$R_i = N_{Ai}\tan\phi_i = \frac{F_{Ai}\sin\epsilon_{Ai}\tan\phi_i}{\cos\theta_i+\mu\tan\phi_i\sin\theta_i} \tag{3.24}$$

앵커력의 활동면 접선분력 $F_{Ai}\cos(\theta_i+\epsilon_{Ai})$ 로 인하여 **활동유발 모멘트**가 변하며, 이때에 **활동유발 모멘트 변화량**은 ΔE_M 이 된다. **앵커력**의 **활동면 수직분력** $\dfrac{F_{Ai}\sin\epsilon_{Ai}}{\cos\theta_i+\mu\tan\phi_i\sin\theta_i}$ 에 의하여 유발된 마찰저항력 R_i 에 의해 **활동저항 모멘트**가 변하며, 이때에 **활동저항 모멘트 변화량**이 ΔR_M 이 된다.

활동저항 모멘트 변화량 ΔR_M 과 **활동유발 모멘트 변화량** ΔE_M 의 **차이**는 $\Delta R_M-\Delta E_M$ 이 된다.

$$\Delta E_M = rF_{Ai}\cos(\theta_i+\epsilon_{Ai}) \tag{3.25}$$
$$\Delta R_M = r\frac{F_{Ai}\sin\epsilon_{Ai}\tan\phi_i}{\cos\theta_i+\mu\tan\phi_i\sin\theta_i}$$
$$\Delta R_M-\Delta E_M = rF_{Ai}\left\{\frac{\sin\epsilon_{Ai}\tan\phi_i}{\cos\theta_i+\mu\tan\phi_i\sin\theta_i}-\cos(\theta_i+\epsilon_{Ai})\right\} \tag{3.26}$$

위 식의 $\Delta R_M-\Delta E_M$ 는 **활동 저항 모멘트** R_M 과 **활동 유발 모멘트** E_M 의 **차이**, 즉 R_M-E_M 와 같으므로 ($\Delta R_M-\Delta E_M=R_M-E_M$), 이로부터 **소요 앵커력** F_{Ai} 를 구할 수 있다. **앵커 허용하중** F_{Aal} 을 앵커력 (계산 값의 80 % 적용) 으로 나누어 **앵커의 소요 설치간격** D_A 를 구할 수 있다.

$$F_{Ai} = \frac{R_M-E_M}{r\left\{\dfrac{\sin\epsilon_{Ai}\tan\phi_i}{\cos\theta_i+\mu\tan\phi_i\sin\theta_i}-\cos(\theta_i+\epsilon_{Ai})\right\}} \tag{3.27}$$
$$D_A = \frac{F_{Aal}}{(0.8)F_{Ai}} \tag{3.28}$$

5) 앵커보강 비탈지반의 안정성

자기 긴장 앵커는 활동 파괴체의 활동운동 등에 의해 앵커길이가 신장되어 저항력이 구축되고, **프리텐션 (사전긴장) 앵커**는 긴장력을 가하므로 (지반이 운동하지 않아도) 처음부터 앵커력이 발생된다.

(1) 자기 긴장 앵커

활용 활동 저항력은 지반운동에 의한 **앵커력** F_{Ai} 과 **마찰 저항력**에 활용도 μ 를 적용한 값이다.

① **활동유발 모멘트** E_M 는 앵커와 무관하게 **연직하중** (자중 G_i 와 상재하중 P_{vi}) 에 의해 발생된다.

$$E_M = r \sum_i (G_i + P_{vi}) \sin\theta_i \qquad (3.21)$$

② **활용 활동저항 모멘트** R_M^* 은 **활동저항 모멘트** R_M (식 3.23) 에 **활용도** μ 를 **적용한 계산 값**이다.
활용도 μ 는 앵커력과 마찰각에 적용하므로 **앵커력에 의한 마찰력**에는 두 번 (제곱 값) 적용된다.

$$R_M^* = r \sum_i \frac{(G_i + P_{vi} + \mu F_{Ai} \sin\epsilon_{Ai}) \mu \tan\phi_i + \mu c_i b_i}{\cos\theta_i + \mu \tan\phi_i \sin\theta_i} + r \sum_i \mu F_{Ai} \cos(\theta_i + \epsilon_{Ai})$$

$$= r\mu \sum_i \frac{(G_i + P_{vi} + \mu F_{Ai} \sin\epsilon_{Ai}) \tan\phi_i + c_i b_i}{\cos\theta_i + \mu \tan\phi_i \sin\theta_i} + r\mu \sum_i F_{Ai} \cos(\theta_i + \epsilon_{Ai}) = \mu R_M$$

$$(3.29)$$

③ **활동유발 모멘트** E_M 는 **활용 활동저항 모멘트** R_M^* 과 평형을 이루므로 ($R_M^* = E_M$), 이 관계로
부터 **활동저항 모멘트의 활용도** μ 를 구할 수 있다.

$$\mu = \frac{R_M^*}{R_M} = \frac{E_M}{R_M} = \frac{r \sum_i (G_i + P_{vi}) \sin\theta_i}{r \sum_i \dfrac{(G_i + P_{vi} + \mu F_{Ai} \sin\epsilon_{Ai}) \tan\phi_i + c_i b_i}{\cos\theta_i + \mu \tan\phi_i \sin\theta_i} + r \sum_i F_{Ai} \cos(\theta_i + \epsilon_{Ai})}$$

$$(3.30)$$

(2) 프리텐션 앵커

앵커에 **프리텐션**(긴장력) 을 가하면 (지반이 활동운동하지 않아도) 처음부터 앵커력이 발생된다.
프리텐션 앵커에서는 (예상하지 못한 변형에 의한 **긴장력 추가**에 대비하여) 계산한 소요앵커력의 **0.8배**
긴장력을 가한다. **프리텐션 앵커력** F_{Aoi} 의 **활동면 접선분력** $F_{Aoi} \cos(\theta_i + \epsilon_{oi})$ 은 **활동 파괴체의 활동**
변위가 일어나지 않아도 설치 즉시 작용하기 때문에 **활동유발 모멘트**에 포함시킨다.

① **활동유발 모멘트** E'_M 은 **비자기 긴장** (프리텐션) 앵커에서 다음과 같고, 앵커력은 활동파괴를 억제
하는 힘으로 작용하므로 앵커력의 부호는 음(-) 이 된다.

$$E'_M = r \sum_i \{ (G_i + P_{vi}) \sin\theta_i - F_{Aoi} \cos(\theta_i + \epsilon_{Aoi}) \} \qquad (3.31)$$

② **활동저항 모멘트** R'_M 계산에서 프리텐션 앵커의 프리텐션 앵커력의 연직분력 $F_{Aoi} \sin\epsilon_{Aoi}$ 에
의한 마찰 저항력과 자기 긴장 앵커의 앵커력의 연직분력 $F_{Ai} \sin\epsilon_{Ai}$ 에 의한 마찰 저항력은
활동저항 모멘트 R_M 에 포함시킨다. 이때에 프리텐션에 의한 마찰 저항력은 처음부터 전체
크기로 작용하므로 프리텐션 앵커력 F_{Aoi} 에는 활용도 μ 를 곱하지 않는다.

$$R'_M = r \sum_i \frac{(G_i + P_{vi} + \mu F_{Ai} \sin\epsilon_{Ai} + F_{Aoi} \sin\epsilon_{Aoi}) \tan\phi_i + c_i b_i}{\cos\theta_i + \mu \tan\phi_i \sin\theta_i} + r \sum_i F_{Ai} \cos(\theta_i + \epsilon_{Ai})$$

$$(3.32)$$

제 4 장　비탈지반의 단일전단파괴 해석

4.1 개 요

과거에는 비탈지반을 모두 '**사면**'이라 하였으나 이 책에서는 비탈지반을 길이가 유한한 **비탈면** (**유한 비탈지반**) 과 무한히 긴 **큰 비탈** (**무한 비탈지반**) 및 지표가 계단형인 **단구**로 세분한다.

비탈면 (**유한 비탈지반**, slope) 은 그 규모가 유한하므로, 활동파괴도 (한정된 크기로 발생되고) 활동파괴면 양단의 경계조건에 의해 영향을 받기 때문에 명확한 해석이 가능하다. 따라서 기존의 비탈지반 해석이론은 대부분 **비탈면**에 대한 것으로 발전되었고, 이들을 확장 (또는 일반화) 하여 **큰 비탈**이나 **단구의 안정해석**에 적용하고 있다.

이 장에서는 (길이가 한정된 유한 비탈지반인) **비탈면의 활동파괴 안정해석**을 위주로 설명한다.

비탈면의 전단파괴는 전단변위가 좁은 폭으로 집중되어 **얇은 전단 파괴면**이 형성되는 **선형파괴** (linear failure) 와 전단변위가 넓은 폭으로 분산되어 일부 또는 전체 구역에 **전단파괴 영역**이 형성되는 **영역파괴** (zone failure) 의 형태로 일어난다.

비탈지반이 **선형파괴**되어 생성된 얇은 전단 파괴면 (활동면) 을 따라 **단일 파괴체** (강체로 간주) 가 회전 (또는 평행이동) 활동 (**단일 파괴거동**) 한다고 간주하고 활동파괴에 대한 안정성을 판정할 수 있다 (**단일 파괴 해석법**). 활동 파괴체는 전단 파괴면 (**활동면**) 상을 활동하기만 하고, 원 지반에서 분리되거나 원 지반을 파고들어갈 수 없다 (**적합 조건**). 활동 파괴면의 형상이 **원호**나 **직선** 또는 **대수나선**이면 적합조건이 충족된다 (이때는 적합조건 충족에 대한 별도 증명이 불필요하다).

활동 파괴체에 작용하는 힘과 모멘트는 활동 파괴면 상에서 평형을 유지하며, 활동을 유발하는 **활동력** (자중 및 상재하중) 은 그 크기와 작용방향을 알고, 활동에 저항하는 **활동 저항력** (활동 파괴면의 전단 저항력) 은 작용방향을 알고 있기 때문에 힘의 다각형이 성립된다. 따라서 활동 파괴면상에서 평형에 대한 소요 전단저항력을 구하고 최대 전단저항력과 비교하여 **비탈면의 활동파괴 안전율**을 구할 수 있다.

단일 파괴거동에 대한 비탈면 안정 해석방법들은 **활동파괴면의 형상**을 대개 **원호** (4.2 절) 나 **직선** (4.3 절) 또는 **대수나선** (4.4 절) 으로 가정한다.

4.2 원호 활동파괴

비탈면의 원호 활동파괴 (단일 파괴체)에 대한 안전율은 활동파괴면 상부의 파괴체에 대해 힘의 평형(**힘의 평형법**, 4.2.1 절) 또는 모멘트 평형 (**모멘트 평형법**, 4.2.2 절)을 적용하여 구하며, 혼합토에서는 **마찰원법**(4.2.3 절)을 적용하여 구한다.

4.2.1 힘의 평형법

비탈면의 **원호 활동파괴에 대한 안전율**은 단일 파괴체에서는 활동 유발력과 활동 저항력에 **연직 방향의 힘의 평형**을 적용하여 구할 수 있다 (Taylor, 1937). 힘의 평형법은 지반의 내부마찰각 ϕ 가 너무 작지 않고 균질한 지반에 적용한다. 층상지반이라도 (지층에 상관없이) 원호 활동파괴된다고 가정한다. 지반의 점착력이 크면 ($c > 20\,kPa$), 점착력을 75 %로 감소시켜서 적용한다.

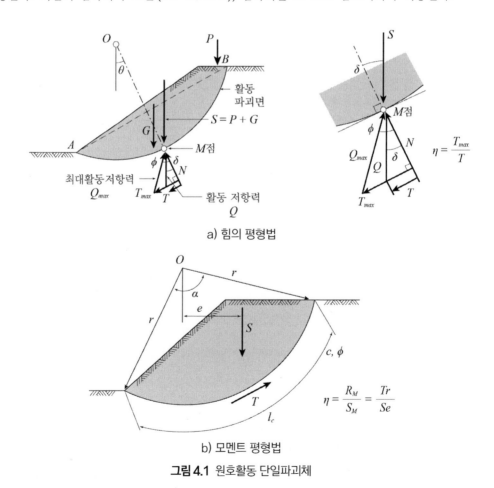

a) 힘의 평형법

b) 모멘트 평형법

그림 4.1 원호활동 단일파괴체

활동 유발력 S 는 파괴체의 자중 G 와 외력 P 의 합력 $S = G + P$ 이고, **활동 저항력** Q 와 힘의 평형을 이루며, 동일 작용선상에 작용하고, 그 크기는 (활동 파괴면 상에서) 활동 유발력 S 와 교차하는 점 (그림 4.1a 의 M 점) 에 작용하는 수직력 N 과 그 각도 δ 로부터 결정할 수 있다.

안전율 η 는 (최대 활동 저항력 Q_{max} 에 의한) 최대 전단 저항력 T_{max} $(= N \tan \phi)$ 와 (평형을 이루는데 필요한 소요 활동 저항력 Q 에 의한) 소요 전단저항력 $T (= N \tan \delta)$ 를 비교한 값이다.

$$\eta = \frac{T_{max}}{T} = \frac{Q_{max} \sin \phi}{Q \sin \delta} = \frac{N \tan \phi}{N \tan \delta} = \frac{\tan \phi}{\tan \delta} \tag{4.1}$$

4.2.2 모멘트 평형법

비탈면의 **원호 활동파괴에 대한 안전율**은 원호 활동파괴면 상부의 단일 파괴체에 (원호중심에 대한) **모멘트 평형법** (Fröhlich, 1955) 을 적용하여 구할 수 있다. 비배수 조건 점토에서는 전응력 해석 ($\phi = 0$ **해석법**) 하기도 한다. 모멘트 평형법에 근거한 **비탈면 안정도표**를 사용하면, **비탈면에서 안전율**은 물론 **한계 높이**와 **안전한 절취 높이**를 구할 수 있다.

1) Fröhlich 의 모멘트 평형법 : 그림 4.1b

비탈면의 **원호 활동파괴에 대한 안전율** η 는 활동 유발력 S 에 의한 **활동유발 모멘트** $S_M (= Se)$ 과 활동파괴면의 전단 저항력 T 에 의한 **활동저항 모멘트** $R_M (= Tr)$ 을 비교하여 구한다.

$$\eta = \frac{R_M}{S_M} = \frac{Tr}{Se} \tag{4.2}$$

2) $\phi = 0$ 해석법 ($\phi = 0$ Analysis)

원호 활동 파괴면에 작용하는 전단 저항력 T 에 의한 저항 모멘트 R_M 은 활동 파괴면에 비배수 강도 c_u 를 적용 ($\phi = 0$ **해석법**) 하여 계산하며, 비배수 조건에서는 (전응력 해석하기 때문에) 간극수압을 고려하지 않는다. 이때 활동면 상부의 활동 파괴체는 강체로 간주한다. $\phi = 0$ 해석법은 연약점토 제방의 단기 안정검토에 적용되고, 하중이 급격히 변한 자연 점토 비탈지반에 적용할 수 있다.

원호 활동면의 **전단저항력** T 는 다음이 되므로 (원호는 활동면 길이 l_c 이고, 사잇각 α),

$$T = c_u l_c = c_u r \alpha \tag{4.3}$$

비탈면의 활동파괴에 대한 **안전율** η 는 위 식을 식 (4.2) 에 대입하여 계산한다.

$$\eta = \frac{R_M}{S_M} = \frac{Tr}{Se} = \frac{c_u r^2 \alpha}{Se} \tag{4.4}$$

3) 안정도표

균질한 지반에서 **비탈면의 활동파괴에 대한 안전율**은 (원호 활동파괴 되는 단일 파괴체에 대해 모멘트 평형법으로 작성한) **비탈면 안정도표**에서 구할 수 있다. 비탈면 안정도표는 **비탈면의 안전율** η 과 **한계 높이** H_{cr} 및 **안전한 절취 높이** H_m 를 구하는 데 활용할 수 있다. Taylor (1937) 와 Janbu (1973)의 안정도표가 자주 이용된다. 혼합토 비탈면에 대해서도 안정도표가 제시되어 있다.

① 점토 비탈면 ($\phi = 0$)

균질한 **점토 비탈면의 안정수** N_s (stability number, 지반의 점착력 c 를 비탈면 높이 H와 단위중량 γ 로 나눈 값) 를 안정도표에 적용하면, 점토 비탈면의 **안전율** η 와 **한계높이** H_{cr} 및 안전한 **절취높이** H_m 를 구할 수 있다 ($c = c_u/\eta$ 은 **활용 점착력**).

비탈면의 안정수 N_s 는 비탈면 높이 H 와 지반상태 (c_u, γ) 로부터 정의하고 (Taylor, 1937),

$$N_s = \frac{c}{\gamma H} = \frac{1}{\eta} \frac{c_u}{\gamma H} = \frac{c_u}{\gamma H_{cr}} \quad (H_{cr} = \eta H,) \tag{4.5}$$

점토 비탈면의 안전율 η 는 안정수 N_s 를 적용하여 구할 수 있다.

$$\eta = \frac{c_u}{c} = \frac{1}{N_s} \frac{c_u}{\gamma H} \quad \left(= \frac{H_{cr}}{H} \right) \tag{4.6}$$

그림 4.2 는 **Taylor 의 안정도표**이며, 기반암층의 깊이 (D 값) 를 고려할 수 있다.

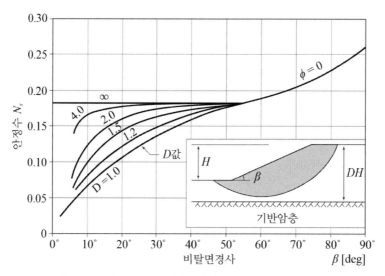

그림 4.2 점토 ($\phi_u = 0$) 비탈면의 안정수 N_s (Taylor, 1937)

점토 비탈면의 **한계높이** H_{cr} (안전율 $\eta = 1$일 때 비탈면 높이) 와 **안전율에 따른 절취높이** H_m 는 **안정수** N_s 을 적용하여 구할 수 있다 (그림 4.2).

$$H_{cr} = \frac{c_u}{\gamma N_s}$$

$$H_m = \frac{c_{um}}{\gamma N_s} = \frac{1}{\eta} \frac{c_u}{\gamma N_s} \tag{4.7}$$

Janbu (1973) 는 **균질한 점토 비탈면**의 안정을 (인장균열, 상재하중, 침투수, 비탈면 외부수압 등을 고려하여) 검토할 수 있는 **Janbu 안정도표** (그림 4.3)를 제시하였는데, 자주 활용된다.

Hunter/Schuster (1968) 는 강도가 깊이에 따라 증가하는 점토 비탈면에 대한 안정도표를 제시하였다. 그밖에도 다수의 안정도표와 도해법이 있는데 개념상으로는 차이가 크지 않다 (Bishop/ Morgenstern, 1960).

② **혼합토 비탈면** ($c \neq 0$, $\phi \neq 0$)

점착력과 마찰력을 모두 다 갖는 혼합토 ($c \neq 0, \phi \neq 0$) 에서도 **안정수** N_s 를 구하여 **경사각** β 인 비탈면의 **한계높이** H를 정할 수 있다 (그림 4.4, $c_m{}'$ 와 $\phi_m{}'$ 는 활용된 점착력과 내부마찰각).

$$N_s = \frac{c_m{}'}{\gamma H} = f(\beta, \phi_m{}') \tag{4.8}$$

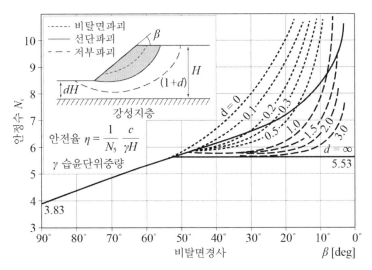

그림 4.3 점토 ($\phi_u = 0$) 비탈면의 안정도표 (Janbu, 1968)

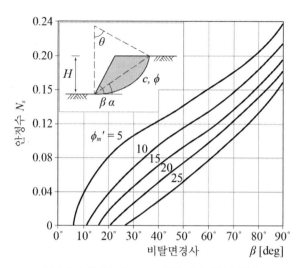

그림 **4.4** 혼합토 ($c - \phi$ 지반) 비탈면의 안정수

4.2.3 마찰원법

비탈면이 원호 활동파괴 될 때 활동면상 반력 Q 는 활동면 접선의 수직에 대해 항상 내부마찰각 ϕ 만큼 경사지게 작용하므로, 반력 Q 의 작용선은 원호 활동면과 동심인 작은 원에 접하게 된다. 이 동심원은 반경크기 (반경 $r \sin \phi$) 가 내부마찰각에 의해 결정되므로, 이를 **마찰원**이라 한다.

마찰원을 이용하여 비탈면의 활동파괴에 대한 안전율 η 를 구하는 방법을 **마찰원법** (friction circle method, Taylor, 1948) 이라고 하며, 혼합토 ($c \neq 0, \phi \neq 0$) 에 적용할 수 있다.

원호 활동 파괴체 (반경 r) 에 작용하는 **활동 유발력** (활동 파괴체의 자중 G) 과 **활동 저항력** (활동 파괴면에 작용하는 반력 Q 및 점착력 C) 의 작용선은 한 점 D 에서 만난다 (그림 4.5a).

Fellenius 안전율은 식 (3.4c) 와 같이 내부 마찰각 (부분 안전율 η_ϕ) 과 점착력 (부분 안전율 η_c) 에 대해 다르게 정의된다. 그러나 한 비탈면의 안전율은 **궁극 안전율** $\eta (= \eta_c = \eta_\phi)$ 하나뿐이다. 그런데 궁극 안전율 η 를 직접 구할 수 없으므로, 내부 마찰각에 대한 부분 안전율 η_ϕ 를 가정하고 이를 적용하여 점착력에 대한 부분 안전율 η_c 를 구한 후 가정한 내부 마찰각 안전율 η_ϕ 와 비교한다. 이 과정을 $\eta_\phi = \eta_c$ 가 될 때까지 반복하여 궁극 안전율 $\eta = \eta_\phi = \eta_c$ 를 구한다.

위 작업은 계산결과가 $\eta_\phi > \eta_c$ 인 경우를 2 개 이상 계산하고, $\eta_\phi < \eta_c$ 인 경우를 2 개 이상 계산하여 그린 $\eta_\phi - \eta_c$ 관계곡선으로부터 내부 마찰각에 대한 안전율 η_ϕ 과 점착력에 대한 안전율 η_c 이 같아지는 궁극 안전율 $\eta = \eta_\phi = \eta_c$ 를 구한다. 이 방법은 간편하여 많은 시간과 노력이 절약된다.

마찰원법의 적용과정은 다소 번거로울 수 있으므로 순서대로 수행하는 것이 좋다.

① 내부 마찰각에 대한 안전율 η_ϕ 를 가정한다 (예, $\eta_\phi = 1.2$).

② 마찰원 (반경 $r \sin \phi_m$) 을 그린다.

 – 활용 내부마찰각 ϕ_m 을 계산 (식 3.5) ; $\phi_m = \tan^{-1} \dfrac{\tan \phi}{\eta_\phi}$

 – 마찰원 반경 $r \sin \phi_m$ 을 계산하고, 마찰원을 그린다 (그림 4.5a).

③ 활동 파괴체 자중 G 를 구하고, 그 작용점 (파괴체 무게중심) 및 작용방향 (연직) 을 구한다.

④ 원호 반경선과 마찰원 접선의 사잇각이 ϕ_m 인 D 점을 잡는다 (G 와 점착력 C 는 D 점 통과).

 – 반력 Q 는 D 점을 지나고, 작용방향은 D 점에서 그린 마찰원 접선의 방향이다.

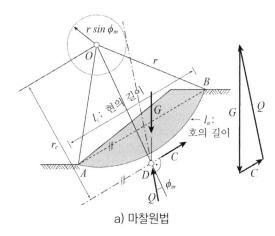 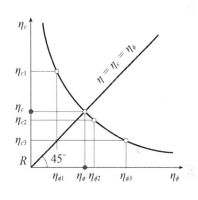

a) 마찰원법   b) 안전율 $\eta = \eta_c = \eta_\phi$ 의 결정

그림 4.5 마찰원법

⑤ 활동 파괴면상에서 점착력의 합력 C 를 구한다.

 – 점착력 합력 C 의 작용방향 (AB 에 평행)과 작용위치 (D 점) 를 정한다.

 – 점착력 합력 C 와 원중심 간의 거리 r_c 를 호 길이 l_a 와 현 길이 l_c 로부터 계산한다.

$$r c l_a = r_c c l_c \qquad \therefore \ r_c = r \, l_a / l_c \qquad (4.9)$$

 – 점착력 합력 C 의 크기를 결정한다 (G 는 크기와 작용방향을 알고 Q 와 C 는 작용방향을 알고 있어서 힘의 삼각형으로부터 C 의 크기를 구할 수 있다).

⑥ 점착력에 대한 안전율 η_c 를 구한다. $\eta_c = c \, l_c / C$ (4.10)

⑦ ①에서 가정한 η_ϕ 와 ⑥에서 계산한 η_c 를 비교한다.

⑧ η_ϕ 와 η_c 가 같지 않으면 (즉, $\eta_\phi \neq \eta_c$), η_ϕ 를 다른 값 η_{ϕ_2} 으로 가정한다.

⑨ ①-⑥ 과정을 4 회 이상 반복하여 $\eta_c - \eta_\phi$ 관계 (그림 4.5b) 를 도시하고, 이 곡선과 원점에서 η_ϕ 축에 45°를 이루는 직선이 만나는 점의 안전율 즉, **궁극 안전율** $\eta = \eta_c = \eta_\phi$ 을 구한다.

⑩ 다른 원호 활동면을 가정하고 ① - ⑨ 과정을 반복하여 **최소 안전율** $\eta_{\min}$ 을 결정한다.

4.3 평면 활동파괴

조립토에서는 비탈면 경사가 내부마찰각 보다 크면 대개 **평면 전단파괴면**이 생성되어, 얇은 판형 파괴체 (**표면파괴**, 4.3.1 절) 나 (한 개 또는 다수) **흙 쐐기** (**흙쐐기법**, 4.3.2 절) 나 다수 블록 (**블록 파괴법**, 4.3.3 절) 이 생성되어서 평면 전단파괴면을 따라 활동한다 (**평면 활동파괴**). 이런 경우에는 **힘의 평형**을 적용하여 **안전율**을 구할 수 있다.

4.3.1 표면파괴

외력이 작용하지 않는 균질한 조립토 비탈면은 경사 β 가 내부마찰각 ϕ 보다 크면 대개 (비탈면에 거의 평행한) 평면 파괴면을 따라 얇은 두께로 활동파괴 된다 (**표면파괴**).

활동 유발력 S 는 활동 파괴체 무게 G 의 활동면 방향 분력 ($S = G \sin\beta$) 이며, 여기에 저항하는 **활동 저항력** R 은 활동면 상 전단 저항력이다 ($N = G \cos\beta$).

$$R = C + N \tan\phi = C + G \cos\beta \tan\phi \tag{4.11}$$

표면파괴에 대한 안전율 η 은 활동저항력 R 과 활동 유발력 S 를 비교하여 계산한다 (그림 4.6).

$$\eta = \frac{R}{S} = \frac{C + G \cos\beta \tan\phi}{G \sin\beta} \tag{4.12}$$

4.3.2 흙 쐐기법

비탈면이 한 개 (그림 4.6) 또는 다수(2개 이상, 그림 4.7) 의 흙 쐐기로 파괴되어 평면 경계면을 따라 활동하는 경우에는 활동파괴에 대한 안전율은 흙 쐐기에 **힘의 평형**을 적용하여 구한다. 이를 **흙 쐐기법**이라고 하며, 도해법은 물론 해석법을 적용하여도 안정성을 해석할 수 있다.

평면파괴 되는 비탈면이 불안정하면 그림 4.6b 와 같이 앵커를 설치하여 안정시킬 수 있다.

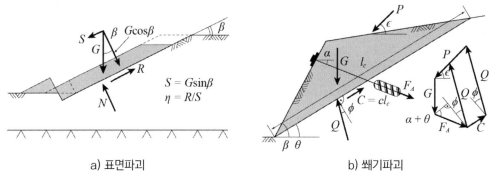

a) 표면파괴   b) 쐐기파괴

그림 4.6 평면 활동파괴체

배후지표에 외력 P (수평경사 ϵ) 가 작용하는 상태에서 쐐기파괴 (파괴면의 각도 θ, 그림 4.6b) 되는 경우에 앵커 (수평경사 α, 긴장력 F_A) 설치 비탈면 (경사 β) 의 **안전율** η 는 활동 저항력 R 과 활동 유발력 S 를 비교하여 계산한다.

$$\eta = \frac{R}{S} = \frac{\{G\cos\theta + P\sin(\epsilon-\theta) + F_A\sin(\alpha+\theta)\}\tan\phi + C}{G\sin\theta + P\cos(\epsilon-\theta) - F_A\cos(\alpha+\theta)} \tag{4.13}$$

비탈면의 안전율 η 는 흙쐐기에 힘의 평형을 적용하고 다음 과정에 따라 계산한다.

– **안전율** η **를 가정**하고 활용 점착력 $c_m{}'$ 와 활용 내부마찰각 $\phi_m{}'$ 을 계산하고,

$$c_m{}' = c/\eta, \qquad \phi_m{}' = \tan^{-1}\left(\frac{\tan\phi}{\eta}\right) \tag{4.14}$$

각 파괴체에 대해 작용하는 힘을 계산하여 **힘의 다각형을 폐합**시킨다.

활동 파괴면의 전단력 T는 활용 점착력 $c_m{}'$ 와 활용 내부마찰각 $\phi_m{}'$ 으로부터 계산한다.

$$T = c_m{}'l + \sigma'l\tan\phi_m{}' \tag{4.15}$$

힘의 다각형이 폐합되지 않으면, 안전율 η 를 다시 가정하고 (힘의 다각형이 폐합될 때까지) 반복계산해서 최종 파괴체에 대한 힘의 다각형을 폐합시킨다.

– 마지막 흙 쐐기 (파괴체) 에 대한 힘의 다각형이 폐합되면, 이때에 가정한 안전율이 구하고자 하는 안전율이다.

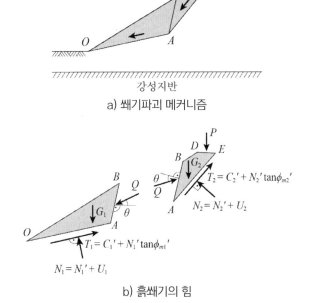
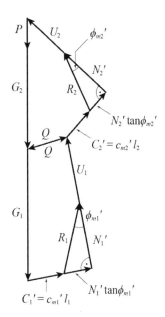

그림 4.7 비탈면의 쐐기파괴 예

4.3.3 블록 파괴법

비탈면이 몇 개의 블록 파괴체로 나뉘어져서 활동파괴 되는 경우에는 각 블록 파괴체에 대해 각각 힘의 평형을 적용하여 안전율을 구할 수 있다.

블록 파괴법 (Block Failure Mechanism)은 활동 파괴체를 (경계가 연직 또는 연직에 가까운) 3~5개 블록 (파괴체) 으로 나누어서 안전율을 계산한다. 이때 블록 파괴체의 자중은 블록 무게 중심에 작용하고, 경계면 작용력 (토압의 합력) 은 경계면이 평면이므로 경계면 하단에서 1/3 높이에 작용한다고 가정하고 각 블록 파괴체의 힘의 평형으로부터 안전율을 계산한다.

그림 4.8 은 3 개의 블록을 적용한 블록파괴법의 한 예이며 다음의 순서에 따라 **안전율**을 구한다. 블록의 개수가 더 많은 경우에도 **블록파괴법의 적용순서**는 차이가 없다.

① 운동학적으로 적합한 파괴메커니즘을 선택한다.
② 각 블록 파괴체 i 에서 바닥면의 활동저항력 Q_i 의 크기와 작용방향을 구한다.
③ 첫 번째 블록 1 의 자중 G_1 을 구하여 힘의 다각형에 표시한다.
④ 중간 블록 2 의 자중 G_2 를 구하여 힘의 다각형에 표시한다.
⑤ 마지막 블록 3 의 자중 G_3 를 구하여 힘의 다각형에 표시한다.
⑥ 크기와 방향을 아는 중간 블록의 점착력 C_2 와 바닥 간극수압 U_2 를 힘의 다각형에 표시한다.
⑦ 중간 블록 바닥면 활동 저항력 Q_2 의 작용방향을 적용하여 평형에 필요한 힘 ΔT 를 구한다.
⑧ 필요한 경우에는 앵커 등을 설치하여 전체적인 힘의 다각형을 완성한다.

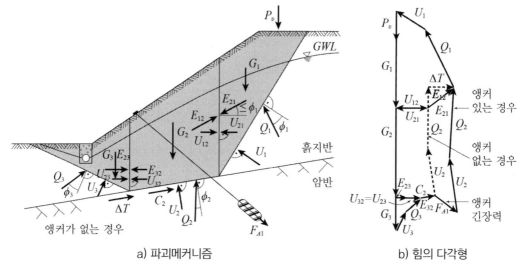

a) 파괴메커니즘   b) 힘의 다각형

그림 4.8 블록 파괴법을 이용한 비탈면안정해석 및 추가요소 앵커력 $\triangle T$ 검토

4.4 대수나선형 활동파괴

실제 비탈면에서 활동파괴는 대개 **대수나선형**에 근사한 형상으로 발생된다. 그러나 대수나선형은 계산이 복잡하기 때문에 (실무에서) 자주 적용되지는 않는다.

대수나선의 기본 식은 다음 같으며,

$$r = r_0 \, e^{\theta \tan\phi} \tag{4.16}$$

위 식에서 r_0 는 각도 좌표가 $\theta = 0$ 일 때의 **초기 대수나선의 반경**을 나타낸다.

대수나선 활동파괴에 대한 안전율은 대수나선의 pole 중심 (4.4.1 절) 이나 **회전중심** (4.4.2 절) 으로부터 구한다.

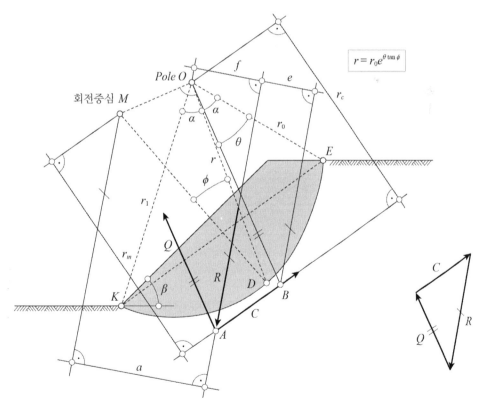

그림 4.9 대수나선형 활동파괴체(Jumikis, 1965)

4.4.1 pole 적용 안전율

대수나선 활동파괴체의 자중과 외력의 합력 R (pole 로부터 거리 f) 과 무게중심 및 pole 위치 O 는 그림 4.9 와 같다. 점착력 합력 C 의 pole 로부터 거리가 r_c 이다.

$$r_c = \frac{r_1^2 - r_0^2}{2\,s\tan\phi} \tag{4.17}$$

합력 R 과 점착력 $C\,(=cs)$ 는 크기와 작용방향을 알고, 이들 작용선은 A 점에서 만나므로, 힘의 다각형을 그려서 활동저항력 Q 를 구할 수 있다. Q 는 A 점을 지난다.

안전율이 1.0일 때 Q 가 pole 을 통과하며 (안전율이 1.0 보다 큰 때에는 Q 가 pole 을 벗어남), 안전율 (Q 가 pole 을 벗어나는 정도) 은 다음 방법으로 구한다.
 – pole 을 지나 Q 에 평행한 선을 그어 점착력 C 의 작용선과 교차하는 점 B 를 구한다.
 – 점 B 에서 합력 R 에 평행한 선을 긋고, 평행선과 합력 R 사이 거리 e 를 구한다.

합력 R 의 pole 로부터 거리 f 와 거리 e 로부터 다음같이 **pole 적용 안전율** η_m 을 구할 수 있다.

$$\eta_m = 1 + \frac{e}{f} \tag{4.18}$$

4.4.2 회전중심 적용 안전율

대수나선의 회전중심은 pole 과 일치하지 않으며, 다음과 같이 구한다.
 – 그림 4.9 에서 각 $\angle KOE = 2\alpha$ 의 이등분선이 활동면과 교차하는 점 D 를 구한다.
 – 점 D 와 pole (점 O) 을 연결한 선 OD 에서 ϕ 만큼 경사진 직선 DM 을 구한다.
 – pole (점 O) 에서 직선 OD 에 직각인 직선을 그려서 교차점 M 을 구한다.
 – 교점 M 이 평균 곡률점 M 이며, 회전중심이고 R 로부터 거리가 a 이다.

a 와 e 로부터 다음 같이 **회전중심 적용 안전율** η_m 을 구할 수 있고,

$$\eta_m = 1 + \frac{e}{a} \tag{4.19}$$

회전중심적용 안전율 η_m 은 pole 적용 안전율 η_m (식 4.18) 보다 더 정확하다.

제 5 장 # 비탈지반의 절편해석

5.1 개 요

과거에는 비탈지반을 모두 '**사면**'이라 칭하였으나 요즘에는 비탈지반을 세분하여 길이가 유한한 **비탈면 (유한 비탈지반)** 과 무한히 긴 **큰 비탈 (무한 비탈지반)** 및 지표가 계단형인 **단구**로 세분한다.

비탈면 (유한 비탈지반, slope) 은 규모가 유한하여 활동파괴도 한정된 크기로 발생되며, 이 때문에 활동파괴면 양단의 경계조건과 지반상태에 의한 영향을 고려하여 활동파괴에 대한 안정을 해석한다. 이때 **활동 파괴면 형상**은 원호나 직선 또는 대수나선 등으로 가정하고, **활동 파괴면 상부 활동 파괴체**를 **단일 파괴체** (제 4 장) 로 해석하거나 또는 다수의 **절편으로 분할** (제 5 장) 하여 해석한다.

비탈면의 활동파괴에 대한 안정성은 **활동 파괴면 상부 활동 파괴체**를 다수의 **연직절편으로 분할**하고, **각 절편** 또는 **전체 절편시스템**에 **힘 (또는 모멘트)** 의 **평형**을 적용하여 해석한다. 이를 **절편법** (5.2 절, slice method) 이라 하며, 그 결과는 대개 안전측이다. **절편법**에서는 **미지수와 식**의 **개수**를 일치시키기 위해 **평형식과 절편 측면력 및 바닥면 전단력**을 **가정**하며, 이로 인해 수많은 **절편법**이 **파생**된다.

절편법 발달 (5.3 절) 의 초기에는 **활동면 형상과 평형조건** 및 절편 **측면력의 작용방향**을 단순하게 가정 (원호 활동면, 전체 절편의 모멘트 평형, 수평 또는 바닥면 경사방향 측면력) 하는 **초기 절편법**이 개발되었다. 이어서 **확장 절편법**이 개발되어 **활동면 형상을 일반화** (임의 형상 또는 복합평면으로) 시키거나, **평형조건을** (힘 또는 모멘트 평형을 각 절편 또는 전체 절편에) 확대시켜서 적용하거나, 절편 **측면력의 방향과 크기**를 (가정하지 않고) 계산하여 그 값으로 해석하였다. 그런데 실무에서는 초기 절편법은 물론 확장 절편법들이 병용되어 결과를 판정하기가 혼란스러운 경우가 많다.

절편법은 다양한 형상의 활동면에 적용할 수 있고, 전산 프로그램 코딩하기가 쉽고, 계산이 간단하며, 대개 안전 측이어서, 비탈면의 안정검토방법으로 자주 적용되지만, 절편법간 편차가 극심해서 실무적용방법을 선택하기 어렵다. 따라서 모든 절편법을 포괄하는 **통합 절편법** (5.4 절) 이 필요하다.

절편법은 절편개수가 많아지면 계산이 복잡하므로 계산단계를 정하여 **단계별로 적용** (5.5 절) 하며, 각 절편법의 특성과 결과의 차이를 정확하게 이해하고 적용해야만 효과적이다. 따라서 실무에 자주 적용되는 절편법을 선택해서 **동일한 예제** (5.6 절) 를 해석하여 그 결과를 비교하고자 한다.

5.2 절편법의 비탈면 적용

비탈면의 활동 파괴체는 하부 경계면 (바닥면, 활동면) 을 따라서 활동하며, 활동 파괴체에 **작용하는 힘**은 **활동 파괴체의 자중 (및 외력) 과 활동면 상의 전단 저항력**이 있다. **비탈면의 안정성**은 활동면에서 힘(또는 모멘트) 의 평형으로부터 판정한다. 활동 파괴체의 **바닥면 전단 저항력**은 **바닥면에 작용하는 수직응력의 합력 (수직응력 분포를 적분) 을** 적용하여 계산한다.

활동 파괴체 바닥면에서 수직응력의 분포를 알지 못하는 경우 (곡면 등) 에는 활동파괴체를 다수 **절편으로 분할** (5.2.1절)하고, **절편 바닥면 반력을** 구하여 **바닥면 전단 저항력의 근사값으로** 간주한다. **절편에 작용하는 힘** (5.2.2절)으로 절편의 자중(및 상재하중)과 측면력 및 바닥면의 전단저항력 등이 있고, 각 절편은 물론 전체 절편 시스템은 **힘** (및 **모멘트**) **의 평형**을 이룬다.

절편법에서 자주 적용하는 **활동파괴면 형상** (5.2.3 절) 은 원호 및 직선 활동 파괴면이다. 대수나선이나 기타 형상의 활동 파괴면은 계산이 복잡하므로 적용되는 경우가 드물다. **절편법**에서 **미지수** (5.2.4 절) 는 안전율과 절편의 측면과 바닥에 작용하는 힘이며, 적용할 수 있는 식으로 힘 (또는 모멘트) 의 평형식 또는 전단 파괴식이 있다.

절편법에서 **안전율** η (5.2.5 절) 는 **절편 바닥면**에 작용하는 **수직력**과 **전단력**을 힘 (또는 모멘트) 의 **평형식**에 적용하여 계산한다. 절편법에 적용하는 **활동 파괴면 형상, 평형식, 바닥면 전단저항력, 절편 측면력** 등에 따라 다양한 **절편법이 파생** (5.2.6 절) 된다.

5.2.1 활동 파괴체의 절편 분할

활동파괴면 상부의 파괴체를 다수의 연직 **절편**으로 분할하고, 연직 절편 하부경계면의 **연직반력**을 구하여 활동 파괴면상 실제 분포응력과 같다고 가정하고 **비탈면 안정을 해석**한다 (그림 5.1). 이때 활동면상 수직응력의 가정에 기인하는 오차는 작용하중이나 지반의 강도정수 또는 활동파괴면 형상의 가정으로 인한 오차보다 작다 (Breth, 1956 ; Krey, 1926).

절편의 측면 경계면은 연직이고, (정역학적 평형을 고려하기 위한) 가상 경계면일 뿐이고, 활동 파괴면이 아니다. **절편 폭**이 균일하고, 지표면 형상을 최대한 고려하고, 지하수위 면이나 지층의 경계면을 반영하여 **절편분할**하면 계산하기가 편리하다.

분할 개수가 많을수록 실제에 근접하는 수직응력분포를 얻을 수 있으나, 너무 많으면 계산시간과 비용 및 노력이 과다하게 필요하다. 균질한 지반에서는 **6~10 개 정도**면 충분하다고 알려져 있다.

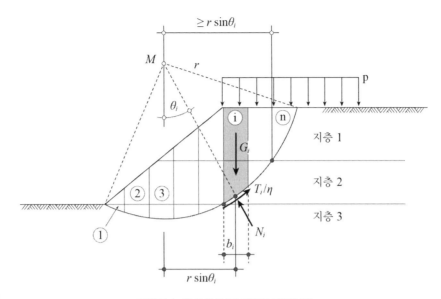

그림 5.1 원호활동 파괴체의 절편분할

5.2.2 절편에 작용하는 힘과 절편의 평형

절편법에서 **각 절편에 작용하는 힘**은 절편 **자중** G (및 **상재하중** P)와 **측면의 측면력** E 및 **바닥면의 전단저항력** Q 가 있다. **절편 측면의 연직 경계면**은 가상 경계면이고, 활동 파괴면이 아니다.

절편 **측면력**은 절편마다 작용방향이 다르며, 각 측면력의 작용선을 연결한 **추력선**(thrust line, Fellenius, 1936) 은 아직 확실히 알려져 있지 않다. **측면력 작용방향**을 편의적으로 측면에 직각이나 특정 각도 (내부 마찰각 등) 또는 바닥면에 평행하게 가정한다. **측면력의 크기**는 각 절편의 모멘트 평형에서 구할 수 있다.

활동 파괴체 바닥면에 작용하는 수직력은 **바닥면 수직응력의 합력**이다. 바닥면의 형상이 수직응력 분포를 계산하기 어려운 곡선 형상인 경우에는, **활동 파괴체를 다수 절편으로 분할**하고 절편 바닥면 반력으로부터 구한 바닥면 수직응력의 합력 (수직력) 을 힘 (또는 모멘트) 의 평형에 적용한다.

절편 바닥면 (활동 파괴면)의 **활동 저항력**은 **바닥면 중앙점에 작용** (절편법의 치명적 가정 ; 절편의 개수가 많도록 분할해야만 가능) 하며, **활동 저항력의 작용방향**은 활동면의 수직에 대해 내부마찰각 ϕ 만큼 경사진다. **활동 저항력**은 바닥면에 수직한 **수직력** (바닥 수직응력의 합력) 과 접선방향 **전단력** 으로 분력한다.

각 절편에 작용하는 힘은 각 절편은 물론 전체 절편 시스템에서 **힘** 또는 **모멘트 평형**을 이룬다. 일부 절편이 평형을 이루지 못해도 전체 절편 시스템이 안정상태를 유지하는 경우도 있을 수 있다.

1) 활동파괴체 하부 경계면의 수직응력

활동파괴체 하부 경계면 (활동면) 의 **수직응력 분포**는 Kötter-Reißner 식을 적분하여 구할 수 있지만, 활동면이 특수형상 (직선, 원호, 대수나선) 인 경우에만 계산가능하다 (토압론, 2016).

활동면의 형상이 Kötter-Reißner 식을 적분할 수 없는 곡선형상이면, 다음 중 한 방법으로 **곡선 활동면 상의 수직응력**을 구해서 비탈면의 안정성을 해석할 수 있다.
　① 수직응력 분포와 **무관한 방법을 적용**
　② 수직응력의 분포를 **가정**
　③ 간접적으로 수직응력의 **근사치 계산**

점토 비탈면에서 원호 활동면의 원호중심에 대해 모멘트 평형을 적용하면, (활동면 접선력만 모멘트 평형에 기여하므로) 활동면상 수직응력 분포에 상관없이 안전율을 구할 수 있다 (경우 ①).

모든 **힘과 모멘트가 평형상태** ($\sum H = 0$, $\sum V = 0$, $\sum M = 0$) 를 이루는 수직응력 분포는 가정할 수 있으나, 단순한 식으로 나타내기는 어렵고, 통용되는 형태는 없다 (경우 ②).

활동 파괴면 상부 파괴체를 다수의 **절편**으로 나누고, 연직절편 하부 경계면의 연직반력을 구하여 활동 파괴면상 **분포응력의 근사치로 간주** (경우 ③) 하여 안전율을 구할 수 있다 (**절편법**).

2) 절편에 작용하는 힘

각 절편에 작용하는 힘 중에서 절편의 **자중 G 와 상재하중 P** 는 크기와 작용방향을 알고, **바닥면의 전단 저항력 Q** 는 크기는 모르고 작용방향을 안다. 따라서 **측면력 E** 의 작용방향을 가정하면, 힘의 다각형이 성립되어 바닥면 활동저항력 Q 의 크기를 구할 수 있다 (그림 5.2).

　① 절편의 **자중 G 및 상재하중 P** 는 **크기와 작용방향**을 알고 있는 힘이다.
　② **절편의 측면력 E** 는 절편마다 작용방향이 다를 것으로 추정된다.
　　측면력의 작용방향은 측면에 직각 (즉, 수평 $\delta = 0$) 이거나 특정한 각도이거나 바닥면에 평행 ($\delta = \theta$) 하다고 가정하고, 측면력의 크기는 각 절편의 모멘트 평형에서 구한다.
　③ **바닥면 활동저항력 Q** 는 바닥면 중앙에 작용 (가정) 하며, 바닥면 수직에 대해 내부마찰각 ϕ 만큼 경사지게 작용하고, 바닥면에서 **수직력 N** 과 평행한 접선방향 **전단력 T** 로 분력하여 해석한다.

　　활동면 수직방향 수직력 N : 절편자중 G 의 활동면 수직분력 $G \cos \theta$ 이고, 유효 수직력 N' 은 수직력 N 에서 간극수압 U 를 **뺀** 값이다.

$$N = G \cos \theta, \quad N' = N - U \tag{5.1}$$

　　활동면 접선방향 전단력 T : 지반의 전단강도 (설계전단강도) 이며, Mohr-Coulomb 파괴기준에 따른 **파괴 전단력 T_f** 또는 **설계 전단력 $T_d = T_f / \eta$** (안전율 η) 로 나타낸다 (l 은 바닥면 길이).

$$T_f = N' \tan \phi' + c'l = G \cos \theta \tan \phi' + c'b / \cos \theta \tag{5.2a}$$

$$T_d = \frac{T_f}{\eta} = \frac{1}{\eta} \left(N' \tan \phi' + c'l \right) = \frac{1}{\eta} \left(G \cos \theta \tan \phi' + c'b / \cos \theta \right) \tag{5.2b}$$

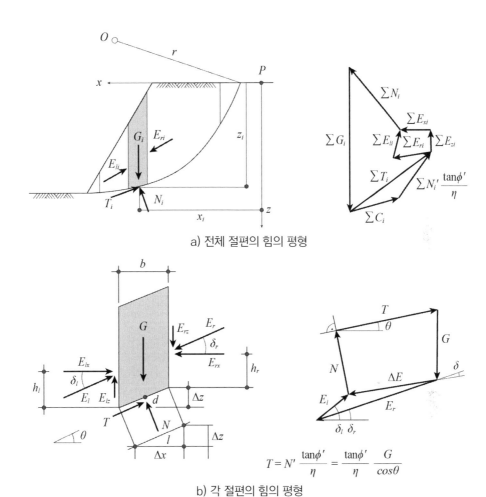

a) 전체 절편의 힘의 평형

b) 각 절편의 힘의 평형

그림 5.2 절편에 작용하는 힘

3) 절편의 평형

2차원 상태 각 절편(또는 **전체 절편시스템**)은 평형을 이루고, 이를 위해 충족할 평형식은 **힘의 평형식**(수평방향 $\sum H = 0$, 연직방향 $\sum V = 0$) 2개이고, **모멘트 평형식**이 1개 ($\sum M = 0$) 이다.

각 절편 : 1개 **모멘트 평형식**(원호 중심 O 점에 대한 $\sum M_O = 0$ 또는 절편 바닥 중앙 d점에 대한 $\sum M_d = 0$)과 2개 **힘의 평형식**(수평방향 $\sum H = 0$ 및 연직방향 $\sum V = 0$)을 충족해야 한다.

$$\sum H = 0 \quad : \quad N\sin\theta + \Delta E_x - T\cos\theta = 0 \tag{5.3a}$$

$$\sum V = 0 \quad : \quad -N\cos\theta + \Delta E_z - T\sin\theta + G = 0 \tag{5.3b}$$

$$\sum M_d = 0 \quad : \quad E_{lx}\left(h_l - \frac{b}{2}\tan\theta\right) + E_{lz}\frac{b}{2} - E_{rx}\left(h_r + \frac{b}{2}\tan\theta\right) + E_{rz}\frac{b}{2} = 0 \tag{5.3c}$$

$$\sum M_O = 0 \quad : \quad \sum G\, r\sin\theta + \sum E_r r_r - \sum E_l r_l - \sum Tr = 0 \tag{5.3d}$$

전체 절편시스템 : 1 개의 **모멘트 평형식**(원호 중심 O 점 $\sum M_O = 0$ 또는 임의 P 점 (x, z) $\sum M_P = 0$)과 2 개 **힘의 평형식**(수평방향 $\sum H = 0$ 및 연직방향 $\sum V = 0$)을 충족해야 한다.

$$\sum H = 0 \quad : \sum N \sin\theta - \sum T \cos\theta = 0 = \sum \Delta E_x \tag{5.4a}$$

$$\sum V = 0 \quad : -\sum N \cos\theta - \sum T \sin\theta + \sum G = 0 = \sum \Delta E_z \tag{5.4b}$$

$$\sum (N \sin\theta - T \cos\theta)z + \sum (N \cos\theta + T \sin\theta - G)x = 0 = \sum \Delta E_x z - \sum \Delta E_z x \tag{5.4c}$$

$$\sum M_O = 0 \quad : \sum G r \sin\theta + \sum E_r r_r - \sum E_l r_l - \sum T r = 0 \tag{5.4d}$$

5.2.3 활동파괴면의 형상과 절편분할 및 안전율

절편법에서 **원호나 평면 활동면**이 자주 적용된다 (**대수나선 및 기타 형상**은 매우 드물게 적용한다). **원호 활동 파괴체**는 그림 5.1 과 같이 절편으로 분할하고 모멘트 평형식을 적용하여 안전율을 구한다. **평면 활동 파괴체**는 그림 5.3 과 같이 분할하고 힘의 평형을 적용하여 안전율을 구한다.

1) 원호 활동파괴에 대한 절편분할

원호 활동파괴 안전율 η 는 **전체 절편**에 대한 **활동 저항모멘트** $\sum R_M$와 **활동유발 모멘트** $\sum S_M$의 비이다. **활동모멘트** $\sum S_M$에 침투력이나 외력 등에 의한 **증가 활동 모멘트** $\sum M_{sd}$ 가 추가된다.

$$\eta = \frac{저항모멘트}{활동모멘트} = \frac{\sum R_M}{\sum S_M + \sum M_{sd}} \tag{5.5}$$

안전율 η 가 양변에 있으므로 반복계산 (시산법) 하여 가정 안전율과 계산 안전율을 일치시킨다.

2) 평면 활동파괴에 대한 절편분할

평면 활동 파괴면에 대해 전체 절편의 **활동 저항력** $\sum R$과 **활동 유발력** $\sum S$를 비교하여 **평면활동 파괴 안전율** η를 구한다(Janbu, 1954b). 이때 F_h 는 작용외력의 수평성분의 합이다.

$$\eta = \frac{활동저항력}{활동유발력} = \frac{\sum R}{\sum S} \tag{5.6}$$

$$\sum R = \sum \frac{(G_i + P_i - u_i b_i)\tan\phi_i + c_i b_i}{\cos^2\theta_i(1 + \frac{1}{\eta}\tan\phi_i \tan\theta_i)}$$

$$\sum S = \sum (G_i + P_i)\tan\theta_i + F_h \tag{5.7}$$

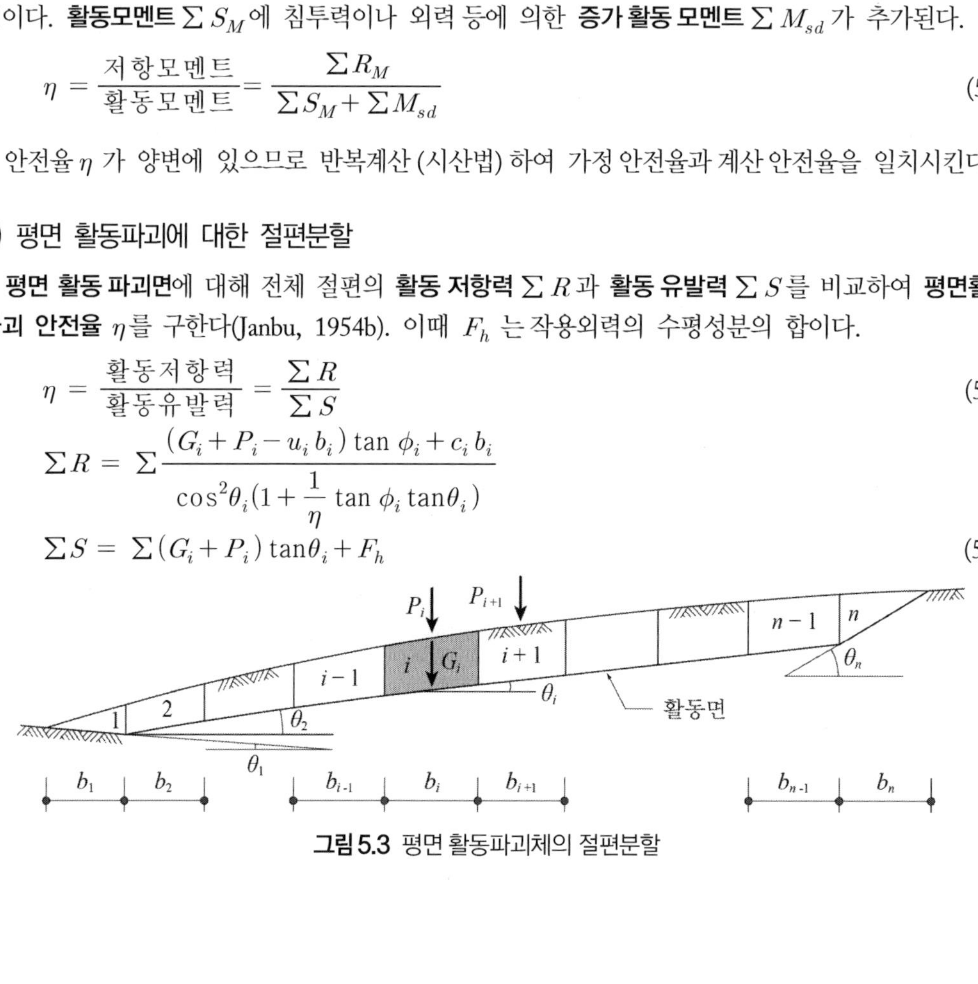

그림 5.3 평면 활동파괴체의 절편분할

5.2.4 절편법의 미지수와 식의 개수

절편법에서 **미지수**는 안전율과 각 절편의 측면 및 바닥면에 작용하는 힘이며, 적용 가능한 **식**은 각 절편별 **힘의 평형식**과 **모멘트 평형식** 및 **지반 파괴식**이 있다.

1) 절편법의 미지수 개수

n **개 절편으로 된 절편시스템에서 연직 측면**(파괴면이 아닌 가상 단면)은 $n-1$ 개이고, 각 연직 측면마다 미지수가 3개(힘의 크기, 작용위치, 작용방향)이므로, **측면 미지수**는 총 $3(n-1)$ 개다.

절편 바닥면(n 개)마다 미지수가 3개(힘의 크기, 작용위치, 작용방향)이므로, 바닥면 미지수는 총 $3n$개이다. 그런데 절편 개수가 많아 바닥면 폭이 좁으면, 절편 바닥 중앙 점을 힘의 작용점으로 간주할 수 있어서 미지수가 2개(힘의 크기, 작용방향)로 감소되어 **바닥면 미지수**는 총 $2n$ 개이다.

n 개 절편으로 된 절편시스템의 **전체 미지수**는 활동파괴 안전율 1개와 **절편측면에서** $3(n-1)$ 개 및 **절편바닥면에서** $2n$ 개이므로, **절편법의 전체 미지수 개수**는 $1+3(n-1)+2n=5n-2$ 개이다.

2) 절편법의 식의 개수

절편법에 적용할 수 있는 식은 **각 절편마다 힘의 평형식**(수평방향, 연직방향)과 **모멘트 평형식** 및 바닥면(활동 파괴면)에서 **지반 파괴식**이 있다.

n개 절편에 적용 가능한 **식의 개수**는 힘의 평형식 $2n$ 개와 모멘트 평형식 n 개 그리고 바닥면의 파괴식이 n 개이어서 모두를 합한 **절편법의 전체 식의 개수**는 $2n+n+n=4n$ 개이다.

3) 절편법의 미지수와 식의 개수

절편법에서 **전체 식의 수**는 총 $4n$ 개인데 **전체 미지수의 수**는 총 $5n-2$ 개 이어서 식이 미지수보다 $n-2$ 개 부족하다. 절편법에서 미지수와 식의 개수는 표 5.1 과 같다.

각 절편 측면에서 식을 1 개씩 추가(파괴조건식 등) 하면 (식이 총 $n-1$ 개 추가), 식의 개수가 $5n-1$ 개로 되어 미지수 개수 $5n-2$ 개 보다 **식의 개수가 1 개 더 많다**. 반면에 각 절편 측면에서 **미지수를 1 개씩 감소**(힘의 작용방향 등) 시키면 (미지수가 총 $n-1$ 개 감소), **미지수 개수가** $4n-1$ 개로 되어 **식의 개수** $4n$ 개 보다 **미지수 개수가 1 개 더 많다**.

따라서 식의 개수와 **미지수 개수**를 일치시키지 못하고 그 차이를 **1 개**까지 줄였다. 그래도 식을 풀려면 **근사적 해결책**을 적용할 수밖에 없고, 이에 따라 **여러 가지 절편법들이 파생**된다.

표 5.1 절편법의 미지수와 식의 수

미지수 개수		식의 개수	
절편 측면	$3(n-1)$	절편의 힘의 평형식	$2n$
바닥면	$2n$	절편의 모멘트 평형식	n
안전율	1	바닥의 파괴조건식	n
Σ	$5n-2$	Σ	$4n$

5.2.5 절편법의 안전율 계산 순서

절편법에서는 **비탈면 안전율** η 를 다음 순서에 따라 계산한다.

① **절편 바닥면 수직력** N **계산** : 각 (전체) 절편에 힘 (또는 모멘트) 의 평형식을 적용하여
　 절편 바닥면 수직력 N (활동면 분포 수직응력의 합력) 을 구하고,

② **절편 바닥면의 전단력** T **결정** : **절편 바닥면 수직력** N 으로부터
　 절편 바닥면 전단력 T (파괴 전단력 T_f 또는 설계 전단력 $T_d = T_f/\eta$) 결정하고,

③ **안전율** η **계산** : 수직력 N 과 전단력 T를 평형조건에 적용하여 **안전율** η 를 계산한다 (표 5.2).
　 평형조건 종류와 대상 절편 (각 절편 또는 전체 절편 또는 각 절편 + 전체 절편) 에 유의한다.

표 5.2 절편법의 안전율 계산순서

순서	적용 절편	적용(평형)조건	방법
①	\multicolumn{3}{절편 바닥면의 수직력 N을 계산한다. **각 절편 힘의 평형조건** (바닥면 수직방향 힘의 평형, 연직방향 힘의 평형) 또는 **전체 절편 모멘트 평형조건**을 적용하여 구한다.}		
	각 절편	**바닥면 수직방향 힘의 평형** $\sum N = 0$	Morgenstern/Price 방법
		절편 연직방향 힘의 평형조건 $\sum V = 0$	Spencer 방법, Bishop 법, Janbu 방법
	전체 절편	**원호 중심 모멘트 평형조건** $\sum M_O = 0$	Fellenius 방법
②		절편 바닥면의 접선력 (전단력) T를 계산한다. 절편 바닥면 수직력 N을 적용하여 결정한다. 전단력 T로 파괴 전단력 T_f 또는 설계 전단력 $T_d = T_f/\eta$을 적용한다.		
	각 절편	**Mohr–Coulomb 파괴 전단력** T_f 를 적용 $T = T_f = c'l + N'\tan\phi$	Breth 방법
		설계전단력 T_d를 적용 (안전율 η 적용) $T = T_d = T_f/\eta = \dfrac{1}{\eta}(c'l + N'\tan\phi)$	Fellenius방법, Bishop 방법, Janbu 방법, Spencer 방법, Franke 방법, Morgenstern/Price 방법
③		안전율 η을 계산한다. 접선력 T를 적용하여 계산한다. **평형조건의 종류**와 평형조건의 **적용대상** (각 절편 또는 전체 절편 또는 각 절편 및 전체 절편) 에 따라 적용한다.		
	전체 절편	**원호 중심 모멘트 평형** $\sum M_O = 0$	Bishop 방법, Fellenius 방법
		원호 중심 모멘트 평형 $\sum M_O = 0$ 및 **수평방향 힘의 평형** $\sum H = 0$	Spencer 방법
		바닥 중심 모멘트 평형 $\sum M_d = 0$	Janbu 의 정밀해법
	각 절편	**연직방향 힘의 평형** $\sum V = 0$	Janbu 간편법
	전체 절편 + 각 절편	**전체 절편 ; 바닥중심 모멘트 평형** $\sum M_d = 0$	Morgenstern/Price 방법
		각 절편 : 바닥 수직력의 평형 $\sum N = 0$ 및 **바닥면 접선력의 평형** $\sum T = 0$	

5.2.6 절편법의 파생

절편법은 활동면 형상, 적용 **평형식**, **바닥 전단력**, **측면력** 등에 따라 여러 방법이 파생된다 (표 5.3, 5.4).
- **활동면의 형상** : 평면, 원호, 비원호, 임의 형상
- **적용 평형식** :
  힘의 평형 : 전체 절편 연직 및 수평 힘의 평형 ; $\sum H = 0$, $\sum V = 0$
  모멘트 평형 : 전체 절편 원호중심 모멘트 평형 ; $\sum M_O = 0$
  힘의 평형 및 모멘트 평형 :
  *전체 절편 연직 힘의 평형 + 원호 중심 모멘트 평형 ; $\sum M_O = 0 + \sum V = 0$
  * 연직 힘의 평형 + 회전 중심 모멘트 평형 ; $\sum M_P = 0 + \sum V = 0$
  * 연직 힘의 평형 + 회전 중심 모멘트 평형, 수평 힘의 평형 ; $\sum M_P = 0 + \sum V = 0$, $\sum H = 0$
  *각절편 연직 힘의 평형 + 바닥중심 모멘트 평형 ; 전체 절편 수평 힘의 평형 ; $\sum M_d = 0 + \sum V = 0$, $\sum H = 0$
- **절편 바닥면 전단력** ; 파괴 전단저항력 T_f, 설계 전단저항력 $T_d = T_f/\eta$
- **절편 측면력** (측면 수직경사) ; 상수 $(\delta = 0, \phi_m)$, 변수 $(\delta = \alpha, E_z/E_x)$, 함수 $(\tan\delta = \lambda f(x))$

표 5.3 절편법의 파생 ($\sum M_P$: 임의 회전중심점 모멘트, $\sum M_d$: 절편 바닥중심점 모멘트)

파생요인			파생기준	절편법
활동 파괴면 형상	평면		Janbu 방법	
	원호		Fellenius 법, Terzaghi 법, Bishop 법, Spencer 법, Franke 법, Breth 법	
	임의형상/비원호		Janbu 법, Morgenstern/Price 법, Nonveiller 법, Spencer 법	
평형식	힘의평형	전체절편	$\sum H = 0$, $\sum V = 0$	Janbu 법, Borowicka 법
	모멘트평형		전체절편 $\sum M_O = 0$	Fellenius / Terzaghi 법, Breth 법
	힘의평형 및 모멘트 평형	전체	$\sum M_O = 0 + \sum V = 0$	Bishop 법
			$\sum M_P = 0 + \sum V = 0$	Nonveiller 법
		전체 및 각절편	전체 절편 $(\sum M_P = 0$ $+ \sum V = 0, \sum H = 0)$ + 각 절편 $(\sum M_d = 0$ $+ \sum V = 0, \sum H = 0)$	Janbu 법, Morgenstern/Price 법, Spencer 법, Franke 법
절편 바닥면	수직력	각절편	**바닥 수직방향 힘 평형조건** $\sum N = 0$	Morgenstern/Price 법
			연직방향 힘의 평형조건 $\sum V = 0$	Spencer 법, Bishop 법, Janbu 법
	전단력		파괴 저항력 T_f	Breth 법
			설계 저항력 $T_d = T_f/\eta$	Fellenius/Terzaghi 법, Bishop 법, Spencer 법, Franke 법, Janbu 법
절편 측면	측면력	작용방향; 측면의 수직에 대한 경사δ	상수 측면에 수직 ; $\delta = 0$	Bishop 법, Breth 법, Janbu 법
			상수 측면에 일정경사 ; $\delta = \phi_m$	운동요소법 (Guβmann, 1978)
			변수 바닥면에 평행 ; $\delta_i = \alpha_i$	Fellenius / Terzaghi 법
			변수 $\tan\delta_i = E_{zi}/E_{xi}$	Spencer 법, Franke 법
			함수 $\tan\delta = \lambda f(x)$	Morgenstern/Price 법

표 5.4 절편법의 비교 요약

Fellenius 방법 원호	측면력	○ 측면력 E_l 과 E_r 의 **작용방향**은 절편 바닥면과 평행 $(\delta_l = \delta_r = \theta)$
	수직력 N	○ 절편 무게 G 의 **바닥면 수직방향 분력** $G\cos\theta$; $(N' = G\cos\theta - U)$
	안전율	○ **전체 절편**에 대한 **원호 중심 모멘트** 평형 $(\sum M_o = 0)$
	비 고	○ 최초 절편법 ○ 스웨덴 방법 ○ 힘의 평형 (힘의 다각형) 성립 안됨
Janbu 방법 원호 비원호	측면력	〈간편법〉 ○ 측면 전단력은 영 $(E_{lz} = E_{rz} = 0,$ 즉 $\delta_l = \delta_r = 0)$ (전단력 영향은 흙의 특성과 사면의 형상에 따라 **보정계수** f_0 로 보정) 〈정밀해법〉○ 측면력 E_l 과 E_r 은 연속 thrust line 에 수평으로 작용
	수직력 N	○ 각 절편의 **연직방향 힘의 평형** $(\sum V = 0)$ 에서 계산

	안전율	〈간편법〉 ○ 각 절편에 대해 힘의 평형 $(\sum V = 0, \sum H = 0)$
		  전체 절편에 수평방향 힘의 평형 $\sum H = 0$ 적용 → $\sum \Delta E_x = 0$
		  안전율은 보정계수 f_0 로 수정
		〈정밀해법〉○ 각 절편 바닥면 중심 모멘트 평형 $(\sum M_d = 0)$

	비 고	○ 연직방향 힘의 평형 $(\sum V = 0) \to$ Bishop 법에 E_l 과 E_r 포함된 형태 ○ $\Delta E_z \neq 0$
Bishop의 간편법 원호	측면력	○ 절편 **측면력은 수평**으로 작용 ○ 측면 **전단력은 합력이 '영'** $(E_{lz} = E_{rz} \ \Delta E_z = 0)$
	수직력 N	○ 각 절편의 **연직방향 힘의 평형** $(\sum V = 0)$ 에서 계산
	안전율	○ **전체 절편에 대해 원호 중심 모멘트 평형** $(\sum M_0 = 0)$
	비 고	○ 초기가정 때문에 정역학적 정해가 될 수 없다. ○ 사면 선단부 활동면 경사가 급할 때는 수치적 문제 발생 가능
Morgenstern /Price 방법 원호 비원호	측면력	○ 활동면을 따라 **응력이 연속적으로 변화** $E_z = \lambda f(x) \ E_x$ ○ $\tan\delta = E_z/E_x = \lambda f(x)$ 에 대해 $\eta_M = \eta_V = \eta$ 인 상수 λ 정해 $\eta_{\min}$ 결정
	수직력 N	○ 수직력 N ; **각 절편 바닥면 수직방향 힘의 평형** $(\sum N = 0)$ 에서 계산 ○ 유효 수직력 N'; **각 절편 연직방향 힘의 평형** $(\sum V = 0)$ 에서 계산
	안전율	○ **각 절편 바닥면 중심 d 점 모멘트 평형** $(\sum M_d = 0)$ ○ **각 절편 바닥면의 수직 및 접선방향 힘의 평형** $\sum N = 0, \sum T = 0$ ○ 측면력 함수 $f(x)$ 에 대해 힘/모멘트 평형을 만족하는 λ 로 구한 **힘의 평형 안전율** η_F 와 **모멘트 평형 안전율** η_M 및 **최소안전율** $\eta = \eta_M = \eta_V$ 구함
	비 고	○ 자중에 의한 지중응력, $f(x)$ 함수, 절편 바닥면경사가 인접한 절편 간에 선형적 변화를 가정하여 각 절편에 한 개 미분방정식 적용 → 계산 어려움
Spencer 방법 원호 (비원호)	측면력	○ **측면력 경사** ; 상수 ; $\tan\delta = E_z/E_x = const.$
	수직력	○ **유효수직력 N'; 각 절편 연직방향 힘의 평형** $(\sum V = 0)$ 에서 계산 ○ **수직력 N; 각 절편 바닥면의 수직 및 접선방향 힘의 평형** $\sum N = 0, \sum T = 0$
	안전율	〈힘의 평형 ; η_F〉 ○ **전체 절편에 수평방향 힘의 평형조건** $\sum H = 0$ 적용 ○ 지반자중만 작용하면 **측면력의 합력이 '영'** $\sum (E_{rx} - E_{lx}) = 0$ ○ 수직력 N 및 유효 수직력 N'을 적용 〈모멘트 평형 ; η_M〉 ○ **전체 절편에 원호 중심 모멘트 평형** $\sum M_0 = 0$ ○ 유효수직력 N' 적용
	비 고	○ 절편바닥중심 모멘트평형 $\sum M_d = 0$ 에서 측면력 작용위치 결정 ○ $\eta = \eta_M = \eta_V$ 을 최소안전율로 간주

5.3 절편법의 발달

절편법은 가장 보편적인 비탈지반 안정검토방법이지만, **활동 파괴면 형상**, 적용하는 **평형식**, 절편 **바닥면 전단력**의 정의, 절편 **측면력**의 가정 등에 따라 다양한 형태로 진화되었다. 따라서 오랫동안 적용되었음에도 불구하고 아직 완전하고 보편적인 방법이 되지 못하고 있다. 절편법은 각 방법들의 특성을 알고 적용해야 현장상황에 적합하고 만족할 만한 결과를 얻을 수 있다 (표 5.4).

초기 절편법 (5.3.1 절) 은 **조건이 단순** (단순형상 활동파괴면, 단순 평형조건, 절편 바닥 전단력의 정의, 측면력의 가정) 하여 적용하기가 쉬우며, Fellenius **의 절편법**과 Terzaghi **절편법**과 Krey/ Breth **절편법**과 Bishop **간편법** 및 Spencer/Franke **절편법** 등이 있다.

확장 절편법 (5.3.2 절) 에서는 **활동 파괴면 형상**을 임의 형상이나 복합 평면으로 확대 (Janbu 법) 하거나, **평형조건**을 임의형상의 활동면에 대해 일반화 (Morgenstern/Price 법) 시켜서 각 절편과 전체 절편에 **힘 및 모멘트 평형식을 적용**하고, 각 절편의 **측면력 방향과 크기를** (가정하지 않고) 계산한다.

절편법에서는 각 절편에서 **측면력과 바닥 접선력의 가정** (5.3.3 절) 에 따라 힘의 다각형이 다르게 구성된다. 절편법은 종류가 다양하지만 대체로 바닥 수직력 계산 – 바닥 접선력 계산 – 안정율 계산으로 순서를 정하여 적용한다.

Bishop **의 간편법**은 자주 적용되며, 초기 절편법의 취약점을 보완하고 **적용성과 정확성을 개선**하기 위하여 다양한 형태로 **확장**되었으나, 모든 절편법을 포괄하는 **완전한 통합 절편법** 개발이 절실하다.

5.3.1 초기 절편법

초기 절편법은 원호 활동파괴에 대한 전체 절편의 **(원호 중심) 모멘트 평형**을 적용하여 안전율을 구하며, **절편 바닥면의 전단저항력과 절편 측면력의 적용방법**에 따라 Fellenius **절편법**, Terzaghi **절편법**, Krey/Breth **절편법**, Bishop **절편법**, Spencer/Franke **절편법**으로 구분되고, 자주 적용된다.

Fellenius **절편법**은 전체 절편에 **모멘트 평형**을 적용하며, **바닥면에 설계 전단력** T_d (절편 무게의 바닥면 수직분력 N을 적용한 **파괴 전단력** T_f을 안전율 η로 나눈 T_f/η) 을 적용하고, **바닥면에 평행한 측면력**을 적용하였다. Terzaghi **절편법**은 Fellenius 방법에서 기원하며, 오랫동안 실무에서 검증되었다. Krey/Breth **절편법**은 전체 절편에 모멘트 평형을 적용하며, **바닥면에 파괴 전단력** T_f(연직방향 힘의 평형에서 구한 바닥면 **수직분력** N을 적용)을 적용하고, 수평한 측면력을 적용하였다. Bishop **간편법**은 전체절편에 모멘트 평형을 적용하며, **바닥면에 설계 전단력** T_d를 적용하고, **수평한 측면력**을 적용하였고, **간편**하여 실무에서 자주 적용한다. Spencer/Franke **절편법**은 전체절편에 모멘트 평형을 적용하며, 바닥면에 설계전단력 T_d (수평방향 힘의 평형에서 바닥면 수직분력 N을 구하고, 바닥면 접선방향 힘의 평형에서 바닥면 **전단력** T를 구함) 을 적용하고, 측면력은 합리적 상수값을 적용했다. **얕게 원호파괴되면 간극수압이 큰 완만한 비탈면**을 유효응력해석하면 **안전율이 과소평가**된다.

1) Fellenius 절편법

Fellenius (1926) 는 **원시 절편법** (Hultin, 1916 ; Petterson, 1916) 을 **현대 절편법**으로 발전시켰다. **Fellenius 절편법**은 절편 바닥면 **전단 저항력**은 **설계 전단력** T_d (절편 무게의 바닥면 수직분력 N 을 적용한 **파괴 전단저항력** T_f 를 안전율로 나눈 값 $T_d = T_f/\eta$) 를 적용하고, **측면력** E 는 절편 바닥면에 평행하게 작용하고, 원호활동에 대한 전체 절편시스템의 모멘트 평형에서 **안전율**을 구한다.

(1) 절편에 작용하는 힘

각 절편에 작용하는 힘은 **자중** G (**상재하중** P_v 포함) 와 바닥면의 **수직력** N 및 **전단력** T 와 측면의 **측면력** E_1 및 E_2 가 있고, 이들은 **힘** (또는 **모멘트**) **의 평형**을 이룬다.

> **측면력** : 바닥면에 평행 ($E_z/E_x = \tan\theta$) 하고, **합력**이 '영' ($E_{rx} = E_{lx}, E_{rz} = E_{lz}$) 이다.
> **바닥면 (활동면) 수직력** N : 절편 무게 G (**하중** P_v 포함) 의 바닥면 수직분력 $N = G\cos\theta$ 이다.
> 연직방향 힘의 평형 $\sum V = 0$ 은 적용하지 않는다.
> **유효 수직력** N' 은 **수직력** N 에서 간극수압 $U = u\,l$ 를 뺀 값이다($l = b/\cos\theta$ 은 바닥면 길이).

$$N' = N - U = G\cos\theta - U \tag{5.8}$$

바닥면 전단 저항력 T : **설계 전단 저항력** $T_d (= T_f/\eta)$ 를 적용한다 (식 5.2b).

$$T_f = N'\tan\phi' + c'l = (G\cos\theta - U)\tan\phi' + c'b/\cos\theta \tag{5.2a}$$

$$T = T_d = \frac{T_f}{\eta} = \frac{1}{\eta}(N'\tan\phi' + c'l) = \frac{1}{\eta}\{(G\cos\theta - U)\tan\phi' + c'b/\cos\theta\} \tag{5.2b}$$

(2) 안전율

전체 절편 시스템이 원호 중심에 대해 **모멘트 평형** ($\sum M_O = 0$: 식 5.4d) 을 이룬다.

$$\sum Gr\sin\theta - \sum Tr = \sum Gr\sin\theta - \sum \frac{1}{\eta}\{(G\cos\theta - U)\tan\phi') + c'b/\cos\theta\}r = 0 \tag{5.9}$$

따라서 **안전율** η 은 위 식에 **유효 수직력** N' (식 5.8) 을 대입하여 정리하면 다음이 된다.

$$\eta = \frac{\sum Tr}{\sum Gr} = \frac{\sum (G\cos\theta - U)\tan\phi' + \sum c'b/\cos\theta}{\sum G\sin\theta} \tag{5.10}$$

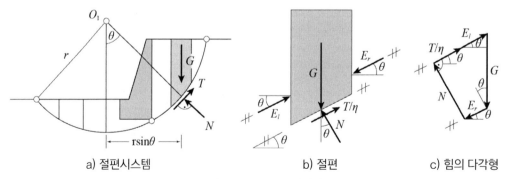

a) 절편시스템　　　　　b) 절편　　　　　c) 힘의 다각형

그림 5.4 Fellenius 절편법

Fellenius 절편법은 **측면력 초기가정에 기인한 오차**가 발생되지만 안전율이 과소평가되어 결과는 **안전측**이고, **균질 점토**에서 안전율은 정해이다. **전응력 해석**에서 비배수 강도정수 c_u, ϕ_u 를 적용한다.

2) Terzaghi 절편법

Terzaghi 절편법 (Terzaghi, 1936) 은 Fellenius 절편법을 답습하였다 (**원호파괴**에 대해 전체 절편에 모멘트 평형 적용, **바닥면에 설계 전단력** 적용, **측면력은 바닥면에 평행**). 오랜 기간 동안에 실무에서 검증되었고, 옹벽 설치 단구에서는 결과가 대체로 안전측이다.

안전율 η 는 전체 절편시스템의 원호 중심 O 에 대한 **모멘트 평형** ($\sum M_O = 0$, 식 5.4d) 에서 계산한다. S_k 는 자중 G (**하중** P_v 포함) 에 포함되지 않은 힘 (수압, 침투력, 파력, 충격하중 등) 이다.

$$\sum (G + S_k) r \sin\theta - \sum T r = 0 \tag{5.11}$$

안전율 η 는 위 식에 **바닥면 전단 저항력** $T = T_d$ (식 5.2b) 를 대입하여 정리하면 구할 수 있다.

$$\eta = \frac{\sum \{(G\cos\theta - U)\tan\phi' + c'b/\cos\theta\} r}{\sum G r \sin\theta + \sum M(S_k)} \tag{5.12}$$

3) Krey/Breth 방법

Krey/Breth 절편법 (Krey, 1932 ; Breth, 1954) 은 **원호 활동파괴** (그림 5.5) 되는 전체 절편에 대해 원호 중심에 대한 **모멘트 평형**을 적용하며, 바닥면에 (연직방향 힘 평형에서 구한 바닥면 수직력 N 을 적용한) **파괴전단력** T_f 을 적용하고, 수평한 측면력을 적용하여 안전율을 구하였다.

(1) 절편에 작용하는 힘

절편에 자중 G (하중 P_v 포함), 바닥면 **수직력** N 및 **전단력** T, 측면 측면력 E_l 및 E_r 가 작용한다.

절편 측면력 E_l 및 E_r : **수평** $\delta = 0$ 으로 작용한다.

바닥면 유효 수직력 N' : 각 절편 연직방향 힘 평형식 ($\sum V = 0$) 에 T_f (식 5.2a) 와 $\Delta E_z = 0$ 를 대입한다.

$$N' = \frac{G - c'l\sin\theta}{\cos\theta + \tan\phi' \sin\theta} \tag{5.13a}$$

바닥면 전단 저항력 T : 위 **유효수직력** N' 을 대입하여 구한 **파괴 전단력** T_f (식 5.2a) 을 적용한다.

$$T = T_f = N'\tan\phi' + \frac{c'b}{\cos\theta} = \frac{G\tan\phi' + c'b}{\cos\theta + \tan\phi' \sin\theta} \tag{5.13b}$$

(2) 안전율

비탈면 안전율 η 는 **전체 절편 시스템**의 **원호 중심**에 대한 **모멘트 평형식** ($\sum M_O = 0$, 식 5.4d) 에 **바닥면 전단 저항력** T_f (식 5.2a) 를 대입하여 정리하면 다음 식이 된다 (Krey/Breth, 1954).

$$\eta = \frac{\sum T r}{\sum (G + S_k) a} = \frac{\sum \left\{ \dfrac{G\tan\phi' + c'b}{\cos\theta + \tan\phi' \sin\theta} \right\} r}{\sum G r \sin\theta + \sum M(S_k)} \tag{5.14}$$

이 식에서 바닥면 전단 저항력은 **파괴 전단력** T_f 를 적용하므로 비탈면의 **선단측 측면력**이 '음'의 방향으로 계산될 수 있지만 전체 결과에 대한 오차가 작기 때문에 안전측이다.

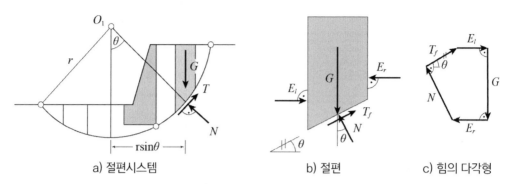

a) 절편시스템   b) 절편   c) 힘의 다각형

그림 5.5 Krey/Breth 의 절편법

4) Bishop 절편법 (간편법)

Bishop 간편 절편법 (간편법) (Bishop, 1954) 은 **원호파괴** (그림 5.7) 에 대해 전체절편에 원의 중심에 대한 **모멘트 평형**을 적용하며, **바닥면에** (각 절편에 대한 연직방향 힘의 평형에서 구한 **바닥면 수직력** N 을 적용한 파괴 전단력 T_f 을 안전율 η 로 나눈) **설계 전단력** $T_d = T_f/\eta$ 를 적용하고, **수평측면력**을 적용하여 **안전율**을 구하였다.

(1) 절편에 작용하는 힘

절편에 **자중** G (하중 P_v 포함), **바닥면 수직력** N, **전단력** T, **측면 수직력** E_l 및 E_r 등이 작용한다.

측면 수직력 E_l 및 E_r : 수평 ($\delta = 0$) 으로 작용한다 (**Bishop 정밀 절편법**은 **일정 각도** $\delta \neq 0$ 로 작용).

     전단력 E_{lz} 및 E_{rz} : 합력이 '영' ($E_{rz} = E_{lz}$, $\Delta E_z = 0$) 이다.

바닥면 수직력 N : 각 절편 연직방향 힘의 평형식 ($\sum V = 0$, 식 5.3b) 에 T_f (식 5.2a) 와 $\Delta E_z = 0$ 를 대입하고 **수직력** N 에 대해 정리하면 다음이 된다.

$$N = \frac{G - \dfrac{1}{\eta}\, cl\sin\theta}{\cos\theta + \dfrac{1}{\eta}\tan\phi\,\sin\theta} \tag{5.15a}$$

바닥면 전단 저항력 T : **설계 전단 저항력** $T_d = T_f/\eta$ 를 적용하며, 위 식의 N 을 적용하여 정리한다.

$$T = T_d = \frac{T_f}{\eta} = N\tan\phi + cl = \frac{G\tan\phi + cb}{\cos\theta + \dfrac{1}{\eta}\tan\phi\sin\theta} \tag{5.15b}$$

(2) 안전율

전체 절편 시스템의 원호중심 모멘트 평형식 $\sum M_O = 0$ 에 **설계 전단저항력** $T_d = T_f/\eta$ 을 적용한다.

$$\eta = \frac{\sum Tr}{\sum(G + S_k)\,r\sin\theta} = \frac{\sum\left(\dfrac{G\tan\phi + cb}{\cos\theta + \dfrac{1}{\eta}\tan\phi\,\sin\theta}\right)r}{\sum Gr\sin\theta + \sum M(S_k)} \tag{5.16}$$

안전율이 식의 좌우 항에 모두 있으므로 처음에 가정한 안전율을 적용하고 위 식으로 안전율을 계산하여, 가정한 안전율과 계산한 안전율이 같아질 때까지 (시산법으로) 반복하여 계산한다. 처음 $\sum \{\cos\theta + (1/\eta)\tan\phi\,\sin\theta\} = 1$ 인 값으로 안전율을 가정하면 계산이 간략해진다.

Bishop 간편법은 초기가정 (각 절편 측면 전단력은 합력이 '영') 때문에 정역학적 정해가 될 수 없다. 그러나 안전율이 절편 간의 작용력 가정에 대하여 둔감하고, 모멘트 평형식을 적용하므로 실용상으로 충분히 정확하며 (신뢰성), 적절한 전산프로그램을 이용하면 안전율을 쉽게 구할 수 있으므로 (편리성) Bishop (간편)법이 많이 사용된다. 비탈면 선단부의 활동면의 경사가 급할 때는 **수치적 문제**가 발생되어 안전율이 다르게 평가될 수 있다 (그림 5.6a).

Bishop (1955) 은 절편 측면력 방향을 고려하는 방법 (**Bishop 정밀 절편법**) 도 제안하였다.

(3) 수치적 문제

Bishop 간편법의 결과는 대개 충분히 정확하지만 **수치적 문제** (numerical problem) 가 발생되면, 안전율이 작게 계산될 수 있다. 즉, 비탈면 선단부 활동면 경사 θ 가 '양' (그림 5.6c) 이 아니고, 큰 '음'의 값 (그림 5.6a, **수직력 N' 의 작용방향이 반대**가 되어) 이 되거나 '영'에 가까운 값 (그림 5.6b) 이 되면, 수직력 N' (식 5.10) 이 무한대가 되어 안전율이 다르게 평가된다.

선단부 활동면 경사가 '음'이면 수직력 N' 의 작용방향이 반대가 되므로, **활동 저항 분력이 발생**되어 **안전율이 작게 계산**된다. 동일 활동 원호에 대하여 Bishop 의 안전율이 Fellenius 의 안전율 보다 작게 계산되면, 이런 수치적 문제가 발생된 것이다. 이때는 Fellenius 의 안전율이 더 정확하다.

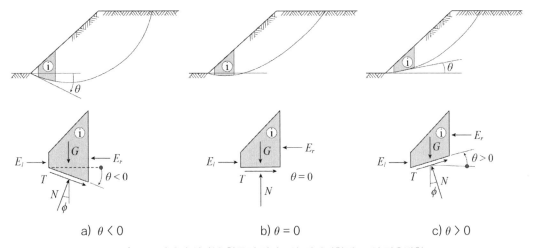

그림 5.6 비탈면 선단부 활동면 경사 θ와 전단저항력 T의 작용방향

(4) Bishop 간편법의 적용순서

Bishop 간편법은 다음 순서에 따라 시산법으로 안전율을 계산하는 방법이다.

① **활동면 형상**(원호 : 중심 M, 반경 r) 결정하고, **절편분할**(대체로 폭 $b = (0.1 \sim 0.2)r$) 한다.
  각 **절편의 치수**(폭 b_i, 높이 b_i), **바닥면 상태**(경사각 θ_i, 간극수압 U_i) 를 정한다.
② **각 절편의 면적** A_i, **무게** G_i, **작용 연직 상재하중** P_{vi}, **간극수압** U_i 를 구한다.
③ **각 절편의 설계(활용) 전단강도정수를 정한다.** 전단강도정수는 안전율로 나눈 크기만큼 활용
  되며, 이를 **설계 강도정수**로 한다. $c'_{di} = c'_{mi} = c'_i / \eta$, $\phi'_{di} = \phi'_{mi} = \mathrm{atan}\{(\tan\phi')/\eta\}$
④ **각 절편의 측면력** E_{li}, E_{ri} 및 측면 전단력을 구한다 (합력이 '영', 즉 $E_{rz} = E_{lz}$, $\Delta E_z = 0$).
⑤ **각 절편의 연직방향 힘의 평형조건** $\sum V = 0$ 에서 **바닥면 수직력** N 을 구한다. 이때 평형식에
  절편 바닥면 설계 전단저항력 $T_d = T_f / \eta$ 을 적용한다.
⑥ **바닥 수직력** N 에 의한 **파괴전단저항력** $T_{fi} = N\tan\phi + cl$ 및 **설계전단저항력** $T_{di} = T_{fi}/\eta$ 구한다.
⑦ **전체 절편시스템의 모멘트 평형조건에서 안전율을 계산**한다 (식 5.16)
  – **전체 활동유발 모멘트를 구한다** ; $\sum S_M = r \sum G_i \sin\theta_i$
  – **바닥면 전단저항력** T_{di}를 **전체 절편 시스템의 원호중심 모멘트 평형조건** $\sum M_O = 0$ 에 **적용**
  – **가정 안전율** η_1 를 **적용하여 전체 활동저항 모멘트** $\sum R_M$를 구한다.

  – **안전율** η_2 를 **계산**한다 (식 5.16) : $\eta_2 = \dfrac{활동저항모멘트}{활동모멘트} = \dfrac{\sum R_M}{\sum S_M}$

⑧ **활동면의 크기를 변화시키면서 최적 안전율을 구한다.**
  – **계산한 안전율** η_2 와 **가정한 안전율** η_1 의 차이가 일정범위 (대개 $< 3\,\%$) 이내가 될 때까지
  시산법으로 ③~⑦ 을 반복수행하며, 보통 수렴속도가 대단히 **빠른** 편이다.
⑨ 활동면 원호중심의 위치를 변화시키면서 **최적 안전율**을 구한다.

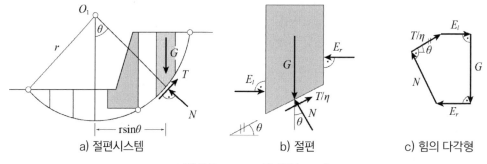

a) 절편시스템 b) 절편 c) 힘의 다각형

그림 5.7 Bishop 절편법 (1955)

5) Spencer/Franke 의 정밀 절편법

  Spencer/Franke 절편법 (Spencer, 1967 ; Franke, 1967) 은 **원호 활동파괴**되는 **전체절편**에 **모멘트 평형**을 적용하며, **바닥면에 설계 전단력** T_d (수평방향 힘 평형에서 바닥면 수직력 N 을 구하고, 바닥면 접선방향 힘 평형에서 **바닥면 전단력** T 를 계산) 를 적용한다. 절편 **측면력**은 **상수**를 적용하고, 경사를 바꾸면서 수평방향 힘의 평형과 모멘트 평형에서 구한 안전율이 같으면 최소 안전율이다.

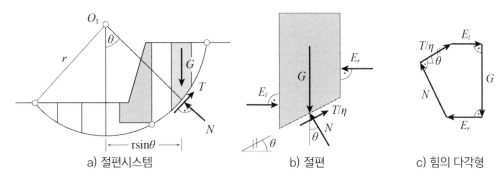

a) 절편시스템   b) 절편   c) 힘의 다각형

그림 5.8 Spencer/Franke 절편법

Spencer/Franke 절편법은 (**원호 활동파괴**를 가정하지만) **비원호 활동파괴**에도 적용할 수 있는데, 이때 **측면력**이 고려되며 **모멘트 평형**과 **힘의 평형**을 모두 만족하므로 **정밀 절편법**에 속한다.

각 절편에서 작용력을 구하고, 힘의 평형에 대한 **안전율** (식 5.22) 과 모멘트 평형에 대한 안전율 (식 5.26) 을 계산한다. **측면력 작용위치** (식 5.30) 는 절편 **바닥 중앙점**에 대한 모멘트를 취해 계산하고, **측면력 경사각** δ 는 **상수**로 보고 선단 첫 절편부터 차례로 계산하며 **시산법**으로 보정한다.

(1) 절편에 작용하는 힘

절편에 **자중** G (하중 P_v 포함), 바닥면 **수직력** N 및 **전단력** T, 측면 **측면력** E_l 및 E_r 가 작용한다.

측면력 : 수평에 대해 **일정한 경사** δ ($\tan \delta = E_z / E_x = const.$) 로 작용한다 (그림 5.10).

     수평 경사 δ 는 **시산법**으로 계산하며, 처음에는 파괴체 경사로 가정하고 시작한다.

바닥면 수직력 N : 바닥면 수직방향 힘의 평형 ($\sum N = 0$, 그림 5.8b) 으로부터 계산한다.

$$N = G\cos\theta + (E_r - E_l)\sin\delta \tag{5.17b}$$

바닥면 유효 수직력 N' : 식 (5.8) 에 각 절편 측면력 연직성분 $(E_r - E_l)\sin\delta$ 을 더한 크기이며, **각 절편 연직방향 힘의 평형식** ($\sum V = 0$, 식 5.3b) 에서 구한다.

$$N' = \frac{G + (E_r - E_l)\sin\delta - U\cos\theta - \dfrac{1}{\eta}c'l\sin\theta}{\cos\theta + \dfrac{1}{\eta}\tan\phi'\sin\theta} \tag{5.18}$$

바닥면 전단 저항력 T : 바닥면에서 접선방향 힘의 평형 ($\sum T = 0$) 으로부터 계산한다.

$$T = G\sin\theta + (E_r - E_l)\cos(\delta - \theta) \tag{5.17a}$$

(2) 안전율

모멘트 평형에 대한 안전율 η_M 와 힘의 평형에 대한 안전율 η_F 가 같아지는 안전율을 **최소 안전율** ($\eta_F = \eta_M = \eta_{\min}$) 로 간주한다. 힘의 평형에 대한 안전율 η_F 가 측면력 경사 δ 에 더 민감하므로 (그림 5.9), 여러 경사 δ 에 대해 계산하여 **최소 안전율** $\eta_{\min}$ 를 구한다.

① 힘의 평형

전체 절편의 **힘의 평형**에 대한 **안전율** η_F 는 **수평방향 힘의 평형식**에 **접선력** T 를 대입하여 **계산**한다.

전체 절편에 대한 **수평방향 힘의 평형조건**($\sum H = 0$: 식 5.4a)은 다음이 되고, 여기에

$$\sum\left(T\cos\theta - N\sin\theta + E_r\cos\delta - E_l\cos\delta\right) = 0 \tag{5.19}$$

접선력 T (식 5.2b)를 대입하면 다음이 된다.

$$\sum(E_r - E_l)\cos\delta = \sum\left\{N\sin\theta - \frac{1}{\eta}(N'\tan\phi' + c'l)\cos\theta\right\} \tag{5.20}$$

지반의 자중만 작용하고, 다른 외력이 작용하지 않을 때에는 **절편 측면력의 합력이 '영'** (즉, $\sum(E_{rx} - E_{lx}) = \sum(E_r - E_l)\cos\delta = 0$) 이므로, **힘의 평형에 대한 안전율** η_F 는 다음이고,

$$\eta_F = \frac{\sum(N'\tan\phi' + c'l)\cos\theta}{\sum N\sin\theta} \tag{5.21}$$

분모의 **수직력** N (식 5.17b)과 분자의 **유효 수직력** N' (식 5.18)을 대입하면 다음이 된다.

$$\eta_F = \frac{\sum\dfrac{\left\{G + (E_r - E_l)\sin\delta - U\cos\theta\right\}\tan\phi' + c'b}{\cos\theta + (1/\eta)\tan\phi\sin\theta}}{\sum\left\{G - (E_r + E_l)\sin\delta\tan\theta\right\}} \tag{5.22}$$

② 모멘트평형

전체 절편의 **모멘트 평형**에 대한 **안전율** η_M 는 **모멘트 평형식**에 **접선력** T 를 대입하여 계산한다.

전체 절편에 **모멘트평형**($\sum M_P = 0$, 가상 중심 P 에 대해, 그림 5.10)은 다음이 되고,

$$\sum Gg - \sum Nf - \sum Tr = 0 \tag{5.23}$$

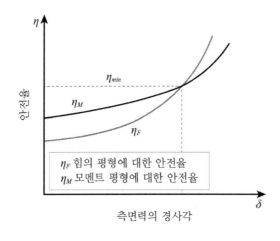

그림 5.9 절편 측면력의 경사에 따른 안전율

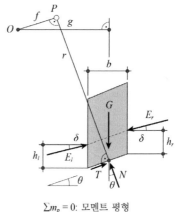

그림 5.10 Spencer의 절편

위 식에 접선력 T_d (식 5.2b) 를 대입하고 **모멘트 평형에 대한 안전율** η_M 을 구하면 다음이 된다.

$$\eta_M = \frac{활동저항모멘트}{활동모멘트} = \frac{\sum (N'\tan\phi' + c'l)r}{\sum (Gg - Nf)} \tag{5.24}$$

원호활동파괴에 대한 안전율 η_M 는 원호의 중심 O 에 대한 전체 절편의 모멘트 평형식에 원호의 반경 r 과 $f = 0$ 와 $g = r\sin\theta$ 및 유효 수직력 N' (식 5.18) 을 대입하면 다음이 된다.

$$\eta_M = \frac{\sum \{N'\tan\phi' + c'l\}}{\sum G\sin\theta} \tag{5.25}$$

$$= \frac{\sum \dfrac{\{G + (E_r - E_l)\sin\delta - U\cos\theta\}\tan\phi' + c'b}{\cos\theta + (1/\eta)\tan\phi'\sin\theta}}{\sum G\sin\theta}$$

비원호 활동파괴에 대한 안전율 η_M 는 **가상 회전중심** P 에 대해 모멘트 평형식 $(\sum M_P = 0)$ 을 적용하여 구한다.

$$\eta_M = \frac{\sum \left\{ \dfrac{G\cos\delta\tan\phi' + c'b\dfrac{\cos(\theta-\delta)}{\cos\theta}}{(1/\eta)\sin(\theta-\delta)\tan\phi' + \cos(\theta-\delta)\}} \right\}r}{\sum (G\sin\theta)r + \sum (S_k)} \tag{5.26}$$

(3) 절편 측면력의 작용위치

전체 절편에서 선단부터 시작하여 차례로 **절편 우측 측면력** E_r 을 계산하고, **절편바닥 중앙점** d 에 대해 **모멘트 평형식**을 적용하면, **측면력 작용위치** h_r 을 계산할 수 있다 (Spencer, 1973, 1978).

① 우측 측면력 E_r 을 계산

전단 저항력 T 는 **설계 전단저항력** $T_d = T_f/\eta$ (식 5.2b) 을 적용하고, **접선방향 힘의 평형식** $(\sum T = 0$; 식 5.17a) 에서 구한 전단저항력과 같다.

$$T = T_d = \frac{T_f}{\eta} = \frac{1}{\eta}(N\tan\phi' + c'l) = G\sin\theta + (E_r - E_l)\cos(\delta - \theta) \tag{5.27}$$

위 식의 N 에 대하여 바닥면의 수직방향 힘의 평형식 (식 5.17b) 을 대입하여 정리하면 **절편의 우측면 측면력** E_r 에 대한 식이 된다.

$$E_r = E_l + \frac{c'l - \eta G\sin\theta + G\cos\theta\tan\phi'}{\cos(\delta - \theta)\{\eta - \tan(\delta - \theta)\tan\phi'\}} \tag{5.28}$$

② **측면력의 작용위치 h_r 을 계산**

절편 바닥 중앙점 d 에 대해 **모멘트 평형조건** $(\sum M_d = 0)$ 을 적용하면 다음이 되고,

$$E_l \cos\delta\left(h_l - \frac{b}{2}\tan\theta\right) + E_l \sin\delta\frac{b}{2} + E_r \sin\delta\frac{b}{2} = E_r \cos\delta\left(h_r + \frac{b}{2}\tan\theta\right) \tag{5.29}$$

위 식을 정리하면 각 절편의 우측 경계면에 작용하는 **우측 측면력** E_r **의 작용위치** h_r 을 구할 수 있다.

$$h_r = \left(\frac{E_l}{E_r}\right)h_l + \frac{b}{2}(\tan\delta - \tan\theta)\left(1 + \frac{E_l}{E_r}\right) \tag{5.30}$$

위의 계산을 비탈면 선단부의 첫 번째 절편으로부터 시작하여 절편의 순서대로 수행해 나가면, 모든 절편에서 측면력의 작용위치 h_r 를 구할 수 있다.

(4) 절편 측면력의 경사각 δ

모든 절편에서 **측면력 경사각** δ 는 일정 $(\tan\delta = E_z / E_x = const.)$ 하고, 안전율 η 도 일정한 크기라고 가정하고, 비탈면 선단으로부터 첫 번째 절편부터 시작하여 차례로 다음 순서에 따라 가정 (처음 파괴체경사로 시작) 하고 계산하며, **시산법**으로 반복 계산하여 보정한다.

① 측면력 경사각 δ 와 안전율 η 를 가정한다.

② **첫 번째 절편 좌측 경계면의 토압** E_l 과 **작용위치** h_l 은 경계조건에서 구하고 이를 적용하여 **우측 경계면 토압** E_r (식 5.28) 과 **작용위치** h_r (식 5.30) 을 계산한다.

③ **두 번째 절편**의 좌측 면은 첫 번째 절편의 우측면이므로, 두 번째 절편 좌측 면의 토압 E_l 과 작용위치 h_l 는 첫 번째 절편의 우측면 토압 E_r 과 작용위치 h_r 가 된다. 이 결과를 적용하여 두 번째 절편의 우측면 토압 E_r (식 5.28) 과 그 작용위치 h_r (식 5.30) 을 계산할 수 있고, 이 값은 세 번째 절편의 좌측 면의 토압 E_l 과 작용위치 h_l 이 된다.

④ 같은 방법을 계속하여 **마지막 절편**의 우측면 토압 E_r 과 작용위치 h_r 를 구한다.

⑤ 마지막 절편에서 계산된 E_r 과 h_r 을 **경계조건과 비교**한다.

⑥ 이들이 일치할 때까지 η 와 δ 를 가정하여 ②~⑤ 를 반복한다.

⑦ 이들이 일치하면 계산을 중단한다.

5.3.2 확장 절편법

절편법은 활동 파괴면 형상과 측면 작용력 및 평형조건의 적용 과정에 따른 가정으로 인해 여러 가지 방법이 파생되며, 시대적 및 지역적으로 (및 개인적으로) 선호하는 절편법이 있어서 편차가 심하다. 그러나 절편법은 어떤 방법을 쓰더라도 식과 미지수의 개수를 맞추기 어려운 방법이다.

절편법은 모든 활동면 형상에 대해 측면력을 합리적으로 적용할 수 있고 모든 평형조건이 충족될 수 있는 것이어야 한다. 그러면 항상 일정한 결과가 계산될 것이다. 이같이 모든 절편법을 포괄할 수 있는 **완전한 비탈면 안정해석 방법**, 즉 **통합 절편법**이 절실하게 요구되고 있다.

단순 조건의 비탈면에서는 Fellenius 절편법, Terzaghi 절편법, Krey/ Breth 절편법, Bishop 간편법, Spencer/Franke 절편법 등이 자주 적용된다.

확장 절편법은 **비원호 활동면** 및 **절편 측면력의 작용방향** 등을 폭 넓게 고려할 수 있도록 확장된 절편법이다. Janbu 간편법과 Morgenstern/Price 절편법 등이 대표적이며, 절편법이 지속적으로 개선되고 있고, 기술자 간의 교류가 활발히 진행되고 있어서 조만간에 모든 절편법을 포괄할 수 있는 **완전한 비탈면 안정해석 방법**, 즉 **통합 절편법**이 제시될 것으로 기대된다.

활동 파괴면이 임의 형상이거나 2 ~ 3 개의 **연속된 평면**으로 구성되면, Janbu 간편법이 적합하다. Morgenstern/Price 의 절편법은 가장 일반적인 **임의 형상 활동면**에 적합한 절편법이고, 각 절편은 물론 **전체 절편**에 대해 **모든 평형식**이 성립되고, **측면력의 방향**이 각 절편의 경계면마다 다르게 적용된다.

Bishop 간편법은 실무에서 빈번히 적용되면서 그 취약점이 다양한 방법으로 보완되고, **적용성과 정확성이 개선**되어서 Bishop 절편법으로 확장되었다.

1) Janbu 간편법

Janbu 간편법 (Janbu, 1957) 은 **비원호 활동파괴**에 대해 주로 적용하는 절편법이며, 후에 개발된 Janbu 정밀법 (1968) 은 힘의 평형과 모멘트 평형을 모두 고려한 최초의 절편법이며, **측면력**은 연속 형상의 **추력선** (thrust line) 에서 **수평으로 작용**한다. 바닥면에 설계 전단저항력을 적용한다.

여기에서는 Janbu 간편법만 설명하고 Janbu 의 정밀법은 설명하지 않는다. **Janbu 간편법**에서는 **힘의 평형**만을 고려한다.

(1) 각 절편 측면에 작용하는 힘

절편의 측면력이 측면에 **수직** (즉, 수평방향) 으로 작용 (**전단력**이 '영', 즉 $E_{rz} = E_{lz} = 0$) 한다고 가정한다 (그림 5.14b). 절편의 **측면 전단력**에 의한 영향을 고려하여 흙 지반의 특성과 비탈면의 형상을 고려하는 **보정계수** f_0 (correction factor, 그림 5.11) 로 **안전율**을 **수정**한다.

(2) 각 절편 바닥면에서 유효 수직력 N' 및 전단저항력 T 계산 ($\Sigma V = 0$)

각 절편에 대한 **연직방향 힘의 평형식** ($\Sigma V = 0$, 식 5.3b) 에 **바닥면 유효 수직력** N' (식 5.1) 및 **설계 전단저항력** $T = T_f/\eta$ (식 5.2b) 를 대입하면 다음 식이 된다.

$$-(N' + U)\cos\theta + \Delta E_z - (N'\tan\phi' + c'l)\frac{1}{\eta}\sin\theta + G = 0 \qquad (5.31)$$

절편 바닥면 유효 수직력 N' 은 위 식을 정리하면 다음이 된다 (l 은 바닥면 길이).

$$N' = \frac{G + \Delta E_z - U\cos\theta - \frac{1}{\eta}lc'\sin\theta}{\cos\theta + \frac{1}{\eta}\tan\phi'\sin\theta} \qquad (5.32)$$

절편 바닥면 설계 전단 저항력 $T_d = T_f/\eta$; (Mohr-Coulomb 파괴식에 의한) **파괴 전단 저항력** T_f (식 5.7a) 와 **안전율** η 및 **바닥면 수직력** $N' = G\cos\theta - U$ 로 나타내면 다음이 된다.

$$T = T_d = \frac{T_f}{\eta} = \frac{1}{\eta}(N'\tan\phi' + c'l) = \frac{1}{\eta}(G\cos\theta\tan\phi' + c'l) \qquad (5.2b)$$

(3) 안전율

각 절편에서 수평방향 힘의 평형 (식 5.3a) 을 적용하여 **측면력의 수평분력** ΔE_x (식 5.33) 를 구하고, 이 값을 **전체 절편시스템에 대한 수평방향 힘의 평형** ($\Sigma \Delta E_x = 0$, 식 5.4a) 에 적용하면, **Janbu의 간편식** (식 5.35) 이 되고, **안전율** η 를 구할 수 있다.

① **각 절편 측면력 수평분력** ΔE_x : **각 절편 수평/연직 힘의 평형식** $\Sigma H = 0$ 및 $\Sigma V = 0$ 으로 구한다.

$$\Sigma H = 0 \quad : \quad N\sin\theta + \Delta E_x - T\cos\theta = 0 \qquad (5.3a)$$
$$\Sigma V = 0 \quad : \quad -N\cos\theta + \Delta E_z - T\sin\theta + G = 0 \qquad (5.3b)$$

위 두 식에서 N 을 소거하고, 각 **절편측면력의 수평방향 분력** ΔE_x 에 대한 식으로 정리한다.

$$\Delta E_x = -(G + \Delta E_z)\tan\theta + T/\cos\theta \qquad (5.33)$$

② **전체 절편 시스템 측면력 수평분력의 합** $\Sigma \Delta E_x = 0$: 각 절편의 **수평방향 힘의 평형식** ($\Sigma H = 0$, 식 5.3a)에 **설계 전단저항력** T_f/η 를 대입하여 **각 절편 측면 수평분력 합** $\Sigma \Delta E_x = 0$ 을 구한다.

전체 절편 시스템 **수평방향 힘의 평형식** ($\Sigma H = 0$) 은 다음이 되고,

$$\Sigma H = 0 \quad : \quad \Sigma N\sin\theta + \Sigma \Delta E_x - \Sigma T\cos\theta = 0 \qquad (5.34a)$$

설계 전단 저항력 T_f/η (식 5.2b) 를 대입하고, **각 절편 측면력의 수평분력** ΔE_x 로 정리한다.

$$\Sigma \Delta E_x = -\Sigma\{(G + \Delta E_z)\tan\theta + T/\cos\theta\} \qquad (5.34)$$
$$= -\Sigma(G + \Delta E_z)\tan\theta + \frac{1}{\eta}\Sigma\{(N'\tan\phi' + c'l)/\cos\theta\} = 0$$

③ **위 식을 안전율** η 에 대해서 정리하고, **바닥면 유효 수직력** N' (식 5.32) 을 대입하면,

$$\eta = \frac{\sum (N'\tan\phi' + c'l)/\cos\theta}{\sum (G + \Delta E_z)\tan\theta} \tag{5.35}$$

$$= \frac{\sum \dfrac{(G + \Delta E_z - U\cos\theta)\tan\phi' + c'b}{\cos\theta + \dfrac{1}{\eta}\tan\phi'\,\sin\theta}\dfrac{1}{\cos\theta}}{\sum (G + \Delta E_z)\tan\theta}$$

이고, **측면력이 측면에 수직으로 작용** $(\Delta E_z = 0,\, \delta_r = \delta_l = 0)$ 하는 경우에, 각각 절편은 물론 전체 절편에 대해 평형식을 적용하여 **안전율** η 을 구하면 **Janbu 의 간편법** (Janbu's simplified method) 이 된다.

$$\eta = \frac{\sum \dfrac{(G - U\cos\theta)\tan\phi' + c'b}{\cos\theta + \dfrac{1}{\eta}\tan\phi'\,\sin\theta}\dfrac{1}{\cos\theta}}{\sum G\tan\theta} \tag{5.36}$$

위 식의 안전율 η 를 **보정계수** f_0 (그림 5.11) 로 보정하면 **보정 안전율** η_{cor} 이 된다.

$$\eta_{cor} = f_0\,\eta \tag{5.37}$$

미국 Purdue 대학에서 **Janbu 의 절편법**을 적용하고 'STABL' 이라는 이름의 '**비탈면 안정 계산 컴퓨터 프로그램**'을 개발하여 실무에서 활용하고 있다 (Siegel, 1975 ; Boutrup/Lovell, 1980).

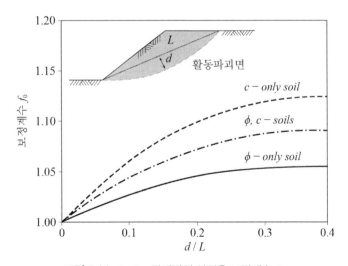

그림 5.11 Janbu 간편법의 안전율 보정계수 f_0

2) Morgenstern/Price 절편법

Morgenstern/Price 절편법 (Morgenstern/Price, 1965) 은 **임의 형상 활동면**에 대한 가장 일반적인 극한평형 해석법이다. 따라서 **모든 파괴형상** (원호, 비원호) 에 적용할 수 있고, **각 절편**은 물론 **전체 절편**에서 **모든 평형식** (식 5.3a,b,c 와 식 5.4a,b,c) 이 성립된다.

각 절편에 작용하는 힘은 그림 5.12 와 같다. **각 절편 바닥면**에서 **중앙점에 대한 모멘트 평형식**과 바닥면의 수직 및 접선 방향 **힘의 평형식**을 적용한다. **절편 측면력**의 크기와 작용점 및 작용방향은 인접한 절편에 연관되어 각 절편마다 다르므로 (식 5.39), 함수로 가정한 후 절편 **바닥면 중앙점에 대해 모멘트**를 취하여 결정한다.

최소 안전율 $\eta_{\min}$ 는 **힘의 평형에 대한 안전율** η_F 및 **모멘트 평형에 대한 안전율** η_M 이 같을 때의 안전율, 즉 $\eta_{\min} = \eta_F = \eta_M$ 이다.

(1) 평형식

각 절편에서 **바닥면의 중앙점** d 에 대한 모멘트 평형조건 ($\sum M_d = 0$, 식 5.38a) 과 **바닥면 수직방향 힘의 평형조건** ($\sum N = 0$, 식 5.38b) 및 **접선방향 힘의 평형조건** ($\sum T = 0$, 식 5.38c) 을 적용한다.

$$\sum M_d = 0 : E_{lx}\left(h_l - \frac{b}{2}\tan\theta\right) + E_{lz}\frac{b}{2} - E_{rx}\left(h_r + \frac{b}{2}\tan\theta\right) + E_{rz}\frac{b}{2} = 0 \tag{5.38a}$$

$$\sum N = 0 : N = (G + \Delta E_z)\cos\theta + \Delta E_x \sin\theta \tag{5.38b}$$

$$\sum T = 0 : T = (G + \Delta E_z)\sin\theta - \Delta E_x \cos\theta \tag{5.38c}$$

(2) 절편 측면력

각 절편에서 **측면력** (크기와 작용점 및 작용방향) 은 각 절편의 **바닥면 중앙점** d 에 대한 **모멘트**를 취하여 구하며, 이때 **절편 측면의 전단력** E_z 와 **수직력** E_x 는 다음 관계를 가정한다.

$$E_z / E_x = \lambda f(x) \tag{5.39}$$

위의 λ 는 스케일링 팩터 (scaling factor) 이다. 경사함수 $f(x)$ 는 다양한 함수 (상수, sine 함수, 사다리꼴, 특정 형태) 로 가정 (그림 5.13) 하며, $f(x) = 1$ 을 적용해도 충분히 정확하다.

(3) 안전율

측면력 경사함수 $f(x)$ 에 대해 힘 및 모멘트 평형식을 모두 만족할 수 있는 **스케일 팩터** λ 를 적용하고, **힘의 평형에 대한 안전율** η_F 와 **모멘트 평형에 대한 안전율** η_M 이 같으면 **최소 안전율** $\eta_{\min}$ 이다.

$$\eta_{\min} = \eta_F = \eta_M$$

$$\eta_M = \frac{\sum\{N'\tan\phi' + c'l\}}{\sum G\sin\theta} \tag{5.40a}$$

$$\eta_F = \frac{\sum\{N'\tan\phi' + c'l\}/\cos\theta}{\sum N\sin\theta} \tag{5.40b}$$

여기에서 각 절편의 **바닥면 유효 수직력** N' 은 **바닥면 수직방향 힘의 평형조건** ($\sum N = 0$: 식 5.38b) 을 적용해서 구한 **수직력** N 에서 **간극수압** U 을 뺀 값, 즉 $N' = N - U$ 이다.

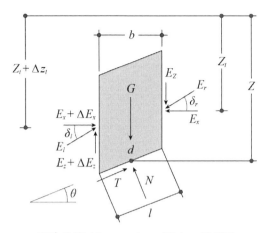

그림 5.12 Morgenstern / Price 의 절편

3) Bishop 절편법의 확장

비탈면에 대한 절편법을 Bishop **절편법**을 기준으로 비교하면, **전체 절편의 연직방향 힘의 평형을 고려하지 않는**(원중심 모멘트평형 $\sum M_O = 0$ 만 고려) 방법 (Fellenius 절편법, Terzaghi 절편법, Breth 절편법) 이 있고, **절편 바닥면 전단력으로 파괴 저항력** T_f **을 적용하는 방법** (Breth 절편법) 이 있다.

또한, **절편에서 측면력 작용방향을 바닥면에 평행한** 변수 $\delta_i = \alpha_i$ 로 간주하거나 (Fellenius 절편법, Terzaghi 절편법), 각 **절편별로 다른 값, 즉** $\tan \delta_i = E_{zi}/E_{xi}$ **을 적용**하는 방법 (Spencer 절편법, Franke 절편법) 이 있다.

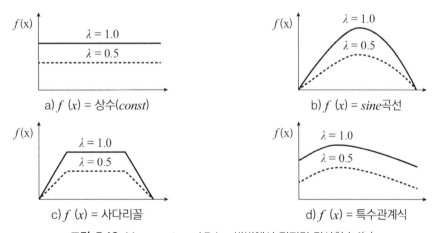

a) $f(x)$ = 상수($const$)

b) $f(x)$ = $sine$곡선

c) $f(x)$ = 사다리꼴

d) $f(x)$ = 특수관계식

그림 5.13 Morgenstern / Price 방법에서 절편력 경사함수 f(x)

Bishop 절편법에서 **활동면 형상**은 원호이며, **평형식**은 **각 절편의 연직방향 힘의 평형** ($\sum V = 0$) 과 **전체 절편**에 대해 **원호 중심에 대한 모멘트 평형** ($\Sigma M_O = 0$) 을 적용하며, 절편의 **바닥면 전단력**은 **설계 저항력** T_f/η 을 적용하고, **측면력**은 연직측면에 수직 ($\delta = 0$, 수평) 으로 작용한다.

더욱 정밀한 계산을 위해 Bishop 절편법을 기준으로 **활동파괴 형상**을 (원호에서) 평면 또는 임의 형상으로 확대하고, **평형식**은 (각 절편의 연직방향 힘의 평형과 전체 절편의 모멘트 평형에서) 전체 절편은 물론 각 절편에 대한 모멘트 및 힘의 평형으로 확대하며, **측면력**을 (측면 수직방향, 즉 $\delta = 0$ 에서) 다른 상수 ($\delta = const.$) 나 변수 또는 함수를 적용하여 많은 절편법이 파생되었다 (표 5.3).

Bishop 절편법은 **절편법 정신**을 잘 대표하고 있고 또한 간편하기 때문에 실무에서 자주 적용되며, 취약점을 보완하고 적용성과 정확성을 개선시키기 위해 여러 방법으로 확장되었다.

Nonveiller는 Bishop 절편법을 **임의 형상 활동파괴**에 적용할 수 있게 확장하였다. Breth 는 Bishop 식이 우측 변에 안전율 η 를 포함하여 **시산법**으로 계산해야 하는 점에 착안하여 **우측 변에 안전율 η 가 없는 식을 유도**하여 안전율을 직접 계산하였다. DIN 19700 에서는 Bishop 식에 점착력 c 및 내부 마찰각 ϕ 에 대한 **부분 안전율** η_c 및 η_ϕ 를 적용하여 **궁극 안전율** $\eta = \eta_c = \eta_\phi$ 을 구했다.

(1) Nonveiller 절편법 : 임의 형상 활동파괴

Nonveiller 절편법은 Nonveiller (1965) 가 Bishop 절편법을 **임의 형상 활동파괴**에 적용할 수 있도록 확장하였다. 전체절편에 대하여 **임의의 P 점 (x, z) 에 대한 모멘트 평형식** (식 5.4c) 에 전단력 T (식 5.2b) 와 수직력 N (식 5.1) 을 대입하여 정리하면, **안전율** η 은 다음이 된다.

$$\eta = \frac{\sum (N'\tan\phi' + c'l)(-z\cos\theta + x\sin\theta)}{\sum\{-(N'+U)(z\sin\theta + x\cos\theta)\} + \sum Gx} \tag{5.41}$$

절편 측면력은 절편측면에 **수직**으로 작용 ($\Delta E_z = 0$) 하고, 절편 바닥면 수직력 N' (Janbu, 1954; 식 5.32) 을 대입하면, **안전율** η 는 다음이 되며, 모멘트 중심위치 (x, z) 에 따라 달라진다.

$$\eta = \frac{\sum\left(\dfrac{G\tan\phi + bc}{\cos\theta + \dfrac{\tan\phi}{\eta}\sin\theta}\right)(x\sin\theta - z\cos\theta)}{-\sum\left(\dfrac{G - bc/\eta}{\cos\theta + \dfrac{\tan\phi}{\eta}\sin\theta}\right)(z\sin\theta + x\cos\theta) + \sum Gx} \tag{5.42}$$

(2) Breth 절편법 : 시산법 안 쓰도록 식을 단순화

Bishop (식 5.16) 과 Nonveiller (식 5.42) 의 식은 각 절편 연직방향 힘의 평형조건($\sum \Delta E_x = 0$) 을 충족하지 못해 우측 변에 안전율 η 가 포함되어 있어서 **시산법**으로 안전율을 구하고, 절편 측면력에 대한 가정이 필요하지만, 이를 능가하는 편리한 방법이 없어 Bishop 간편법이 자주 사용된다.

Breth **절편법**은 Breth (1956) 가 (시산법을 적용하지 않을 수 있도록) 유도하였고, 안전율 식의 **우측 변에 안전율** η **가 포함되어 있지 않다.** 전체 절편 시스템의 **모멘트 평형**으로부터 안전율을 구했다.

절편 바닥면의 전단력으로 설계 전단력 T_f/η (Fellenius, 1926 ; Bishop, 1955 ; Janbu, 1954a ; Spencer, 1967 ; Franke, 1974) 대신 **파괴 전단력** T_f (Breth, 1956) 를 적용하면, 식의 우측 변에 안전율 η 가 포함되지 않는 (Krey 와 같은 개념) 다음 식이 된다.

$$\eta = \frac{\sum \dfrac{(G - U\cos\theta)\tan\phi' + bc'}{\cos\theta + \tan\phi'\sin\theta}}{\sum A\,G\sin\theta} \tag{5.43}$$

(3) 부분안전율의 적용 (DIN 19 700) : 부분안전율 적용

DIN 19700 **절편법**에서는 Bishop 식에 점착력 c 에 대한 부분안전율 η_c 및 내부마찰각 ϕ 에 대한 부분안전율 η_ϕ 를 적용하고, $\eta_c = \eta_\phi = \eta$ 이면 DIN 19700 식은 Bishop 식 (식 5.16) 과 같이 된다.

$$\eta = \frac{\sum \left\{ \dfrac{G\tan\phi/\eta_\phi + cb/\eta_c}{\tan\phi\,\sin\theta/\eta_\phi + \cos\theta} \right\} r}{\sum (G\sin\theta)\,r + \sum M(S_k)} = 1 \tag{5.44}$$

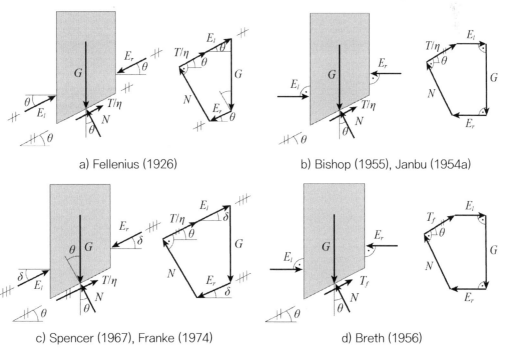

a) Fellenius (1926) b) Bishop (1955), Janbu (1954a)

c) Spencer (1967), Franke (1974) d) Breth (1956)

그림 5.14 절편법별 측면력과 힘의 다각형

5.3.3 측면력과 바닥면 접선력의 가정

절편법에서는 각 절편에서 **측면력**과 **바닥면 접선력**의 가정에 따라 힘의 다각형이 다르게 구성된다. **각 절편의 바닥면에서 접선력**은 파괴 전단력 T_f 또는 설계 전단력 $T_d = T_f/\eta$ 을 적용한다.

측면력이 **절편 바닥면에 평행**인 때는 이웃 절편 힘의 다각형이 폐합되지 않고 (**각도오차**), 측면력이 **수평** 또는 **상수**일 때는 전체절편의 힘 다각형이 폐합되기 어렵다 (**폐합오차**). 폐합오차는 **바닥 접선력**이 파괴 전단력 T_f 을 적용할 때 크다. Spencer/Franke 절편법은 측면력의 크기와 작용위치를 절편마다 계산하므로 폐합오차가 거의 없다.

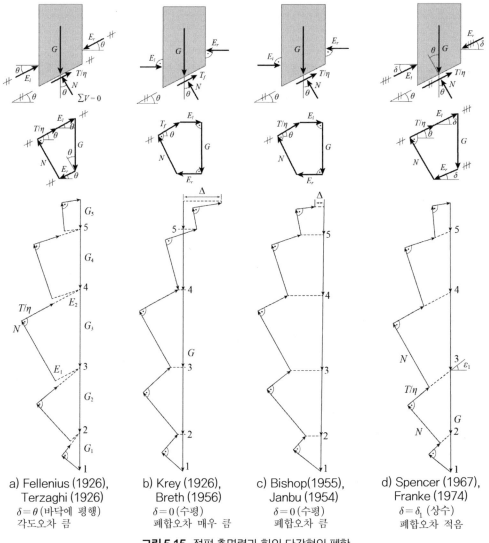

a) Fellenius (1926),
Terzaghi (1926)
$\delta = \theta$ (바닥에 평행)
각도오차 큼

b) Krey (1926),
Breth (1956)
$\delta = 0$ (수평)
폐합오차 매우 큼

c) Bishop(1955),
Janbu (1954)
$\delta = 0$ (수평)
폐합오차 큼

d) Spencer (1967),
Franke (1974)
$\delta = \delta_1$ (상수)
폐합오차 적음

그림 5.15 절편 측면력과 힘의 다각형의 폐합

5.4 통합 절편법

절편법은 (어떤 방법을 쓰더라도) 식과 미지수의 개수를 일치시키기 어려운 **불완전한 비탈면 안정 해석 방법**이다. 따라서 활동 파괴면 형상 및 작용력 (활동면 전단저항력, 측면력) 과 평형조건을 적용하는 과정에 따른 가정으로 인해 파생된 방법이 많고 시대 및 지역적으로 선호도와 편차가 심하다. 결국 모든 절편법을 포괄할 수 있는 **통합 절편법**, 즉 **완전한 비탈면 안정해석방법**이 필요하다.

n개 절편으로 된 절편 시스템에서 식 개수는 $4n$ (힘의 평형식 $2n$ 개, 모멘트 평형식 n개, 바닥면 파괴식 n개) 이고 미지수 개수는 $5n-2$ 개 (안전율 1 개, 바닥면 $2n$ 개 (힘은 바닥 중심에 작용), 측면 $3(n-1)$ 개) 이어서 식 개수가 미지수 개수 보다 항상 $n-2$ 개 부족하다.

이를 해결하기 위해 각 절편 측면에서 식을 한 개씩 추가하면 (식이 $n-1$ 개 추가되어) 식의 수가 $5n-1$ 개가 되어 미지수 보다 1 개 많아지고, 각 절편 측면에서 **미지수**를 한 개씩을 **감소**시키더라도 미지수가 $4n-1$ 개가 되어 식의 수가 1 개 더 많아진다. 즉, 어떤 방법을 사용해도 식과 미지수의 개수를 맞추기가 어렵기 때문에 그 차이를 최소로 줄이는 것이 최선이다. 이것이 **절편법의 한계**이다. 식과 미지수 편차를 최소로 하기 위해 대부분 절편의 측면에서 (식 또는 미지수를) 가정하며, 이 과정에서 **여러 가지 절편법이 파생**되었다.

절편법에서는 **절편 간 경계**를 **연직 가상면이라고 가정** (측면력 방향은 가정) 한다. 그러나 절편 간 경계를 전단 파괴면이라고 가정하면, **전체 식의 수**는 $5n-1$ 개 (힘의 평형식 $2n$ 개, 모멘트 평형식 n 개, 바닥면 파괴조건식 n 개, 측면파괴조건식 $n-1$ 개) 가 되어 **일반 절편법**의 $4n$ 보다 $n-1$ 개 (측면 파괴조건식 개수 만큼) 많게 된다. **전체 미지수 개수**는 $6n-2$ 개 (안전율 1 개, 바닥면 $3n$ 개, 측면 $3(n-1)$ 개) 이므로 일반 절편법 ($5n-2$ 개) 보다 n 개가 (절편법 가정 – 바닥면 힘의 작용위치 – 해제로 인해 바닥면에서 한 개씩 추가) 많게 된다.

따라서 **절편 경계**를 전단 파괴면으로 가정하면, **미지수 수가 식의 수보다** $n-1$ **개 더 많다**. 결국 **절편 측면**에서 **한 가지만 가정**하면 **식의 개수**와 **미지수의 개수**가 **일치**된다. 이 개념으로 Guβmann (1978) 이 기존의 절편법들을 포괄할 수 있는 식을 유도하였고, 이를 **일반 절편법** (Generalized Slice Method) 이라 하였다.

이 방법은 측면이 파괴면이므로 절편보다 파괴요소라 보고 처음에는 **파괴요소법** (Guβmann, 1978) 으로 알려졌고, 그 후에 이론이 일반화되어서 **운동 요소법** (KEM ; Kinematical Element Method)으로 발전되어 **비탈면 안정**은 물론 **기초 지지력**과 **토압** 및 **터널** 등에 적용되었다. **운동요소법 KEM** 의 운동요소 측면이 연직이면 곧 절편이다. 비탈면적용에 대해 제 6 장에서 설명한다.

절편법에서 절편의 측면 (연직) 을 **전단 파괴면**으로 간주하고 Mohr–Coulomb 파괴식을 적용하면, 미지수와 식의 개수가 동일해져서 정밀 해를 구할 수 있는 **일반 절편법**이 된다. 이는 **운동 요소법** (제 6 장) 에서 **운동요소 간 경계가 연직면**이고 **측면작용방향**이 $\delta = \phi$ 인 경우에 해당된다.

5.5 절편법의 적용단계

절편법은 종류가 다양하지만 절편 개수가 많아지면 계산이 복잡해지므로대체로 다음 **절편법 적용단계**를 따라 적용하고, 진행상태를 점검한다.

* 활동파괴 형상결정과 절편분할 및 작용력 결정

①**단계 : 원호 활동파괴 형상결정하고 활동파괴체를 절편으로 분할한다.**

원형 활동파괴면 중점 O 와 반경 r 를 선택하고, 활동 파괴체를 연직절편으로 분할한다. 각 연직절편의 폭 b_i 와 바닥면 **중심점의 접선**이 수평과 이루는 방향각 θ_i 를 구한다.

②**단계 : 절편의 형상과 바닥면 수압 및 작용하는 힘과 침투력을 구한다.**

각 절편 면적 A_i, 무게 G_i, 연직 상재하중 P_{vi}, 간극수압 u_i, 간극수압 합력 U_i, **침투력 F_i** 를 구한다.

③**단계 : 안전율 η_i 을 가정하고, 각 절편의 설계 (활용) 전단강도정수 c_{di}, ϕ'_{di} 를 결정한다.**

④**단계 : 각 절편의 측면력 E_{li}, E_{ri} 가정하고, 측면 전단력을 구한다.**

절편 측면력 ΔE_i 는 크기와 작용방향 δ_i 를 모르므로 우선 **작용방향을 가정**한다.

* 절편 바닥면 수직력 N 계산 ; 각 절편에 바닥면 수직방향($\Sigma N = 0$) 또는 연직방향 힘 평형식 ($\Sigma V = 0$) 을 적용하거나, 전체 절편에 모멘트 평형조건 ($\Sigma M_O = 0$)을 적용하여 계산한다.

⑤**단계 : 각 절편에 연직방향 힘의 평형조건 $\Sigma V = 0$ 에서 바닥면 수직력 N 을 구한다.**

각 절편에 대해 힘의 다각형을 그린다. 각 절편에서 **자중 G_i (외력 포함) 간극수압 U_i** 및 **점착력 C_i** 는 그 **크기와 작용방향**을 알고 있으며, **활동 저항력 Q_i** 는 **작용방향**만 알고 있다. 연직방향 힘의 평형식($\Sigma V = 0$, 식 5.3b) 을 적용한다. 연직방향 힘의 평형식에 **바닥면 접선력 $T = T_d = T_f/\eta$ (식 5.2b)** 를 대입하여 T 를 소거하여, **바닥면 수직력 N** 을 구한다.

* 절편 바닥면 접선력 T 계산 ; 바닥 수직력 N 에 대한 파괴 전단력 T_f 나 설계 전단력 T_f/η 적용한다.

⑥**단계 : 바닥면 수직력 N 을 적용하고 설계 전단저항력 T_{di} 를 구한다.**

절편 바닥면의 수직력 N 과 Mohr-Coulomb 파괴조건을 적용하여 파괴 시 전단력 T_{fi} 를 구한다. 파괴 전단력 T_{fi} 를 안전율 η_i 로 나누어 설계 전단저항력 $T_{di} = T_{fi}/\eta$ 를 구한다.

* 안전율 η 계산 ;

⑦ **단계 : 전체 안전율을 계산한다 (식 5.16).**

전체 활동유발 모멘트($\Sigma M_d = \Sigma S_M$) 를 구한다. 가정 안전율 η_1 를 적용하여 전체 활동저항 모멘트($\Sigma M_r = \Sigma R_M$) 를 구하고, 안전율 η_2 를 계산한다. 가정 안전율 η_i 와 계산 안전율 η_c 차이가 $|\eta_i - \eta_c| \leq \Delta$ ($\Delta \leq 1.0 \times 10^{-6}$) 될 때까지 시산법으로 ③~⑦ 을 반복 계산한다.

⑧ **단계 : 활동면의 크기를 변화시키면서 최소 안전율을 구한다.**

반경 r 을 바꾸며 가장 작은 안전율 $\eta_{\min}$ 이 구해질 때까지 ①~⑦ 단계를 반복계산한다.

⑨ **단계 : 원호 활동면의 원호중심의 위치를 변화시키면서 최적 안전율을 구한다.**

최소 안전율 $\eta_{\min}$ 이 구해질 때까지 원중심 O 를 바꾸어 가며 ①~⑧ 단계를 반복 계산한다.

절편법은 절편 개수가 많아지면 계산이 복잡해지므로 다음과 같이 단계별로 적용하고, 진행상태를 점검한다. 여기에서는 **원호 활동 파괴면**을 가정한 **Bishop 의 간편법**을 기준으로 **절편법의 적용단계**를 설명한다.

아래는 **절편법의 실무 적용 방법**을 단계적으로 정리한 것이며, 아울러 비탈면의 안정해석을 위한 **원호파괴에 대한 절편법의 프로그래밍 단계**를 나타낸다.

①**단계 : 활동파괴 형상 결정 및 절편분할**
- **원형 활동파괴면**의 중점 O 와 반경 r 를 선택한다 (그림 5.16a).
- **절편분할:** 활동 파괴체를 n 개 연직절편으로 나눈다. 절편의 개수는 지층의 경계를 고려하여 결정하며 보통 10 개 정도면 충분하다.
- **절편바닥 방향각 결정:** 각 연직절편의 방향각 θ_i (비탈면 방향으로 '양')와 폭 b_i 를 구한다. 방향각은 절편 바닥면 중심점의 접선이 수평과 이루는 각도이며, 이는 절편의 중심점과 원의 중심점을 연결한 직선이 연직선과 이루는 각도와 같다.

②**단계 : 각 절편의 면적** $A_i = b_i h_i$, **무게** $G_i = \gamma_i A_i$, **작용 연직 상재하중** $P_{vi} = p_i b_i$, **간극수압 합력** $U_i = u_i l_i = u_i b_i / \cos\theta_i$, **침투력** $F_i = i\gamma_w V_i$ **를 구한다.**
- **절편 바닥면 수압 :** 절편의 바닥면에 작용하는 간극수압 u_i 를 구한다.
- **절편 침투력 :** 침투력 F_i 는 절편의 지하수면 아래 부분 부피 V_i 에 침투압을 곱한 크기 ($F_i = i\gamma_w V_i$) 이고, 절편 중심에서 침윤선에 그은 접선의 방향으로 작용한다.
  침투력은 수직력 N 과 전단력 T 에게 영향을 주지만, 외력으로 간주하면 대개 안전측이다.
- **안전율 가정 :** 안전율 η_i 를 가정한다

③**단계 : 각 절편의 설계 (활용) 전단강도정수를 결정한다 :** 이때 전단강도는 파괴 전단강도 T_f 를 안전율 η 로 나눈 값, 즉 설계 전단강도 T_d 의 크기로 활용된다 (설계 전단강도 정수는 활용 전단강도정수와 같음).
- **설계 (활용)전단강도정수 :** 설계 (활용) 전단강도정수 c_{di}, ϕ'_{di} 을 구한다 (식 3.5).
$$c'_{di} = c'_i / \eta$$
$$\phi'_{di} = \operatorname{atan}\{(\tan\phi_i')/\eta\} \tag{3.5}$$

④**단계 : 각 절편의 측면력** E_{li}, E_{ri} **가정하고, 측면 전단력을 구한다.**
- **절편 측면력 :** 절편측면 수평토압 ΔE_i 는 크기와 작용방향 δ_i (수평기준) 를 모르므로 우선 작용방향을 가정한다. 보통 δ_i / ϕ_i 를 일정하게 가정한다.

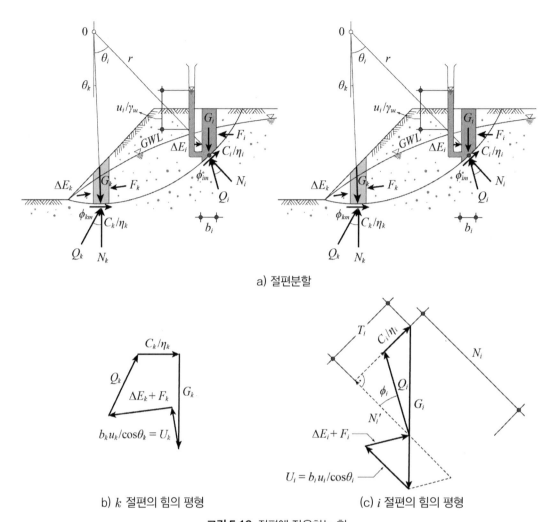

a) 절편분할

b) k 절편의 힘의 평형 (c) i 절편의 힘의 평형

그림 5.16 절편에 작용하는 힘

⑤ **단계 : 각 절편에 연직방향 힘의 평형조건 $\sum V = 0$ 에서 바닥면 수직력 N 을 구한다.**

- **힘의 다각형** : 각 절편에 대해 힘의 다각형을 그린다 (그림 5.16b).

  각 절편에서 자중 G_i (외력 포함) 간극수압 U_i 및 점착력 C_i 는 크기와 작용방향을 알고 있고, 저항력 Q_i 는 작용방향만 알고 있다.

  외력은 인접 절편에는 아무 영향이 없다 (이것이 절편법의 가장 큰 모순 중 하나이다).

- **힘의 평형식** : 연직방향 힘의 평형식 ($\sum V = 0$, 식 5.3b) 을 적용한다 (그림 5.16c).

$$\sum V = 0 \; : \; G + \Delta E_z - T\sin\theta - N\cos\theta = 0 \tag{5.3b}$$

각 절편의 측면력 ΔE 가 수평으로 작용한다고 가정하면 ($\delta_i = 0$), ΔE 의 연직분력 ΔE_z 이 없어져서 위 식이 다음과 같이 간단해진다. 이 가정의 영향은 매우 작다.

$$\sum V : G = T\sin\theta + N\cos\theta$$

- **절편 바닥면 수직력** N ; 연직방향 힘의 평형식에 $T = T_d = T_f/\eta$ (식 5.2b) 를 대입하여 T 를 소거하고 N 에 대해 정리하면 다음이 된다.

$$N = \frac{G + \dfrac{1}{\eta}cb/\cos\theta}{\cos\theta + \dfrac{1}{\eta}\tan\phi\,\sin\theta} \tag{5.15a}$$

- **절편 바닥면 유효 수직력** : 절편 바닥면 유효 수직력 $N'_i = N_i - U_i$ 을 구한다.

⑥ 단계 : **바닥면 수직력** N **을 적용하고 설계 전단저항력** T_{di} **를 구한다** ; $T_{di} = T_{fi}/\eta$

- **절편 바닥면 파괴 전단력** : 임의의 i 번째 절편 바닥면 (활동면) 에 작용하는 파괴 시 전단응력 τ_{fi} 와 파괴 시 전단력 T_{fi} 를 Mohr-Coulomb 파괴조건을 적용하여 구한다.
  파괴 시 전단력 T_{fi} 는 파괴 시 전단응력 τ_{fi} 에 활동 파괴면 면적 ($b_i/\cos\theta_i$) 을 곱한 크기이다. 절편 폭이 작으므로 절편 바닥면을 평면으로 가정한다.

$$\tau_{fi} = \sigma'_i \tan\phi'_i + c'_i$$
$$T_{fi} = N'_i \tan\phi'_i + \frac{c_i b_i}{\cos\theta_i} \tag{5.2a}$$

- **바닥면 설계 전단 저항력** T_{di} : 바닥면 (활동면) 의 **전단력**은 파괴 전단력 T_{fi} 를 안전율 η_i 로 나눈 크기 만큼 활용되며, 이 **활용 전단력**을 **설계 전단력**으로 간주한다. 전단강도는 모든 점에서 같은 정도로 활용된다 (즉, 안전율이 같다. $\eta_i = \eta = const.$) 고 가정한다.

$$T_{di} = \frac{T_{fi}}{\eta} = \frac{1}{\eta}\left(N'_i\tan\phi'_i + \frac{c'_i b_i}{\cos\theta_i}\right) = \frac{G\tan\phi' + cb}{\cos\theta + \dfrac{1}{\eta}\tan\phi'\sin\theta} \tag{5.2b}$$

⑦ 단계 : **전체 안전율을 계산한다 (식 5.16)**
- **전체 활동유발 모멘트를 구한다** ; $\sum S_M = r\sum G_i\sin\theta_i$
- **전체 시스템의 모멘트 평형조건**: 위에서 식이 2 개 ($\sum V = 0$, $\sum T = 0$) 가 되고, 미지수는 3 개 (N_i', ΔE_i, η) 가 있으므로 식이 한 개 부족하다.
  따라서 **전체 파괴체**에 대한 **모멘트 평형식**을 추가해야 한다.

$$r\sum G_i\sin\theta_i = \frac{1}{\eta}r\sum\left(\frac{c_i'b_i}{\cos\theta_i} + N_i'\tan\phi_i'\right) + \sum r_i\,\Delta E_i\cos\theta_i \tag{5.4d}$$

여기에서 r_i 는 절편의 무게중심과 원의 중심간 거리이다 (그림 5.7).

- Bishop 은 위 식의 3 번째 항을 '0' 으로 가정 (즉, $\sum r_i \, \Delta E_i \cos\theta_i \,=\, 0$) 하였다.

  그러나 엄밀하게 말하면 이로 인하여 내력 ΔE_i 의 벡터 합이 더 이상 '0'이 아니기 때문에 ($\sum \Delta E_i \neq 0$) 결과적으로 위 전체 파괴체에 대한 모멘트 평형식이 다음이 된다.

$$\sum G_i \sin\theta_i \,=\, \frac{1}{\eta}\sum\left(N_i' \tan\phi' + \frac{c_i' b_i}{\cos\theta_i}\right) \tag{5.45}$$

- **전체 활동유발 모멘트** ($\sum M_d = \sum S_M$) 를 구한다.

$$\sum M_d = \sum S_M = \sum G_i \sin\theta_i \,=\, \frac{1}{\eta}\sum\left(N_i' \tan\phi' + \frac{c_i' b_i}{\cos\theta_i}\right) \tag{5.46}$$

- **가정 안전율** η_1 를 **적용**하여 **전체 활동저항 모멘트** ($\sum M_r = \sum R_M$) 를 구한다.

$$\sum M_r = \sum R_M = r\,T_{di} = r\sum \frac{(G_i - b_i u_i)\tan\phi_i' + b_i c_i'}{\cos\theta_i + \dfrac{1}{\eta}\sin\theta_i \tan\phi_i'} \tag{5.47}$$

- **안전율** η_2 를 **계산한다** ;

$$\eta_2 = \frac{활동저항모멘트}{활동모멘트} = \frac{\sum R_M}{\sum S_M} = \frac{\displaystyle\sum \frac{(G_i - b_i u_i)\tan\phi_i' + b_i c_i'}{\cos\theta_i + \dfrac{1}{\eta}\sin\theta_i \tan\phi_i'}}{\sum G_i \sin\theta_i} \tag{5.5}$$

- 전응력 해석에서는 위 식에서 ϕ', c' 를 ϕ_u, c_u 로 대신한다.
- 점토에서 $\phi_u = 0$ 이므로 위 식은 다음과 같이 간단해진다.

$$\eta \,=\, \frac{\sum c_{ui} b_i / \cos\theta_i}{\sum G_i \sin\theta_i} \tag{5.48}$$

- 식 (5.5) 에서 안전율 η 가 양변에 모두 미지수로 들어가므로 우측항의 안전율을 $\eta_i \geq 1$ 로 가정하고 계산하여 가정 안전율 η_i 와 계산 안전율 η_c 의 차이가 일정한 값 Δ 보다 작아질 때 까지 ($|\eta_i - \eta_c| \leq \Delta$) 반복 계산한다. 보통 $\Delta = 1.0 \times 10^{-6}$ 이하로 한다.

⑧ 단계 : 활동면의 크기를 변화시키면서 최소 안전율을 구한다.
- 계산한 안전율 η_2 와 가정한 안전율 η_1 의 차이가 일정범위 (대체로 $< 3\%$) 이내가 될 때까지 **시산법**으로 ③~⑦ 을 반복수행하며, 보통 수렴속도가 대단히 빠른 편이다.
- 반경 r 을 바꾸어 가며 가장 작은 안전율 η_{min} 이 구해질 때까지 ①~⑦ 단계를 반복 계산한다.

⑨ 단계 : 원호 활동면의 원호중심의 위치를 변화시키면서 최적 안전율을 구한다.
- 원의 중심 O 를 바꾸어 가며 **최소 안전율** η_{min} 이 구해질 때까지 ①~⑧ 단계를 반복 계산한다.

5.6 절편법의 적용 예

절편법은 이론적 배경과 안전율 계산방법에 따라 여러 가지 방법으로 구분하며, 여기에서는 각 방법의 특성과 결과의 차이를 정확히 이해하기 위해 동일한 예제를 해석하여 결과를 상호 비교한다.

비탈면의 선단을 지나는 한 가지의 원호 활동 파괴체를 가정하고 여러 가지 절편법을 적용하여 **안전율**을 계산한다. 이때 실무에서 빈번하게 사용되는 Bishop 방법, Terzaghi 방법, Krey/Breth 방법, Franke/Spencer 방법 등의 절편법을 적용한다.

절편법은 **단계별로 적용**(5.6.1 절) 하며, 지하수 영향을 받지 않는 동일 **비탈면 예제**(5.6.2 절) 를 여러 가지 절편법으로 해석하여 결과를 비교한다.

5.6.1 절편법의 적용

원호 활동 파괴면을 가정하고 일정한 해석단계를 적용하여 비탈면의 안정을 해석한다. 제 5.5 절의 절편법 적용단계를 다음 3 단계로 압축하여 적용한다. 즉, 첫째 단계 (제 5.5 절의 **①단계**) 에서는 **활동파괴 형상을 결정**하고, 둘째 단계 (제 5.5 절의 **②~⑦단계**) 에서는 **절편을 분할**하고 **(선정된) 절편법을 적용**하여 절편의 형상, 치수, 무게, 바닥면 경사, 바닥면 작용력, 수압, 침투력 등을 계산하여 안전율을 구하며, 셋째 단계 (제 5.5 절의 **⑧~⑨단계**) 에서 **최소 안전율**을 찾는다.

첫째 단계 : 활동파괴 형상 결정 및 절편분할
원호 활동파괴를 가정하고, **원호의 중심점과 활동파괴면을 결정**하고 나서, 절편을 분할한다.
제 5.5 절의 ① 단계에 해당된다.

둘째 단계 : 선정된 절편법을 적용
적용할 절편법을 선정하고, 절편법 종류에 따라 **절편의 형상, 무게, 절편 바닥면의 전단력, 활용전단력, 수압, 침투력** 등을 계산하고, **각 절편과 전체 절편 시스템에 대해 힘 및 모멘트 평형조건을 적용하여 전체 안전율을 계산**한다. 제 5.5 절의 ② ~ ⑦ 단계에 해당된다.

셋째 단계 : 최소 안전율을 구함
활동 파괴면의 위치 (원호 중심점 위치) 와 **크기** (원호 활동파괴면의 반경) 를 변화시키면서 **최소 안전율**을 구한다.

본 예제에서는 여러 가지 절편법을 적용하여 비탈면 안전율을 구하고, 각 절편법으로 구한 결과를 비교하여 각 절편법의 특성과 차이를 분별하는 것이 목적이므로, **최소 안전율을 찾는 최적화 단계** (제 5.5 절의 셋째 단계, 즉 ⑧ ~ ⑨ 단계) 는 적용하지 않는다.

5.6.2 비탈면의 원호활동 해석 예제

지하수의 영향을 받지 않는 비탈면의 안정성을 **원호 활동파괴모델**을 적용하여 검토한다. 몇 가지 절편법 (Bishop 방법, Terzaghi 방법, Krey/Breth 방법, Franke/Spencer 방법 등) 을 적용하고 동일 조건 활동 파괴면에 대한 안정을 해석하고 결과를 비교하여 **절편법 상호 간의 차이를 확인**한다.

예제 5.1 :

균질한 지반에 있는 비탈면 (높이 $6.0\ m$, **경사각** $\beta = 28^o$) 이 그림 예 5.1.1처럼 **원호 활동파괴**되는 경우에 대해 안정성을 검토한다. 비탈면 선단 앞·뒤 쪽 지반은 지표가 수평이고, 정점 배후의 수평지표에 **상재하중**이 $p = 20.0\ kN/m^2$ 의 크기로 작용한다.

지반은 **단위중량** $\gamma_t = 19.0\ kN/m^3$ 이고, **전단강도정수** $c' = 25.0\ kN/m^2$, $\phi' = 22.5^o$ 이다.

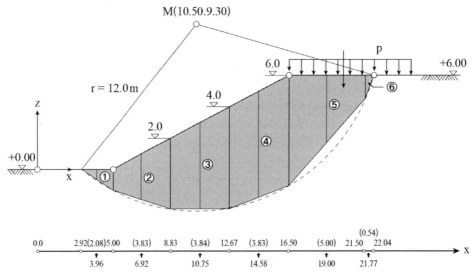

그림 예 5.1.1 비탈면의 원호활동 해석(절편분할)

(1) 활동파괴 형상 결정 및 절편분할 (제 5.5 절의 ① ~ ② 단계)

원호 활동면은 그림 예 5.1.1 과 같이 원호의 중심 좌표가 $(10.5, 9.3)$ 이고, **반경**은 $r = 12.0\ m$ 이다. 비탈면 **선단좌표**는 $(5.00, 0.00)$ 이고, **정점좌표**는 $(16.5, 6.00)$ 이다. 원호 활동면은 비탈면에서 **전면 지표**와 $(2.92, 0.00)$ 에서 만나고, 비탈면 **배후지반 지표**와 $(22.04, 6.0)$ 에서 만난다.

비탈면은 총 **6 개 절편** (선단 앞 쪽 1 개, 비탈면에 3 개 (비탈면 3 등분), 비탈면 정점 배후에 2 개) 으로 분할한다. **절편 높이**는 바닥면 중심점 높이이고, **절편 면적**은 절편이 폭과 높이의 곱이다. **상재 하중**은 정점 배후에 있는 절편 ⑤와 절편 ⑥의 지표에 작용한다.

절편 경계면과 **원호 활동면**이 만나는 **활동면 교차점**의 좌표는 $(5.0, -1.37)$, $(8.83, -2.58)$, $(12.67, -2.50)$, $(16.50, -1.09)$, $(21.50, 4.50)$ 고, 지표면 교차점 좌표는 $(5.0, 0,0)$, $(8.83, 2.0)$, $(12.67, 4.0)$, $(16.5, 6.0)$, $(21.5, 6.0)$ 이다.

절편 측면 경계면의 길이는 지표 교차점과 활동면 교차점의 z 좌표의 차이 $z_{o,i} - z_{u,i}$ 이고, 절편 바닥 중심점은 좌우 경계 좌표 중간 값 $x_{u,i} = (x_{r,i} + x_{l,i})/2$, $z_{u,i} = (z_{ur,i} + z_{ul,i})/2$이다.

각 **절편의 형상**(폭 b_i, 높이 h_i, 바닥면 경사 α_i)과 면적 A_i 와 무게 G_i 및 작용하는 상재하중 P_i 는 다음과 같고, 표 예 5.1.1 에 정리되어 있다.

- **절편의 폭**: 우측 경계면과 좌측 경계면의 x 좌표 차이 ; $b_i = x_{r,i} - x_{l,i}$
- **절편의 높이**: 우측 경계면과 좌측 경계면의 평균높이 ; $h_i = (h_{r,i} + h_{l,i})/2$
- **절편 바닥면의 경사**: $\alpha_i = \tan^{-1}\{(z_{ur,i} - z_{ul,i})/b_i\}$
- **절편의 면적**: $A_i = b_i h_i = (절편 폭) \times (절편 높이)$
- **절편의 무게**: $G_i = A_i \gamma_i = (절편 면적) \times (지반 단위중량)$
- **작용 상재하중**: $P_i = p_i b_i = (상재하중) \times (절편의 폭)$

표 예 5.1.1 절편분할 ; 절편의 형상, 치수, 바닥면 경사, 크기, 무게

절편번호	절편치수				절편중심선			바닥면					절편 크기 및 무게		
	바닥 좌측경계		바닥 우측경계		폭	바닥 중점좌표		지표점	경사 $\theta\,[°]$					높이	면적	무게
	x_{ul}	z_{ul}	x_{ur}	z_{ur}	b	x_{um}	z_{um}	z_{om}	Δz_u	$\dfrac{\Delta z_u}{b}$	$\theta = \mathrm{atan}\dfrac{\Delta z_u}{b}$	$\sin\theta$	$\cos\theta$	h	A	$G = A\gamma$
	①	②	③	④	⑤	⑥	⑦	⑧	⑨	⑩	⑪	⑫	⑬	⑭	⑮	⑯
					③-①	(①+③)/2	(②+④)/2		④-②	⑨/⑤	atan⑩	sin⑪	cos⑪	⑧-⑦	⑤×⑭	⑮×γ
1	2.92	0.00	5.00	-1.37	2.08	3.96	-0.69	0.00	-1.37	-0.659	-33.38	-0.550	0.835	0.69	1.44	27.36
2	5.00	-1.37	8.83	-2.58	3.83	6.92	-1.98	1.00	-1.21	-0.316	-17.54	-0.301	0.954	2.98	11.41	216.79
3	8.83	-2.58	12.67	-2.50	3.84	10.75	-2.54	3.00	0.08	0.021	1.20	0.021	1.000	5.54	21.27	404.13
4	12.67	-2.50	16.50	-1.09	3.83	14.59	-1.80	5.00	1.41	0.368	20.20	0.345	0.938	6.80	26.04	494.76
5	16.50	-1.09	21.50	4.50	5.00	19.00	1.71	6.00	5.59	1.118	48.19	0.745	0.667	4.29	21.45	407.55
6	21.50	4.50	22.04	6.00	0.54	21.77	5.25	6.00	1.50	2.778	70.20	0.941	0.339	0.75	0.41	7.79

(2) 절편법 적용: 작용하중과 활동모멘트 및 저항모멘트 (제 5.5 절의 ③ ~ ⑥ 단계)

활동유발 모멘트 M_d 는 절편 i 의 자중 G_i 와 상재하중 P_{vi}의 원호 중심에 대한 모멘트이다. 팔의 길이 r_i는 원호 중심점과 절편 바닥면 중심점의 수평거리이다.

$$M_d = r\sum_i (G_i + P_{vi})\sin\theta_i = \sum_i (G_i + P_{vi})r_i \tag{5.46}$$

활동저항 모멘트 M_r은 절편 바닥면 **지반의 전단저항**(마찰력 및 점착력)에 의한 **활동저항 모멘트** (다음 제 1 항) 와 **작용하중**의 활동면 수직분력에 의한 **활동저항 모멘트** (다음 식 제 2 항) 의 합이다.

$$M_r = rT = r\left\{\frac{G\tan\phi + cb}{\cos\theta + \tan\phi\sin\theta} + \frac{P_v\tan\phi}{\cos\theta + \tan\phi\sin\theta}\right\} = r\frac{(G+P_v)\tan\phi + cb}{\cos\theta + \tan\phi\sin\theta}$$

$$\tag{5.47}$$

표 예 5.1.2 작용하중과 활동모멘트 및 저항모멘트 $\phi = 22.5^o$, $\eta = 2.0$

절편번호	하중 [kN/m] G (γA) ⑯	P_v (p)	P_v (pb) ⑰	$G+P_v$ ($\gamma A+pb$) ⑱	$M_d=(G+P_v)r\sin\theta$ [kNm/m] $r\sin\theta$ ($r\times$⑫) ⑲	$(G+P_v)\times$⑲ (⑱×⑲) ⑳	$(G+P_v)\times\tan\phi$ (⑱×$\tan\phi$) ㉑	cb ($c\times$⑤) ㉒	$\dfrac{cb}{\cos\theta}$ (㉒/⑬) ㉓	$\dfrac{\tan\phi}{\eta}=\dfrac{0.414}{2.0}$ ㉔	$(G+P_v)\tan\phi+cb$ (㉑+㉒) ㉕	$\dfrac{\tan\phi}{\eta}\sin\theta+\cos\theta$ (㉔×⑫) ㉖	(㉖+⑬) ㉗	T (㉕/㉗) ㉘
1	27.36	0.00	0.00	27.36	−6.60	−180.58	11.33	52.00	62.28	0.207	63.33	−0.114	0.721	87.84
2	216.79	0.00	0.00	216.79	−3.61	−782.61	89.75	95.75	100.37	0.207	185.50	−0.062	0.892	207.96
3	404.13	0.00	0.00	404.13	0.25	101.03	167.31	96.00	96.00	0.207	263.31	0.004	1.004	262.26
4	494.76	0.00	0.00	494.76	4.14	2048.31	204.83	95.75	102.08	0.207	300.58	0.071	1.009	297.90
5	407.55	20.00	100.00	507.55	8.94	4537.50	210.13	125.00	187.41	0.207	335.13	0.154	0.821	408.20
6	7.79	20.00	10.80	18.59	11.29	209.88	7.70	13.50	39.82	0.207	21.20	0.195	0.534	39.70
Σ						5933.53								1303.86

바닥면 전단 저항력 T : Bishop (식 5.16)
$$T=\frac{(G+P_v)\tan\phi+cb}{(1/\eta)\tan\phi\sin\theta+\cos\theta}\ [kNm/m]$$

표 예 5.1.3 절편법 방법별 안전율 $\delta = 18.36^o$, $\eta = 2.0$

Terzaghi : 식 (5.12) $\quad T=(G+P_v)\tan\phi\cos\theta+(cb)/\cos\theta$

Krey/Breth : 식 (5.14) $\quad T=\dfrac{(G+P_v)\tan\phi+cb}{\sin\theta\tan\phi+\cos\theta}$

Franke/Spencer : 식 (5.26) $\quad T=\dfrac{(G+P_v)\tan\phi\cos\delta/\cos(\theta-\delta)+cb/\cos\theta}{(1/\eta)\tan\phi\tan(\theta-\delta)+1}$

절편번호	㉑×$\cos\theta$ (㉑×⑬) ㉙	$T=$㉙+$\frac{cb}{\cos\theta}$ (㉙+㉓) ㉚	분자 ㉑+cb =㉕ (㉑+㉒) ㉛	분모 $\sin\theta\tan\phi$ (⑫$\tan\phi$) ㉜	+$\cos\theta$ (㉜+⑬) ㉝	$T=$ (㉛/㉝) ㉞	$\theta-\delta$ (⑪−δ) ㉟	$\cos(\theta-\delta)$ (cos㉟) ㊱	$\frac{\cos\delta}{\cos(\theta-\delta)}$ ((cosδ)/㊱) ㊲	㉑×$\frac{\cos\delta}{\cos(\theta-\delta)}$ (㉑×㊲) ㊳	㊳+$\frac{cb}{\cos\theta}$ (㊳+㉓) ㊴	$\tan(\theta-\delta)$ (tan㉟) ㊵	㉔×㊵ (㉔×㊵) ㊶	㊶+1 (㊶+1) ㊷	$T=\frac{분자}{분모}$ (㊴/㊷) ㊸
1	9.46	71.74	63.33	−0.228	0.607	104.33	−51.74	0.619	1.533	17.37	79.65	−1.268	−0.262	0.738	107.93
2	85.62	185.99	185.50	−0.125	0.829	223.76	−35.90	0.810	1.172	105.19	205.56	−0.724	−0.150	0.850	241.84
3	167.31	263.31	263.31	0.009	1.009	260.96	−17.16	0.955	0.994	166.31	262.31	−0.309	−0.064	0.936	280.25
4	192.13	294.21	300.58	0.143	1.081	278.06	1.84	0.999	0.950	194.59	296.67	0.032	0.007	1.007	294.61
5	140.16	327.57	335.13	0.308	0.975	343.72	29.83	0.868	1.093	229.67	417.08	0.573	0.119	1.119	372.73
6	2.61	42.43	21.20	0.390	0.729	29.08	51.84	0.618	1.536	11.83	51.65	1.273	0.264	1.264	40.86
Σ		Σ 1185.25			Σ 1239.91									Σ 1338.22	

(3) 안전율 검토 (제 5.5 절의 ⑦ 단계)

비탈면 안전율은 절편법에 따라서 다음이 된다. 저항모멘트 M_r 은 활동면에서 발생하므로 팔의 길이가 원호 활동면의 반경 $r = 12.0\ m$ 이다.

Bishop ; $\eta = \dfrac{M_r}{M_d} = \dfrac{rT}{M_d} = \dfrac{(12.0)(1303.86)}{5933.53} = 2.637$

Terzaghi ; $\eta = \dfrac{M_r}{M_d} = \dfrac{rT}{M_d} = \dfrac{(12.0)(1185.25)}{5933.53} = 2.397$

Krey/Breth ; $\eta = \dfrac{M_r}{M_d} = \dfrac{rT}{M_d} = \dfrac{(12.0)(1239.91)}{5933.53} = 2.508$

Franke/Spencer ; $\eta = \dfrac{M_r}{M_d} = \dfrac{rT}{M_d} = \dfrac{(12.0)(1338.22)}{5933.53} = 2.706$

<h1>제 6 장　비탈지반의 운동요소해석</h1>

6.1 개 요

　절편법의 근본적 어려움 (5.2.4절, 식과 미지수의 개수가 불일치) 은 **운동요소법** (KEM ; Kinematical Element Method) 을 적용하여 해결할 수 있다.

　운동 요소법 (6.2 절) 은 경계면에서 접촉된 상태로 상대 운동하는 **강체 운동요소 시스템**의 거동을 해석하여, 운동요소 시스템의 **안정을 판정**하는 방법이다 (Guβmann, 1978). **운동요소 간의 경계면**은 **경사진 평면**이며 **전단 파괴면**이다 (지반의 파괴조건은 대개 Mohr - Coulomb 파괴조건을 적용한다. **곡면 활동 파괴면**은 다수의 **평면으로 분할**하여 대체하고, 분할 개수가 많을수록 **실제 곡면에 근접**한다. 그 해가 **극한해석 상한계와 하한계 사이**에 있어서, **정해** (absolute solution) 에 근접한 값이다.

　운동 요소법은 비탈지반의 안정은 물론 얕은 (및 깊은) **기초 지지력과 토압** 및 **터널의 안정**에도 적용할 수 있을 만큼 **일반화**되어 있다 (Guβmann ; 1982, 1986 : Lee, 1987).

　절편법 (절편 간 경계는 연직 가상면이고, 측면력 작용방향은 가정) 을 적용하면 **미지수와 식의 개수가 일치**하지 않지만, **운동 요소법** (운동요소 간의 경계는 **연직 전단 파괴면**이고, 측면력 작용방향은 내부 마찰각) 을 적용하면 **미지수와 식의 개수가 일치**한다.

　연직 운동요소 (6.3 절) 를 적용하면, **측면이 전단 파괴면** (전단 파괴식이 적용) 이고, **측면력 작용방향**이 측면의 수직에 대해 **내부마찰각** (일정) 만큼 경사진 **절편**을 적용한 절편법과 같다. 이때에는 **미지수와 식의 개수를 일치**시켜서 정밀 해에 근접하는 해를 구할 수 있고, 이는 Guβmann (1978)이 제안한 **일반 절편법** (Generalized Slice Method) 이 되어서, 기존의 다양한 절편법 (**일반 절편법**의 특수한 경우) 들을 포괄한다.

　운동요소법을 지반에 적용 (6.4 절) 할 때에는 적합한 **파괴메커니즘**을 선정하고, 다수 **운동요소로 분할**하여 **요소의 변위와 작용력**을 계산하고 **최적목적함수**를 구한다.

　원호 활동파괴에 대한 비탈면 안정성 예제 (6.5 절) 에 대해 운동요소법으로 해석하여 절편법과 비교한다. 또한 붕괴된 댐을 운동 요소법으로 역해석하여 안전율과 파괴모양을 검증한다.

6.2 운동 요소법의 비탈지반 안정해석 적용

절편법에서는 **식과 미지수의 개수**가 항상 1 개씩 차이 나므로, (가정을 통해서) 식의 개수를 늘려거나 미지수 개수를 줄여야만 해를 구할 수 있다. **운동 요소법** (6.2.1 절) 은 이와 같은 단점을 보완하여 (절편법 대신에) **식과 미지수 개수**가 **일치**되는 상태에서 해를 구할 수 있는 방법이다.

운동요소법 이론 (6.2.2 절) 에서는 **운동요소 간 경계면** (경사진 평면 전단 파괴면) 과 운동요소의 **바닥면** (활동파괴면) 에 **지반 파괴식**을 적용하고, (**측면력 합력의 수직방향 및 작용방향**) **힘의 평형**과 (바닥면 수직력 작용점에 대한) **모멘트 평형**을 적용하여 안정성을 검증한다.

운동 요소법을 **비탈지반 안정계산**에 적용하려면, 우선 비탈지반을 다수 **운동요소로 분할**(6.2.3 절) 한다. **곡면 활동 파괴면**은 **다수의 평면**으로 대체한다. 운동요소 간 경계면에 **지반 파괴조건을 적용**하여, **미지수와 식** (6.2.4절) 의 개수를 일치시킨다.

6.2.1 운동요소법 개요

Guβmann (1978) 은 절편 간의 경계를 평면 **전단 파괴면**으로 가정하고, 여기에 **지반파괴조건**을 **적용**하여 식과 미지수의 개수가 일치되는 **일반 절편법** (General Sice Method) 을 제시하였으며, 이를 통해 **기존 절편법을 통합**하였다. 또한, 그 개념을 확장하여 **파괴요소법** (Failure Element Method)으로 발전시켜서 **비탈면**은 물론 **토압**이나 **지지력** 등의 계산에 적용하였다.

Gussmann (1986) 은 이를 더욱 일반화시켜서 활동 파괴시스템을 다수의 **운동요소**로 구성하고, 각 운동요소에 작용하는 힘과 변위의 관계식을 유도하였으며, 이를 바탕으로 실무에 적용하기 쉽게 이론을 체계화한 **운동요소법** (KEM ; Kinematical Element Method) 을 탄생시켰다.

운동요소법은 Gudehus (1970, 1980) 와 Goldscheider (1979) 및 Karal (1977) 등이 Coulomb (1776) 의 **흙쐐기 이론**을 확장하여 제시한 **운동학적 방법** (kinematical method) 을 Gussmann (1986) 이 유한요소법 (Finite Element Method) 에 견줄 수 있을 만큼 일반화시킨 이론이다.

운동요소법은 **상한 해** 측에서 **완전 해**를 추구해가는 방법이다. 즉, **운동요소가 힘의 평형**을 이루고 있는 상태에서 운동에 의한 **에너지 소산율**이 최소인 상태를 구하는 방법이다. 따라서 **상한 값보다 작은 값**이 구해지므로 그 해가 (완전해라고 단정하기는 어렵더라도) **상한 값과 하한 값의 사이에 존재**하고 **정역학적 조건**과 **운동학적 조건**을 모두 충족하므로 **완전해에 가까운 해**인 것은 확실하다.

운동요소법은 **다각형** (경계가 직선) **강체 운동요소**로 구성된 **파괴메커니즘**을 가정하며, 운동요소의 절점좌표로부터 **요소 형상** (geometry) 을 결정한다.

요소의 **운동상태** (kinematics) 로부터 **요소 간 상대변위**를 계산하며, 운동하는 요소에 **정역학적 평형 조건** (statics) 을 적용하여 **요소경계의 작용력**을 구하고, 이로부터 요소 간 상대운동에 의해 **소산되는 내부에너지**를 계산하며, **최적화 기법**을 적용하여 **최적 목적함수 (안전율)** 를 구한다. 운동요소법에 대한 상세내용은 Guβmann (1986) 을 참조한다.

운동 요소법은 **에너지 이론**을 적용한 **극한해석법**이며 **비탈면, 토압, 기초 지지력, 터널** 등 모든 **극한 해석문제**에서 적용성이 입증되었다. 향후 이 분야의 해석을 주도할 것으로 기대하는 방법이다.

운동요소법은 운동요소의 운동에 의한 **소산 에너지가 극대치**가 되는 상태 **(상한계 개념)** 를 구하며, **극한해석 상한법**과 다른 점은 움직이는 운동요소에서 **힘의 평형 (하한계 개념)** 을 고려한다는 것이다.

운동요소의 **에너지 소산율**을 생각하는 것은 **극한해석 상한계** 개념이며, 운동요소의 **힘의 평형**을 생각하는 것은 **극한해석 하한계** 개념이다. **극한해석 상한법**에서는 운동요소들이 힘의 평형을 이루는지 알 수 없는 상태에서, 단지 **에너지 소산율이 최소**가 되는 상태를 구하지만, **운동요소법**에서는 운동 요소들이 힘의 평형을 유지하면서 운동하는 상태에서 **에너지 소산율이 최소가 되는 상태**를 구한다. 따라서 그 해가 **극한해석 상한계와 하한계 사이**에 있어서 **정해에 근접한** 값이라고 할 수 있다.

Guβmann (1986) 은 운동요소법에 **최적화 기법** (Optimization method) 을 접목하여 활동면의 형상을 가정하지 않고 계산하였고, 지반과 경계조건 (층상지반, 불연속면 등) 의 영향을 고려한 **최적 활동 파괴면**을 **계산**하였으며, **3 차원 운동요소법**이 발전되어서 **비탈면의 3차원 파괴거동**을 해석할 수 있는 길이 열려졌다.

운동요소법은 2 차원은 물론 3 차원 **전산해석 프로그램** (KEM-2D, KEM-3D) 이 개발되어 있어서 **3 차원 문제**를 포함하여 거의 모든 **경계조건**과 **지반상태**에서도 **토압**과 **비탈면 안정** 및 **기초의 지지력**을 계산할 수 있는 **혁신적 방법**이 되었다(Lee, 1987).

운동 요소법은 실제에 부합하는 **파괴 메커니즘을 초기에 지정**해 주면 **(최적화 기법을 적용하여) 최적 파괴형태**를 스스로 찾기 때문에 **활동파괴선 형상**의 가정에 따른 문제점과 비탈면의 **최적 활동 파괴선**을 찾는 수고가 필요하지 않다. 또한, 지반상태나 외력 또는 경계조건에 의한 영향에 따라 생성되는 파괴형태를 찾을 수 있다. 실제의 곡선 활동파괴형상은 **선형파괴**되는 경우에는 다수의 직선요소로 나타내고, **영역파괴**되는 경우에는 많은 개수의 운동요소로 세분해서 나타낼 수 있다.

운동요소법은 다수의 전단 파괴면이 발생되는 **절리암반** 등에서 **파괴영역** (failure zone) 이나 **전단파괴 형상을 모델링** (discrete shear form) **하여 해를 구하기에 적합**하고, 실제의 상황을 **수학적 파괴모델** (mathmatical discrete model) 로 나타내기에 편리하며, **통계적 안전율 이론**에 접목하기에 유리하므로, **흙 지반 비탈**뿐만 아니라 **암반비탈**은 물론 **흙-암반 혼합지반 비탈**에 **적용**할 수 있다. 따라서 운동요소법은 **토질역학, 암반역학, 지반공학, 암반공학, snow mechanics, ice mechanics** 등과 **콘크리트** 지지력 문제 등 많은 공학 문제에 적용할 수 있다.

6.2.2 운동 요소법 이론

실무에 적용하기에 적합하도록 일반화된 **운동요소법**을 비탈지반 안정해석에 적용하면 **절편법의 근본적 어려움** (미지수의 개수와 식의 개수가 불일치) 과 **활동파괴면 형상의 가정에 따른 어려움**을 해결할 수 있다. 또한, **극한해석 상한계와 하한계 사이**에 있는 **정해**에 근접한 해를 구할 수 있다.

여기서는 **운동요소법** (KEM : Kinematical Element Method) 의 이론을 간단하게 간추려서 설명한다. 운동요소법의 상세한 이론은 Guβmann (1982, 1986) 을 참조한다.

운동요소법 이론에서는 (경사진 평면 전단 파괴면인) **운동요소 간 경계면**과 (활동 파괴면인) **운동요소 바닥면**에 **지반 파괴식**을 적용하고, (측면력 합력의 수직 및 작용방향) **힘의 평형**을 적용하면, 운동요소의 **측면력**을 계산할 수 있고, (바닥면 수직력 작용점에 대한) **모멘트 평형**을 적용하면 **측면력**과 **외력**을 구할 수 있다.

1) 운동요소법의 가정

운동요소 (그림 6.1) 간 경계면은 **임의로 경사진 평면**이며, 이것이 절편법의 **절편** (경계면이 **연직 가상 평면**) 과 구분되는 점이다.

운동 요소법에서는 다음과 같이 **가정**한다.

① **운동요소 사이 경계면** : 평면이며, (연직뿐만 아니라) **임의 경사 평면**이다.
② **곡면 활동면** : **다수 평면으로 대체**하며, 대체 평면 수가 많을수록 곡면에 가깝다.
③ **운동요소 작용력** : 자중 G_i 외에 외력이 있다. **외력**은 (**지진**이나 **앵커** 등에 의한) 수평외력도 포함하며, **외력의 합력** P_i 는 연직에 대해 경사 ω_i 로 기울어서 작용한다. **외력의 합력** P_i 의 팔 길이는 **바닥면의 중점**에 대해 r_{pi} 이고, 임의의 기준점 (원호 중심 등) 에 대해 $r\sin(\psi_i - \omega_i) + r_{pi}$ 이다.
④ **운동요소 형상** : 극좌표 (r, ψ) 로 나타내면 편리하다. i 번째 운동요소에서 **바닥 활동면**은 **수평 경사**가 α_i 이고, **중점** (원호 반경 r_i , **연직 각도** ψ_i) 에 **수직력** N_i 가 **연직경사** θ_i 로 작용한다 (중심점 M 인 원호 (반경 r) 활동파괴에서는 $r_i = r, \psi_i = \alpha_i = \theta_i$ 이다).
⑤ **내부 단면력 합력** : 운동요소 좌우 측면에 작용하는 **측면력** S_i (유효 수평토압과 간극수압의 합력)의 합력 ΔS_i 는 **내부 단면력의 벡터합**이며, 수평각도 δ 로 작용하고, 팔 길이가 '영'이 아닐 때에 모멘트를 유발하고, 모멘트 팔의 길이는 바닥면 중점에 대해 r_{Si} 이고, 원호 중심에 대해 $r_i\cos(\psi_i - \delta_i) - r_{Si}$ 이다.

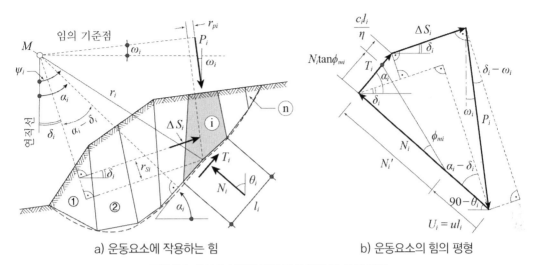

a) 운동요소에 작용하는 힘 b) 운동요소의 힘의 평형

그림 6.1 운동요소법의 힘의 작용위치 및 힘의 평형

2) 운동요소 시스템의 힘 및 모멘트 평형

각 운동요소에 대해 **측면력** S_i 의 **합력** ΔS_i 의 **수직방향** 및 ΔS_i 의 **작용방향**으로 각 운동요소에 **힘의 평형**을 적용하면, 운동요소 측면 경계면에 작용하는 **측면력** S_i 를 계산할 수 있다.

① ΔS_i 의 **수직방향 힘의 평형** ($\sum \perp \Delta S_i = 0$) :

$$u_i l_i \cos(\alpha_i - \delta_i) + N_i{}' \cos(\alpha_i - \delta_i) + N_i{}' \frac{\tan\phi_i}{\eta} \sin(\alpha_i - \delta_i)$$
$$+ \frac{c_i l_i}{\eta} \sin(\alpha_i - \delta_i) - P_i \cos(\delta_i - \omega_i) = 0 \tag{6.1}$$

② ΔS_i 의 **작용방향 힘의 평형** ($\sum \Delta S_i = 0$) :

$$\Delta S_i - P_i \sin(\delta_i - \omega_i) - u_i l_i \sin(\alpha_i - \delta_i) - N_i{}' \sin(\alpha_i - \delta_i)$$
$$+ N_i{}' \frac{\tan\phi_i}{\eta} \cos(\alpha_i - \delta_i) - \frac{c_i l_i}{\eta} \cos(\alpha_i - \delta_i) = 0 \tag{6.2}$$

식 (6.1)에서 바닥 수직력 $N_i{}'$ 을 구하여 위 식 (6.2)에 대입하고, ΔS_i 에 대하여 정리하면 다음이 된다.

$$\Delta S_i = \frac{P_i \sin(\alpha_i - \omega_i)}{\cos(\alpha_i - \delta_i) + \frac{1}{\eta} \tan\phi_i \sin(\alpha_i - \delta_i)} - \frac{1}{\eta} \frac{\{P_i \cos(\alpha_i - \omega_i) - u_i l_i\} \tan\phi_i + c_i l_i}{\cos(\alpha_i - \delta_i) + \frac{1}{\eta} \tan\phi_i \sin(\alpha_i - \delta_i)}$$
$$= B_i - \frac{1}{\eta} A_i \tag{6.3}$$

위 식에서 A_i는 ΔS_i 방향 활동 저항력의 운동요소 바닥면에 대한 분력을 나타내고, B_i는 ΔS_i 방향 활동력의 운동요소 바닥면에 대한 분력이다.

$$A_i = \frac{\{P_i \cos(\alpha_i - \omega_i) - u_i l_i\} \tan \phi_i + c_i l_i}{\cos(\alpha_i - \delta_i) + \dfrac{1}{\eta} \tan \phi_i \sin(\alpha_i - \delta_i)} \tag{6.4a}$$

$$B_i = \frac{P_i \sin(\alpha_i - \omega_i)}{\cos(\alpha_i - \delta_i) + \dfrac{1}{\eta} \tan \phi_i \sin(\alpha_i - \delta_i)} \tag{6.4b}$$

③ ΔS_i 와 P_i 의 모멘트 평형 :

운동요소 바닥면에서 수직력 $N_i{}'$ 의 작용점 (바닥면 중심) 에 대한 모멘트를 취하면 다음이 된다.

$$\sum M_{di} = \Delta S_i \, r_{Si} + P_i \, r_{Pi} = 0 \tag{6.5}$$

바닥면 중심에 대한 팔의 길이는 ΔS_i 에서 r_{Si} 이고 외력 P_i 에서 r_{Pi} 이며, 원호 중심에 대한 팔의 길이는 ΔS_i 에서 $r\cos(\psi_i - \delta_i) - r_{Si}$ 이고, 외력 P_i 에서 $r\sin(\psi_i - \delta_i) + r_{pi}$ 이다.

④ 내부 단면력에 의한 수평력과 연직력 및 모멘트의 발생량은 n 개의 운동요소에 대한 것을 모두 합하면, '영'이 된다 (즉, 평형을 이룬다).

연직력 : $\sum V = 0 \quad : \sum \Delta S_i \sin\delta_i = 0$ $\hfill$ (6.6a)

수평력 : $\sum H = 0 \quad : \sum \Delta S_i \cos\delta_i = 0$ $\hfill$ (6.6b)

원호 중심 M 점에 대한 모멘트 : $\sum M = 0$ (식 6.5 에서 $\Delta S_i \, r_{Si} = -P_i \, r_{Pi}$ 이므로)

$$\sum \Delta S_i \{r_i \cos(\psi_i - \delta_i) - r_{Si}\} = \sum \{\Delta S_i r_i \cos(\psi_i - \delta_i) + P_i r_{Pi}\} = 0 \tag{6.6c}$$

3) 운동요소 시스템의 안전율

식 (6.3) 을 위 식 (6.6a) 에 대입하고 안전율에 대해 풀면 다음이 되고,

$$\sum \Delta S_i \sin\delta_i = \sum \left(B_i - \frac{1}{\eta} A_i\right) \sin\delta_i = 0 \tag{6.7}$$

이 식으로부터 연직방향 안전율 η_V 을 구할 수 있다.

$$\eta_V = \frac{\sum A_i \sin\delta_i}{\sum B_i \sin\delta_i} \tag{6.8}$$

동일한 방법을 적용하여 식 (6.3) 을 식 (6.6b) 에 대입하고 **안전율**에 대하여 정리하면, **수평방향 안전율** η_H 이 구해지고, 식 (6.3) 을 식 (6.6c) 에 대입하고 안전율에 대해 정리하면, **모멘트 안전율** η_M 이 구해진다.

$$\eta_H = \frac{\sum A_i \cos\delta_i}{\sum B_i \cos\delta_i} \tag{6.9a}$$

$$\eta_V = \frac{\sum A_i \sin\delta_i}{\sum B_i \sin\delta_i} \tag{6.9b}$$

$$\eta_M = \frac{\sum A_i r_i \cos(\psi_i - \delta_i)}{\sum [B_i r_i \cos(\psi_i - \delta_i) + P_i r_{pi}]} \tag{6.9c}$$

그런데 실제로 한 비탈면에 대한 안전율은 하나이기 때문에 **수평방향 안전율** η_H 와 **연직방향 안전율** η_V 및 **모멘트 안전율** η_M 이 같아지는 때의 안전율이 결국 **궁극 안전율** η 가 된다. 운동요소법은 궁극 안전율을 구할 수 있는 (몇 개 되지 않는 방법) 중의 하나이다.

$$\eta = \eta_H = \eta_V = \eta_M \tag{6.10}$$

6.2.3 비탈지반의 운동요소 분할

비탈지반을 다수의 **운동요소로 분할**하고, 운동요소법이론을 적용하여 **비탈면의 안정을 계산**한다. 이때 **곡면 활동 파괴면** (운동요소 바닥면) 은 곡면에 내접하는 **다수의 평면으로** 대체한다.

운동요소 측면 경계면은 그림 6.2 와 같이 **임의로 경사진 평면**이므로 지형 등의 조건을 고려하여 효과적으로 운동요소로 분할할 수 있다. 측면의 경사가 연직이 되도록 요소를 분할하면 **절편법의** 조건이 된다. **운동요소 개수**는 절편 개수만큼 많을 필요가 없다.

운동 요소 간의 **측면경계**는 임의의 각도로 **경사진 평면**이며, 운동요소의 **바닥면** (전단 파괴면) 도 평면으로 가정한다 (그림 6.2). 운동요소들의 바닥면을 연결하면 활동 파괴면이 된다. 곡면 활동파괴면은 **다수의 평면 활동파괴면**으로 대체할 수 있으며, 운동요소의 개수가 많을수록 실제 곡면에 근접한 활동 파괴면 형상이 된다.

곡면 활동 파괴면에서는 수직응력 분포를 구하기 어렵지만, **평면 활동 파괴면에서는 수직응력이 선형 분포**하므로 **수직응력 합력의 작용방향**은 물론 (힘의 평형식에서) 그 **크기**를 쉽게 구할 수 있다.

활동 파괴체는 **강체**로 간주 (내부의 재료거동을 고려하지 않음) 하기 때문에 (평면 활동 파괴면을 전제로 하는) 파괴 요소 메커니즘에서는 **정역학적 정해**를 구할 수 있다. (수직응력이 선형 분포하는) 평면 활동 파괴면을 적용하므로 곡면 활동파괴면상 **수직응력분포를 구하는 가정이 불필요**하며, 그 결과도 차이가 거의 없다.

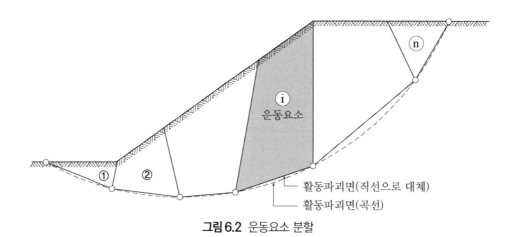

활동파괴면(직선으로 대체)
활동파괴면(곡선)

그림 6.2 운동요소 분할

6.2.4 운동요소법에서 미지수와 식

운동요소법에서는 활동 파괴체를 다수의 **운동요소**로 분할하는데, 운동요소 **바닥면**은 물론 운동요소 간의 **경계면도 전단 파괴면**으로 간주한다 (그림 6.2). **절편법**에서는 **절편 바닥면**만 **전단파괴면**이지만, **운동요소법**에서는 **운동요소 바닥면**과 **측면**이 모두 **전단파괴면**이다.

전체 n 개 운동요소 시스템에서 **미지수**는 안전율 1 개, 각 전단 파괴면에서 3 개씩이 된다. 따라서 파괴요소 바닥면 (n 개) 에서 $3n$ 개, 측면 ($n-1$ 개) 에서 $3(n-1)$ 개이므로, **전체 미지수**는 모두 **$6n-2$ 개**이다. 그런데 **식의 수**는 **힘**의 평형식이 $2n$ 개, **모멘트** 평형식이 n 개, **파괴식**이 **바닥면**에서 n 개, **측면**에서 $n-1$ 개이므로 **전체 식의 개수**는 **$5n-1$개**가 된다 (표 6.1).

따라서 **미지수의 수가 $6n-2$ 개**이고, **식의 수가 $5n-1$ 개**이므로, 식이 **$n-1$ 개 부족**하다. 그런데 운동요소의 각 **측면** (개수가 $n-1$ 개인) 에서 한 가지씩을 가정하면 미지수가 한 개씩 줄어들어서, 미지수가 총 $n-1$ 개 줄어 **전체 미지수가 $5n-1$** 이 되어 **식 개수** $5n-1$ 과 같아진다.

평면 파괴면인 운동요소의 **측면**에서 **힘의 작용위치**를 가정하면, 운동요소의 **바닥면**에서는 힘의 작용위치는 영향을 받지만 **안전율은 영향을 받지 않는다**.

표 6.1 운동요소법의 미지수와 식의 개수

미지수의 개수		식의 개수	
바닥면	$3n$	힘의 평형	$2n$
측 면	$3(n-1)$	모멘트 평형	n
안전율	1	바닥면 파괴조건	n
		측면 파괴조건	$n-1$
Σ	$6n-2$	Σ	$5n-1$

6.3 연직 운동요소를 이용한 절편법의 일반화

절편법에서 절편 사이 경계는 **연직 가상면** (경계력의 방향은 가정) 이고, **운동 요소법**에서 운동요소 사이 경계는 **경사진 전단 파괴면** (경계력은 경계면 법선에 내부 마찰각 ϕ 만큼 경사) 이다.

운동요소법에 측면 경계면이 연직인 **연직 운동 요소**를 적용하면, **절편법**에서 수평 (연직절편 측면의 수직방향) 에 대해 지반 내부마찰각 ϕ 만큼 경사진 측면력을 적용한 경우와 같다. 다만, 운동요소법 에서는 요소 간의 경계면이 (가상면이 아닌) 전단 파괴면이므로 경계면에 지반의 Mohr-Coulomb 파괴식이 한 개씩 추가된다.

절편법에서 절편의 측면을 **전단 파괴면**으로 간주하고, 측면에 지반의 Mohr-Coulomb 파괴식을 적용하면, 식과 미지수의 개수가 같아져서 (즉, 절편법의 문제점이 해결되어) 정밀 해를 구할 수 있게 된다. 이렇게 하면 기존 절편법들을 거의 모두 포함할 수 있기 때문에 Guβmann (1978) 은 이를 **일반 절편법** (Generalized Slice Method) 이라고 이름하였다.

절편 측면을 전단파괴면으로 가정하면 요소간 경계면이 연직인 **운동 요소 시스템**이 되므로, **일반 절편법**은 **운동 요소법**의 특수한 경우 (요소 간 경계가 연직) 이다.

그 후 Guβmann 은 이 방법을 **일반화시켜서 운동요소법이 탄생**하였다.

연직 운동요소 (6.3.1 절) 는 측면이 **연직**이고 측면력의 **작용방향이 일정**(균질지반에서 내부마찰각) 하므로, **수평 및 연직방향 힘의 평형식**이 같아진다. **모멘트 평형식**은 개별 운동요소는 물론 전체 운동 요소 시스템에 대해 성립되어야 한다. **절편법의 절편들**은 **연직 운동요소**로 대체 (6.3.2 절) 하면 기존 절편법들이 **운동 요소법 특수해**에 해당되어 **연직 운동요소에 대한 운동요소**로 통일시킬 수 있다.

6.3.1 연직 운동요소

운동요소법에서는 운동요소의 바닥면과 측면 (전단 파괴면이므로) 에 모두 파괴조건을 적용한다 (절편법에서는 절편 바닥면 (파괴면) 에서만 파괴조건을 적용한다).

전체 n 개로 이루어진 연직 운동요소 시스템에서 **미지수 개수**는 $6n-2$개 (안전율 1 개, 바닥면 $3n$ 개, 측면 $3(n-1)$ 개) 이고, **식의 개수**는 $5n-1$개 (힘의 평형식 $3n$ 개, 모멘트 평형식 n개, 측면 파괴식 $n-1$개) 이므로 식이 $n-1$ 개 부족하다. 운동요소의 측면 $(n-1)$ 에서 한 가지씩 가정하여 미지수를 감소시키면 미지수가 $(n-1$개 감소) $5n-1$ 가 되어 식의 개수와 같아진다.

운동요소의 연직 측면에서 측면력의 작용위치나 작용방향을 가정하면, 미지수가 $n-1$ 개 감소하여 **전체 미지수와 식의 개수가 일치**한다. 측면력의 작용위치를 가정하면, 바닥면에서 힘의 작용위치는 영향을 받지만 안전율은 영향을 받지 않는다.

1) 원호 활동파괴에 대한 연직 운동요소의 안전율

원호 활동파괴가 일어나면, 회전반경은 원의 반경 ($r_i = r$) 이고, **바닥 활동면 수평경사** α_i 와 **바닥 중심점**의 원호 중심에 대한 **연직 각도** ψ_i 와 바닥면 **수직력의 연직경사** θ_i 는 같다 ($\psi_i = \alpha_i = \theta_i$).

측면력 합력 ΔS_i 의 **작용위치(팔길이)**는 바닥중점에서 거리가 r_{Si} 이고, 원호중심에서 거리가 $r \cos(\psi_i - \delta_i) - r_{Si}$ 이며, **작용방향**은 수평에 대해 각도 δ 이다.

외력은 크기가 $G_i = P_i$ 이고, **작용위치**는 바닥면 중점에서 거리가 r_{Pi} 이고, 원호 중점에서 거리가 $r \sin(\psi_i - \omega_i) + r_{pi}$ 이며, **작용방향**은 **연직 각도**가 ω_i 이다. 외력이 운동요소 바닥면의 중심에 연직 ($\omega_i = 0$, $G_i = P_i$,) 으로 작용할 경우에는 팔의 길이가 '영' ($r_{pi} = 0$) 이므로 $r_{pi} = 0$, $\delta = \phi_m$을 적용하여 구한 모멘트 안전율 η_M (식 6.9c)과 힘의 평형에 대한 안전율 η_H (식 6.8) 을 비교해서 작은 값을 취한다.

(1) 힘의 평형에 대한 안전율

측면력의 작용방향이 일정하면, 모든 운동요소에서 **측면력의 합력** ΔS_i 의 각도는 일정하여 ($\delta_i = const = \delta$), 자중이 연직방향으로 작용하면 $\omega_i = 0$ 이고, **수평방향 안전율** η_H (식 6.9a) 및 **연직방향 안전율** η_V (식 6.9b) 이 단순해진다.

$$\eta_V = \eta_H = \frac{\sum A_i}{\sum B_i} \tag{6.11}$$

(2) 모멘트 평형에 대한 안전율

운동요소 바닥면에 작용하는 **수직력** N_i' 의 **작용점** (바닥면 중심)에 대해 **모멘트**를 취하면 (바닥 중심점에 대한 팔 길이는 **외력** P_i는 r_{Pi}, **측면력 합력** ΔS_i 는 r_{Si}) 식 (6.5)가 된다.

원호 중심 (그림 6.2 의 M 점)**에 대한 팔의 길이**가 **외력** P_i 는 $r \sin(\psi_i - \omega_i) + r_{pi}$ 이고, **측면력 합력** ΔS_i 는 $r_i \cos(\alpha_i - \delta_i) - r_{Si}$ 이 되어, 식 (6.9c) 에 ΔS_i (식 6.3) 을 대입하고 안전율에 대해 풀면, **모멘트 평형에 대한 안전율** η_M (식 6.9c) 은 다음이 된다.

$$\eta_M = \frac{\sum A_i r_i \cos(\alpha_i - \delta_i)}{\sum \{ B_i r_i \cos(\alpha_i - \delta_i) + P_i r_{pi} \}} \tag{6.12}$$

위 식들은 모두 A_i 와 B_i 를 포함하고, 각 운동요소에서 **미지수**는 **측면력 합력** ΔS_i의 **경사각** δ_i 와 **외력** P_i의 **팔의 길이** r_{Pi} 이다.

6.3.2 절편법의 절편과 운동요소법의 연직 운동요소

운동요소법의 일반해 (식 6.9a,b,c) 는 다양한 경계조건을 포괄할 수 있을 만큼 일반화시킨 조건에서 유도하였거 때문에 그 식이 다소 복잡하다. 그러나 운동요소의 여러 경계조건을 단순화시키면그 식이 간단해지며 (특수해가 되며), 단순화 항목에 따라 기존의 특정 절편법의 해가 된다.

1) 절편법의 안전율

운동요소법의 연직 운동요소를 적용하고 **측면력의 작용방향** δ (또는 작용위치 또는 합력) 를 가정하고, **외력 작용조건** (위치 r_{pi} 와 작용방향 ω_i) 과 **적용 평형식** (힘의 평형식 또는 모멘트 평형식) 및**단순화 항목**에 따라 다양한 **특수 해**가 파생된다.

A_i (식 6.4a) 는 ΔS **방향 활동 저항력**의 운동요소 바닥면에 대한 분력이고, B_i (식 6.4b) 는 ΔS **방향활동력**의 운동요소 바닥면에 대한 분력이다.

$$A_i = \frac{[P_i \cos(\alpha_i - \omega_i) - u_i l_i] \tan \phi_i + c_i l_i}{\cos(\alpha_i - \delta_i) + \dfrac{1}{\eta} \tan \phi_i \sin(\alpha_i - \delta_i)} \tag{6.4a}$$

$$B_i = \frac{P_i \sin(\alpha_i - \omega_i)}{\cos(\alpha_i - \delta_i) + \dfrac{1}{\eta} \tan \phi_i \sin(\alpha_i - \delta_i)} \tag{6.4b}$$

운동요소 i **의 자중** (외력으로 간주, $G_i = P_i$) 이 운동요소 바닥면 (수평 경사 α_i)의 중심에 연직으로작용 (연직경사 $\omega_i = 0$)하면, 외력에 의한 모멘트 계산에서 바닥면 중심에 대한 팔의 길이가 '영'($r_{pi} = 0$) 이다. 운동요소 개수가 많으면 바닥면의 폭이 좁아져서 이런 상황이 된다.

원호 활동파괴 (반경 r) 되면, 운동요소 반경이 일정 $r_i = r$ 하고, 운동요소 바닥면 수평경사 α_i 와바닥면 중점의 원호중심 연직 각도 ψ_i 와 바닥면 수직력의 연직경사 θ_i 는 같아진다 ($\psi_i = \alpha_i = \theta_i$).

측면력 합력 ΔS_i 의 작용위치 (팔의 길이) 는 바닥면 중심에서 거리 r_{Si} 이고 원호 중심에서 거리가$r_i \cos(\alpha_i - \delta_i) - r_{Si}$ 이며, 외력 P (자중포함) 의 팔 길이는 바닥면 중심에서 거리가 r_{Pi} 이고 원호중심에서 거리가 $r \sin(\psi_i - \omega_i) + r_{pi}$ 이다.

안전율 η 는 $r_{pi} = 0, \; \delta = \phi_m$ 을 적용하고 식 (6.9c) 와 식 (6.10) 에서 구하여 작은 값을 취한다.

(1) 측면력의 작용방향 δ

활동 파괴체를 (절편법의 절편과 같아지도록) 측면이 연직인 연직운동요소로 분할한 후 **측면력작용방향** δ 를 **상수** ($\delta = 0$ 나 $\delta = \phi_m$ 또는 기타 상수) 나 **변수** ($\delta_i = \alpha_i = \theta_i$ 나 $\tan \delta = E_z/E_x$ 등)또는 **함수** ($\tan \delta = \lambda f(x)$ 등) 로 가정한다.

(2) 안전율 계산

절편법에서 안전율은 우선 활동면(절편 바닥면)에서 응력분포(수직력 N과 접선력 T)를 구한 후 이를 다음 순서로 평형식에 적용하여 구한다.

① **절편 바닥면의 수직력 N**을 구한다.
  - **각 절편의 바닥면 수직방향 힘의 평형조건** $\sum N = 0$; Morgenstern/Price (1965)
  - **각 절편의 연직방향 힘의 평형조건** $\sum V = 0$;
    Spencer (1967, 1973), Bishop (1955), Janbu (1954a, 1973)
  - **전체 절편의 모멘트 평형(원의 중심)** $\sum M_O = 0$; Fellenius (1926)

② **절편 바닥면의 접선력 T**를 구한다 (수직력 N을 적용) ; Mohr-Coulomb 파괴기준 적용
  - **파괴 전단력** ; $T = c'l + N'\tan\phi$
  - **설계 전단력** ; $T_d = \dfrac{1}{\eta}(c'l + N'\tan\phi)$ (안전율 η 적용)

③ **안전율 η**을 구한다. **접선력 T**를 적용하고, 다음 3가지 방법으로 평형을 적용한다.
  - **각 절편에 연직방향 힘의 평형** $\sum V = 0$을 적용 : Janbu (1954a, 1973) 간편법
  - **각 절편 바닥면의 수직 및 접선방향 힘의 평형** $\sum N = 0$ 및 $\sum T = 0$을 적용하고, **전체 절편 바닥면의 중심점에 대한 모멘트 평형** $\sum M_d = 0$을 적용하여 구한다.
    : Morgenstern/Price (1965)
  - **전체 절편에 대해 원호 중심점(또는 바닥 중심점)에 대해 모멘트 평형**을 적용하거나, 수평방향 힘의 평형 및 원호 중심 모멘트 평형을 적용하여 구한다.
    – **원호 중심 모멘트 평형** ; $\sum M_M = 0$; Bishop(1955), Fellenius(1926)
    – **바닥 중심 모멘트 평형** ; $\sum M_d = 0$; Janbu (1954a, 1973) 정밀해법
    – **(원호 중심 모멘트 평형** $\sum M_M = 0$) + (**수평방향 힘의 평형** $\sum H = 0$)
    ; Spencer (1967, 1973)

2) 운동요소 측면력의 작용방향

연직 운동요소 측면력의 작용방향각은 전체 운동요소에 동일하게 $\delta = \phi_m$ (활용 내부마찰각 ϕ_m)을 적용하지만, **상수**(영 또는 기타 상수)나 **변수** 또는 **함수**로 가정하기도 한다.
  - **상수** ; $\delta = 0$; 측면 마찰 없음 ; Janbu (1954a), Bishop (1955), Breth (1956)
    $\delta = \phi_m$; 요소 전체에 동일 각도 ; 운동요소법(연직 운동요소) ; Gußmann (1978)
  - **변수** ; $\delta_i = \alpha_i = \theta_i$; 바닥면(활동 파괴면)에 평행 ; Fellenius (1926)
    $\tan\delta = E_z / E_x$; 힘이 평형되는 경사 ; Spencer(1967, 1973), Franke(1974)
  - **함수** ; $\tan\delta = \lambda f(x)$; 특정함수 ; Morgenstern/Price (1965)

(1) 측면력의 작용방향은 '영' $\delta = 0$ (수평방향, 측면에 직각) 또는 상수 $\delta = \phi_m$

연직운동요소의 **측면력 경사각**이 '**영**'($\delta = \delta_l = \delta_r = 0$) 이면, 측면 마찰이 없고, 측면에 수직력 (측면에 직각, 즉 수평) 만 작용하고 전단력이 작용하지 않고, **측면력 합력**은 '**영**'이다 ($\Delta S = 0$).

Bishop 방법 (1955) 과 **Breth 방법** (1956) 및 **Janbu의 간편법** (Janbu, 1954a)과 **정밀해법** (Janbu, 1954b, 1973) 등이 여기에 속한다.

① Janbu 간편법

각 연직 운동요소의 연직방향 힘의 평형 $\sum V = 0$ 에 대한 안전율을 구하면 다음 식이 되고, **이는 Janbu 간편해** (Janbu, 1954) 가 되고, 계산결과는 **정역학적 정해**이다.

$$\eta = \frac{\sum \dfrac{(G_i - u_i b_i)\tan\phi_i + c_i b_i}{\cos\theta_i(\cos\theta_i + \dfrac{1}{\eta}\tan\phi_i' \sin\theta_i)}}{\sum G_i \tan\theta_i} \tag{6.13}$$

② Janbu 정밀해

각 연직 운동요소의 연직 및 수평방향 힘의 평형식 ($\sum V = 0, \ \sum H = 0$)에서 **바닥면 유효 수직력 N_d** 을 구해서 **전체 연직 운동요소 시스템의 연직방향 힘의 평형식**에 적용하고 **바닥면의 중심점에 대한 모멘트 평형** $\sum M_d = 0$ 에서 **안전율**을 구하면, 이는 **Janbu 정밀해** (Janbu, 1973) 가 된다.

$$\eta = \frac{\sum \dfrac{(G_i + \Delta S_z - u_i b_i)\tan\phi_i + c_i b_i}{\cos\theta_i(\cos\theta_i + \dfrac{1}{\eta}\tan\phi_i \sin\theta_i)}}{\sum (G_i + \Delta S_z)\tan\theta_i} \tag{6.14}$$

절편 측면에서 **절편 간 전단력의 영향**은 흙의 특성과 사면형상을 고려한 **보정계수** f_o (correction factor, $\eta_{corr} = f_o \eta$) 로 **안전율**을 **수정**하는 방식으로 고려한다.

③ Bishop 간편법

Bishop 간편법 (Bishop, 1955) 에서는 **전체 절편**에서 **연직방향 힘의 평형이 성립**되며 (수평방향 힘의 평형은 성립되지 않음), **전체 절편의 원호중심 모멘트 평형** $\sum M_M = 0$ 에서 **안전율**을 구하였다.

전체 운동요소의 원호활동파괴에 대한 안전율은 Krey (1926) 와 Bishop (1954) 의 해와 같다.

$$\eta_M = \frac{\sum A_i r_i \cos(\theta_i - \delta_i)}{\sum B_i r_i \cos(\theta_i - \delta_i)} \tag{6.15}$$

전체 절편의 원호 중심에 대한 모멘트 평형 $\sum M_M = 0$ 을 적용하면 **원호 활동파괴에 대한 안전율**은 다음의 식, 즉 **Bishop의 간편해** (1955) 가 된다. 안전율은 절편 간 작용력의 가정에 둔감하다.

$$\eta = \frac{\sum \dfrac{(G_i - U\cos\theta_i)\tan\phi_i + b_i c_i{}'}{\cos\theta_i + \dfrac{1}{\eta}\tan\phi_i{}'\sin\theta_i}}{\sum G_i \tan\theta_i} \tag{6.16}$$

Nonweiller (1965) 는 전체 시스템의 임의 P 점에 대한 모멘트 평형 $\sum M_P = 0$ 을 적용하였다.

④ Breth의 방법

Breth (1956) 는 원호 활동면에 대해 시산법을 적용하지 않고 안전율을 구할 수 있도록 **Bishop 식을 단순화**시켰다. 우측 항의 **바닥면 전단력** T 로 **파괴 전단저항력** T_f 를 적용하여 우측 항에 안전율 η 가 포함되지 않는 식 (Krey 개념) 을 유도하였다.

$$\eta = \frac{\sum \dfrac{(G_i - U_i\cos\theta_i)\tan\phi'_i + c'_i b_i}{\cos\theta_i + \tan\phi_i \sin\theta_i}\tan\phi_i}{\sum G_i \sin\theta_i} \tag{6.17}$$

(2) 측면력의 작용 경사각은 변수 ($\tan\delta_i = E_{zi}/E_{xi}$ 또는 $\delta_i = \alpha_i$)

측면력 경사각은 절편마다 다르며, 바닥면에 **평행** ($\delta_i = \alpha_i = \theta_i$) 하게 작용하거나 (Fellenius, 1926), **특정** (힘의 평형이 성립되는) **한 경사** ($\tan\delta_i = E_{zi}/E_{xi}$, 연직 및 수평 측면력의 비) 로 작용한다 (Spencer, 1967, 1973 ; Franke, 1974).

① 바닥면에 평행 ($\delta_i = \alpha_i = \theta_i$) 하게 작용 : 절편마다 다름

Fellenius 법 (1926)에서 절편 측면력은 합력이 '영' ($E_{lx} + E_{rx} = 0$, $E_{lz} + E_{rz} = 0$) 이 되고, 경사는 바닥면 경사와 같다 ($\delta_i = \alpha_i$) 고 간주하고, **전체 절편의 원의 중심에 대한 모멘트 평형식** $\sum M_O = 0$에서 안전율을 구한다. 외력 P 는 자중을 포함한 값이다.

Fellenius 법에서 **원호 활동파괴** ($r_i = r$, 반경 r) 이며, 외력은 운동요소 바닥면 중심에 연직으로 작용 ($\omega_i = 0$, $G_i = P_i$) 하고, 측면력의 작용방향이 바닥면 경사 α_i 와 같은 경우 ($\psi_i = \alpha_i = \theta_i$) 이다. 따라서 운동요소법에 $\delta_i = \alpha_i$, $\omega_i = 0$, $G_i = P_i$, $r_i = r$, $\psi_i = \alpha_i = \theta_i$ 을 적용한 것과 같다. $\delta_i = \alpha_i$ 이면 (실제 상황과 같지는 않지만) 안전율을 구하는 식이 단순해진다.

측면력의 합력 ΔS_i 의 팔의 길이는 바닥 중심에서 r_{Si}, 원호 중심에서 $r\cos(\psi_i - \delta_i) - r_{Si}$ 이며, **외력** P **의 팔의 길이**는 바닥 중심에서 r_{Pi}, 원호 중심에서 $r\sin(\psi_i - \omega_i) + r_{pi}$ 이다.

전체 절편에 대한 **원호 중심 모멘트 평형식** $\sum M_M = 0$ 에서 **안전율** η 을 구하면 식 (6.9c) 는 다음이 되며, 이는 Fellenius 의 해와 Terzaghi 의 해이다.

$$\eta = \frac{\sum\left\{\left(G_i\cos\theta_i - \frac{u_i b_i}{\cos\theta_i}\right)\tan\phi_i + \frac{c_i b_i}{\cos\theta_i}\right\}}{\sum G_i\sin\theta_i} \tag{6.18}$$

위 식의 안전율은 지반의 내부 마찰각과 점착력이 매우 크지 않은 경우에는 대체로 다른 방법으로 계산한 값보다 작기 때문에 안전 측이다. 이 방법은 안전율을 (시산법을 거치지 않고) 직접 계산할 수 있어서 유리하기 때문에 자주 사용된다.

② 특정 (연직 및 수평 측면력의 비) 경사 ($\tan\delta_i = E_{zi}/E_{xi}$) 로 작용 : 절편마다 다름

절편 측면력의 경사 ($\tan\delta = E_z/E_x$) 는 첫 번째 절편부터 차례로 시산법으로 구한다. **측면력 작용 위치**는 바닥 중앙에 대한 모멘트 평형식 $\sum M_d = 0$ 에서 구한다.

바닥면 접선방향 (즉, **원호 접선방향**) 과 **측면력 작용방향**이 동일하다고 가정하고, **원호 중심**에 대한 **전체 절편시스템의 모멘트 평형조건식** $\sum M_M = 0$ 으로부터 **안전율**을 구하면, Spencer 의 해 (1967, 1973) 가 된다.

$$\eta = \frac{\sum \dfrac{G_i\cos\delta_i\tan\phi'_i + c'_i b_i\dfrac{\cos(\theta_i - \delta_i)}{\cos\theta_i}}{\cos(\theta_i - \delta_i) + \dfrac{1}{\eta}\sin(\theta_i - \delta_i)\tan\phi_i}}{\sum G_i\sin\theta_i} \tag{6.19}$$

외력이 운동요소 바닥면의 중심점에 연직으로 작용 ($\omega_i = 0, \; G_i = P_i$) 하고, 외력의 팔 길이가 영 ($r_{pi} = 0$) 이며, 원호 활동파괴 ($r_i = r, \; \psi_i = \alpha_i = \theta_i$) 되므로 **운동 요소법 식**은 다음이 된다.

$$\eta = \frac{\sum \dfrac{(G_i - b_i u_i)\tan\phi'_i + c'_i b_i}{\cos\theta_i + \dfrac{1}{\eta}\sin\theta_i}\tan\phi_i}{\sum G_i\sin\theta_i} \tag{6.20}$$

여기서는 **수평방향 힘의 평형조건**을 만족시키지 못하지만 원호 활동면을 가정하여 식 (6.13) 을 적용한 경우보다 안전측에 속한다. 식 (6.13) 에서 분자는 $\cos\alpha_i$ 로 나누기 때문에 식 (6.13) 으로부터 구한 안전율은 식 (6.20) 을 적용하여 구한 안전율보다 항상 크거나 같다. 그렇기 때문에 식 (6.20)을 적용하여 구한 안전율은 **안전측**이다.

(3) 측면력은 특정 함수값 $(\tan\delta = \lambda f(x))$ 으로 작용 :

절편 측면력은 절편에 따라 **특정 함수값** $(\tan\delta = \lambda f(x))$ 이 된다고 가정하고 안전율을 구할 수 있다. Morgenstern/Price (1965) 는 절편 측면력이 연속형상 **작용선** (thrust line) 에 대해 수평이라고 가정하였다. **각 절편에서 바닥면의 접선방향 및 수직방향 힘의 평형** $\sum T = 0$ 및 $\sum N = 0$ 이 성립되고, **바닥면 중심점에 대한 모멘트 평형** $\sum M_d = 0$ 이 성립된다. 운동 요소법의 식에 $\tan\delta = \lambda f(x)$, $\omega_i = 0$, $G_i = P_i$, $r_{pi} = 0$, $r_i = r$, $\psi_i = \alpha_i = \theta_i$ 를 대입하면 이 상황이 된다.

함수 $f(x)$ 에 대해 힘의 평형과 모멘트 평형을 모두 만족시키는 λ 와 **힘의 평형에 대한 안전율** η_F 와 **모멘트 평형에 대한 안전율** η_M 이 서로 같아지는 안전율 $\eta = \eta_F = \eta_M$ 을 찾는다 $(l_i = b_i / \cos\theta_i)$.

$$\eta_M = \frac{\sum (c'l + N'\tan\phi')}{\sum G \sin\theta} \tag{6.21}$$

$$\eta_F = \frac{\sum (c'l + N'\tan\phi')/\cos\theta}{\sum N' \sin\theta}$$

유효수직력 N' 은 절편 바닥면 수직방향 힘 평형에서 구한 수직력 N 에서 간극수압 U 를 뺀 값이다.

3) 점토에서 운동요소

점토에서는 내부 마찰각이 영이므로 $(\phi = 0)$ **원호 활동 파괴면**을 가정하면, **활동 파괴면 수직응력**은 모두 원 중심을 향하기 때문에 활동 파괴체의 회전활동에 기여하지 못한다. 이 경우에는 수직응력의 분포에 상관없이 **점착력만 회전활동에 저항**하기 때문에 정확한 안전율을 쉽게 구할 수 있다. 점토에서 원호 활동파괴되면, **운동요소법**에서 $\omega_i = 0$, $\alpha_i = \psi_i = \theta_i$, $r_i = r$, $G_i = P_i$, $r_{pi} = 0$, $c_i = c_u$ 이다.

모멘트 평형에 대한 안전율 η_M (식 6.9c) 은 다음이 되어, **측면력 작용방향** δ_i 에 **무관**하다.

$$\eta_M = \frac{r\sum A_i r_i \cos(\theta_i - \delta_i)}{r\sum\{B_i r_i \cos(\theta_i - \delta_i) + P_i r_{pi}\}} = \frac{r\sum c_u l_i}{r\sum G_i \sin\theta_i} \tag{6.22}$$

모멘트 평형 안전율 η_M 는 식 (6.9c) 에 측면력 작용방향 $\delta = \text{const}$ 를 대입하면 다음이 된다.

$$\eta_M = \frac{r\sum \dfrac{c_u l_i}{\cos(\theta_i - \delta)}}{r\sum \dfrac{G_i \sin\theta_i}{\cos(\theta_i - \delta)}} \tag{6.23}$$

여기에서 안전율 η 는 δ 의 함수이므로, 이 식의 해는 정역학적 정해에서 벗어난다. 따라서 n 이 무한히 큰 경우 $(n \to \infty)$ 에는 허용되지 않는 것을 알 수 있다.

6.4 운동요소법의 지반적용

운동요소법은 일정한 순서를 따라 **지반에 적용**한다. 즉, 적합한 **파괴메커니즘**을 선정 (6.4.1 절) 하고, 지반을 다수 **운동요소로 분할** (6.4.2 절) 하여 운동요소형상을 계산 (6.4.3 절) 하고, 운동요소 운동을 계산 (6.4.4 절) 하여, 운동요소를 정역학계산 (6.4.5 절) 하여 **운동요소의 변위와 작용력**을 **계산**하고 **최적 목적함수를 결정**하고 **최적화** (6.4.6 절) 한다.

- **파괴메커니즘** (failure mechanism) **선정** : 관찰 및 추정을 통해 적합한 **파괴메커니즘**을 선정
- **운동요소 분할** (topology) : 지층구성 및 경계의 형상을 고려하고 **운동요소를 분할**
- **운동요소 형상결정** (geometry) : 절점좌표로부터 **운동요소형상 결정**(변의 길이 및 각도, 요소면적)
- **운동요소의 운동** (kinematics) **계산** :
  - 운동요소의 **절대변위 계산** : 경계요소의 가상변위에 의한 **내부 운동요소**의 **절대변위**를 **계산**
  - **운동요소 간 상대변위 계산** : 각 **운동요소 절대변위**로부터 **운동요소 간** (또는 **운동요소와 주변지반**) **상대변위**를 계산
- **운동요소의 정역학** (statics) **계산** :
  - **내적 에너지 계산** : 운동요소 경계력의 **접선분력과 상대변위**로부터 **내적 에너지**를 계산
  - **가상 일 계산** : 각 **운동요소 경계력**의 **크기와 작용방향**으로부터 **외력이 행한 가상 일**을 계산
- **목적함수 계산 및 최적화** :
  - **목적함수 계산** : **목적함수**는 경계요소에 작용하는 **외력에 의한 가상일** 또는 **안전율**로 정함
  - **목적함수 최적화** : **최적화 기법** (optimization method) 을 적용하여 전체적인 파괴메커니즘의 형상 (geometry) 을 변화시키면서 **최적 목적함수**를 찾음

6.4.1 파괴메커니즘 선정

전체 파괴메커니즘 (전체 운동요소의 활동파괴거동) 은 **운동학적으로 합당**해야 한다. 운동요소와 경계지반은 **강체**로 간주하므로, 경계에서 서로 **접촉한 상태로 상대운동**하며 회전하지 않으며, 요소들이 서로 **파고 들거나 분리되지 않는다.**

지반에서는 인장이 허용되지 않기 때문에 활동파괴거동 중에 **인장력**이 발생되지 않아야 한다. 즉, 전단 중에 **전단 파괴면에서 수직변위가 발생되지 않아야 한다.**

운동요소의 **경계조건**은 합당해야 하며, 경계면 (전단면) 에서는 Mohr – Coulomb 파괴 조건이 성립되고, dilatancy 를 고려할 수 있다 (c 는 점착력이고, ϕ 는 내부마찰각).

$$\tau = (\sigma - u)\tan\phi + c \tag{6.24}$$

6.4.2 운동요소의 분할

비탈면 배후지반의 상태와 지층 및 지표경계 형상을 정하고, 비탈면을 유한 개수의 다각형 (경계가 직선) 운동요소로 분할하며, 운동요소에서 각 변의 길이와 각도 및 면적을 구한다.

(1) 지반 및 경계의 형상

비탈면 **지반상태**와 **지층** 및 **지표상황**은 물론 **외력작용상태**를 고려하고 단순화한다. 운동요소는 미지의 경계면이 2 개라는 조건만 충족하면 변의 수가 많은 다각형이라도 상관이 없다.

(2) 운동요소 분할

비탈지반을 유한 개수의 **운동요소**로 분할한다. 이때에 다각형 운동요소는 물론 경계면의 외부지반을 **강체**로 간주하며, 운동요소 형상은 운동학적으로 합당한 **다각형**으로 한다. **운동요소의 형상** 및 **분할방법**과 **경계 활동면의 형상** 및 **운동요소 개수**에 의하여 해석결과의 차이가 발생할 수 있다. **내부마찰각이 크거나 주응력 변화가 심하면** 해석결과 차이가 커지므로 **요소를 조밀하게 분할**한다.

활동파괴 형상이 곡선 활동파괴 형상이면 **운동요소 개수 영향**이 크다. 운동요소가 1 개이면 Coulomb **수동쐐기**가 되고, 운동요소 개수가 늘어날수록 **활동파괴선이 완만한 곡선**에 가깝다.

6.4.3 운동요소의 형상 계산

운동요소는 그 형상이 **다각형**이며, 각 운동요소에 대해서 각 변 (경계선) 의 **길이**와 **각도함수** 및 **면적**을 구한다. 각 **변의 길이**는 각 절점의 좌표로부터 계산할 수 있고, 각 **변의 각도함수**는 각 변의 경사각 λ (x 축 양의 방향에 대한 반시계 방향의 각도) 로 나타낸다.

운동요소의 모든 **변 (경계선) 의 길이** l 과 **각도함수** λ 를 구한다. **운동요소** f 에서 (요소 e 와 상접하는) ν 번째 **변의 길이** l_{ij} 와 **각도함수** λ 및 **면적** A_f 를 구한다. 이때에 **변의 양끝** 절점 i 및 절점 j 의 좌표 $(x_i\,,\;z_i)$ 및 $(x_j\,,\;z_j)$ 로부터 계산한다.

운동요소 f 의 요소 e 와 접하는 ν 번째 **변의 길이** l_{ij} 는 다음과 같다.

$$l_{ij} = l_{ji} = \sqrt{(x_i - x_j)^2 + (z_i - z_j)^2} \tag{6.25}$$

운동요소 f (n 각형) 의 **자중** G_f 는 운동요소 면적 A_f 에 **단위중량** γ 을 곱하여 구한다 (단, $z_0 = z_n$, $z_{n+1} = z_1$).

$$A_f = \frac{1}{2}\sum_{1}^{n}(z_{i+1} - z_{i-1})x_i \tag{6.26}$$
$$G_f = \gamma A_f$$

6.4.4 운동요소의 운동 계산

운동요소의 운동 계산(kinematics)에서는 각 **운동요소의 절대변위를 계산**하고, 이로부터 **각 운동요소 간 상대변위** 및 **운동요소와 주변지반과의 상대변위**를 구할 수 있고, **요소 간 경계의 상대변위**로부터 **경계력의 작용방향**을 결정할 수 있다.

운동요소의 운동(kinematics)을 계산하여 **파괴시스템의 운동 가능성** 및 활동파괴선상 **전단력의 작용방향**을 구한다 (전단력은 상대변위의 반대방향으로 작용한다).

비탈지반을 구성하는 운동요소의 움직임은 **비탈지반의 선단 또는 후단의 운동요소의 변위에 의해 유발**된다. 즉, 비탈지반 선단요소가 비탈지반에서 멀어지는 방향으로 변위를 일으키거나, 비탈지반 후단요소가 지반 쪽으로 밀려들어가는 방향으로 변위를 일으키면 비탈지반이 파괴된다.

모든 운동요소들은 **강체**이고 그 **경계가 직선**이기 때문에 **운동 요소는 형상과 부피가 변하지 않는 상태로 경계선을 따라서 미끄러진다.** 운동요소 경계선상에서는 접선변위만 발생되며, 변위는 전단강도가 완전히 발휘될 정도로 충분히 크다. **운동요소는 고정 경계선**(주변지반과 경계)**을 따라서 평행이동**한다.

한 경계선에 접하고 있는 2개의 운동요소는 경계선에 평행하게 **상대변위**가 일어나고, **전단력**은 상대변위 반대방향으로 작용한다. 요소에 대해 **상대변위**는 반시계 방향이 '양'(+)이고, **전단력**은 시계방향이 '양'(+)이다.

그림 6.3은 운동으로 인해 극한상태가 된 **2개 운동요소로 이루어진 단순한 비탈면의 파괴 메커니즘**을 나타낸다. 선단 운동요소 경계 AB가 비탈면에서 멀어지는 변위를 일으키면 운동요소 ⓓ는 경계선 BC를 따라 운동하고, 운동요소 ⓕ는 경계선 CD를 따라 운동한다. 이때 **운동요소 형상**은 변하지 않으므로 운동요소 ⓓ와 ⓕ는 접촉면 AC와 경계선 BC 및 CD에서 접촉된 상태로 상대적으로 운동한다.

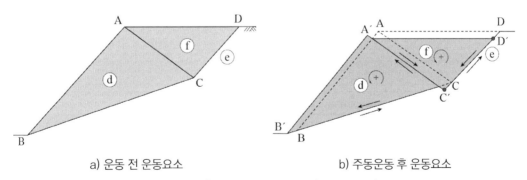

a) 운동 전 운동요소   b) 주동운동 후 운동요소

그림 6.3 운동요소의 운동 (kinematics)

각 운동요소들은 절대변위가 다르므로 운동요소간의 접촉면이나 주변지반과의 **경계면에서 상대** **변위**가 발생되며, 각 **운동요소들의 절대변위**를 알면 이로부터 요소 경계에 작용하는 **전단력의 작용방향이** **결정**된다. **운동 계산**(kinematics)은 비탈면의 선단이나 후단에 있는 운동요소로부터 시작하며, 각 **요소별로 계산**하거나 Gussmann (1986)의 **일반 변위식**을 적용하여 **요소의 변위를 계산**한다.

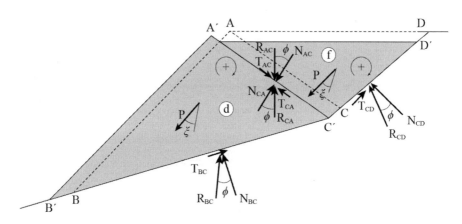

그림 6.4 운동요소에 작용하는 힘 (statics)

6.4.5 운동요소의 정역학 계산

각 **요소별로 힘의 평형식**을 적용하여 요소 각 변의 경계력을 계산할 수 있고, 경계력의 접선력 (마찰력과 점착력)에 요소의 각 변 **상대변위**를 곱하면 **내적 에너지**를 계산할 수 있다. 모든 요소의 내적 에너지를 합하면 요소 운동에 의해 소산되는 **내적 에너지의 총합**이 된다.

내적 에너지 총합이 외력이 행한 일과 같다. 그런데 내적 에너지 크기는 **파괴 메커니즘의 형상과** **규모**에 따라 다르므로 지반상태와 지층 및 벽체 조건 등에 따라 계산량과 경우의 수가 많아진다.

운동요소에는 **자중** 외에도 **외력과 수압**이 작용한다. **운동요소의 경계면**은 활동파괴면이고 Mohr-Coulomb의 파괴조건을 충족하며, 경계면에서 **힘과 변위는 선형적 비례증가 관계**를 보인다. 경계면에 작용하는 **전단력**은 점착력과 마찰력의 합력이고, **수직력**은 유효 수직력과 수압의 합력이다.

운동요소 경계면의 전단력 (접선방향 분력, 즉 마찰력과 점착력)은 상대변위에 저항하는 반력으로 작용하며, **작용방향**은 운동요소 간 경계 상대변위로부터 결정된다. 경계면에서 **전단력 부호**는 운동 요소 중심에 대해 시계 방향이 '**양**' (+)이고, 경계선 **수직력의 부호**는 압축력을 '**양**' (+)으로 한다.

2개 운동요소로 된 비탈면 (그림 6.3a)이 운동하면 운동요소 상태는 그림 6.3b 와 같이 되고, 운동 요소에 작용하는 **힘의 작용방향**과 힘의 분력 (수직 및 접선방향)은 그림 6.4 와 같다.

운동요소 경계면에 작용하는 힘의 합력은 각 **경계면마다 한 개씩**이고, 경계면 수직에 대해 지반의 **내부마찰각 만큼 경사**지며 운동에 **저항하는 방향**으로 작용한다. 따라서 각 경계마다 **미지의 힘이 한 개**가 된다. 각 요소에서 (요소의 형상에 상관없이) **미지 경계가 2 개**가 되도록 요소의 계산순서를 정하고 차례로 **2 개 평형식**을 풀거나, **힘의 다각형**을 그리거나, Gussmann (1986) 이 제시한 **일반 해석식**을 풀어서 **모든 운동요소의 경계에 작용하는 미지의 힘**을 구할 수 있다 (Gudehus, 1970).

정역학 계산 (statics) 에서는 **임의 경계에 작용하는 미지의 힘을 계산**한다.

임의 경계면에 작용하는 **경계력** $\{S\}$ 는 수직력 $\{N\}$ 과 접선력 $\{T\}$ 의 합력이며,

$$\{S\} = \{N\} + \{T\} \tag{6.27}$$

수직력 $\{N\}$ 은 유효 수직력 $\{N'\}$ 과 간극수압 $\{U\}$ 의 합력이고,

$$
\begin{aligned}
\{N\} &= \{N'\} + \{U\} \\
&= \{N_x, N_z\} = \{-Nl, -Nm\} \\
&= \{-(Q\cos\phi + U)l, -(Q\cos\phi + U)m\}
\end{aligned} \tag{6.28}
$$

접선력 $\{T\}$ 는 마찰력 $\{R'\}$ 과 점착력 $\{C\}$ 의 합력이다 (l 과 m 은 각각 x 축과 z 축에 대해 투영한 경계선의 길이).

$$
\begin{aligned}
\{T\} &= \{R'\} + \{C\} \\
&= \{T_x, T_z\} = \{-T\bar{l}, -T\overline{m}\} \\
&= \{-(Q\sin\phi + C)\bar{l}, -(Q\sin\phi + C)\overline{m}\}
\end{aligned} \tag{6.29}
$$

따라서 운동요소의 경계면에 작용하는 **경계력** $\{S\}$ 는 다음이 된다.

$$
\begin{aligned}
\{S\} &= \{S_x, S_z\} = \{N_x + T_x, N_z + T_z\} \\
&= \{-Nl - T\bar{l}, -Nm - T\overline{m}\} \\
&= \{-Q(l\cos\phi + \bar{l}\sin\phi) - Ul - C\bar{l}, -Q(m\cos\phi + \overline{m}\sin\phi) - Um - C\overline{m}\}
\end{aligned} \tag{6.30}
$$

운동요소 f 에서 미지의 힘 $\{Q^f\}$ 에 대한 선형식은 다음이 되고,

$$[K_s] \cdot \{Q^f\} + \{P^f\} = 0 \tag{6.31}$$

전체요소에서 미지의 힘 $\{Q\}$ 에 대한 선형식은 다음이 된다.

$$[K_s] \cdot \{Q\} + \{P\} = 0 \tag{6.32}$$

여기서 $[K_s]$; non-symmetric friction matrix

$\{Q\}$; vector of unknown force Q_s

$\{P\}$; load vector (inertia forces, cohesion, pore pressure, surface load)

6.4.6 목적함수의 결정 및 최적화

목적함수는 대개 주어진 파괴메커니즘에 대해 **외력이 행한 일 (외적 일)** 또는 **안전율**로 정의할 수 있으며, 이때에 운동요소의 개수가 많을수록 더 정확한 값이 구해진다.

내적 에너지를 계산하여 **외적 일**을 구하고 이로부터 **목적함수**를 계산한다. 비탈지반에서 행해진 **외적 일**은 운동요소에 작용하는 **외력**에 그로 인한 운동요소 **변위를 곱한 값**이며, 이는 **지반 내 소산에너지 (내적 에너지)**를 모두 합한 **전체 소산에너지**와 같은 값이다.

대상 지반을 다수 다각형 **운동요소로 분할**하고, **운동학 계산** (kinematics) 에서 각 **운동요소의 절대변위**를 구한다. 운동요소의 절대변위로부터 운동요소 간의 **상대변위**를 구할 수 있고, 이 상대변위로부터 **경계력의 작용방향**을 결정할 수 있다. **정역학 계산**(statics)에서 **내적 에너지**를 계산하고, 모든 운동요소 내적에너지를 합하면 운동요소 **운동에 의한 내적에너지의 총합**이 되며, 이 내적 에너지가 **외력이 행한 일**과 같다. **내적 에너지의 크기**는 파괴메커니즘의 형상과 규모 및 지반상태와 지층 및 벽체조건 등에 따라 다르다.

최적화 기법 (optimization method) 을 적용하여 파괴메커니즘 geometry 를 변화시키며 **목적함수 (내적 에너지) 가 최소**가 되는, 즉 최적 목적함수에 대한 geometry 를 찾을 수 있다.

최적 목적함수 탐색과정은 한라산 정상 **백록담에서 수심이 가장 깊은 위치**를 찾는 일과 유사하다. 바다에서 시작하여 한라산 및 정상 분화구에 있는 백록담을 찾은 후 백록담에서 수심이 가장 깊은 곳을 찾는다. 해수면 (1 차기준)에서 이동해서 지반고가 가장 높은 지점 (분화구 경계) 을 찾는다. 다음에 분화구 경계 안쪽에서 낮은 쪽으로 이동해서 호수면을 찾고, 그 경계로부터 바닥 지반고가 가장 낮은 (최대수심) 곳이 백록담에서 최고 수심점이다. **한라산 지형, 분화구 비탈상태, 호수바닥면 요철상태**로부터 **최저점 위치를 예상**하고, 높은 공중에서 **굽어보면 최저점**을 볼 수 있다.

지반에서는 **인장**이 (허용되지 않기 때문에 계산 도중에 인장이) 발생되면 즉시 감지하고 대처할 수 있을 만큼 **최적화 기법은 알고리즘이 간단**해야만 한다. 지금까지 알려진 최적화 기법 중에서 (알고리즘이 단순하여) 지반에 적용할 수 있는 것은 많지 않다.

Gussmann (1986) 은 많은 최적화법을 검토하여 다음 방법은 **지반에 적용가능함**을 밝혀냈다.
- Evolution strategy (Schwefel, 1977)
- Complex algorithm (Box, 1965)
- Simplex algorithm (Nelder/Mead, 1965)
- Gradient method (Davidon/Nazareth, 1977)

최초 파괴시스템에서 **초기 목적함수 F_1**을 구한 후에 최적화 기법을 적용하여 geometry 를 변화시키면서 **최소 목적함수 F_{min}**을 찾는다.

$$F_1 > F_2 > \cdots\cdots > F_{min} \tag{6.33}$$

최적화 기법을 적용하여 변수를 변화시키면서 **목적함수가 최소**가 되는 형상을 구하면 이것이 바로 구하고자 하는 비탈지반의 파괴형상이다.

6.5 비탈면의 원호활동파괴 해석 예제

비탈면의 안정해석에 대한 **운동요소법의 적용 가능성**은 유한 **비탈면의 원호 활동파괴에 대한 절편법 예제** (5.6.2 절) 를 **운동요소법으로 해석** (6.5.1 절) 하여 그 결과를 상호 비교하여 판정한다. 또한, **붕괴된 댐을 운동 요소법으로 역해석** (6.5.2 절) 하여 구한 **안전율**과 **파괴모양**을 실측결과와 비교하여 운동요소법의 적용성을 검증한다.

6.5.1 비탈면의 원호활동파괴에 대한 안정성

비탈면의 원호 활동파괴에 대하여 **운동 요소법**을 적용하여 **비탈면의 안정성**을 검토한다. **절편법**과 비교하기 위해 5.6.2 절의 예제 5.1 을 다시 **운동 요소법으로 해석** (예제 6.1) 한다. 여기에서는 최소 안전율을 찾는 최적화 과정은 생략하고 예제 5.1 과 동일한 활동파괴면의 안정성만을 해석한다.

예제 6.1 ; 절편법 예제 5.1 을 운동요소법으로 다시 해석하여 결과를 비교한다.

(1) 비탈면 개요

비탈면 (높이 6.0m, 경사각 $\beta = 28°$) 이 선단은 좌표 (5.00, 0.00) 이고, **정점**은 좌표 (16.5, 6.00) 이다. 비탈면 선단의 앞뒤 쪽 지반은 지표가 수평이고, 정점 배후 수평지표에 **상재하중** $p = 20.0 \; kN/m^2$ 이 작용한다. **지반**은 단위중량 $\gamma_t = 19.0 \; kN/m^3$, **전단강도정수** $c' = 25.0 \; kN/m^2$, $\phi' = 22.5°$ 이다.

그림 예 6.1.1과 같이 **원호 활동파괴**되는 경우에 대해 안정성을 검토한다. **원호 활동면**은 중심좌표가 (10.5, 9.3) 이고, **반경**은 $r = 12.0 \; m$ 이다.

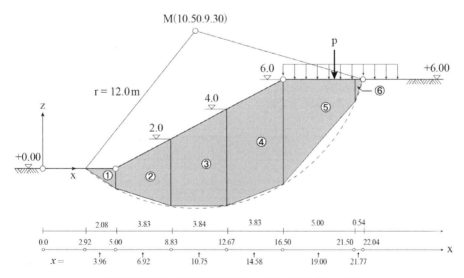

그림 예 6.1.1 비탈면의 운동요소 해석 (운동요소 분할)

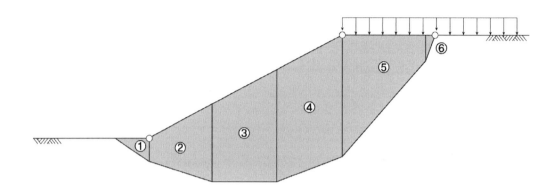

a) 운동요소의 분할

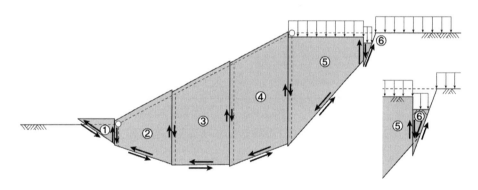

b) 운동요소의 운동상태 (kinematics)

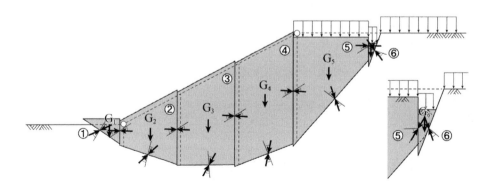

c) 운동요소의 힘 작용상태 (statics)

그림 예6.1.2 비탈면의 운동요소법 해석

(2) 운동요소 분할

원호 활동파괴면은 중점좌표가 $(10.50, 9.30)$이고, 반경 $12.0\ m$ 이며, 비탈면 **선단 전면 지반의 지표**와 점 $(2.92, 0.00)$ 에서 만나고, 비탈면 **정점 배후지반의 지표**와 점 $(22.04, 6.0)$ 에서 만난다.

비탈면은 예제 5.6.1 과 같이 총 **6 개 연직운동 요소** (비탈면 선단 앞쪽 1 개, 비탈면 3 개, 비탈면 정점 배후 2 개) 로 분할한다(그림 예 6.1.2). **운동요소 면적**은 바닥면 중심점의 요소 높이에 **운동요소 폭**을 곱한 값이다. **상재하중**은 정점 배후 2개 운동요소의 지표에 작용한다.

운동요소의 연직 경계면은 원호 활동면과는 활동면 교차점 $(5.0, -1.37)$, $(8.83, -2.58)$, $(12.67, -2.50)$, $(16.50, -1.09)$, $(21.50, 4.50)$ 에서 교차하고, **지표면과는 지표면 교차점** $(5.0, 0,0)$, $(8.83, 2.0)$, $(12.67, 4.0)$, $(16.5, 6.0)$, $(21.5, 6.0)$ 에서 교차한다.

운동요소 연직 경계면 길이는 지표 교차점과 활동면 교차점의 z 좌표 차이 $z_{o,i} - z_{u,i}$이고, 바닥중심점은 좌우 경계 좌표 중간 값 $x_{u,i} = (x_{r,i} + x_{l,i})/2$, $z_{u,i} = (z_{ur,i} + z_{ul,i})/2$이다.

각 **운동요소의 형상**(폭 b_i, 높이 h_i, 면적 A_{ai}, 바닥면 경사 θ_i) 과 **무게** G_i 및 작용하는 상재하중 P_i 를 다음과 같이 구하고, 그 결과는 표 예 6.1.1 에 있다.

운동요소의 폭 : 우측 경계면과 좌측 경계면의 x 좌표 차이 ; $b_i = x_{r,i} - x_{l,i}$

운동요소 높이 : 우측 경계면과 좌측 경계면의 평균높이 ; $h_i = (h_{r,i} + h_{l,i})/2$

운동요소 면적 : (운동요소 폭)×(운동요소 높이) ; $A_{ai} = b_i h_i$

운동요소 무게 : (운동요소 면적)×(지반단위중량) ; $G_i = A_{ai} \gamma_i$

작용 상재하중 : (상재하중)×(운동요소 폭) ; $P_i = p_i b_i$

운동요소 바닥면의 경사 : $\theta_i = \tan^{-1}\left\{(z_{ur,i} - z_{ul,i})/b_i\right\}$

표 예 6.1.1 운동요소의 형상과 바닥면 중심점 위치 및 무게

운동 요소 번호	운동요소 폭				운동요소 중심선			바닥면 경사					운동요소 무게		
	바닥 좌측경계		바닥 우측경계		폭	바닥 중점좌표		지표 점	경사 θ [^{o}]					높이	면적	무게
	x_{ul} [m]	z_{ul} [m]	x_{ur} [m]	z_{ur} [m]	b [m]	x_{un} [m]	z_{un} [m]	z_{on} [m]	Δz_u	$\dfrac{\Delta z_u}{b}$	$\theta = \text{atan}\dfrac{\Delta z_u}{b}$	$\sin\theta$	$\cos\theta$	h [m]	A [m²]	G [kN]
	①	②	③	④	⑤	⑥	⑦	⑧	⑨	⑩	⑪	⑫	⑬	⑭	⑮	⑯
					③-①	(①+③)/2	(②+④)/2	그림6.1.1	④-②	⑨/⑤	atan⑩	sin⑪	cos⑪	⑧-⑦	⑤×⑭	⑮×γ_t
1	2.92	0.00	5.00	-1.37	2.08	3.96	-0.69	0.00	-1.37	-0.659	-33.38	-0.550	0.835	0.69	1.44	27.36
2	5.00	-1.37	8.83	-2.58	3.83	6.92	-1.98	1.00	-1.21	-0.316	-17.54	-0.301	0.954	2.98	11.41	216.79
3	8.83	-2.58	12.67	-2.50	3.84	10.75	-2.54	3.00	0.08	0.021	1.20	0.021	1.000	5.54	21.27	404.13
4	12.67	-2.50	16.50	-1.09	3.83	14.59	-1.80	5.00	1.41	0.368	20.20	0.345	0.938	6.80	26.04	494.76
5	16.50	-1.09	21.50	4.50	5.00	19.00	1.71	6.00	5.59	1.118	48.19	0.745	0.667	4.29	21.45	407.55
6	21.50	4.50	22.04	6.00	0.54	21.77	5.25	6.00	1.50	2.778	70.20	0.941	0.339	0.75	0.41	7.79

(3) 작용하중과 활동모멘트 및 저항모멘트

운동요소의 바닥면에 평행한 방향에 대해 ΔS_i **방향 활동 저항력**의 분력 A_i 와 ΔS_i **방향 활동력**의 분력 B_i 를 구한다. 지하수의 영향이 없고 ($u_i = 0$), **작용하중은 자중 G_i 및 상재하중 P_i** 이고, **연직** ($\omega_i = 0°$) **으로 작용한다.**

따라서 식 (6.4) 는 다음이 되고 계산한 결과는 표 예 6.1.2 및 표 예 6.1.3 과 같다.

$$A_i = \frac{(G_i + P_{vi}) \cos \theta_i \tan \phi_i + c_i l_i}{\cos (\theta_i - \delta_i) + \dfrac{1}{\eta} \tan \phi_i \sin (\theta_i - \delta_i)} \tag{6.4a}$$

$$B_i = \frac{(G_i + P_{vi}) \sin \theta_i}{\cos (\theta_i - \delta_i) + \dfrac{1}{\eta} \tan \phi_i \sin (\theta_i - \delta_i)} \tag{6.4b}$$

표 예 6.1.2 운동요소 작용하중

운동 요소 번호	하중 [kN/m] G γA ⑯ ⑮$\times \gamma_t$	P_v p 상재하중 ⑰	pb ⑱ ⑰$\times$⑤	$G + P_v$ ⑯+⑰ ⑲ ⑯+⑱	A_i 와 B_i 의 분자 $(G + P_v) \cos \theta \tan \phi + cl$ [kNm/m] $l = b/\cos\theta$ 마찰력 $(G+P_v)\cos\theta$ ⑳ ⑲$\times$⑬	$(G+P_v)\cos\theta\tan\phi$ ㉑ ⑳$\times \tan\phi$	점착력 $l = \dfrac{b}{\cos\theta}$ ㉒ ⑤/⑬	cl ㉓ $c\times$㉒	A_i분자 $(G+P_v)\cos\theta\tan\phi$ $+cl$ ㉔ ㉑+㉓	B_i분자 $(G+P_v)\sin\theta$ ㉕ ⑲$\times$⑫
1	27.36	0.00	0.00	27.36	22.85	9.46	2.49	62.25	71.71	-15.05
2	216.79	0.00	0.00	216.79	206.82	85.62	4.01	100.25	185.87	-65.25
3	404.13	0.00	0.00	404.13	404.13	167.31	3.84	96.00	263.31	8.49
4	494.76	0.00	0.00	494.76	464.08	192.13	4.08	102.00	294.13	170.69
5	407.55	20.00	100.00	507.55	338.54	140.16	7.50	187.50	327.66	378.12
6	7.79	20.00	10.80	18.59	6.30	2.61	1.59	39.75	42.36	17.49

측면력 합력 ΔS_i 의 **작용방향**은 수평 각도 δ 로 일정하며 ($\delta_i = const = \delta$), 내부 마찰각과 같은 $\delta = \phi = 22.5°$ 또는 내부마찰각을 안전율 $\eta = 2.0$ 으로 나눈 $\delta = 11.7°$ 또는 $\delta = 18.6°$ 또는 $\delta = 0.0°$ 에 대해 안전율을 계산하여 결과를 비교한다.

경우 1 ; $\delta = \phi = 22.5°$ (표 예 6.1.3)

경우 2 ; $\delta = 18.6°$ (표 예 6.1.4)

경우 3 ; $\delta = \text{atan}\{(\tan 22.5)/2\} = 11.7°$ (표 예 6.1.5)

경우 4 ; $\delta = 0.0°$ (표 예 6.1.6)

측면력 합력 ΔS_i 의 **작용방향**이 일정하면 ($\delta_i = const$), **수평 및 연직방향의 힘에 대한 안전율** η_H (식 6.9a) **및** η_V (식 6.9b) 는 다음이 된다.

$$\eta_V = \eta_H = \frac{\sum A_i}{\sum B_i} \tag{6.11}$$

원호 활동파괴되면 **회전반경**은 원호의 반경 ($r_i = r = 12.0\,m$) 이고, 원호의 중심에 대한 **바닥면 중점 연직 각도** ψ_i 와 **활동면 수평경사** α_i 와 바닥면 **수직력의 연직경사** θ_i 가 같다 ($\psi_i = \alpha_i = \theta_i$).

따라서 **모멘트 평형에 대한 안전율** η_M (식 6.9c)는 다음이 된다.

$$\eta_M = \frac{\sum A_i r_i \cos(\theta_i - \delta_i)}{\sum \{B_i r_i \cos(\theta_i - \delta_i) + (G_i + P_{vi})r_{pi}\}} \tag{6.9c}$$

외력의 팔 길이 r_{Pi} 는 원호에서 $\psi_i = \theta_i$ 이고, 연직재하에서 $w_i = 0$ 이라 다음이 된다 (그림 6.2).

$$r_{Pi} = r \sin(\psi_i - w_i) = r \sin\psi_i = r \sin\theta_i \tag{6.9d}$$

① **경우 1 ;** $\delta = \phi = 22.5°$ (표 예 6.1.3)

수평 및 연직에 대한 안전율 $\eta = \eta_H = \eta_V$ 은 다음이 되고,

$$\eta = \eta_H = \eta_V = \frac{\sum A_i}{\sum B_i} = \frac{1463.47}{443.20} = 3.302 \tag{6.11}$$

모멘트 안전율 η_M 은 다음이 되며, 계산과정을 정리하면 표 예 6.1.3 과 같다.

$$\eta_M = \frac{\sum A_i r_i \cos(\theta_i - \delta_i)}{\sum \{B_i r_i \cos(\theta_i - \delta_i) + (G_i + P_i)r_{pi}\}} = \frac{14918.16}{11198.07} = 1.332 \tag{6.12}$$

표 예 6.1.3 운동요소법 안전율 (경우 1 ; $\delta = \phi = 22.5°$)

운동요소번호	$\theta - \delta$	$\cos(\theta-\delta)$	$\sin(\theta-\delta)$	$\frac{\tan\phi}{\eta}\times ㉘$	분모	A_i	B_i	$r_i\cos(\theta-\delta)$	$A_i\times ㉝$	$B_i\times ㉝$	$r_{pi}=r\sin\theta_i$	㉟$\times r_{pi}$	㊱+㊲
	㉖	㉗	㉘	㉙	㉚	㉛	㉜	㉝	㉞	㉟	㊱	㊲	㊳
	⑪-δ	cos㉖	sin㉖	(0.207)×㉘	㉗+㉙	㉔/㉚	㉕/㉚	$r_i\times ㉗$	$A_i\times ㉝$	$B_i\times ㉝$	$r\times ⑫$	⑲×㊱	㊱+㊲
1	−55.88	0.561	−0.828	−0.171	0.390	183.87	−38.59	6.73	1237.45	−259.71	−6.60	−180.58	−440.29
2	−40.04	0.766	−0.643	−0.133	0.633	293.63	−103.08	9.19	2698.46	−947.31	−3.61	−782.61	−1729.92
3	−21.30	0.932	−0.363	−0.075	0.857	307.25	9.91	11.18	3435.06	110.79	0.25	101.03	211.82
4	−2.30	0.999	−0.040	−0.008	0.991	296.80	172.241	11.99	3558.63	2065.16	4.14	2048.31	4113.47
5	25.69	0.901	0.434	0.090	0.991	330.64	381.55	10.81	3574.22	4124.56	8.94	4537.50	8662.06
6	47.70	0.673	0.740	0.153	0.826	51.28	21.17	8.08	414.34	171.05	11.29	209.88	380.93
						$\sum$ 1463.47	443.20		$\sum$ 14918.16				$\sum$ 11198.07

$$\eta = \frac{\sum A_i}{\sum B_i} = \frac{1463.47}{443.20} = 3.302 \quad , \quad \eta_M = \frac{\sum A_i r_i \cos(\theta_i - \delta_i)}{\sum (B_i r_i \cos(\theta_i - \delta_i) + (G_i + P_i)r_{pi})} = \frac{14918.46}{11198.07} = 1.332$$

표 상단 설명: A_i 와 B_i 의 분모 (경우 1 ; $\delta = \phi = 22.5°$), $\tan\phi = 0.414$, $\eta = 2.0$, $(\tan\phi)/\eta = 0.207$, $\cos(\theta-\delta) + \frac{\tan\phi}{\eta}\sin(\theta-\delta)$; 힘의 안전율 η , 수평 및 연직 η_H 및 η_V , $\eta = \eta_H = \eta_V = \frac{\sum A_i}{\sum B_i}$; 모멘트 안전율 η_M = 분자/분모

② **경우 2 ;** $\delta = 18.36°$ 에 **수평 및 연직에 대한 안전율 및 모멘트 안전율**을 계산한다.

지반 내부마찰각이 $\phi = 22.5°$ 로 균질한 경우에 연직 운동요소의 연직 측면에 작용하는 측면력의 작용방향이 $\delta = 18.36°$ 인 경우에 **수평 및 연직에 대한 안전율** $\eta = \eta_H = \eta_V$ 및 **모멘트 안전율** η_M 은 다음과 같으며, 그 계산과정은 표 예 6.1.4 와 같다.

$$\eta = \eta_H = \eta_V = \frac{\sum A_i}{\sum B_i} = \frac{1405.28}{463.34} = 3.033 \tag{6.11}$$

$$\eta_M = \frac{\sum A_i r_i \cos(\theta_i - \delta_i)}{\sum (B_i r_i \cos(\theta_i - \delta_i) + (G_i + P_i)r_{pi})} = \frac{14587.64}{11135.37} = 1.310 \tag{6.12}$$

표 예 6.1.4 운동요소법 안전율 (경우 2 ; $\delta = 18.36°$, $\phi = 22.5°$)

운동요소번호	분모 (경우 2 ; $\delta = 18.36°$, $\phi = 22.5°$) $\tan\phi = 0.414$, $\eta = 2.0$, $(\tan\phi)/\eta = 0.207$ $\cos(\theta-\delta) + \frac{\tan\phi}{\eta}\sin(\theta-\delta)$					힘 안전율 η 수평 및 연직 η_H 및 η_V $\eta = \eta_H = \eta_V = \frac{\sum A_i}{\sum B_i}$		모멘트 안전율 η_M = 분자/분모						
								분자 $A_i r_i \cos(\theta - \delta)$		분모 $B_i r_i \cos(\theta - \delta) + (G + P_{vi})r_{pi}$				
	$\theta - \delta$	$\cos(\theta-\delta)$	$\sin(\theta-\delta)$	$\frac{\tan\phi}{\eta} \times$ ㊶	분모	A_i	B_i	$r_i \times \cos(\theta-\delta)$	$A_i \times$ ㊻	$B_i r_i \times \cos(\theta-\delta)$	$r_{pi} = r_i \sin\theta$	$r_{pi} \times (G+P_i)$	$B_i r_i \times \cos(\theta-\delta) + (G+P_v)r_{pi}$
	㊴	㊵	㊶	㊷	㊸	㊹	㊺	㊻	㊼	㊽	㊾	㊿	51
	⑪-δ	cos㊴	sin㊴	(0.207)×㊶	㊵+㊷	㉔/㊸	㉕/㊸	$r_i \times$㊵	㊹×㊻	㊺×㊻	$r \times$⑫	㊾×⑲	㊽+㊿
1	-51.74	0.619	-0.785	-0.162	0.457	156.91	-32.93	7.43	1165.84	-244.67	-6.60	-180.58	-425.25
2	-35.90	0.810	-0.586	-0.121	0.689	269.77	-94.70	9.72	2622.16	-920.48	-3.61	-782.61	-1703.09
3	-17.16	0.955	-0.295	-0.061	0.894	294.53	9.50	11.46	3375.31	108.87	0.25	101.03	209.90
4	1.84	0.999	0.032	0.007	1.006	292.38	169.67	11.99	3505.64	2034.34	4.14	2048.31	4082.65
5	29.83	0.868	0.497	0.103	0.971	337.45	389.41	10.42	3516.23	4057.65	8.94	4537.50	8595.15
6	51.84	0.618	0.786	0.163	0.781	54.24	22.39	7.42	402.46	166.13	11.29	209.88	376.01
					Σ	1405.28	463.34	Σ	14587.64			Σ	11135.37
$\eta = \eta_H = \eta_V = \frac{\sum A_i}{\sum B_i} = \frac{1405.28}{463.34} = 3.033$						$\eta_M = \frac{\sum A_i r_i \cos(\theta_i - \delta_i)}{\sum (B_i r_i \cos(\theta_i - \delta_i) + (G_i + P_i)r_{pi})} = \frac{14587.64}{11135.37} = 1.310$								

③ **경우 3 ;** $\delta = \text{atan}\{(\tan 22.5)/2\} = 11.7°$ (표 예 6.1.5)

수평 및 연직에 대한 안전율 $\eta = \eta_H = \eta_V$ 은 다음이 되고,

$$\eta = \eta_H = \eta_V = \frac{\sum A_i}{\sum B_i} = \frac{1353.38}{540.89} = 2.502 \tag{6.11}$$

모멘트 안전율 η_M 은 다음이 된다.

$$\eta_M = \frac{\sum A_i r_i \cos(\theta_i - \delta_i)}{\sum \{B_i r_i \cos(\theta_i - \delta_i) + (G_i + P_i)r_{pi}\}} = \frac{14116.50}{11414.64} = 1.237 \tag{6.12}$$

이상의 계산과정을 정리하면 표 예 6.1.5 와 같다.

표 예 6.1.5 운동요소법 안전율 (경우 3 ; $\delta = 11.7°$, $\phi = 22.5°$)

운동요소 번호	분모 (경우 3 ; $\delta=11.7°$, $\phi=22.5°$) $\tan\phi=0.414$, $\eta=2.0$, $(\tan\phi)/\eta=0.207$ $\cos(\theta-\delta)+\dfrac{\tan\phi}{\eta}\sin(\theta-\delta)$					힘 안전율 η 수평 및 연직 η_H 및 η_V $\eta=\eta_H=\eta_V=\dfrac{\sum A_i}{\sum B_i}$		모멘트 안전율 η_M = 분자/분모					
								분자 $A_i r_i \cos(\theta-\delta)$		분모 $B_i r_i \cos(\theta-\delta)+(G+P_{vi})r_{pi}$			
	$\theta-\delta$	$\cos(\theta-\delta)$	$\sin(\theta-\delta)$	$\dfrac{\tan\phi}{\eta}\times$㊵	분모	A_i	B_i	$r_i\times\cos(\theta-\delta)$	$A_i\times$㊻	$B_ir_i\times\cos(\theta-\delta)$	$r_{pi}=r\sin\theta$	$r_{pi}\times(G+P_i)$	$B_ir_i\times\cos(\theta-\delta)+(G+P_v)r_{pi}$
	㊴	㊵	㊶	㊷	㊸	㊹	㊺	㊻	㊼	㊽	㊾	㊿	51
	①-δ	cos㊴	sin㊴	(0.207)×㊶	㊵+㊷	㉔/㊸	㉕/㊸	$r_i\times$㊵	㊹×㊻	㊺×㊻	$r\times$⑫	㊾×⑲	㊽+㊿
1	-45.08	0.706	-0.708	-0.074	0.632	113.47	-23.81	8.47	961.09	-201.67	-6.60	-180.58	-382.25
2	-29.24	0.873	-0.488	-0.051	0.822	226.12	-79.38	10.48	2369.74	-831.90	-3.61	-782.61	-1614.51
3	-10.50	0.983	-0.182	-0.019	0.964	273.14	8.81	11.80	3223.05	103.96	0.25	101.03	204.99
4	8.50	0.989	0.148	0.015	1.004	292.96	170.01	11.87	3477.44	2018.02	4.14	2048.31	4066.33
5	36.49	0.804	0.595	0.062	0.866	378.36	436.63	9.65	3651.17	4213.48	8.94	4537.50	8750.98
6	58.50	0.522	0.853	0.089	0.611	69.33	28.63	6.26	434.01	179.22	11.29	209.88	389.10
					Σ	1353.38	540.89	Σ	14116.50			Σ	11414.64

$$\eta=\frac{\sum A_i}{\sum B_i}=\frac{1353.38}{540.89}=2.502 \qquad \eta_M=\frac{\sum A_i r_i \cos(\theta_i-\delta_i)}{\sum(B_i r_i \cos(\theta_i-\delta_i)+(G_i+P_i)r_{pi})}=\frac{14116.50}{11414.64}=1.237$$

④ **경우 4** ; $\delta=0°$ 에 대한 **수평 및 연직에 대한 안전율 및 모멘트 안전율**을 계산한다.

연직 운동요소의 연직 측면에 작용하는 측면력의 작용방향이 $\delta=0.0°$ 인 경우에 **수평 및 연직에 대한 안전율** $\eta=\eta_H=\eta_V$ 및 **모멘트 안전율** η_M 은 다음 같으며, 그 계산과정은 표 예 6.1.6 과 같다.

$$\eta=\eta_H=\eta_V=\frac{\sum A_i}{\sum B_i}=\frac{1340.03}{576.92}=2.323 \tag{6.11}$$

$$\eta_M=\frac{\sum A_i r_i \cos(\theta_i-\delta_i)}{\sum(B_i r_i \cos(\theta_i-\delta_i)+(G_i+P_i)r_{pi})}=\frac{13327.62}{10710.98}=1.244 \tag{6.12}$$

(4) 안전율 검토

비탈면의 안전율이 연직 운동요소의 연직 측면에 작용하는 측면력의 작용방향에 의해 받는 영향을 확인하기 위해 운동요소의 연직측면에 작용하는 측면력 작용방향이 수평에 대해 $\delta=\phi=22.5°$ 인 경우와 $\delta=18.36°$ 와 $\delta=11.7°$ 및 $\delta=0.0°$ 인 경우에 대해 계산하여 비교하여 표 예 6.1.7 에 표시하였다.

$\delta=\phi=22.5°$ 인 경우는 앞에서 계산한 결과를 즉, 표 예 6.1.3 을 인용하였다.

표 예 6.1.6 운동요소법 안전율 (경우 4 ; $\delta = 0°$, $\phi = 22.5°$)

운동요소번호	분모 (경우 4 ; $\delta = 0.0°$, $\phi = 22.5°$) $\tan\phi = 0.414$, $\eta = 2.0$, $(\tan\phi)/\eta = 0.207$ $\cos(\theta-\delta) + \dfrac{\tan\phi}{\eta}\sin(\theta-\delta)$					힘 안전율 η 수평 및 연직 η_H 및 η_V $\eta = \eta_H = \eta_V = \dfrac{\sum A_i}{\sum B_i}$		모멘트 안전율 $\eta_M = $ 분자/분모 분자 $A_i r_i \cos(\theta-\delta)$		분모 $B_i r_i \cos(\theta-\delta) + (G+P_{vi})r_{pi}$			
	$\theta-\delta$	$\cos(\theta-\delta)$	$\sin(\theta-\delta)$	$\dfrac{\tan\phi}{\eta}\times$㊶	분모	A_i	B_i	$r_i \times \cos(\theta-\delta)$	$A_i \times$㊻	$B_i r_i \times \cos(\theta-\delta)$	$r_{pi} = r_i \sin\theta$	$r_{pi} \times (G+P_i)$	$B_i r_i \times \cos(\theta-\delta) + (G+P_v)r_{pi}$
	㊴	㊵	㊶	㊷	㊸	㊹	㊺	㊻	㊼	㊽	㊾	㊿	51
	⑪-δ	cos㊴	sin㊴	(0.207)×㊶	㊵+㊷	㉔/㊸	㉕/㊸	$r_i \times$㊵	㊹×㊻	㊺×㊻	$r \times$⑫	㊾×⑲	㊽+㊿
1	−33.38	0.835	−0.550	−0.114	0.721	99.46	−20.87	10.02	996.59	−209.12	−6.60	−180.58	−389.70
2	−17.54	0.954	−0.301	−0.062	0.892	208.37	−73.15	11.45	2385.84	−837.57	−3.61	−782.61	−1620.18
3	1.20	1.000	0.021	0.004	1.004	262.26	8.46	12.00	3147.12	101.52	0.25	101.03	202.55
4	20.20	0.938	0.345	0.071	1.009	291.51	169.17	11.26	3282.40	1904.85	4.14	2048.31	3953.16
5	48.19	0.667	0.745	0.154	0.821	399.10	460.56	8.00	3192.80	3684.48	8.94	4537.50	8221.98
6	70.20	0.339	0.941	0.195	0.534	79.33	32.75	4.07	322.87	133.29	11.29	209.88	343.17
					Σ	1340.03	Σ 576.92		Σ 13327.62				Σ 10710.98

$$\eta = \eta_H = \eta_V = \frac{\sum A_i}{\sum B_i} = \frac{1340.03}{576.92} = 2.323 \quad , \quad \eta_M = \frac{\sum A_i r_i \cos(\theta_i - \delta_i)}{\sum (B_i r_i \cos(\theta_i - \delta_i) + (G_i + P_i)r_{pi})} = \frac{13327.62}{10710.98} = 1.244$$

이상에서 운동요소 연직 측면에 작용하는 **측면력의 작용방향** δ 가 수평 ($\delta = 0.0$) 에 가까울수록, 즉 $\delta = 22.5° \rightarrow 18.6° \rightarrow 11.7° \rightarrow 0°$ 이 될수록 수평 및 연직력에 대한 안전율 $\eta = \eta_H = \eta_V$ 은 $3.304 \rightarrow 3.033 \rightarrow 2.716 \rightarrow 2.323$ 으로 작아졌고, 모멘트 안전율 η_M 도 $1.333 \rightarrow 1.310 \rightarrow 1.282 \rightarrow 1.244$ 로 작아지는 것으로 나타났으며, 이는 다음의 표 예 6.1.7 에서 확인할 수 있다.

따라서 절편법에서 절편의 연직 측면에 작용하는 측면력의 작용방향 δ 가 수평방향 ($\delta = 0.0$) 에 가까울수록 안전측에 속하는 절편법임을 추정할 수 있다.

표 예 6.1.7 연직운동요소의 연직측면에 작용하는 힘의 방향에 따른 안전율

안전율 \ 측면력 방향 δ	$\delta = \phi = 22.5°$	$\delta = 18.6°$	$\delta = 11.7°$	$\delta = 0°$
수평 및 연직 안전율 $\eta = \eta_H = \eta_V$	3.304	3.033	2.716	2.323
모멘트 안전율 η_M	1.333	1.310	1.282	1.244

6.5.2 붕괴된 댐의 역해석 예

예제 6.2 ; 붕괴된 Carsington Dam 을 역해석하여 붕괴원인과 파괴형상을 찾는다.

붕괴된 댐을 운동 요소법으로 역해석하여 **안전율**과 **파괴모양**을 구해서 **운동요소법의 적용성을 검증**한다. 최소 안전율을 찾기 위한 **최적화 과정**은 생략하고 **운동요소의 분할과 해석 결과만을 제시**한다.

Carsington Dam 은 영국 Derbyshire 에 위치하며, **풍화된 이암**에 건설되고, **점토 Core** 가 있는 흙 댐이다. 댐 상류측 선단에 Core 보호용 Boot 가 설치되고, 댐 표면에 **보호공**이 설치되어 있다.

Carsington Dam 은 공사가 끝날 시기에 긴 장마가 있은 후에 준공 직전인 1984 년 6 월 4 일에 댐 (높이 35 m) 의 정점부근에 폭 50 mm 균열이 길이 120 m 로 발생하더니 다음날 밤에 상류측 비탈면이 길이 500 m로 활동파괴되어서 11 m 만큼 미끄러져 내리고, 댐 정점부에 깊이 15 m 와 폭 30 m 의 틈이 발생되었다. 댐이 붕괴된 후에 8 년 동안 현장상태를 면밀히 분석하고 붕괴 원인을 규명한 후에 재설계하고 재시공하여 1992 년에 준공되었다 (Skempton/Vaughan, 1993).

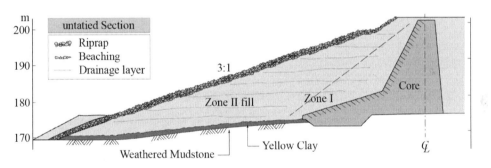

a) Carsington Dam 의 파괴 전 단면

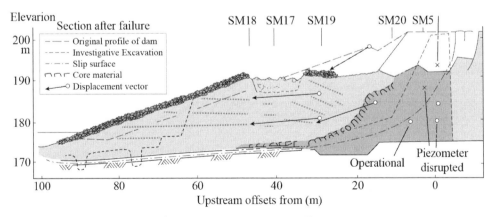

b) Carsington Dam 의 파괴 후 단면

그림 예 6.2.1 Carsington Dam 의 파괴 전과 후의 단면

1) Carsington Dam 의 단면

Carsington Dam 은 단면이 그림 예 6.2.1a와 같고, 암반 (풍화된 이암) 위에 건설되고, 점토 Core가 있는 흙 댐이며, 상류측 댐의 선단에 boot 가 설치되고, 상류측의 댐 비탈면의 표면에는 보호공이 설치되어 있다. 상류측 댐 비탈면이 활동파괴되었고, 댐의 파괴 후 단면은 정밀조사 결과 그림 예 6.2.1b 와 같다.

2) Carsington Dam 의 지반상태

Carsington Dam 은 풍화가 진행된 이암을 기반암으로 간주하여 건설되었으며, 기반암의 상부에 Core 를 설치하고, 2 개 영역으로 지반을 쌓아 올려 Core 를 보호하였다. 상류측 비탈면 선단부에 Boot를 설치하였다.

댐 체의 **core 지반**과 댐 체를 구성하는 **흙 지반**은 물론 비탈면 보호공과 풍화상태 **이암**의 **설계 시 지반 정수**(c', γ, ϕ') 및 **간극수압 비** r_u 는 표 예 6.2.1 과 같다 (Rocke, 1993).

이때에 **간극수압 비**는 활동면 상부의 피에조미터 수두 h 를 다음 식에 적용하여 계산하였다.

$$r_u = \frac{\gamma_w h}{\gamma z}$$

표 예 6.2.1 Carsington Dam 의 설계 시 토질특성

Material	Unit Weight γ [kN/m^3]	c' [kPa]	ϕ' [°]	Pore Pressure Ratio**
Core	18.5	0	22	0.4
Zone I & II Filles	21.0	0	25	0
Boot*	18.5	0	22	0.5
Slope Protection	18.5	0	35	0
Weathered Mudstone	18.0	100	30	0

*   The boot is the upstream protection of the core

**   The Pore pressure ratio, r_u is given by $r_u = \frac{\gamma_w h}{\gamma z}$ where h is the piezometric level above the failure plane

댐이 파괴된 후에 지반상태를 다시 철저하게 정밀 조사하였으며, 조사과정에서 댐 체 하부에 설계 시 없었던 Yellow Clay 가 얇은 (0.5 m) 두께로 분포하는 것이 확인되었다. 따라서 댐의 파괴 후에 활동 파괴면이 형성된 댐의 Core 층과 댐 하부의 Yellow Clay 층에 대해 **전단강도**와 **간극수압상태**를 정밀하게 시험하고 조사하였다.

댐 파괴 후의 core 층과 Yellow Clay 에 대한 전단강도는 **최대강도 상태**와 **한계 상태** 및 **궁극 상태**에 대하여 시험하였다. **최대강도 상태**는 비교란 상태는 물론 선행 전단이 발생된 상태에 대해 시험하였다.

시험한 결과 비교란 상태 (intact) 의 **최대강도** (peak) 와 선행전단 발생 상태 (with preexisting shears) 의 **최대강도** (peak) 와 **한계 상태** (critical state) 및 **궁극 상태** (residual) 에 대한 전단강도 정수는 표 예 6.2.2 와 같고, **간극수압 비**는 표 예 6.2.3 과 같다.

표예 6.2.2 Carsington Dam 의 Core 와 Yellow Clay 의 강도

Condition	Core		Yellow Clay	
	$c'\,[kPa]$	$\phi'\,[°]$	$c'\,[kPa]$	$\phi'\,[°]$
Peak, intact	15	21	10	20
Peak, with preexisting shears	6	20	5	17
Critical State	0	20	0	18
Residual	0	13	0	12

표예 6.2.3 Carsington Dam 의 활동파괴면의 간극수압 비

Material	Pore Pressure Ratio, $r_u = \dfrac{\gamma_w h}{\gamma z}$
Core	0.42
Boot	0.53
Yellow Clay	0.0

3) Carsington Dam 의 운동요소 해석

Carsington Dam 에 대하여 운동요소법을 적용하여 안전율과 파괴형상을 구하여 그 댐이 파괴된 원인을 규명하고, 안정성 및 파괴형상을 파악하였다. 댐 체가 기반암의 위에 설치되어 있으므로 원호 활동하기가 어려운 조건이다.

여기에서는 암반 상부경계에 평행하게 활동이 일어날 것을 예상하고, 암반선 부근을 활동면으로 간주하고, 원호 활동파괴가 아닌 **임의 형상의 활동 파괴**를 적용하였다. 또한, 계산을 간편하게 하고, 기존 절편법과 비교가 용이하도록 하기 위하여 운동요소의 측면 경계면은 연직면과 경사면으로 간주하고 운동요소로 분할하였다.

댐의 상류측 비탈면 선단에 Boot 가 설치되고, 댐의 표면에 **보호공**이 설치되어져 있으며, 정점 부근에 **소단**이 있으므로, 운동요소는 이들과 **지표 형상을 고려하여 분할**하였다.

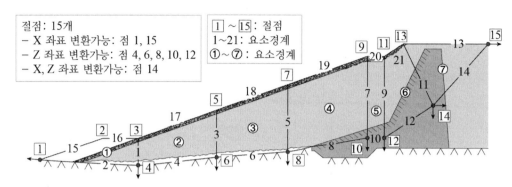

그림 예 6.2.2 Carsington Dam의 운동요소 분할

분할한 운동요소는 그림 예 6.2.2 에 나타내었으며, Boot 에 1 개 (**요소 ①**), 그 후방 경사면에 3 개 (**요소 ②, ③, ④**), 소단에 1 개 (**요소 ⑤**), 후방 경사면에 1 개 (**요소 ⑥**), 댐 정상부에 1 개 (**요소 ⑦**) 로 분할하였으며, 운동요소는 전부 7 개다.

따라서 해석에 적용한 **운동요소 시스템**은 **운동요소 개수**가 모두 7 개이고, 삼각형 요소 1개 (**요소 ⑦**)와 사각형 요소 6 개 (**요소 ①～⑥**) 로 구성하였고, 절점이 모두 15 개인데 변위 가능한 절점은 8개이고, 자유도가 9 이다.

따라서 변위가 가능한 절점과 그 변위방향은 다음과 같다.
  지표면상 절점 (점 ①, ⑮)   ; x 좌표의 변위가 가능
  활동면상 절점 (점 ④, ⑥, ⑧, ⑩, ⑫)   ; z 좌표의 변위가 가능
  활동면상 절점 (점 ⑭)   ; x, z 좌표의 변위가 가능

Carsington Dam 의 안정해석을 위한 **운동요소 분할상태**와 각 **운동요소의 절점과 절점의 변위 가능성** (**자유도**, 그림 예 6.2.2 의 화살표)은 그림 예 6.2.2 와 같다.

댐 표면 보호공은 두께가 전체 댐 치수에 비하여 얇으므로, 전단저항은 (안전 측으로) 고려하지 않았고, 다만 그 단위중량에 의한 영향을 운동요소의 자중을 계산하는 데 고려하였다.

댐의 채움재 층과 코어 층은 그 물성 (표 6.2.2) 과 **댐 체 단면의 설계된 지층구성상태**를 그대로 적용하여 해석하였고, 외력은 (제시된 것이 없어서) 고려하지 않았다.

파괴 후에 파괴원인을 파악하기 위한 조사에서 댐 체의 하부로 기반암의 상부에 연약한 Yellow Clay 지층이 $0.5\ m$ 두께로 얇게 분포하는 것이 밝혀졌다.

본 운동요소 해석은 설계상태에 대한 안정성을 분석하는 것이 목적이므로, 댐 체 하부로 기반암 상부에 얇게 분포하는 Yellow Clay 지층은 존재하지 않는 것으로 간주하고 해석하였다.

초기 설계상태 (Yellow Clay 지층이 존재하지 않는 상태) 의 지반물성과 구성 단면형상에 대해 운동요소법을 적용하고 해석하였는데, 그 안전율이 $\eta = 0.95$ 로 계산되었다. 따라서 Carsington Dam 은 설계상태에서 이미 파괴되는 것으로 예상할 수 있는 상황이었다.

운동요소 해석에서 댐 체 하부에 분포하는 연약한 Yellow Clay 지층을 고려하지 않았음에도 불구하고 안전율이 $\eta = 0.95$ 가 계산되었으므로, 댐 은 확실하게 파괴될 조건이었다. 만일 연약한 Yellow Clay 지층을 고려하고 운동요소 해석하였다면 댐 비탈면의 안전율이 터무니없이 작은 값으로 계산되었을 것이다.

당초 설계에서 댐의 파괴를 예견하지 못했던 것은 적용했던 해석방법에 Carsington Dam의 경계조건 및 지반조건을 고려하고 해석하기에 적합하지 않은 부분이 있었을 것으로 추측된다.

운동요소 해석결과에서 Carsington Dam 을 구성하는 7 개의 운동요소들은 그림 예 6.2.3 와 같이 상대적으로 변위 거동하였다. 이때 변위거동한 후 댐의 형상은 댐의 파괴 후 **실측한 파괴단면의 형상**과 매우 유사하다.

Carsington Dam 에서 파괴 후에 (댐에 설치했던 피에조미터의 위치이동 등으로부터) 실측했던 수평변위가 $11.0\,m$ 이었는데, 운동요소 법을 적용하여 계산한 수평변위는 $10.79\,m$ 이고 실측한 값과 거의 일치하였다.

운동요소해석하여 **계산한 파괴 후 변위크기**는 표 예 6.2.4 와 같고, 운동요소 해석결과 적합성을 확인하기 위하여 운동요소 해석한 변위 후 상태와 댐의 파괴 후 실측한 상태는 그림 예 6.2.4 에서 비교하였다.

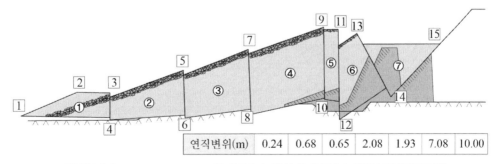

| 연직변위(m) | 0.24 | 0.68 | 0.65 | 2.08 | 1.93 | 7.08 | 10.00 |

그림 예 6.2.3 Carsington Dam 의 운동요소 해석 후 운동요소 배열상태 (파괴모양)

표예6.2.4 Carsington Dam 의 운동요소의 변위

운동요소	①	②	③	④	⑤	⑥	⑦
수평변위 [m]	10.79	10.79	10.79	10.79	10.79	10.79	9.29
연직변위 [m]	0.24	0.68	0.65	2.08	1.93	7.08	10.00

Carsington Dam 의 운동요소 해석에서 Yellow Clay 지층을 고려하지 않았음에도 불구하고 안전율이 $\eta = 0.95 < 1.0$ 이 되어 댐이 파괴됨을 예상할 수 있었고, **활동 파괴면**은 실측한 결과에서 Yellow Clay 층을 따라서 형성되었고, 운동 요소법에서 해석을 통해서 스스로 찾아낸 활동 파괴면 또한 Yellow Clay 층 하부 경계면이었다. **활동 파괴체 변위**의 크기는 실측변위와 운동요소법 해석 변위가 거의 완벽하게 일치하였다.

운동요소해석하여 **계산한 파괴 후 변위크기**와 **실측한 파괴 후 변위크기**는 표 예 6.2.4 와 같고, 그림 예 6.2.4 는 Carsington Dam 에 대하여 파괴 후 **실측 단면형상**과 운동요소 **해석 후 단면형상**을 겹침 그림으로 나타낸 것이다. 그림 예 6.2.4에서 파괴 후 **실측 단면형상에서 지표면은 '-○-'로 나타내었고, 점토표면은 '-△-'로 나타냈으며, 운동요소 해석 후 단면형상에서 지표면은 '-◇-'로 나타내었고, 점토(음영 부분)의 표면은 '음영부 상부의 빗금 친 경계면'으로 나타내었다.**

결과적으로 파괴 후의 **변위크기**는 물론 **단면형상**과 **코어의 변형상태** 및 댐 비탈면의 **표면 변형 형상**까지도 운동요소로 해석한 결과와 실측한 결과가 거의 **완벽하게 일치**하였다.

따라서 Carsington Dam 에서 **운동요소 해석**이 (매우 적은 수의 운동요소로 분할하고 해석하였음에도 불구하고) **안정성 판단과 변위예측** 및 **파괴 후 형상 예측**에 매우 적합했음을 알 수 있다.

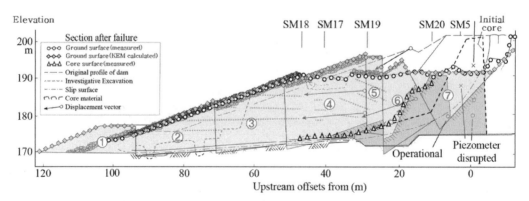

그림 예 6.2.4 Carsington Dam 의 파괴 후 **실측 파괴모양**(지표 -○- ; 점토표면 -△-) 과
운동요소 **해석 파괴모양**(지표 -◇- ; 점토표면 ; 음영부 상부의 빗금 친 경계면) 의 비교

제 7 장 비탈지반에서 지하수의 영향

7.1 개 요

비탈지반에 존재하는 지하수는 지반과 지하수 상태에 따라 **비탈지반 내부를 흐르거나**, 비탈지반의 **지표면에서 유출**되거나, 비탈지반의 **하부 지층으로 유출**된다.

단구 (**계단모양 비탈지반**) 에서는 지지구조체가 없는 경우에는 **지표면에 단차가 있는 비탈면으로** **해석**하며, 지하수는 단구의 표면 (또는 하단) 으로 **유출**되거나 (이 경우에 흙 단구는 침식 및 세굴에 의해 느슨해져서 안정성에 치명적), 단구의 하부 지층으로 **유입**된다. 옹벽으로 지지한 단구에서는 지하수에 의한 수압이 작용하지 않도록 옹벽에 배수구조를 설치하여 지하수를 유출시킨다. 옹벽에서 지하수의 영향 및 경계조건에 따른 유선망은 『토질역학』 9 장(이상덕, 2017) 을 참조한다.

큰 비탈 (**무한 비탈지반**) 에서는 유입된 물이 **하부 투수층**을 통해 유출되면 큰 비탈에 지하수가 존재하지 않고, **하부 불투수층**에 의해 막혀서 유출되지 못하면 큰 비탈 내부에서 **하부 불투수층의** **상부경계면을 따라 흘러내린다**. 큰 비탈 내 지하수 흐름은 단순하므로, 지하수의 유선망은 큰 비탈 표면에 수직한 **등수두선**과 불투수층 상부 경계면에 평행한 **유선**으로 구성되는 단순한 형상이 된다. 큰 비탈에서 (지하수 흐름의 영향을 고려한) 활동파괴 안정성은 앞의 3.6.2 절을 참조한다.

이 장에서는 (비탈지반에서 지하수 흐름이 가장 복잡한) **비탈면의 지하수 흐름**을 설명한다.

비탈면 (**유한 비탈지반**) 에서 **지하수압**은 거의 대부분 수평력으로 작용하므로 비탈면은 안정성이 지하수에 의해 큰 영향을 받는다. 비탈면은 지반이 완전 건조 상태 (사막의 사구) 와 완전 포화상태 (수침 또는 수저 비탈면) 에서 (유효응력이 같으므로) 그 안정성이 같다.

비탈면의 내부와 외부에서 수위가 동일한 경우 (7.2 절) 에는 비탈면과 외부에서 수두차가 없으므로 비탈면 내부에서 지하수가 흐르지 않아서 수압이 활동 유발력이 되지 않는다. **비탈면 내부 지하수위가** **외부 수위보다 낮으면** 물이 비탈면 내부로 유입된다. **비탈면 내부 지하수위가 외부 수위보다 높은 경우** (7.3 절) 에는 물이 비탈면 내부지반을 흘러내리거나 외부로 유출되어 비탈면 내에 지하수 흐름이 발생하여 침투력이 유발되어 비탈면에 활동 유발력으로 작용한다. **비탈면 하부지층 내 지하수가 피압** **상태** (7.4 절) 이면 **비탈면의 활동파괴 안전성**이 활동면의 불투수층 통과 여부에 따라 달라진다.

지하수가 존재하는 비탈면 예제 (7.5 절) 를 절편법으로 해석하고 지하수가 없는 5.6 절 예제와 비교하여 비탈면에서 지하수 영향을 확인한다(비탈면 경계조건과 해석방법은 예제 5.6.1 과 동일).

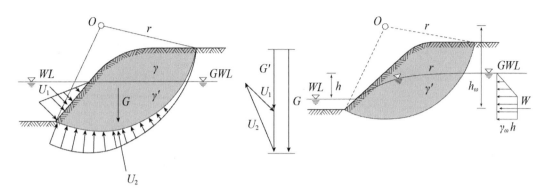

그림 7.1 비탈면 내외부 수위가 같은 경우   그림 7.2 외부수위가 내부수위보다 낮은 경우

7.2 비탈면 내부 지하수위와 외부 수위가 동일한 경우

비탈면 내부 **지하수위**와 외부 **자유수의 수위**가 같으면 (그림 7.1), 수두차가 발생하지 않아서 비탈면 내 지하수가 흐르지 않기 때문에 (정수압만 작용하고) 침투력이 작용하지 않는다.

따라서 내부 **지하수**와 외부 **자유수의 수위**가 같은 **비탈면의 안전성**은 지하수위면의 상부 지반과 하부 지반에 각기 다른 단위중량을 적용하여 구한 자중을 적용하고 해석하여 판정한다.

내부 지하수위와 외부 자유수의 수위가 같은 비탈면에 대해서는 **절편법**을 적용하여 안정 해석할 수 있으며, 이때에 수압을 포함한 **전체 하중**, 즉 '**전체 무게 + 경계면 수압 + 경계면 유효응력**'에 대해 평형조건을 수립한다.

비탈면 외부의 물은 지반으로 간주하고 절편에 포함시켜서 계산하며, 다음 방법들 중에서 (물을 고려하기에) 가장 편리한 방법 (절편법) 을 선택해서 적용하면 된다. Fellenius 절편법과 Bishop 절편 법에서는 ① 의 방법이 간편하다.

① 원호 활동 파괴면을 **외부수면까지 연장**하고, **외부의 물**을 흙 ($\gamma = \gamma_w$, $c = \phi = 0$) 으로 간주하고 **절편 분할**하여 절편법을 적용한다 (그림 7.3a).

② 활동 **파괴체의 상부**에 위치한 물을 $\gamma = \gamma_w$, $c = \phi = 0$ 인 **흙으로 간주**하여 절편으로 분할하고, 비탈면 선단부 **첫 번째 절편의 측면** (흙으로 간주한 절편, 즉 물로 된 절편) 에 작용하는 수압을 생각한다. 이 수압에 의한 모멘트를 구해 **저항 모멘트에 추가**시킨다 (그림 7.3b).

③ **수중 경계부** (비탈면의 바닥면 및 경사면) 에 작용하는 수압을 외력으로 간주하고 계산한다. 그리고 **수압에 의한 저항모멘트**를 구해서 **저항모멘트에 추가**시킨다 (그림 7.3c).

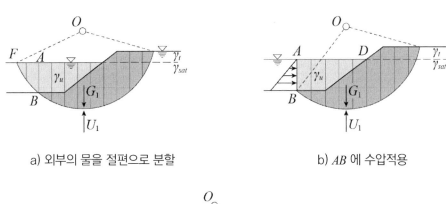

a) 외부의 물을 절편으로 분할   b) AB 에 수압적용

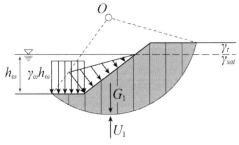

c) 비탈면 지표경계에 수압적용

그림 7.3 수중 비탈면의 안정해석 (전 중량 개념)

그 밖에도 '**유효중량 + 침투력 + 경계면의 유효응력**'에 대한 평형식을 수립하여 그림 7.4와 같이 절편법을 적용하여 **수중 비탈면의 안정을 해석**하는 경우도 있다 ($\phi = 0$ **해석법**, 즉 **전응력 해석법**에서는 이 방법을 적용할 수 없다).

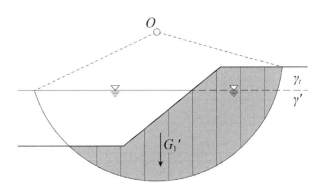

그림 7.4 수중 비탈면의 안정해석 (유효 중량 개념)

7.3 비탈면 내부 지하수위가 외부 수위보다 높은 경우

비탈면의 **내부 지하수위**가 비탈면의 **외부 수위**보다 높으면 (그림 7.2), **지하수가 비탈면의 내부지반을 흐르거나** 비탈면에서 밖으로 유출되며, 지하수가 흐르면서 발생시키는 **침투력**이 (비탈면의 활동파괴의 유발에 기여하는) **활동 유발력**으로 작용한다.

댐을 방류하여 수위가 강하되면, 댐 상류 측 비탈면에서는 **비탈면 외부수위가 강하**되어 수두차가 생겨 비탈면 내부에 **지하수 흐름**이 발생하여 **침투력 (7.3.1 절)** 이 작용한다. 이때 **침투력**은 유선망에서 **동수경사**를 구하여 **계산 (침투발생 비탈지반 안정성, 7.3.2 절)** 하는 것이 원칙이다. 그러나 계산과정이 복잡하므로 약식으로 침투력을 계산 **(침투력 약식 계산, 7.3.3 절)** 하기도 한다.

7.3.1 침투력

비탈면 내부의 투수속도가 외부수위 강하속도나 **강우속도** 보다 작으면 비탈면 내부 지하수위가 외부 수위보다 높아져서 (그림 7.2) 지하수가 유출되고, **침투력 S** 가 작용한다 (그림 7.5).

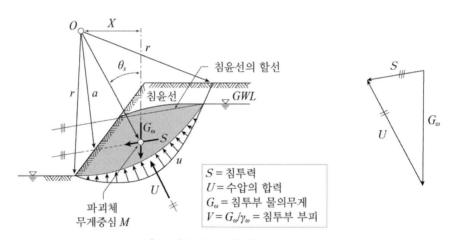

그림 7.5 침투력에 의한 활동유발 모멘트

침투력 S 는 **침투응력 f** 에 **침투체의 부피 V** 를 곱한 크기 $S = fV$ 이며, **침투응력 f** 는 물의 단위 중량 γ_w 와 동수경사 i 의 곱 $f = i\gamma_w$ 이다. 침투체 부피 V 는 침투면적 A_{uw} 로부터 구한다.

$$S = fV = i\gamma_w V = i\gamma_w A_{uw} \tag{7.1}$$

침투력 S 는 **침윤선 할선에 평행**한 방향으로 **활동면 상부의 물 무게 G_w** 와 **활동면의 수압 합력 U** 의 교차점에 작용한다 (Franke, 1974).

7.3.2 침투발생 비탈면의 안정성

침투력작용 비탈면의 안전율 η 는 **활동저항 모멘트** M_r 와 **활동유발 모멘트** M_d 의 비이다.

침투력이 작용하는 비탈면의 활동저항 모멘트 M_r 는 **절편바닥의 접선력** T (**자중** 및 **상재하중의 마찰 저항력과 지반의 점착저항력**) 의 활동저항 모멘트 Tr 와 **침투력의 활동저항 모멘트** M_{RS} 의 합이다.

$$M_r = rT + M_{RS} = rT + rT_S = r(T + T_S) \tag{7.2}$$

활동유발 모멘트 M_d 는 절편 **자중** G_i (및 **상재하중** P_{vi}) 에 의한 모멘트와 **침투력에 의한 모멘트** M_{Sd} 의 합이며,

$$M_d = r\sum_i (G_i + P_{vi})\sin\theta_i + M_{Sd} \tag{7.3}$$

침투력 S 가 **활동력으로 작용하여 활동유발 모멘트** M_{Sd} 가 발생되고(a 는 침투력 팔 길이).

$$M_{Sd} = Sa = i\gamma_w V a \tag{7.4}$$

침투력이 작용하는 비탈면의 안전율 η 는 다음이 된다.

$$\eta = \frac{\sum M_r}{\sum M_d} = \frac{r\sum T_i + M_{RS}}{r\sum (G_i + P_{vi})\sin\theta_i + \sum M_{Sd}} \tag{7.5}$$

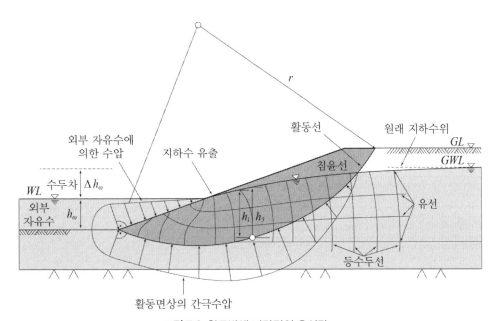

그림 7.6 침투발생 비탈면의 유선망

비탈면의 유선망에서 **등수두선**은 연직이 아니기 때문에 (등수두선이 유선에 직각으로 만나야 하기 때문에 유선이 휘어지면 등수두선도 휘어짐), 절편 바닥부터 침윤선까지의 연직거리 h_s 는 수두가 아니다 (그림 7.6 의 유선망에서 등수두선에 의한 수두는 h_l). 그러나 등수두선의 휘어짐이 크지 않기 때문에 **등수두선을 연직선으로 가정**하고 각 절편 바닥에서 침윤선까지의 연직거리를 수두로 간주해도 크게 어긋나지 않을 수 있다.

활동파괴체의 침투부분 (물덩어리) 무게 G_w 는 수중단위중량 γ_{sub} 이 아닌 포화단위중량 γ_{sat} 을 적용하여 계산한다.

$$\gamma_{sat} = \gamma_s(1-n) + n\,\gamma_w \tag{7.6}$$

7.3.3 비탈면에서 침투력의 약식계산

침투가 발생하는 비탈면의 활동파괴에 대한 안정성은 그림 7.6 과 같은 유선망을 작도하고 구한 **동수경사**로 **침투력 S 에 의한 활동유발 모멘트**를 고려하여 정확히 판정할 수 있다.

그러나 유선망을 작도하고 동수경사를 구하여 침투력을 계산하는 과정이 매우 복잡하고 시간이 걸린다. 따라서 **침투력 S 에 의한 활동유발 모멘트 Sa 와** (비탈면의 내부 지하수위와 외부 수위의 수두차 h 에 의한 정수압 W를 외력으로 간주하고 구한, 그림 7.2) **정수압 W 에 의한 활동유발 모멘트 Wh_w 가 같다 (간략계산법)** 거나, 활동 파괴체 **침투부 (물덩어리, 그림 7.5) 의 자중 G_w 에 의한 모멘트 G_wX 가 동일하다고 간주하고 근사적으로 해석 (근사 계산법)** 할 수 있다 (Franke, 1974). 이때 X 는 활동파괴체 침투부 자중 G_w 의 모멘트 팔의 길이이다 (a 는 침투력 S의 팔 길이).

1) 침투력 간략계산

침투력 S 에 의한 활동유발 모멘트 Sa 는 그림 7.2 와 같이 비탈면 내부 지하수위와 외부수위의 수두차 h 에 의해 생기는 **정수압 W 에 의한 활동유발 모멘트 Wh_w** 로 대체할 수 있다 (h_w 는 수압 W 의 모멘트 팔의 길이, 그림 7.2). 침투력에 의한 영향을 활동 파괴체의 경계면에 작용하는 **외력 (정수압 W)** 에 의한 영향으로 대체하고 계산할 수 있다.

침투력 영향은 비탈면 안전율 η (식 7.5) 의 활동유발 모멘트 항에 (침투력에 의한) 활동유발 모멘트 **증가량 $M_{Sd} = Wh_w$** 를 추가하여 **간략 계산**할 수 있는데, 계산이 **간편**하고 그 결과가 **안전 측**이다.

$$\eta = \frac{\sum M_r}{\sum M_d} = \frac{r\sum T_i}{r\sum G_i \sin\theta_i + \sum M_{Sd}} \tag{7.7}$$

$$M_{Sd} = Wh_w \tag{7.8}$$

2) 침투력 근사계산

비탈면의 활동 파괴체에 작용하는 **침투력**의 크기는 활동 파괴체에서 **침투부분의 무게**(지하수에 잠긴 부분, 그림 7.5 의 음영 부분, 물 덩어리)이며, **활동력으로 작용**한다고 가정하고 비탈면의 활동 파괴 안정성을 해석한다 (Franke, 1974).

비탈면 내에서 침투력 S 에 의하여 발생되는 모멘트 Sa 는 물 덩어리의 자중 G_w 에 의해 발생되는 모멘트와 동일하다고 간주하고 **근사적으로 해석**할 수가 있다.

그런데 이러한 개념은 침투력의 작용선이 침투부 지반의 무게중심 (M 점)을 지나고, 침투력의 작용선이 방향각이 θ_s 이면서 회전중심을 지나는 반경선 (그림 7.5 의 직선 OM)과 수직을 이루는 경우에 잘 맞는다.

그렇지만 이런 방법은 침투력에 의한 활동파괴면상 반력이 고려되어 있지 않으므로 **근사해법**에 불과하다.

비탈면의 활동 파괴체에서 침투 부분 (부피 V)에 해당하는 **물 덩어리 자중이** $G_w = V\gamma_w$ 이다. 따라서 비탈면에서 침투 부분의 **침투력 S 에 의해서 발생되는 활동유발 모멘트의 증가량** M_{Sd} 는 물 덩어리의 자중 G_w 에 의한 모멘트 $G_w X$ 와 동일하므로 다음이 된다.

$$M_{Sd} = Sa \qquad\qquad (7.9)$$
$$= V\gamma_w X = G_w X$$

여기에서 a 는 침투력 S 의 모멘트 팔 길이이다.

X 는 물덩어리 자중 G_w 의 모멘트 팔 길이이고, 활동파괴체의 일부인 침투부 토체와 동일한 크기 물 덩어리를 생각할 때, 활동 파괴체의 회전중심 (원호 중심)으로부터 물덩어리 자중 G_w 의 작용선 까지 거리를 나타낸다 (그림 7.5).

비탈면에 침투가 발생하면, **활동저항 모멘트** $M_r = rT$ (식 7.5 의 분자)는 변화하지 않지만, **활동유발 모멘트** (식 7.5 의 분모)는 **침투력에 의한 모멘트의 증가량** M_{Sd} 만큼 그 크기가 추가되기 때문에 **비탈면의 활동파괴 안전율** η 는 다음이 된다.

$$\eta = \frac{\sum M_r}{\sum M_d} \qquad\qquad (7.10)$$
$$= \frac{r\sum T_i}{r\sum G_i \sin\theta_i + \sum M_{Sd}}$$

7.4 피압상태 비탈면

비탈면의 하부 지반이 **불투수성 지층**이고, 불투수성 지층의 하부에 투수성 지층 (조립토 층) 이 분포하고 있는 경우에는, 비탈면 하부의 불투수성 지층의 아래에 존재하는 투수성 지층 내 지하수가 **피압상태**일 때 **(피압수)** 가 많다(그림 7.7).

이는 강이나 하천의 주변에서 퇴적된 모래나 자갈층의 상부에 추가로 세립토가 충적되어 형성된 충적평야에서 빈번하게 나타나는 상황이다. 이러한 경우에 비탈면 선단부근에서 지반을 굴착하거나 비탈면의 외부수위가 강하되는 경우에는 비탈면이 피압상태가 되어 불안정해질 수 있다.

특히 **피압상태 불투수층**을 굴착할 때에, 굴착저면에서 지반의 전단저항이 피압상태 지하수압을 감당하지 못하면, 갑작스런 지반융기가 발생하고, 이로 인한 영향으로 주변지반이 함께 교란되어서 대형 지반붕괴사고로 이어질 수 있다.

불투수성 지층을 통과하여 활동 파괴면이 형성될 때에 활동 파괴체에 큰 수압이 작용함으로 인해 안전율이 크게 감소될 수 있다.

일반적으로 **불투수 지층 내에서 수압은 선형적으로 변한다고 생각**한다.

지하수압은 다음 방법으로 감압시킬 수 있다.
- 감압필터 설치 : 비탈면 선단부에 **감압필터**를 설치하여 감압시킬 수 있다.
- 배수정 설치 : 비탈면 선단부에 **배수정**을 설치하고 배수하여 감압시킬 수 있다.
- 양수정 설치 : 비탈면 선단부에 **양수정**을 설치하고 양수하여 감압시킬 수 있다.

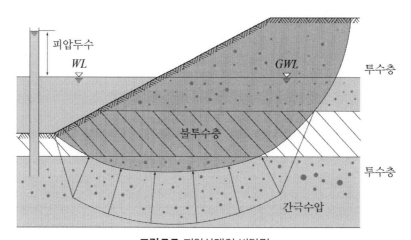

그림 7.7 피압상태의 비탈면

7.5 지하수 영향을 받는 비탈면의 안정해석 예제

예제 5.1 의 **비탈면** (지하수 영향이 없는 경우) 에 지하수가 존재할 경우 (예제 7.1) 를 가정하여 해석하고, 그 결과를 예제 5.1 의 결과와 비교하여 지하수의 영향을 확인한다.

예제 7.1 에서는 지하수를 제외한 모든 비탈면 경계조건과 해석방법을 예제 5.1 과 동일하게 적용 한다. 비탈면 선단을 지나는 **원호 활동 파괴체**에 대해 여러 가지 절편법 (Bishop 절편법, Terzaghi 절편법, Krey/Breth 절편법, Franke/Spencer 절편법) 을 적용하여 **안전율**을 계산한다.

예제 7.1 : 비탈면에 **침투가 발생하**는 경우에 대해서 침투영향을 고려하고 안정 해석한다.

예제 5.1 의 비탈면 일부가 **물에 잠겨 있는** 상황에서 비탈면에 **침투가 발생하**는 경우에 대하여 침투 영향을 고려하고 안정 해석한다. 절편과 원호 활동파괴면의 형상과 규모는 앞의 예제 5.1 의 상태를 그대로 승계한다. 예제 7.1 의 비탈면에서 지하수 상태는 표 예 7.1.1 및 그림 예 7.1.1 과 같다.

비탈면 (높이 6.0 m, 경사 $\beta = 28°$) 배후지반에서 **지하수위**는 지표아래 1.5 m 이고, 비탈면 하부로 높이의 1/3, 즉 2.0 m 가 물에 잠겨 있어서 비탈면 내에서 하부 선단방향으로 **침투가 발생**한다.

6 개 절편 중에서 앞쪽의 2 개 절편 (절편 1 및 절편 2) 은 물에 잠겨 있고, 절편 2 와 절편 3 사이 지표면에서 외부수위와 지하수위가 교차한다. 절편 6 은 지하수면의 상부에 위치하여 지하수 영향이 없고, 절편 6 의 좌측 경계 하단은 원 지하수위면 (지표아래 1.5 m) 에 접한다. 절편 1 에서는 침투를 생각하지 않는다. 따라서 침투는 4 개의 절편 (절편 2 ~ 절편 5) 에서 발생된다. 절편 2 에서 유선은 비탈면과 직각으로 교차하므로 침투방향은 절편 내 유선의 평균기울기 약 $-35.0°$ 로 가정한다.

비탈면의 외부수위는 절편 2 와 절편 3 의 지표면의 경계의 수위와 같다. **비탈면 내부 지하수위**는 절편 2 와 절편 3 의 지표면 경계에서 0.0 m, 절편 3 과 절편 4 의 지표 경계에서 1.27 m, 절편 4 와 절편 5 의 경계에서 2.08 m, 절편 5 와 절편 6 의 경계에서 2.50 m 이다. 침윤선의 경사 α_i 는 절편의 경계면 수위와 절편의 폭으로부터 계산한다 (표 예 7.1.1).

표 예 7.1.1 지하수위면 위치 (비탈면 전면 외부수위 기준)

절편	2	2	3	3	4	4	5	5	6	6
위 치	절편 경계	절편 중앙	절편 경계	절편 중앙	절편 경계	절편 중앙	절편 경계	절편 중앙	절편 경계	절편 경계
지하수위 좌표 z_{WL} [m]	2.0	2.70	3.27	3.73	4.08	4.38	4.50	4.50	4.50	4.50
절편 내 수위차 Δh_i [m]		1.27		0.81		0.42		0.0		
수위경사 $\Delta h_i/b_i$		0.3316		0.2109		0.0840		0.0		
침윤선 경사 $\theta_i = \tan^{-1}(\Delta h_i/b_i)$ [°]		18.3		11.9		4.8		0.00		

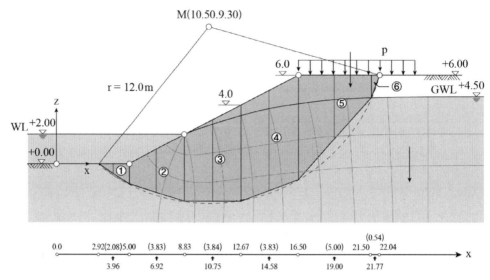

그림 예 7.1.1 침투가 발생하는 비탈면의 유선망 및 절편분할

(1) 활동파괴 형상 결정 및 절편분할

① **지반물성과 상재하중 :** 비탈지반 지반정수는 $c' = 25.0\ kN/m^2$, $\phi' = 22.5^o$, $\gamma_t = 19.0\ kN/m^3$, $\gamma' = 11.0\ kN/m^3$ 이다. **작용 상재하중**은 정점 배후에 있는 절편 ⑤ 와 절편 ⑥ 의 수평지표에 연직하향으로 $p = 20.0\ kN/m^2$ 의 크기로 작용한다.

② **절편의 형상 및 절편분할 :** 절편의 **형상**은 직사각형으로 간주하고 절편 **바닥면 중심점의** 위치 및 높이를 **지하수위면의 상부**와 **하부 (포화된 부분)** 로 구분하고 계산한다. 각 절편에서 부분의 **높이**는 표 예 7.1.2 와 같고, **면적**과 **침윤선 경사** 및 **침투력**은 표 예 7.1.3 과 같다.

표 예 7.1.2 절편의 형상과 높이 및 면적

절편번호	절편 저면 좌측경계		절편 저면 우측경계		폭	절편 중심선 바닥		지표	높이	바닥면 경사 $\theta = \operatorname{atan}\left(\dfrac{z_{ur} - z_{ul}}{b}\right) = \operatorname{atan}\dfrac{\Delta z_u}{b}$						침윤선 z 좌표	절편높이 침윤선 하부 높이	침윤선 상부 높이	절편 전체 높이
	x_{ul}	z_{ul}	x_{ur}	z_{ur}	b	x_{um}	z_{um}	z_{om}	Δz_m	Δz_u	$\Delta z_u/b$	θ	$\sin\theta$	$\cos\theta$	z_{WL}	h_{uw}	h_{ow}	h_i
	$[m]$	$[m]$	$[m]$	$[m]$	$[m]$	$[m]$	$[m]$	$[m]$	$[m]$	$[m]$		$[^o]$			$[m]$	$[m]$	$[m]$	$[m]$
	①	②	③	④	⑤	⑥	⑦	⑧	⑨	⑩	⑪	⑫	⑬	⑭	⑮	⑯	⑰	⑱
					③-①	(①+③)/2	(②+④)/2		⑧-⑦	④-②	⑩/⑤	atan⑪	sin⑫	cos⑫	표7.1.1	⑮-⑦	⑧-⑮	⑯+⑰
1	2.92	0.00	5.00	-1.37	2.08	3.96	-0.69	0.00	0.69	-1.37	-0.659	-33.38	-0.550	0.835	0.69	0.69	0.00	0.69
2	5.00	-1.37	8.83	-2.58	3.83	6.92	-1.98	1.00	2.98	-1.21	-0.316	-17.54	-0.301	0.954	1.00	2.98	0.00	2.98
3	8.83	-2.58	12.67	-2.50	3.84	10.75	-2.54	3.00	5.54	0.08	0.021	1.20	0.021	1.000	2.70	5.24	0.30	5.54
4	12.67	-2.50	16.50	-1.09	3.83	14.59	-1.80	5.00	6.80	1.41	0.368	20.20	0.345	0.938	3.73	5.53	1.27	6.80
5	16.50	-1.09	21.50	4.50	5.00	19.00	1.71	6.00	4.29	5.59	1.118	48.19	0.745	0.667	4.38	2.67	1.62	4.29
6	21.50	4.50	22.04	6.00	0.54	21.77	5.25	6.00	0.75	1.50	2.778	70.20	0.941	0.339	4.50	0.00	0.75	0.75

(2) 절편법 적용

① **침투력의 계산** : **침투력** S 는 침투부 부피 $V = A_{uw} \times 1.0 = A_{uw}$ 에 **물 단위중량** γ_w 와 **동수경사** i 를 곱한 크기이며, **수평분력** S_x **와 연직분력** S_z 는 침윤선 수평경사 α_S 로부터 계산한다.

$$S_x = S\cos\alpha_s = |\gamma_w A_{uw} i|\cos\alpha_S = \gamma_w A_{uw}|\sin\alpha_S|\cos\alpha_S$$
$$S_z = S\sin\alpha_s = |\gamma_w A_{uw} i|\sin\alpha_S = \gamma_w A_{uw}|\sin\alpha_S|\sin\alpha_S \tag{7.1}$$

수중 절편 2 는 침투되지 않아서 침투경사는 유선 평균 수평경사 (그림 예 7.1.1 의 유선망에서 약 $-40°$) 이다. **유선**은 수중 비탈표면과 직각 교차하므로 절편 2 의 비탈표면과 '음' 경사로 교차된다.

침투력의 팔 길이 r_x 는 원호 중심 (x_M, z_M) 에서 절편 바닥의 중심점 x_{um} 까지 x 방향거리이고, **팔길이** r_z 는 (침투력이 침윤선 하부 절편 침투부의 중간점에 작용한다고 가정하면) 원호중심에서의 절편 침투부 중간점 $r_z = |z_{um}| - h_{uw}/2$ 까지 z 방향거리가 된다 (그림 7.5).

$$r_z = |z_M| - |z_{um}| - h_{uw}/2$$
$$r_x = x_{um} - x_M$$

지하수위 상하부 단위중량을 적용한 **절편 자중** 및 **침투력**은 표 예 7.1.3 과 같다.

표 예 7.1.3 절편자중과 침윤선 및 침투력

절편 번호	절편면적 [m²]			침윤선 경사 α_s [°]					모멘트 팔의 길이 [m]			침투력 S [kN/m]		
	수면 하부 면적 A_{uw}	수면 상부 면적 A_{ow}	절편 전체 면적 A	수위 차 $\triangle h$	$\dfrac{\triangle h}{b}$	$\text{atan}\dfrac{\triangle h}{b}$	$\sin\alpha_s$	$\cos\alpha_s$	$\lvert z_M\rvert - \lvert z_{um}\rvert$	r_z $\lvert z_M - z_{um}\rvert$ $- h_{uw}/2$	r_x $\lvert x_{um}\rvert$ $- \lvert x_M\rvert$	$\gamma_w A_{uw}$ $\lvert\sin\alpha_s\rvert$	수평 S_x $\gamma_w A_{uw}$ $\lvert\sin\alpha_s\rvert$ $\cos\alpha_s$	연직 S_z $\gamma_w A_{uw}$ $\lvert\sin\alpha_s\rvert$ $\sin\alpha_s$
	⑲	⑳	㉑	㉒	㉓	㉔	㉕	㉖	㉗	㉘	㉙	㉚	㉛	㉜
	⑤×⑯	⑤×⑰	⑲+⑳	표7.1.1	㉒/⑤	atan㉓	sin㉔	cos㉔	9.3-⑦	㉗-⑯/2	⑥-10.5	$\gamma_w A_{uw}$|㉕|	㉚×㉖	㉚×㉕
1	1.44	0.00	1.44	0.00	0.000	0.00	0.000	1.000	9.99	9.65	-6.54	0.00	0.00	0.00
2	11.41	0.00	11.41	0.00	0.000	-35.00*	-0.574	0.819	11.28	9.79	-3.58	65.49	53.64	-37.59
3	20.12	1.15	21.27	1.27	0.331	18.31	0.314	0.949	11.84	9.22	0.25	63.18	59.96	19.84
4	21.18	4.86	26.04	0.81	0.211	11.91	0.206	0.978	11.10	8.34	4.09	43.63	42.67	8.99
5	13.35	8.10	21.45	0.42	0.084	4.80	0.084	0.996	7.59	6.26	8.50	11.21	11.17	0.94
6	0.00#	0.41	0.41	0.00	0.000	0.00	0.000	1.000	4.05	4.05	11.27	0.00	0.00	0.00

* 예제 처음 내용에서 설명   # 절편6은 지하수면 상부에 위치

② **활동유발 모멘트 및 활동저항 모멘트 계산**

침투력 S 에 의해 활동유발 모멘트가 증가되고, **연직분력** S_{zi} 에 의해 활동저항 모멘트도 발생된다. **침투력** S 에 의한 모멘트 M_{Sd} 는 활동유발 모멘트에 추가되어,

$$M_{Sd} = \sum_i (S_{xi} r_{zi} + S_{zi} r_{xi})$$

전체 활동모멘트 M_d 는 **작용하중** (절편자중 G_i 과 상재하중 P_{vi}) 에 의한 모멘트와 **침투력**에 의한 모멘트 M_{Sd} 를 합한 값이며, 정리하면 표 예 7.1.4 와 같다.

$$M_d = r\sum_i (G_i + P_{vi})\sin\theta_i + M_{Sd} \tag{7.3}$$

표 예 7.1.4 절편자중과 상재하중 및 침투력에 의한 활동모멘트

절편 번호	절편자중 G $[kN/m]$			상재하중 $[kN/m]$		작용하중	활동 모멘트 M_d $[kNm/m]$						
	수면하부 절편자중 G_u	수면상부 절편자중 G_o	전체 절편자중 G	재하 하중 p_d	하중 합력 P_v	$G+P_v$ $[kN/m]$	작용하중에 의한 $(G+P_v)r\sin\theta$		침투력에 의한 $M_{Sd}=S_xr_z+S_zr_x$			전체활동 모멘트 GP_v+M_{Sd}
							$r\sin\theta$	㊴$r\sin\theta$	S_xr_z	S_zr_x	$S_xr_z+S_zr_x$	
	㉝	㉞	㉟	㊱	㊲	㊳	㊴	㊵	㊶	㊷	㊸	㊹
	⑲×γ_a	⑳×γ_t	㉝+㉞	그림7.1.1	⑤×㊱	㉟+㊲	12.0×⑬	㊳×㊴	㉛×㉘	㉜×㉙	㊶+㊷	㊵+㊸
1	15.84	0.00	15.84	0.00	0.00	15.84	−6.60	−104.54	0.00	0.00	0.00	−104.54
2	125.51	0.00	125.51	0.00	0.00	125.51	−3.61	−453.09	525.14	134.57	659.71	206.62
3	221.32	21.85	243.17	0.00	0.00	243.17	0.25	60.79	552.83	4.96	557.79	618.58
4	232.98	92.34	325.32	0.00	0.00	325.32	4.14	1346.82	355.87	36.77	392.64	1739.46
5	146.85	153.90	300.75	20.00	100.00	400.75	8.94	3582.71	69.92	7.99	77.91	3660.62
6	0.00	7.79	7.79	20.00	10.80	18.59	11.29	209.88	0.00	0.00	0.00	209.88
								∑ 4642.57			∑ 1688.05	∑ 6330.62

침투력 연직분력 S_{zi} **에 의해 마찰저항모멘트** M_{RS} 가 발생된다 (침투력 수평분력 S_{xi} 는 Bishop 의 방법에서 고려하지 않음).

$$M_{RS} = rT_S = r\sum_i \frac{S_{zi}\tan\phi}{\cos\theta_i + \tan\phi\sin\theta_i} \tag{7.2}$$

전체 활동저항 모멘트 M_r 은 **절편 바닥면 접선력** T (**자중** 및 **상재하중**에 의한 마찰 저항력과 **지반 점착저항력**) 에 의한 **활동저항 모멘트** Tr 와 **침투력**에 의한 활동저항 모멘트 M_{RS} 의 합이다.

$$M_r = rT + M_{RS} = rT + rT_S = r(T + T_S) \tag{7.2}$$

절편 바닥면의 접선력 T 는 절편법 종류에 따라 다음이 된다.

Bishop 절편법   ; $T = \dfrac{(G+P)\tan\phi + cb}{(1/\eta)\sin\theta\tan\phi + \cos\theta}$ (5.15b)

Terzaghi 절편법   ; $T = (G+P)\cos\theta\tan\phi + \dfrac{cb}{\cos\theta}$ (5.1b)

Krey/Breth 절편법   ; $T = \dfrac{(G+P)\tan\phi + cb}{\sin\theta\tan\phi + \cos\theta}$ (5.13b)

Franke/Spencer 절편법 ; $T = \dfrac{(G+P)\tan\phi\cos\delta/\cos(\theta-\delta) + cb/\cos\theta}{(1/\eta)\tan(\theta-\delta)\tan\phi + 1}$ (5.2b)

절편 바닥면의 활동저항력 T는 위 식으로 계산하면, 표 예 7.1.5 및 표 예 7.1.6과 같다.

표 예 7.1.5 활동면 활동저항력

절편 번호	침투력의 저항력				Bishop								Krey/Breth	
	침투력의 저항력 $T_S = \frac{S_z \tan\phi}{\sin\theta \tan\phi + \cos\theta}$				자중과 외력 및 지반강도의 저항력 $T_{GPS} = \frac{(G+P_v)\tan\phi + cb}{(1/\eta)\tan\phi \sin\theta + \cos\theta}$							전체저항력 $T_T = T_{GPS} + T_S$	$T_{GPS} = \frac{(G+P_v)\tan\phi + cb}{\sin\theta \tan\phi + \cos\theta}$	전체저항력 $T_T = T_{GPS} + T_S$
	분자 $S_z \tan\phi$	분모 $\tan\phi \sin\theta + \cos\theta$		T_S	분자 $(G+P_v)\tan\phi + cb$			분모 $(1/\eta)\tan\phi \sin\theta + \cos\theta$			T_{GPS}	$T_T = T_{GPS} + T_S$	T_{GPS}	T_T
	㊺	㊻	㊼	㊽	㊾	㊿	(51)	(52)	(53)	(54)	(55)	(56)	(57)	(58)
	㉜$\tan\phi$	⑬$\tan\phi$	㊻+⑭	㊺/㊼	㊳$\tan\phi$	$cb = c \times$⑤	㊾+㊿	$\frac{\tan\phi}{\eta}$	(52)×⑬	(53)+⑭	(51)/(54)	(55)+㊽	(51)/㊼	(57)+㊽
1	0.00	−0.228	0.607	0.00	6.56	52.00	58.56	0.207	−0.114	0.721	81.22	81.22	96.47	96.47
2	−15.56	−0.125	0.829	−18.77	51.96	95.75	147.71	0.207	−0.062	0.892	165.59	146.82	178.18	159.41
3	8.21	0.009	1.009	8.14	100.67	96.00	196.67	0.207	0.004	1.004	195.89	204.03	194.92	203.06
4	3.72	0.143	1.081	3.44	134.68	95.75	230.68	0.207	0.071	1.009	228.37	231.81	213.16	216.60
5	0.39	0.308	0.975	0.40	165.91	125.00	290.91	0.207	0.154	0.821	354.34	354.74	298.37	298.77
6	0.00	0.390	0.729	0.00	7.70	13.50	21.20	0.207	0.195	0.534	39.70	39.70	29.08	29.08
Σ				−6.79							1065.11	1058.32	1010.18	003.39

표 예 7.1.6 활동면 활동저항력

절편 번호	Terzaghi				Franke/Spencer									
	$T_{GPS} = (G+P_v)\tan\phi \cos\theta + \frac{cb}{\cos\theta}$				$T_{GPS} = \frac{(G+P)\tan\phi \cos\delta / \cos(\theta-\delta) + cb/\cos\theta}{(1/\eta)\tan(\theta-\delta)\tan\phi + 1}$									
					$(G+P)\tan\phi \frac{\cos\delta}{\cos(\theta-\delta)} + \frac{cb}{\cos\theta}$, $\cos\delta = 0.949$					$\frac{\tan\phi}{\eta}\tan(\theta-\delta) + 1$				
	㊾$\cos\theta$	$\frac{cb}{\cos\theta}$	T_{GPS}	$T_{GPS} + T_S$	$\theta - \delta$	$\cos(\theta-\delta)$	$\frac{\cos\delta}{\cos(\theta-\delta)}$	㊾$\times \frac{\cos\delta}{\cos(\theta-\delta)}$	분자	$\tan(\theta-\delta)$	$\frac{\tan\phi}{\eta} \times$(68)	분모	T_{GPS}	$T_{GPS} + T_S$
	(59)	(60)	(61)	(62)	(63)	(64)	(65)	(66)	(67)	(68)	(69)	(70)	(71)	(72)
	㊾×⑭	㊿/⑭	(59)+(60)	(61)+㊽	⑫-δ	cos(63)	$(\cos\delta)$/(64)	㊾×(65)	(66)+(60)	tan(63)	(52)×(68)	(69)+1	(67)/(70)	(71)+㊽
1	5.48	62.28	67.76	67.76	−51.74	0.619	1.533	10.06	72.34	−1.268	−0.262	0.738	98.02	98.02
2	49.57	100.37	149.94	131.17	−35.90	0.810	1.172	60.90	161.27	−0.724	−0.150	0.850	189.73	170.96
3	100.67	96.00	196.67	204.81	−17.16	0.955	0.994	100.07	196.07	−0.309	−0.064	0.936	209.48	217.62
4	126.33	102.08	228.41	231.85	1.84	0.999	0.950	127.95	230.03	0.032	0.007	1.007	228.43	231.87
5	110.66	187.41	298.07	298.47	29.83	0.868	1.093	181.34	368.75	0.573	0.119	1.119	329.54	329.94
6	2.08	39.82	42.43	42.43	51.84	0.618	1.536	11.83	51.65	1.273	0.264	1.264	40.86	40.86
Σ			983.28	976.49									1096.06	1089.27

한 가지 원호 활동면에 6가지 **절편법** (Bishop, Krey, Breth, Terzaghi, Franke, Spencer)을 적용하여 **지하수 영향이 있는 경우** (예제 7.1)와 없는 경우 (예제 5.1)에 대해 활동파괴면의 활동저항력을 정리하면 표 예 7.1.7과 같다.

표 예 7.1.7 절편법 방법별 활동면 활동저항력

절편 번호	침투력 T_S ㊽ ㊾/㊼	Bishop T_{GPS} ㊼ ㊿/㊼	$T_{GPS}+T_S$ ㊻ ㊿+㊽	Krey/Breth T_{GPS} ㊼ ㊿/㊼	$T_{GPS}+T_S$ ㊽ ㊼+㊽	Terzaghi T_{GPS} ㊶ ㊾+㊿	$T_{GPS}+T_S$ ㊷ ㊶+㊽	Franke/Spencer T_{GPS} ㊹ ㊷/㊺	$T_{GPS}+T_S$ ㊻ ㊹+㊽
1	0.00	81.22	81.22	96.47	96.47	67.76	67.76	98.02	98.02
2	-18.77	165.59	146.82	178.18	159.41	149.94	131.17	189.73	170.96
3	8.14	195.89	204.03	194.92	203.06	196.67	204.81	209.48	217.62
4	3.44	228.37	231.77	213.16	216.60	228.41	231.85	228.43	231.87
5	0.40	354.34	354.74	298.37	298.77	298.07	298.47	329.54	329.94
6	0.00	39.70	39.70	29.08	29.08	42.43	42.43	40.86	40.86
Σ	-6.79	1065.11	1058.32	1010.18	1003.39	983.28	976.49	1096.06	1089.27

3) 비탈면의 안전율

비탈면 안전율은 Bishop, Krey, Breth, Terzaghi, Franke, Spencer 의 절편법과 지하수 영향에 따라 다르며, 침투력을 고려하면 안전율이 감소되는데, 침투력 영향은 크지 않았다 (표 예 7.1.8).

Bishop ;　　침투력 미고려 ; $\eta = \dfrac{M_r}{M_d} = \dfrac{r\,T_{GPS}}{M_d} = \dfrac{(12.0)(1065.11)}{6390.62} = 2.000$

　　　　　　침투력　고려 ; $\eta = \dfrac{M_r}{M_d} = \dfrac{r\,T_T}{M_d} = \dfrac{r(T_{GPS}+T_S)}{M_d} = \dfrac{(12.0)(1058.32)}{6390.62} = 1.987$

Krey/Breth ;　침투력 미고려 ; $\eta = \dfrac{M_r}{M_d} = \dfrac{r\,T_{GPS}}{M_d} = \dfrac{(12.0)(1010.18)}{6390.62} = 1.897$

　　　　　　침투력　고려 ; $\eta = \dfrac{M_r}{M_d} = \dfrac{r\,T_T}{M_d} = \dfrac{r(T_{GPS}+T_S)}{M_d} = \dfrac{(12.0)(1003.39)}{6390.62} = 1.884$

Terzaghi ;　　침투력 미고려 ; $\eta = \dfrac{M_r}{M_d} = \dfrac{r\,T_{GPS}}{M_d} = \dfrac{(12.0)(983.4923)}{6390.62} = 1.846$

　　　　　　침투력　고려 ; $\eta = \dfrac{M_r}{M_d} = \dfrac{r\,T_T}{M_d} = \dfrac{r(T_{GPS}+T_S)}{M_d} = \dfrac{(12.0)(976.49)}{6390.62} = 1.834$

Franke/Spencer ; 침투력 미고려 ; $\eta = \dfrac{M_r}{M_d} = \dfrac{r\,T_{GPS}}{M_d} = \dfrac{(12.0)(1096.06)}{6390.62} = 2.058$

　　　　　침투력　고려 ; $\eta = \dfrac{M_r}{M_d} = \dfrac{r\,T_T}{M_d} = \dfrac{r(T_{GPS}+T_S)}{M_d} = \dfrac{(12.0)(1089.27)}{6390.62} = 2.045$

표 예 7.1.8 절편법 방법별 안전율

절편법		Bishop	Krey/Breth	Terzaghi	Franke/Spencer
지하수 영향이 없는 경우 (예제 5.1)		2.64	2.55	2.20	2.71
지하수 영향 있음 (예제 7.1)	침투력 미고려	2.00	1.90	1.85	2.06
	침투력 고려	1.99	1.88	1.83	2.05

제 8 장 비탈지반의 동적거동

8.1 개 요

지진 등에 의해 동하중이 작용하면, **비탈지반**은 (과도한 크기로) **안정성이 저하**되거나, (지반변형이 과도하여) **형상이 변화**되거나, (지반강도가 감소되어) **활동파괴**되거나, (전단강도가 소멸, 즉 액상화되어) **지반이 유동**한다. 이와 같은 일들이 발생되면 비탈지반은 물론 주 구조물의 **안정성과 기능성이 손상**될 수 있다.

따라서 비탈지반은 (내진설계 요구조건을 충족할 수 있도록) **동하중에 대한 안정을 해석**하여 **동하중**이 비탈지반은 물론 **주 구조물의 안정성과 기능**에 미치는 영향을 파악하고, 불안정한 경우에는 보강 (개량) 한다.

동하중 (지진) 에 대한 비탈지반의 안정성을 분석하기 위해서는 **동적 지반조사**를 수행하여 동하중의 규모 및 동하중에 의한 지반의 역학적 특성의 변화를 규명하고, 동하중에 취약한 지반의 존재 및 거동특성을 확인하며, 동하중에 의해 발생하는 비탈지반의 영구변형을 산정하여 평가한다.

또한, **지반의 액상화 가능성을 판별** (액상화 지반과 비액상화 지반을 구별) 하고, 액상화 지반이면 **액상화 발생을 예측**하고, 비액상화 지반이면 동하중에 의한 **활동파괴 안정성을 해석**한다. 지반이 액상화되면 (액상화 지반) 대책을 마련하여 재설계하고, 액상화되지 않으면 (**비액상화 지반** 또는 액상화가 발생되지 않은 액상화 지반) 이면 지반의 **활동파괴 안정성**을 검토한다.

비탈지반이 지진에 의해 심하게 손상되지 않은 경우에도 **지진 후 지반특성의 약화**를 고려하고 **비탈지반의 활동파괴 안정성을 검토**하여 비탈지반의 안정성 저하에 대한 대책 적용 여부를 판정한다.

비탈지반은 (수평압력이 비탈지반의 정점에서 선단으로 횡단방향으로 작용할 때 가장 불안정하므로) **지진파**가 비탈지반의 횡단방향으로 전파된다고 가정하고 안정성을 해석한다.

동하중에 대한 비탈지반의 안정성은 **절차**에 맞추어 **분석**한다.

즉, 동하중에 대해 '**지반의 동적거동 파악 – 동적 지반조사 – 액상화 가능지반 판별 – 액상화 지반의 액상화 발생 검토 – 비액상화 지반의 활동파괴 안정성 검토 – (액상화 / 활동파괴 안 된) 비탈지반의 안정성 저하**' 등을 검토한다.

지반의 동적거동 (8.2 절) 은 일반 **물체의 진동거동**을 참조하여 추정한다. 동하중이 작용하면, 비탈지반은 경사가 증가한 것과 같은 효과를 보인다.

동적 지반조사 (8.3 절) 를 수행해서 **진동 취약지반**의 존재를 파악하고, 지반의 **동적거동특성**과 **동적 물성치** 및 대상부지 지반의 **지진 응답 특성**을 평가하고, 지반 (및 구조물) 의 **액상화 저항성 및 활동파괴 저항성**을 예측하고 안정성 평가에 필요한 정보를 획득하며, 지반의 동적거동 특성을 평가한다.

비탈지반의 액상화 가능성을 판별 (8.4 절) 한다. 즉, **지반이 동하중에 의해 액상화 될 수 있는 (액상화) 지반**인지 아니면 **액상화 가능성이 없는 (비액상화) 지반**인지를 **지반의 액상화분석 흐름도**에 맞추어 판별한다. 액상화 지반조건은 **공학적 지반분류**나 **입도분포곡선** 또는 **전단파 속도**를 기준으로 판단한다.

액상화 지반은 **약한 지진**이면 (액상화 되거나 전단파괴가 발생되지는 않지만) **강도가 감소**되어서 그 안정성이 저하되고, **강한 지진**이 발생하면 **액상화**되거나 크게 **변형**된다. 반면 **비액상화 지반**은 **약한 지진**이 발생하면 (전단파괴 되지 않지만) **강도가 감소**되어 **안정성 저하**되고, **강한 지진**이 발생하면 **활동 파괴**되거나 크게 변형된다.

비탈지반이 **액상화 지반**이면 **액상화 발생 여부를 예측**하고, 지반이 액상화되면 재설계한다. 또한 **비탈지반**에 대해 간편 (또는 상세) 액상화 해석을 수행하여 **동하중에 의한 액상화 발생** (8.5 절) 을 **예측**한다. 해석 결과 지반이 액상화되는 경우에는 대책을 마련하여 재설계하고, 액상화되지 않는 경우에는 동하중에 의한 활동파괴 **안정성**을 **해석**한다.

비탈지반이 **동하중에 의해 액상화되지 않으면** (비액상화 지반 또는 액상화되지 않은 액상화 지반) 동하중에 의한 **비탈지반의 활동파괴 안정성을 해석** (8.6 절) 한다. 즉, **상세 동적해석**이나 **간편 동적해석** (유사 정적 해석 방법, Newmark 법) 을 수행하고 **활동파괴 안전율**이 **기준 값 이하** ($\eta \leq 1.1$) 이면 **변위해석을 수행**하며, **변위가 허용변위를 초과하면 대책을 수립**하고, 안전율이 **기준 값을 초과하면 종료**한다.

지진 후 활동파괴되지 않고 약화된 비탈지반 (**비액상화 지반** 및 액상화 안 된 액상화 지반) 은 변화된 지반 물성을 적용하고 **지진에 의해 약화된 비탈지반의 활동파괴 안정성** (8.7 절) 을 해석하며, 이때 지진 후 **전단강도 감소**를 고려하여 해석한다.

8.2 지반의 동적거동

　지진이나 발파에 의해 동하중이 작용하면 지반에 **파동** (전단파와 압력파 및 기타 파동 등)이 발생되어 진원에서 주변지반으로 전파된다 (그림 8.1). 동하중으로 인하여 **지반이 진동**하면, 지반의 구조골격이 교란되며, 동하중의 크기가 한계 값을 초과하면 지반이 **전단파괴** 된다.

　동하중에 의한 **압력파**가 지반에 전달되면 지반 내에 과잉간극수압이 발생되어서 유효응력이 감소되고, 이로 인해 지지력이 감소되거나 지반이 침하된다. 지반에 **전단파**가 전달되면 지반이 전단변형되고, 전단변형 (또는 전단응력)이 전단파괴변형 (또는 전단강도) 보다 더 커지면 지반이 전단파괴되어 (전단 파괴면을 경계로) 서로 어긋나거나 틈이 벌어지거나 융기하거나 함몰된다.

　동하중의 영향 (8.2.1 절)을 받아 지반이 진동하면, 이때 발생된 전단파나 압력파에 의해 지반의 전단응력이 증가되거나 전단강도가 감소되고, 심할 경우에는 전단파괴된다. 동하중에 의한 지반의 진동거동은 일반 **물체의 진동거동** (8.2.2 절)으로부터 추정한다. 진동하는 물체에는 **관성력**이 작용하고 **진동강도는 진도**로 표시한다. **지진 시 비탈지반의 거동** (8.2.3 절)은 지진에 의해 비탈지반의 경사가 커진다고 간주하고 **정적**으로 **해석**할 수 있다.

8.2.1 지반에서 동하중의 영향

　동하중에 의해 지반에 전단파와 압력파 및 기타 파동이 발생되면 전단응력이 증가되거나 전단강도가 감소되거나 액상화된다. 반무한 체에서 지반파동 종류와 전파 형태는 그림 8.1 과 같다.

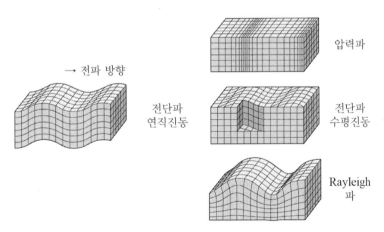

그림 8.1 반무한체 내 파동의 종류 및 전파형상(Klein, 1990)

지진이 발생하면 맨 먼저 속도가 빠른 **압력파** (P 파) 가 도달되어 지반강도가 감소되고, 이어서 속도가 느린 **전단파** (S 파) 가 도달되어 지반 내 전단응력이 증가된다.

1) 전단응력의 증가

동하중에 의한 **전단파** (S 파, Secondary Wave) 는 **전단응력을 증가**시키고 **변형을 발생**시킨다.

2) 지반강도의 감소 및 액상화

동하중에 의해 **지반강도**는 **최대강도** (peak strength) 에서 **잔류강도** (residual strength) 로 감소된다.

압력파 (P 파, Primary Wave) 는 전파속도가 빠르고, 그로 인해 과잉 간극수압이 발생되어 (유효응력이 감소되어서) 전단강도가 감소되거나 소실된다. 상대밀도가 중간이하인 비배수 상태의 포화 미세 모래는 전단강도가 소실되어서 액상화 (liquefaction) 되기도 한다. 비탈지반은 부분적으로만 액상화되어도 (발생 위치에 따라) 그 안정성이 치명적으로 저하될 수 있다.

흙 지반의 액상화는 지반의 특성 및 층상조건, 현장조건, 지반 운동의 시간이력 (time history) 등에 따라 다르게 일어난다. **흙 지반의 액상화 조건**은 상대밀도가 중간 이하인 비배수 상태의 포화 미세 모래가 입자가 **둥글고**, **실트 입자**를 약간 포함하며, **유효입경이** $D_{10} < 0.1 mm$ 이고, **균등계수가** $C_u < 5$ 이며, **간극률이** $n \geq 0.44$ 이고, **간극비가 한계 간극비** e_{cr} 보다 크면 충족된다.

8.2.2 물체의 진동거동

동하중이 작용하여 진동하는 물체에서 **관성력**은 항상 변위의 반대방향으로 작용한다.

지진 시 관성력, 즉 **지진력** (또는 **지진하중**) 은 물체가 무겁고 진동강도가 클수록 크며, 그 크기는 자중에 진도를 곱한 크기이다. 지진이 발생하면 **자중 작용방향**이 **지진력 합력 (합진도) 의 경사각** 만큼 위험 방향으로 기울어지기 때문에 지진발생은 **비탈지반의 경사가 합진도 경사각 만큼 증가된 효과**를 나타내어 **비탈지반이 불안정**해 진다.

1) 진동의 강도 (진도 ; 지진계수, seismic coefficient)

동하중에 의해 진동하는 물체에서 **진동의 강도**는 **진도 k** (또는 **지진계수**) 로 나타낸다. **진도 k** 는 지진 시 지반진동에 의한 최대 가속도 a 와 중력 가속도 g 의 비 (즉, a/g) 로 정의한다.

따라서 **수평진도 k_h** (수평지진계수, 수평방향 최대가속도 a_h 와 중력가속도 g 의 비, 즉 a_h/g) 와 **연직진도 k_v** (연직 지진계수, 연직방향 최대 가속도 a_v 와 중력 가속도 g 의 비 즉, a_v/g) 는 다음이 된다. 대체로 **수평진도 k_h** 가 **연직진도 k_v** 보다 더 크다.

$$k_h = a_h/g \tag{8.1a}$$
$$k_v = a_v/g \tag{8.1b}$$

2) 진동에 의한 관성력 (지진력 ; 지진하중)

동하중에 의하여 물체가 **진동**할 때 **관성력 (지진력, 지진하중)** 은 **변위의 반대방향**으로 작용하고, 그 크기는 자중 G 에 진도 k 를 곱한 값 (즉, Gk) 이다.

수평면에 위치한 물체 (무게 G) 가 동하중에 의해 변위를 일으키면 물체에는 **관성력 Gk** 가 변위 반대방향으로 작용한다. 관성력을 분력하면, 그 분력의 크기는 **좌측 방향**으로는 Gk_h 가 되고, **위쪽 방향**으로는 Gk_v 가 된다 (그림 8.2).

동하중이 작용하면, 물체에는 수평 관성력 Gk_h 이 좌측 방향으로 작용하고 (좌향 수평력), 연직력 Gk_v 이 위쪽 방향으로 작용한다 (상향 연직력). 따라서 연직력은 물체의 자중 G 에서 상향 관성력 Gk_v를 뺀 크기가 $G - Gk_v$ 이다.

관성력을 고려한 합력 R 은 다음이 되고,

$$R = G\sqrt{k_h^2 + (1 - k_v)^2} \qquad (8.2)$$

연직에 대해 β 만큼 기울어서 작용한다.

$$\tan\beta = \frac{Gk_h}{G - Gk_v} = \frac{k_h}{1 - k_v} \quad (8.3)$$

따라서 **합력의 기울기**는 $\tan\beta$ 이고, 이를 **합진도** (resultant seismic coefficient) 라고 한다.

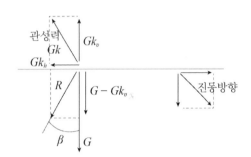

그림 8.2 물체에 작용하는 지진력

수평진도 $k_h < 0.3$ 이고, **연직진도가** $k_v < 0.1$ 이면, 합력 R 이 자중 G와 거의 같다.

수평진도 $k_h = 0.3$ 이고, **연직진도가** $k_v = 0.1$ 이면, $\tan\beta = \dfrac{k_h}{1 - k_v} = \dfrac{0.3}{1 - 0.1} = 0.33$

(합력 R 의 경사각은 $\beta \fallingdotseq 18°26'$)

수평진도 $k_h > 0.3$ 이고, **연직진도가** $k_v > 0.1$ 이면, **강진**이라고 한다.

지진 시에 **관성력을 고려한 합력** R 은 연직에 대해 순간적으로 β (지진 시 중력방향) 만큼 불리한 방향으로 기울어진다.

따라서 지진이 발생하면 비탈지반이 위험한 방향으로 β 만큼 기울어지는 효과가 발생한다. 즉, 비탈지반의 경사가 지진의 영향으로 인해 β 만큼 더 증가되는 (즉, 비탈지반의 경사가 더 가파르게 되는) 효과가 발생된다.

8.2.3 지진 시 비탈지반의 거동

지진에 대한 비탈지반의 거동은 지진에 의해 유발되는 **지반 운동**(지반의 관성력과 동하중의 시간이력), 지반의 **비선형 응력 – 변형률 특성, 전단강도 감소,** 비탈지반 **동적응답해석** 등을 고려하고, **유한요소 해석법** 이나 **유한차분 해석법**으로 **동적 수치해석**을 수행하여 검토한다. 이때에 입력하중은 기반암의 가속도–시간이력을 이용하여 결정한다.

지진으로 인해 **비탈지반**에 **동하중**이 작용하면 자중 G 는 (연직에 대한) **관성력을 고려한 합력** R 의 경사각 β 만큼 위험방향으로 기울어지게 작용한다. 따라서 비탈지반 내 임의 절편 i 의 자중 G_i 는 지진 시에 (그림 8.3a 와 같이) 연직에 대해 β (지진 시 중력의 방향) 만큼 위험방향으로 기울어서 작용하므로, 비탈지반의 경사가 β 만큼 커진 것과 같은 상황이다 (그림 8.3c). 따라서 지진 시에 비탈지반의 경사가 β 만큼 더 커진다고 생각하고 정적해석할 수 있다.

활동면에 작용하는 **수직력**(활동 저항력)은 **지진 시에는 수직력** N_{ie} 가 되어 평상 시 수직력 N_i 보다 작아지고 ($N_{ie} < N_i$), **전단력**(활동유발력)은 **지진 시에는 전단력** T_{ie} 이 되어서 평상 시 전단력 T_i 보다 커진다 ($T_{ie} > T_i$).

원호 활동파괴에 대한 **평상 시 비탈지반의 안전율** η 는 다음 식이 되고,

$$\eta = \frac{c \sum l_i + \tan\phi \sum N_i}{\sum T_i} \tag{8.4}$$

지진 시 비탈지반의 안전율 η_e 는 위 식에서 수직력 N_i 와 전단력 T_i 를 지진 시의 값 N_{ie} 와 T_{ie} 로 대체하면 (위 식의 분모가 커지고 분자가 작아져서) **평상 시 안전율** η 보다 **작아진다** ($\eta_e < \eta$).

$$\eta_e = \frac{c \sum l_i + \tan\phi \sum N_{ie}}{\sum T_{ie}} \tag{8.5}$$

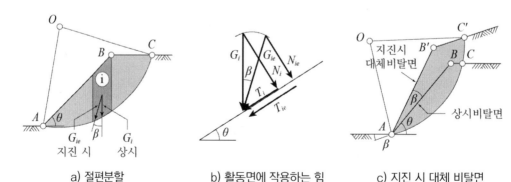

a) 절편분할   b) 활동면에 작용하는 힘   c) 지진 시 대체 비탈면

그림 8.3 지진 시 비탈면의 안정검토

8.3 비탈지반에 대한 동적 지반조사

비탈지반은 내진 등급이 규정되어 있지 않고, 주 구조물 (도로, 철도, 교량, 건축물, 고속철도, 공항, 항만, 댐, 터널 등) 의 안전과 기능에 영향을 미칠 경우에만 주 구조물의 내진등급을 따르도록 규정되어 있다. 즉, 내진 1 등급인 주 구조물의 안전과 기능에 영향을 미치는 비탈지반에는 내진 1 등급이 적용된다. 다만 **쌓기 비탈**인 댐과 제방은 주 구조물로 분류되므로 내진등급이 규정되어 있다.

비탈지반이 활성단층대 (또는 인접지역) 에 있거나, 지진 시에 액상화 발생 및 과다침하 예상지역 (인접지역 및 영향권) 에 있으면, 지진의 영향을 분석하고, 필요 시 지반을 보강하거나 개량한다.

동적 지반조사의 목적 (8.3.1 절) 은 **진동 취약지반의 존재**와 **지반의 동적거동 특성** 및 **지진 응답특성** 등을 파악하고, **액상화 저항성 평가정보**를 획득하는 데에 있다. **동적지반조사방법** (8.3.2 절) 에는 시추조사, 현장 및 실내 지반물성시험, 역학시험, 동적 물성시험, 지진동 모사시험 등이 있다.

8.3.1 동적 지반조사의 목적

동적 지반조사는 **진동에 취약한 지층의 존재를 파악**하고 **지진 응답 특성을 예측**하며, **액상화 저항성 예측**에 필요한 지반정보를 획득하기 위해 수행한다.

① **진동에 취약한 지층의 존재파악** : 진동에 취약한 다음 지층의 존재를 파악한다.
  - 액상화 발생 가능 지반, Quick Clay, 매우 예민한 예민 점토, 결합력 약한 붕괴성 흙
  - 이탄, 유기성이 높은 점토, 소성성이 매우 높은 점토
  - 층이 매우 두꺼운 연약한 점토나 중간 정도 단단한 점토
  - 진동취약지반은 전단파 속도나 표준관입 저항치 $\overline{N}$ 나 비배수 전단강도 $\overline{S_u}$ 로부터 판단한다. 전단파 속도 $< 180\,m/s$, $\overline{N} < 15$, $\overline{S_u} < 50\,kPa$ 이면 진동에 취약한 지반이다.

② **지진 응답 특성 예측** : 시추조사와 현장시험 및 실내시험을 수행하여 취득한다.
  - **시추조사** : 지층구성 및 지하수위 파악, 실내시험용 시료채취
  - **현장시험** : 각 지층의 탄성파 전파 특성 파악
  - **실내시험** : 각 지층의 물리적 특성과 역학적 특성 및 동적 물성치 획득

③ **지반의 액상화 저항성 예측** : 지반의 액상화 저항성을 간편 (또는 상세) 하게 예측한다.
  시험에서 액상화 저항강도비를 구하여 예측하며, 지반의 주상도와 지하수위를 고려한다.
  - **현장시험** : 지층별 전단강도와 강도 추정 ; 표준관입시험, 콘관입시험, 탄성파시험
  - **실내시험** : 변형률 크기별 변형계수 및 감쇠특성 획득 : 진동삼축시험, 단순전단시험
  - **모형시험** : 진동대 시험, 원심모형시험
  - **간편 액상화 예측** : 표준관입 지항치 N 값, 콘관입시험치 q_c 값, 전단파속도 V_s 등으로 판단
  - **상세 액상화 예측** : 실내 반복시험결과로 판단

8.3.2 동적 지반조사의 방법

비탈지반의 동적거동을 파악하기 위한 **동적지반조사**는 시추조사, 현장 및 실내의 지반물성시험, 역학시험, 동적 물성시험, 지진동 모사시험 등이 있다. 액상화 동적 전단강도와 현재의 동적전단응력을 비교하여 지반의 액상화 발생을 예측할 수 있다. 진동 삼축 압축시험을 반복 실시하여 구한 **액상화 발생 동적 전단강도 비 특성곡선 (진동재하 횟수 – 액상화 동적 전단강도 비 관계곡선)** 으로부터 지반의 지진에 대한 **액상화 동적 전단 저항 강도 비**를 구한다.

① **시추조사** : 시추하여 지층구성을 파악하고, 지하수위를 측정하며, 실내시험 시료를 채취한다.

② **현장시험** : 지반의 전단강도와 강성, 지반의 층상구조, 관입 저항치, 전단파 속도의 주상도, 각 지층의 탄성파 전파특성 (탄성파 시험) 등을 획득할 수 있는 시험을 수행한다.
　– 지반의 전단강도와 강성 추정 : 표준관입시험, 콘관입시험, 탄성파시험 등
　– 지반의 층상구조와 관입저항치 획득 : 관입시험(표준관입시험, 콘관입시험 등)
　– 전단파 속도의 주상도 획득 : 탄성파시험(크로스홀 시험, 다운홀 시험, SASW 시험 등)

③ **실내시험** : 지반의 물성시험과 역학시험 및 (동적 물성치를 획득하는) 동적물성 시험이 있다.
　– **지반 물리적 특성** : 지반의 물리적 특성을 파악한다.
　　입도분포, 소성지수, 밀도 및 함수비 등
　– **지반 역학적 시험** : 변형률 크기별 변형계수와 감쇠특성을 취득한다.
　　진동삼축시험, 단순전단시험 등
　– **지반의 동적 물성** : 현장채취 (동일조건 비교란) 시료에서 지반의 물리적 특성을 파악한다.
　　• 공진주시험 (Resonant Column Test), 펄스시험 (Pulse Tests),
　　• 진동삼축시험 (Cyclic Triaxial Test), 진동단순전단시험 (Cyclic Simple Shear),
　　• 비틀림전단시험 (Torsional Shear Test) 및 진동대시험 (Shaking Table Test)

④ **모형시험** : 지반진동을 모사하는 시험으로 진동대 시험과 원심모형시험 등이 있다.

⑤ **액상화 동적 전단강도 비 특성곡선** : 동적 전단응력 비를 3 수준 이상으로 변화시키면서 진동 삼축 압축시험을 4 회 이상 반복하여 시행해서 **액상화 동적 전단강도 비 특성곡선 (진동 재하 횟수 – 액상화 동적 전단강도 비 관계곡선)** 을 구하고, 이로부터 지진에 대한 **액상화 동적 전단강도 비**를 정할 수 있다.

진동 삼축압축 시험한 결과로부터 구한 **액상화 동적 전단강도 비**는 현장 지반조건과 지진 특성을 고려하여, 결정된 **보정계수** c_r 를 이용하여 보정 ($c_r \times$ 액상화 동적 전단강도 비) 한다. 보정계수 c_r 은 표 8.1 이나 실험에서 구한다.

8.4 비탈지반의 액상화 가능성 판별

비탈지반의 액상화 가능성을 판별하기에 앞서 우선 지반이 **액상화 지반** (동하중에 의해 액상화될 수 있는 지반) 또는 **비액상화 지반** (액상화될 수 없는 지반) 인지를 판별한다 (그림 8.4).

액상화 지반이면 (**간편해석**하거나 **상세해석**하여) **액상화의 발생을 검토** (8.5 절)하며, 액상화되면 재설계한다. **비액상화 지반**과 **액상화되지 않은 액상화 지반**은 (**상세 동적해석**이나 **간편 동적해석**이나 **변위해석**하여) **동하중에 의한 비탈지반의 활동파괴 안정을 검토** (8.6 절) 한다 (그림 8.4). 지진 후 약화된 비탈지반의 안정 (8.7절) 검토에 감소전단강도를 적용한다.

액상화 지반과 **비액상화 지반**은 다음 **조건**으로 판별한다.

① **액상화 지반조건** : 상대밀도 중간 이하 비배수 상태 포화 미세모래 둥근 실트입자 약간 포함, 유효입경 $D_{10} < 0.1mm$, 균등계수 $C_u < 5$, 간극률 $n \geq 0.44$, 간극비 $e > e_{cr}$ 한계간극비

② **비액상화 지반조건** : 지하수위 상부 지반, 표준관입저항치 N > 20 지반, 심도 > 20 m 깊은 지반, 소성지수 PI > 10 이고 점토성분 $\geq 20\%$ 지반, 세립토 함유량 $\geq 35\%$, 상대밀도 $\geq 80\%$

③ **공학적 지반분류 (통일분류법)** : GW, GP, SW, SP, GM, SM, ML 지반은 액상화 지반, GC, SC, CL, OL, MH, CH, OH 지반은 비액상화 지반이다.

④ **입도분포곡선** : 실트 크기의 둥근 입자를 약간 포함하는 미세 모래지반의 입도분포곡선이 유효입경 $D_{10} < 0.1mm$, 균등계수 $C_u < 5$ 이면 액상화가 발생된다.

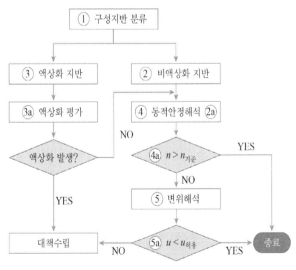

① **지반 판별** : 지반의 액상화 가능성 판별 액상화 지반 및 비액상화 지반 판별 (8.4 절)
② **비액상화 지반** : ②ⓐ 동적 안정해석 (8.6 절) 활동파괴 안정성 검토
③ **액상화 지반** : ③ⓐ 액상화 발생 검토 (8.5 절)
  − 액상화 되면 대책을 수립하여 재설계
  − 액상화 안 되면 동적안정해석 (8.6 절) 하여 활동파괴 안정성 검토
④ **동적안정해석** (8.6.1 절 또는 8.6.2 절) : ④ⓐ 활동파괴 안전율 계산
  − 안전율이 기준치 $\eta_{기준}$ 초과하면 검토를 종료
  − 안전율이 기준치 $\eta_{기준}$ 미달하면 변위해석 (8.6.3 절) 을 수행
⑤ **변위해석** (8.6.3 절) : ⑤ⓐ 변위 계산
  − 변위가 허용치 $u_{허용}$ 를 미달하면 검토를 종료
  − 변위가 허용치 $u_{허용}$ 를 초과하면 대책을 수립

그림 8.4 지진 시 비탈지반의 액상화 가능성 분석 흐름도

8.5 동하중에 의한 비탈지반의 액상화

비탈지반이 (액상화될 수 있는) **액상화 지반**이면, (현장시험결과 이용하는) **간편예측법** (8.5.1 절) 또는 (반복전단시험과 지진응답해석을 이용하는) **상세 예측법** (8.5.2 절) 으로 액상화 안전율을 구하여 **액상화 발생**을 예측한다. 그밖에 **진동대시험**이나 **현장 액상화 시험**해서 예측할 수도 있다.

액상화를 예측한 결과 지반이 액상화되는 경우에는 대책을 마련하여 재설계하고, 액상화되지 않는 경우에는 **진동하중에 대한 비탈지반의 활동파괴 안정해석** (8.6 절) 한다. 지진 후에 **활동파괴 되지 않은 비탈지반**은 약화된 지반물성을 적용하고 **활동파괴 안정해석** (8.7 절) 한다.

주 구조물이 내진 1 등급이면, 실내 변형시험결과를 적용하여 **지진응답해석**하고, 진동 삼축시험한 결과를 이용하여 **액상화 저항 전단응력 비**를 구한다. **주 구조물이 내진 2 등급**이면, **간편예측법**을 적용하여 **액상화 안전율**을 구하고, 안전율이 1.5 미만이면 **상세예측법**을 적용하여 **액상화를 예측**한다.

지하수위가 매우 낮은 지층, 깊이 $20\,m$ 이상인 지층, 표준관입 저항치 $N > 20$ 인 지층, 소성지수 $PI > 10$ 이상인 지층, 점성토 함유율이 높은 (20% 이상) 지층, 세립토 함유율이 높은 (35 % 이상) 지층 등에서는 액상화가 거의 일어나지 않으므로 **액상화 발생예측을 생략**할 수 있다.

지반의 액상화 발생은 **지반의 액상화 동적 전단강도 비** R_{LQ} 또는 **액상화 안전율** η_{LQ} 로부터 판정한다. **지반의 액상화 동적 전단강도 비** R_{LQ} 는 동적 전단응력 τ_{ds} 와 **액상화 발생 동적전단강도** τ_l 의 비 τ_{ds}/τ_l 이다. **지반의 액상화 안전율** η_{LQ} 는 액상화 발생 동적 전단강도 τ_l 를 유효 연직상재압력 $\sigma_v{}'$ 로 무차원화한 **액상화 동적 전단강도 비** $\tau_l/\sigma_v{}'$ 와 동적 전단응력 τ_{ds} 를 유효 연직 상재압력 $\sigma_v{}'$ 로 무차원화한 **동적 전단응력 비** $\tau_{ds}/\sigma_v{}'$ 의 비, 즉 $(\tau_l/\sigma_v{}')/(\tau_{ds}/\sigma_v{}')$ 이다.

액상화 동적 전단강도 τ_l 은 진동 삼축압축시험 결과 (**상세예측**) 또는 환산 표준관입 저항치 N_l 값 (**간편 예측**) 을 이용하여 구한다 (그림 8.6).

간편 예측해서 구한 **액상화 안전율** η_{LQ} 로부터 판정하여 **액상화 발생이 예상** ($\eta_{LQ} < 1.5$) 될 경우 에는 (진동 삼축압축시험 결과를 이용하고) **상세 예측**하여 액상화 발생을 판단한다.

8.5.1 지반의 액상화 간편 예측

지진 시 액상화 발생지역의 지반거동은 해석적 (또는 물리적) 으로 모델화하기가 대단히 어렵다. 따라서 액상화에 대한 안전율은 **간편 예측법**에 기초하여 구한다.

간편 예측법에서는 표준관입시험 (Seed/Idriss, 1971) 이나 CPT 시험 (Olsen et. al., 1988, 1995, 1996) 또는 **표준관입시험과 입도분포** (일본항만시설물 설계기준) 등 일상적이면서도 간편한 시험을 이용하며, 그럼에도 불구하고 **액상화 판정 정밀도**가 비교적 높은 편이다.

연약지반에서 **간편 예측법**으로 액상화 발생을 예측할 때는 (높은 정밀도로 연속적인 결과를 얻을 수 있는) **CPT 시험**을 이용하는 것이 대세이다.

지반의 액상화 발생 여부는 **액상화 동적 전단강도 비**를 이용하여 판정할 수 있다. 이때 **액상화 동적 전단강도 비**는 동적 전단응력 (Cyclic Shear Stresses) 와 **액상화 발생 동적 전단응력** (Cyclic Shear Stresses Required to cause Liquefaction)의 비로 정의한다.

지반의 액상화 발생 여부는 **액상화 안전율** η_{LQ} 로 판정할 수도 있다. **액상화 안전율** η_{LQ} 는 **무차원 액상화 동적 전단강도 비** (CRR ; Cyclic Resistance Ratio) 와 **무차원 동적 전단 응력 비** (SSR ; Shear Stress Ratio) 의 비로부터 판정하기도 한다.

실무에서는 **액상화 안전율** η_{LQ} 를 적용하여 액상화 발생을 판정하는 경우가 많다.

간편 해석한 결과에서 **액상화 안전율**이 $\eta_{LQ} < 1.5$ 이면, **상세해석**하여 **액상화를 검토**한다.

1) 지반의 액상화 동적전단강도 비 R_{LQ} : 동적 전단응력 τ_{ds} 와 액상화 발생 동적 전단강도 τ_l 의 비

   지반 액상화는 **액상화 동적전단강도 비**가 $R_{LQ} > 1.0$ 일 때 (**동적 전단응력** τ_{ds} 가 **액상화 발생 동적 전단강도** τ_l 보다 클 때) 에 발생된다.

$$R_{LQ} = \frac{\text{진동 전단응력}}{\text{액상화 유발 진동 전단응력}} = \frac{\tau_{ds}}{\tau_l} \tag{8.6}$$

2) 액상화 안전율 η_{LQ} : 액상화 동적 전단강도 비 $\tau_l/\sigma_v{}'$ 와 동적 전단응력 비 $\tau_{ds}/\sigma_v{}'$ 의 비

   지반의 액상화 발생은 **액상화 안전율** η_{LQ} 로부터 판정 하는 경우가 많다. **액상화 안전율** η_{LQ} 는 액상화 동적 전단강도 비 $\tau_l/\sigma_v{}'$ 와 동적 전단응력 비 $\tau_{ds}/\sigma_v{}'$ 의 비로부터 판정하는 경우가 많다. **액상화 동적 전단강도 비** $\tau_l/\sigma_v{}'$ 는 **액상화 발생 동적 전단강도** τ_l 을 **유효연직상재압력** $\sigma_v{}'$ 로 무차원화한 $\tau_l/\sigma_v{}'$ 이고, **동적 전단응력 비** $\tau_{ds}/\sigma_v{}'$ 은 **동적 전단응력** τ_{ds} 를 **유효연직상재압** $\sigma_v{}'$ 로 무차원화한 $\tau_{ds}/\sigma_v{}'$ 이다.

유효 연직 상재압력 $\sigma_v{}'$ 와 액상화 발생 동적 전단강도 τ_l 및 동적 전단응력 τ_{ds} 는 현장에서 시험을 수행하여 측정한다 (Seed/Idriss, 1971).

액상화 안전율 η_{LQ} 는 지반 내 한 점에 대한 **액상화 동적 전단강도 비** $\tau_l/\sigma_v{}'$ 와 동적 전단응력 비 $\tau_d/\sigma_v{}'$ 의 비로 정의한다.

$$\eta_{LQ} = \frac{\text{액상화 발생 동적 전단강도 비}}{\text{진동 전단응력 비}} = \frac{\tau_l/\sigma_v{}'}{\tau_{ds}/\sigma_v{}'} \tag{8.7}$$

지반에서 **액상화 발생**은 ① **동적 전단응력 비** $\tau_{ds}/\sigma_v{'}$ (지진력을 나타내고, 식 (8.8) 로 계산) 와 ② **액상화 동적 전단강도 비** $\tau_l/\sigma_v{'}$ (액상화 동적 전단강도 τ_l 은 현장에서 측정) 를 산정하여 구한 ③ **액상화 안전율** η_{LQ} 를 이용하여 **검토**한다.

① 지진 시 동적 전단응력 비 $\tau_{ds}/\sigma_v{'}$ 를 계산

동적 전단응력 비 $\tau_{ds}/\sigma_v{'}$ 는 지진력을 나타내며, **유효 수평 지반 가속도 계수** A (최대 지진가속도 $a_{\max}$ 와 중력가속도 g 의 비) 및 **전 상재압력** σ_v 와 **유효 상재압력** $\sigma_v{'}$ 의 비 $\sigma_v/\sigma_v{'}$ 를 적용하여 계산 하고, **심도 보정계수** r_d 로 보정한다.

따라서 **동적 전단응력 비** $\tau_{ds}/\sigma_v{'}$ 는 다음 식이 된다(그림 8.5).

$$\frac{\tau_{ds}}{\sigma_v{'}} = 0.65\left(\frac{a_{\max}}{g}\right)\left(\frac{\sigma_v}{\sigma_v{'}}\right)r_d = 0.65(A)\left(\frac{\sigma_v}{\sigma_v{'}}\right)r_d \tag{8.8}$$

$a_{\max}$ 는 액상화 평가 대상지반의 **최대 지진 가속도**(지반응답해석)이다. g 는 **중력 가속도**이고, σ_v 및 $\sigma_v{'}$ 은 액상화를 평가하는 깊이에서 **전 상재압력 및 유효 상재압력**이다.

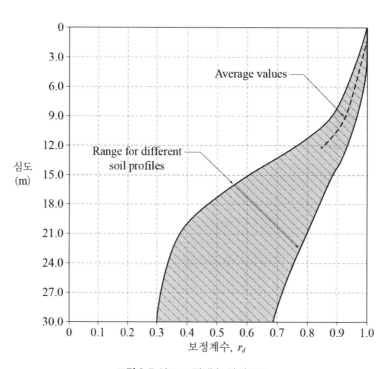

그림 8.5 심도 보정계수 산정도표

유효 수평 지반 가속도 계수 A 를 적용하여 **설계 지반 가속도** a_{max} 를 계산한다.

유효 수평 지반 가속도 계수 A 는 토질 (및 지질) 조건과 지표 (및 하부 지층) 의 영향을 고려하고 **지진응답 해석**하여 구하거나 **국가지진위험지도** (또는 지진구역계수) 를 이용하여 결정한다. 지진구역 I 또는 지진구역 II 에서는 내진 등급에 따른 값을 적용한다.

깎기 비탈지반에서 보통암 상태의 암반노두가 노출되면, 국가 지진 위험지도 및 지진 구역계수가 제시하는 유효수평지반가속도계수 A 를 직접 적용할 수 있다.

- **국가지진위험지도 이용** : 비탈지반 내진등급에 따른 재현주기별 국가지진위험지도를 참조하여 **지반가속도계수** A 를 정한다. 국가지진위험지도는 보통암 지반의 암반 노두의 운동을 바탕으로 현장 토질조건을 고려하여 **지표면 자유장 운동** (free surface motion) 을 예측하는 데 활용된다.

- **지진구역계수** Z **이용** : 국가지진위험지도 적용이 어려우면 비탈지반 지역의 **지진구역계수** Z 에 (내진등급별 재현주기 고려한) **위험도계수** I 를 곱하여 **유효수평지반가속도계수** A 를 산정한다.

$$A = ZI \tag{8.9}$$

지진 구역계수 Z 는 지역에 따라 0.11g 나 0.07g 을 적용한다. **위험도 계수** I 는 평균 재현주기 500 년 기준 값이 1.0 이고, 50 년에 0.4, 100 년에 0.57, 200 년에 0.73 을 적용할 수 있다.

② **액상화 동적 전단강도 비** $\tau_l / \sigma_v{}'$ **를 결정**

- **지반의 액상화 동적 전단강도** τ_l (soil resistance to liquefaction) 을 현장 측정 : 현장에서 **콘 관입시험 CPT, 표준관입시험 SPT, 전단파속도 측정시험, 베커 관입시험**(Becker Penetration Tests, 자갈층) 등을 수행하여 측정할 수 있다 (Youd et al, 2001).

- **지반의 액상화 동적 전단강도 비** $\tau_l / \sigma_v{}'$ 를 **환산 표준관입 저항치** N_1 으로부터 계산 : 지진규모 6.5 기준의 액상화 동적 전단강도 비 $\tau_l / \sigma_v{}'$ 를 **환산 표준관입 저항치** N_1 을 적용하여 계산하고, 에너지 효율과 세립질 함유량 및 상대밀도를 고려하여 보정한다.

  - **환산 표준관입 저항치** N_1 은 (실측 **표준관입 저항치** N 을 에너지 효율 60 % 에 대하여 환산한) **표준관입저항 환산치** N_{60} 과 **보정계수** C_N 을 적용하여 계산한다.

$$N_{60} = \frac{E_r}{60} N \qquad (E_r \text{은 SPT 장비의 에너지 효율})$$

$$C_N = \sqrt{\frac{10}{\sigma_v{}'}} \qquad (\text{유효 상재압력 } \sigma_v{}' \text{ tonf/m}^2)$$

$$N_1 = N_{60} C_N = N_{60} \sqrt{\frac{10}{\sigma_v{}'}} = \frac{E_r}{60} N \sqrt{\frac{10}{\sigma_v{}'}} \tag{8.10}$$

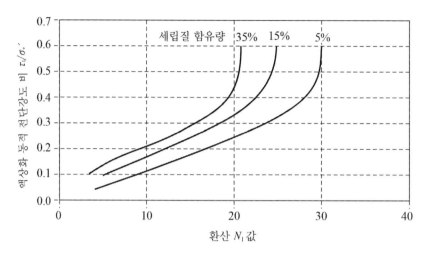

그림 8.6 환산 표준관입 저항치 N_1 과 현장 액상화 동적 전단강도 비 τ_l/σ_v' 의 관계 (지진규모 6.5)

- 수평 지표면에 대한 **액상화 동적 전단강도 비** τ_l/σ_v' 를 **환산 표준 관입저항치** N_1 - 현장 액상화 동적 전단강도 비 τ_l/σ_v' 의 관계 (그림 8.6) 로부터 구한다 (세립질 함유량을 고려한다).

- **비탈지반** (경사 β) 에 대한 **액상화 동적 전단강도 비** $(\tau_l/\sigma_v')_\beta$ 는 **수평지반** (최대 주응력이 연직응력) 에 대한 **액상화 동적 전단강도 비** $(\tau_l/\sigma_v')_0$ (그림 8.6) 로부터 구한다. 이때 정적 응력해석하여 구한 초기 전단응력 τ_h 의 영향을 고려하여 **보정**한다.

  보정계수 K_α 는 초기 액상화 동적 전단강도의 비 $(\tau_l/\sigma_v')_0$ 와 **상대밀도** D_r 의 함수 (그림 8.7) 이고, **동적해석**하거나 **모형시험**하여 구한다.

  $$(\tau_l/\sigma_v')_\beta = (\tau_l/\sigma_v')_0 K_\alpha \tag{8.11}$$

③ **액상화 안전율** η_{LQ} 는 **액상화 동적 전단강도 비** τ_l/σ_v' (식 8.11) 와 **동적 전단응력 비** τ_{ds}/σ_v' (식 8.8) 의 비이다.

$$\eta_{LQ} = \frac{\tau_l/\sigma_v'}{\tau_{ds}/\sigma_v'} \tag{8.12}$$

3) 간편 예측에서 액상화 판정

간편예측에서 구한 **액상화 안전율**이 $\eta_{LQ} < 1.0$ 이면 지반이 **액상화**되고, $\eta_{LQ} \geq 1.5$ 이면 **액상화에** 대해 안정하며, $1.0 \leq \eta_{LQ} < 1.5$ 이면 **액상화 상세예측이** 필요하다.

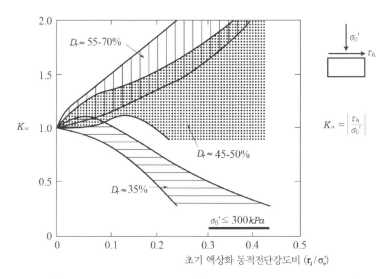

그림 8.7 보정계수 K_{α} 의 산정도표 (Seed/Harder, 1990 자료 기반)

8.5.2 지반의 액상화 상세 예측

대상지반의 **액상화 안전율**이 $\eta_{LQ} < 1.5$ 인 경우에 대상구조물이 내진 1 등급 구조물이면, 지반 응답곡선과 진동 삼축시험 결과를 이용하여 액상화를 평가하는데, 이를 액상화 상세예측이라 한다.

액상화 간편 예측에서 구한 **액상화 안전율**이 $\eta_{LQ} < 1.5$ 인 경우는 지반응답해석과 진동삼축 시험한 결과를 적용하고 **액상화 상세예측**을 수행하여 **액상화 검토**한다. **액상화 상세예측법** 및 **간편 예측법**은 **액상화 동적 전단강도 비** $\tau_l / \sigma_v{}'$ 를 구하는 방법만 다르다.

1) 지진 시 동적 전단응력 비 $\tau_{ds} / \sigma_v{}'$

지진 시 동적 전단응력 비 $\tau_{ds} / \sigma_v{}'$ 는 **간편 예측법**과 동일한 방법 (식 8.8) 으로 산정한다.

2) 액상화 동적 전단강도 비 $\tau_l / \sigma_v{}'$

액상화 동적 전단강도 비 $\tau_l / \sigma_v{}'$ 를 (**액상화 간편예측**에서는 환산 표준관입 저항치 N_1 로부터 예측 하였으나) **액상화 상세예측**에서는 **진동 삼축압축 시험**에서 구하여 전 응력으로 표현한 **진동 재하횟수 – 액상화 동적 전단강도 비 특성곡선**을 이용하여 산정한다.

즉, **동적 전단응력 비**를 3 수준 이상 변화시키고 각 수준에 대해 4 회 이상 반복해서 실내 진동 삼축압축 시험한 결과 (**액상화 발생 진동 재하횟수 – 액상화 동적 전단강도 비 관계곡선**, 그림 8.8) 를 토대로 대상지반의 지진에 대한 **액상화 동적 전단강도 비 특성곡선** (전응력식) $\tau_l / \sigma_v{}'$ 을 도시한다.

액상화 동적 전단강도 비 $C_{CSR}=\tau_l/\sigma_v'$ 는 **실내 진동 삼축압축 시험**하여 구하고, 현장 지반조건과 지진특성을 고려하고 **보정**하여 **보정 액상화 동적 전단강도 비** R 을 구하여 적용한다.

$$R = C_1 C_2 C_{CSR} = c_r C_{CSR}$$

위 식의 $C_{CSR}(=\tau_l/\sigma_v')$ 는 **액상화 동적 전단강도 비**이고, C_1 과 C_2 및 $c_r = C_1 C_2$ 은 각 현장 지반조건 및 지진특성에 대한 **보정계수**이다. **보정계수** c_r 은 표 8.1 의 값 또는 실험에서 구한 값을 이용한다.

액상화 동적 전단강도 비는 특성곡선에서 **지진규모 6.5** 에 해당하는 **진동 재하횟수 10 회**일 때의 값으로 보정하여 적용한다.

3) 액상화 안전율 η_{LQ} 산정

액상화 안전율 η_{LQ} 는 (액상화 동적 전단강도 τ_l 를 유효 상재압력 σ_v' 로 무차원화한) **액상화 동적 전단강도 비** τ_l/σ_v' 와 (동적 전단응력 τ_{ds} 를 유효 상재압력 σ_v' 으로 무차원화한) **동적 전단응력 비** τ_{ds}/σ_v' 의 비이다.

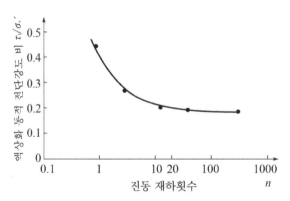

그림 8.8 재하횟수에 따른 액상화 동적 전단강도 비 곡선

표 8.1 액상화 동적 전단강도 비 보정계수 c_r

제안자	산정식	K_o 에 따른 c_r 값	
		$K_o = 0.4$	$K_o = 1.0$
Finn et. al.	$c_r = \dfrac{1+K_o}{2}$	0.70	1.00
Seed and Peacock		0.55~0.72	1.00
Castro	$c_r = \dfrac{2(1+2K_o)}{3\sqrt{3}}$	0.69	1.15

8.6 동하중에 대한 비탈지반의 활동파괴 안정해석

동하중이 작용하여 지반의 전단강도가 감소되면 비탈지반은 활동파괴에 대하여 불안정해진다. 지진 시 **액상화되지 않거나**(비액상화 지반 또는 **액상화되지 않은 액상화 지반**) **전단파괴되지 않은 비탈지반은 상세 동적 해석**하거나 **간편 동적해석**하여 **동하중에 의한 활동파괴 안정성**을 평가한다.

동하중에 의한 비탈지반의 활동파괴 안정성은 **상세해석**(8.6.1 절) 하는데 시간과 비용이 많이 소요되고, 상당한 전문성이 요구된다. 따라서 처음에는 **간편한 방법**(**유사 정적 스크린 해석** 등) 으로 해석하여 지진에 대한 (잠재적) 활동파괴 안정을 검토하고, 필요한 경우에 **상세 해석**을 수행한다.

간편 동적 해석법은 **유사 정적 해석법**과 **Newmark 법**이 있다. 동적안정해석 하여 기준 안전율 (대개 $\eta = 1.1$) 이 확보되지 않는 경우에는 Newmark 변위해석법으로 추가 해석하여 재확인한다. **지하수위**는 **측정치** 또는 **평상 시 지하수위를 적용**한다.

유사 정적 해석법(8.6.2 절) 은 지진하중을 **정적 힘**으로 대체하고 **정적 방법**을 적용하여 해석하는 방법이며, (지진계수를 적용한) **등가 지진 관성력**을 파괴 토체의 무게 중심점에 수평방향으로 작용시키고 **정적 방법**과 동일한 방법으로 **한계 평형 해석**하는 방법이다.

Newmark 의 방법은 비탈지반 활동 파괴체를 (**활동하는**) **강체 블록**으로 간주하고 해석하는 **변형 해석방법**이며, 유사 정적해석법을 바탕으로 하고 지반의 동적운동을 고려하여 지진 시 **비탈지반의 변위 해석법**(8.6.3 절) 이다.

활동 블록해석법은 동하중 (지진 등) 에 의한 강도손실이 크지 않은 지반에서 동하중 (지진 등) 에 의해 발생되는 영구변위를 추정하는 간략방법이다.

비탈지반의 허용변위 값은 비탈 어깨 (정점) 를 기준으로 하며, 대개 비탈 높이의 1 % 이내로 한다.

8.6.1 비탈지반의 상세 동적해석

지진 등 동하중의 작용에 대한 비탈지반의 활동파괴 안정성은 원칙적으로 **상세해석** (동적해석 : **동적 수치해석**) 하여 검토한다. 즉, 지진에 의해 유발되는 **지반운동** (지반의 관성력과 동하중의 시간이력), 지반의 **비선형 응력 – 변형률 관계특성**, 지반의 **전단강도 감소**, 비탈지반의 **동적응답해석** (dynamic response analyses) 등을 고려하고, **유한요소해석** 또는 **유한차분해석** 전산프로그램을 이용한다.

비탈지반의 동적 수치해석에는 **유한 차분법** (Inshizaki/Hátakeyama, 1962)보다 **유한 요소법** (Clough/Chopra, 1966 ; Chopra, 1966, 1967) 이 더 자주 적용된다. 동적 수치해석에서 필요한 동하중의 물성치 (전단탄성계수 G 와 감쇠계수 D 등) 는 현장시험이나 실내시험으로부터 구하고, 기본 운동 방정식을 이용한 **기본 유한요소 방정식**을 도출해 내서 비탈지반의 거동을 해석한다.

시간에 따른 지반의 응력과 변형률의 변화는 기반암의 **가속도 시간이력**을 고려하여 해석한다.

포괄적 상세 동적해석법 (detailed comprehensive analysis method) 은 파괴가능성이 높거나 전단강도 손실이 심각한 비탈지반 (또는 대규모 댐 등) 에 적용한다.

포괄적 상세 동적해석에서는 **설계 가속도**와 (동하중에 의한 지반의 **응력 및 변형률**을 고려하는) **동적 강도정수**를 적용하며, **지진특성**과 지반의 **동적거동 특성**은 물론 **비탈지반의 형상**과 **지반조건** 등을 고려하여 해석할 수 있다.

상세 동적해석하여 각 요소의 거동으로부터 **소성영역** 또는 **액상화 영역**을 예측할 수 있다. 그러나 동적거동을 나타내는 **지반계수**를 취득하는 것이 어렵기 때문에 상세해석은 주로 **대규모 프로젝트**나 규모가 큰 **중요한 구조물** 및 **연구목적의 타당성 검토** 등에 한정적으로 이용되고 있다.

상세 동적해석법은 상세 내용과 해석절차가 다양하지만, 대개 다음 순서로 수행한다 (Seed, 1979 ; Marcuson et al., 1990).

① 해석대상 비탈지반과 그 하부지반에서 **해석단면을 결정**한다.

② 비탈 하부지반에 대해 **예상 가속도-시간 이력** (acceleration-time history) 을 결정한다. 이때 진원단층의 이격거리에 따른 **운동감쇠** (attenuation of motion) 와 기반암의 상향으로 전파될 때에 생기는 **운동의 증폭** (amplification of motion) 을 고려한다.

③ 비탈지반의 하부지반 및 채움 **지반의 정적 및 동적 응력 - 변형률 물성을 결정**한다.

④ **정적 유한요소해석 (간편 방법**을 적용할 수도 있음) 하여 비탈지반 (및 댐) 의 지진 발생 전 **초기 정적응력** (initial static stress) 을 추정한다. 이때에 시공과정을 고려한다.

⑤ **동적 유한요소해석** 하여 **지진 가속도 - 시간 이력** (earthquake acceleration-time history) 에 의해 비탈지반에 발생되는 **응력과 변형률**을 계산한다.

⑥ 지진에 의한 **전단강도 감소**와 **간극수압 증가**를 산정한다. **전단강도의 감소는 정밀 동적해석**하여 구할 수 있다.

⑦ **전통 한계평형해석**하여 **비탈지반 안정**을 계산한다. 이때 앞에서 계산한 감소 전단강도를 적용한다. 배수 및 비배수 전단강도를 적용하고 해석하여 **결정적 강도**를 정한다.

⑧ 지진 후에 비탈지반이 안정한 것으로 해석되면, 지진에 의한 **영구변위**를 계산한다. 개념적으로 비탈지반 (또는 댐) 의 **영구변위**는 **완전 비선형 유한요소 해석**하여 계산할 수 있다. 그렇지만 상세해석하기가 매우 복잡하고 심각한 불확실성을 내포하기 때문에 실무에 적용하는 경우는 드물다.

상세해석의 필요 여부는 간략방법을 적용하여 결정한다.

8.6.2 비탈지반의 유사정적해석

지진 등 동하중이 작용하여 진동하는 지반에서 유발되는 **관성력 (지진하중)** 은 매우 크지만, 작용 시간이 짧고, 작용방향이 수시로 변한다. 따라서 관성력에 의하여 발생되는 **지반 변형**은 그 크기가 매우 작다.

따라서 **동하중**을 (상응하는) **유사 정적하중**으로 대체 (이때 시간이력을 무시하고, 동하중 크기만을 고려) 하고, 이를 적용하여 **정적해석 (유사 정적 비탈지반 안정 해석)** 을 수행해도 무방할 때가 많다.

유사 정적 해석방법은 동하중 **(지진하중)** 을 **유사 정적 힘** (지반자중에 지진계수 k 를 곱한 값) 으로 대체하고, 이를 적용하여 **전통적 정적 비탈지반 활동파괴 안정해석** (한계평형해석법이나 응력해석법) 하는 **간략 해석법**이다. 다른 해석방법에 비해서 **정확도**는 낮지만 **상세해석의 필요 여부를 검토**하는 도구로 유용할 수 있다. **대변위 문제**에서는 부적합하며 (Seed, 1979), 지반 진동하중에 의해 과잉 간극 수압이 발생하거나 강도감소가 15 % 이상 큰 지반에서는 신뢰도가 낮은 것으로 알려져 있다.

동하중에 대한 비탈지반의 활동파괴 안정성을 **상세 해석**하는 데 비교적 높은 **전문성**이 요구되고, **시간과 비용**이 많이 소요된다. **유사 정적 안정해석**은 **국부적 응력 및 변형률의 변화**를 알지 못하지만, **계산과정**이 간단하고 **경제적**이며, **익숙한 물성치**를 적용하기 때문에 자주 이용되는 편이므로, 여러 가지 **유사 정적 해석방법들이 파생**되어 있다.

대개 먼저 **간략해석** (유사 정적 해석법) 하고 그 해석 결과를 참조하여 **상세 동적해석의 필요 여부를** 판정한다.

비탈지반의 동적 안정성을 **유사 정적 해석**하여 판정할 때는 먼저 (동하중 효과를 나타내는) **진도 (지진계수)** k 를 정하여 **지진하중을 결정**한다. 동하중에 의한 지반의 응력 및 변형을 고려한 **지반의 전단강도 산정방법**에 따라 안전율의 차이가 크다.

표 8.2 는 유사 정적해석법과 상세 동적 해석법을 비교한 것이다.

표 8.2 유사 정적 해석법과 상세 동적 해석법의 비교

	유사 정적 해석법	상세 동적해석법
계산방법	한계평형해석	FEM 또는 FDM
지진특성	지진계수를 고려한 관성력	가속도 시간이력 입력
지반특성	점착력과 내부마찰각	동적전단탄성계수와 감쇠계수
계산결과	가정된 파괴면상의 응력상태	임의 지반요소의 시간에 따른 가속도, 응력, 변형률 및 지반거동특성
해석	안전계수 통한 전체 안정성	전체지반 또는 지역적 파괴상태
적용성	보편적인 설계방법	주된 현상규명을 위한 연구목적 또는 중요구조물의 경우

1) 유사 정적 안정해석의 특성

유사 정적 안정해석에서는 (지반의 **동적 거동특성**을 고려하지 못하고) **전체 안전율만 산정**하므로 **국부적 응력 및 변형률의 변화**를 알 수 없다. 그렇지만 계산과정이 간단하고 경제적이며 잘 알려진 물성치를 적용하므로 실무에서 자주 이용되고 있어서 많은 **유사 정적 해석법이 파생**되어 있다.

동하중에 의해 **과잉간극수압**이 발생되지 않는 투수계수가 큰 지반에는 **배수상태 잔류강도**를 적용하고, 동하중의 작용빈도에 비해 **투수계수**가 작은 지반에는 **과잉간극수압**을 고려한다.

연약 점토는 **전응력 해석법**을 적용하고 동하중에 의한 **비배수 전단강도 감소효과** 만을 고려하여 해석할 수 있다.

유사 정적해석할 때는 적용조건에 따라서 산출되는 **안전율**의 차이가 크며, 이러한 차이는 **진도 (지진계수) 의 결정방법**에 따른 **안전율의 차이**보다 크다. 그러므로 **안전율**뿐만 아니라 **경험**을 바탕으로 하여 안전성을 판단해야 한다.

유사 정적해석할 때에 다음의 조건을 적용한다.
- 실험방법에 따른 **전단강도** 차이 (배수/비배수, 삼축/평면변형률, 등방/비등방 압밀)
- **한계평형 해석법** (측면력 고려방법)
- 각 절편에서 **관성력의 작용위치** (도심/절편바닥면 등)
- 각 절편바닥면의 **유효 수직응력 산정** 시 **관성력의 고려여부**
- **파괴기준** 및 **가상 파괴면** (동적해석과 동일 또는 별도의 파괴면)

2) 유사 정적 해석법의 파생

유사 정적 해석법은 **오차요인**을 **극복**하기 위해 여러 가지 방법들이 **파생**되어 있다.

Seed (1966) 는 '**초기 수직응력 – 파괴 시 전단응력 관계**' 로부터 **파괴기준**과 **최대 관성력**을 구하고, 이를 적용하여 **전응력 한계 평형해석**하여 초기응력상태, 주응력의 변화 및 회전, 동하중에 의한 강도 감소, 지진 시 비배수 조건에서 쌓기 비탈지반의 **안전율과 변위를 추정**하여 계산할 수 있는 **유사 정적 해석법**을 제안하였으나, 소규모 흙댐이나 쌓기 비탈지반에만 한정적으로 적용된다.

Newmark (1965) 는 **지진하중**이 지반의 **전단강도**와 같아서 비탈지반의 안전율이 1 (활동파괴) 이 될 경우 지진계수 (진도) k_1 을 파괴유형 (원호파괴, 수평이동파괴, 평면파괴) 별로 구하여 동적 지반운동을 포함시킨 **유사 정적 해석법**을 제안하였다. Newmark 법은 건조한 비점성토 비탈지반에서 지진 시 변위예측은 성공적이었으나, 과잉간극수압이 유발되는 지반에서는 적용하기 어렵다.

3) 상세 해석 필요 여부 판정

유사정적 심사해석 (pseudo-static screening analysis) 은 지진에 의한 **지반의 강도손실이 크지 않은** 비탈지반의 **잠재적 지진 안정문제**에 대한 **상세해석의 필요성을 심사**하기 위하여 수행한다.

점성토와 조밀한 포화 (또는 건조) **비점성토**에서 **동하중에 의한 변형률**은 정적 비배수 강도 변형률의 **약 80%** 정도가 된다 (Makdisi/Seed, 1978). **비액상화 지반**에서는 비배수 강도 정도로 큰 동하중에 의해 **영구변형**이 발생되고, **동적 항복강도**는 정적 비배수 강도의 80% 정도이다.

지진 변위는 적절한 **지진계수**를 적용하고 계산한 **안전율**로부터 구할 수가 있으며, **지진계수**와 **허용 안전율**은 **현장경험**이나 **유사정적 해석결과** 또는 **변형 해석결과**를 이용하여 결정한 값을 적용한다.

상세해석 필요성을 판정하는 **유사 정적 심사해석**에는 허용 최대 가속도, 가속도 승수, 최소안전율, 전단강도 감소계수, 허용영구변위 등이 포함되어야 한다.

① **허용 최대가속도** a_{ref} (reference peak acceleration) : PGA_{rock}

허용 가속도는 비탈지반 저부암반 (또는 정점부 지반) 의 **최대 가속도**를 적용하여 결정하고, 저부 암반의 최대 가속도는 사용하기가 쉽고 지진데이터로부터 결정하며, 정점부 지반 최대가속도는 동적 응답해석한 결과로부터 결정한다. 데이터가 적은 지역의 허용 최대 가속도는 위치정보(위도와 경도) 를 알면 인터넷 웹 사이트 등에서 자료화된 정보를 알 수 있다.

② **가속도 승수** (acceleration multiplier)

유사정적해석에 적용하는 **지진계수** k 는 (허용 최대가속도 a_{ref} 와 중력가속도 g 의 비) a_{ref}/g 와 (측정가속도 a 와 허용최대가속도 a_{ref} 의 비) a/a_{ref} 의 곱이다. **가속도 승수**는 0.17~0.75 이다.

$$k = \frac{a_{ref}}{g} \frac{a}{a_{ref}} \tag{8.13}$$

③ **최소 안전율**

비탈지반의 **지진 안정**에 대한 모든 검토에서 **최소 허용 안전율**은 1.0 또는 1.15 를 적용한다.

④ **전단강도 감소계수** (shear strength reduction factor)

유사 정적해석에서는 **감소 전단강도** (대개 정적 전단강도의 80%)를 적용한다(Makdisi/Seed, 1978). 토목섬유로 보강한 성토 비탈지반에는 **궁극강도**를 적용한다(Bray et al., 1998).

⑤ **허용 영구변위**(tolerable permanent deformation)

지진 변위는 **허용 영구변위** 보다 **크지 않도록** 한다. **허용 지진변위**는 섬유보강 성토에서 $0.15\,m$, 댐에서 $1.0\,m$ 이다. 단순 검토기준에 따른 허용 지진가속도, 가속도 승수, 강도 감소계수 등을 적용하고 유사 정적해석하여 구한 **지진 안전율**이 **최소 안전율**보다 **작지 않게 한다.**

4) 지진하중의 결정

유사 정적해석에서 **지진하중**(관성력 또는 **지진력**)은 **수평력**만 고려하며 (지진가속도의 연직성분은 무시), **유사 정적 힘**은 **한 방향**(지진 가속도는 작용방향이 변화)으로 짧은 시간 동안만 작용한다.

유사 정적해석에서 **유사 정적 힘**(지진하중)의 **작용위치**가 **안전율**에 미치는 **영향**(크기는 작지만)은 **뚜렷**하다 (Seed, 1979). 그렇지만 **힘의 평형**만으로 안전율을 구할 경우에는, 유사 정적 힘의 작용위치는 안전율에 영향을 미치지 않는다.

지진하중(지진력 합력)의 **작용위치**는 절편 무게중심 위쪽에 있으며, 절편 무게중심보다 상부로 갈수록 (원호 중심에 대한 모멘트가 감소하므로) 안전율이 증가되고 (Seed, 1979), 절편 무게중심보다 하부로 갈수록 안전율이 감소하며, 절편 무게중심에 있으면 안전율이 약간 안전측에 속한다.

Terzaghi (1950)는 **지진하중의 작용위치**를 절편 무게중심이라 생각하였다 (이것은 다만 가속도가 전체 토체에서 일정 (상수) 할 때만 가능하고 실제로는 불가능함).

지진하중의 크기 S 는 **지진계수**(진도) k 에 **지반 무게** G 를 곱한 값이다.

$$S = Gk \tag{8.14}$$

지진계수(진도) k 는 지진에 의한 **가속도**를 중력가속도 g 로 나눈 값 (즉, 중력가속도 g 의 배율) 이며, 유사 정적해석에서 등가 관성력을 계산하는 데 필요하다. **지진계수** k 는 **가상 활동 파괴면**의 규모가 작고, **전단파 속도**가 크고, **성토고**가 낮을수록, (성토지반에서는) **상부 요소**일수록 크다. **지진계수** k 는 일반적으로 $k = 0.05 \sim 0.25$ 를 적용한다 (Seed, 1979 ; Hynes-Griffin/Franklin, 1984 ; Kavazanjian et al., 1979).

지진계수 k 는 **경험적 지침**(또는 규정)이나 실제 **동하중 최대 가속도** 또는 **해석 결과**(동적 해석, **유한 요소해석**)에 근거하여 추정한다.

① 경험적으로 결정

지진계수 k 는 동하중에 대한 기존 비탈지반의 실제 사례에 근거하여 경험적으로 결정할 (미국 0.1~0.15, 일본 0.15~0.25) 수 있으며, 이 값들을 적용하면 대체로 **안전측**에 속하는 결과가 구해진다.

② 실제 동하중의 최대가속도 a_{max} 로부터 결정

지진계수 k 는 지반을 **강체**로 가정하고 **동하중 최대 가속도**를 기준으로 결정할 수 있다. 그렇지만 실제 지반은 강체가 아니고, 동하중에 의한 **지진하중**은 작용시간이 짧기 때문에 이 방법으로 구한 지진계수를 적용하면 매우 **보수적인 결과**가 구해진다.

수평 지진계수 k_h 는 **지표면 최대 가속도** $a_{\max}$ 와 **중력 가속도** g 로부터 산정한다 (Hynes-Griffin/Franklin, 1984).

$$k_h = \frac{a_{\max}}{2g} \tag{8.15}$$

위 수평 지진계수 k_h 로 계산한 안전율이 1 보다 크면 위험수준의 큰 변위가 발생되지 않는다.

지표면 최대가속도 $a_{\max}$ 는 지진 재해도 또는 위험도 계수를 이용하여 구하거나, 지진 응답해석 또는 **동적해석**을 수행하여 구한다. **최대 가속도** $a_{\max}$ 는 설계 지반가속도 계수와 중력가속도 g 를 곱한 값의 2배이다 (즉, 2×설계 지반가속도계수×중력가속도 g).

지표면 최대 가속도 $a_{\max}$ 는 다음 방법으로 구한다.
- 기본적으로 비탈지반의 재현주기별 **지진 재해도**를 이용하여 구한다.
- 비탈지반에 현 위치 **지진 구역계수**와 (재현주기를 고려한) **위험도 계수**를 곱하여 구한다.
- 비탈지반이 **특별 조건** (느슨한 모래지반, 층 두께 30 m 이상, 포화상태 느슨한 모래, 중간 정도 조밀한 모래) 일 때는 **지진 응답해석을 수행**하여 산정한다.
- **동적 해석**하여 깊이별로 계산한 **가속도**를 식 (8.15) 에 적용하여 계산할 수도 있다.

③ 동적 해석하여 결정
지반의 **깊이별 최대가속도** $a_{\max}$ 는 깊이별로 상세 동적해석하여 계산한다. 이때 지반은 무한히 얇은 **수평지반요소**로 구성되어 있고, **점탄성 거동**하며, **지반운동은** 균등하게 분포한다고 가정하고, 전단스프링과 점성 감쇄기구로 **지반을 모델링**해서 **상세 동적 해석**한다. 지반깊이별 최대 가속도 $a_{\max}$ 를 위의 식 (8.15) 에 적용하고 **깊이별로 지진계수** k 를 구한다.

상세 동적 해석하여 각 **변형형태**와 이에 상응하는 **가속도 성분**을 결정하며, 변형형태별로 **지진계수** k 를 구하고 그중에서 **최대치** (또는 각 변형형태별 **최대치 합의 제곱근**) 를 선택한다. 이렇게 구한 지진계수를 바탕으로 **절편 지진하중을 계산**할 수 있다(Seed/Martin, 1966). 시간대별 지진계수는 각 요소의 시간대별 지진하중을 요소의 자중으로 나눈 값이다 (식 8.14).

④ 유한요소 해석하여 결정
유한요소 해석하여 동하중에 의해 (시간 t 에서) 발생되는 요소경계 수직응력 및 전단응력으로부터 각 요소의 **수평 및 연직 지진하중** $F_h(t)$ 및 $F_v(t)$ 를 **자중** G 로 나누어 **수평 및 연직 지진계수** $k_h(t)$ 및 $k_v(t)$ 를 구한다. 이때 비탈지반 내 지반요소의 **응력변화에 대한 시간이력**이 필요하다.

$$k_h(t) = F_h(t)/G$$
$$k_v(t) = F_v(t)/G \tag{8.16}$$

5) 유사 정적해석에서 지반의 전단강도

유사 정적해석을 수행하여 **지진 시 비탈지반의 안정성을 판정**할 때에는 비탈지반을 **압밀평형상태 (장기 조건)**와 **압밀평형 이전 상태 (단기조건)**로 구별하여 해석한다. 그런데 비탈지반에 따라서 **단기 조건과 장기조건을 모두 고려**해야 할 수도 있다.

유사 정적해석에서 **지반의 전단강도**는 **신설 (단기조건) 비탈지반**에는 **UU 전단강도**를 적용하고, **기존 (장기조건) 비탈지반**에는 **CU 전단강도**를 적용한다.

압밀 평형상태의 비탈지반은 **두 가지 단계**로 즉, **단기와 장기조건으로 해석**한다. 그러나 **R 포락선을 적용**하고 **간략 1 단계 해석**하여 **안전율을 구하는 경우도 많다 (보수적 값**으로 추정). **지반강도**는 지진하중 재하에 의해 20%까지 감소되며, 이는 정적시험의 **상시 재하율** (normal loading rate)에 비해 **지진 시 재하율**이 크기 때문일 것으로 추정된다.

지진하중은 지속시간이 짧아서 (거친 자갈 외에는) 진동하는 동안 지하수가(감지할 수 있을 만큼) 많은 수량이 배수되지는 않는다. 따라서 유사 정적해석에 대부분 **비배수 전단강도**를 적용한다. 전단 시에 **다일러턴시**가 생기거나 지진 후에 **강도가 손실**되면 **지하수가 다량으로 배수**될 수 있다.

(1) 단기조건 및 장기조건 비탈지반

지진 시에 **기존 비탈지반** (압밀평형 상태, 장기조건) 및 **신설 비탈지반** (시공완료 후 압밀평형되기 전 상태, 단기조건)의 안정성을 유사 정적 해석하여 구할 수 있다.

압밀평형 전 비탈지반의 안정성은 단기 안정 해석하여 검토하고, **압밀평형 상태 비탈지반의 안정성**은 **CU 전 응력 전단강도 정수**를 적용하고 해석하여 검토한다.

① 단기조건 비탈지반

비탈지반의 건설 직후 (압밀평형 이전)에 **지진이 발생**하면 단기조건이다. **신설 비탈지반의 압밀 전의 안정성**은 **비압밀 비배수 (UU) 전단강도**를 적용하고 유사 정적해석하여 검토한다. **비압밀 비배수 전단강도**는 전통적 **비압밀 비배수 (UU) 시험**하여 구한다.

② 장기조건 비탈지반

기존 비탈지반은 건설 후 긴 시간이 경과하여 지반이 압밀되어 압밀평형상태이므로 지진이 발생하면 장기 조건 (압밀평형상태)이다.

따라서 지진이 발생할 때에 **기존 비탈지반의 안정성**은 **압밀 비배수 (CU) 전단강도**를 적용하고 유사 정적 해석하여 검토한다. 압밀 비배수 (CU) 전단강도는 **압밀 비배수 (CU) 시험**하여 구한 **압밀 비배수 전단강도정수**로 나타낸다 (Seed, 1966).

(2) 2 단계 유사정적해석 (2-stage pseudostatic procedure)

비탈지반의 유사정적 해석은 보통 3 단계로 진행한다. 즉, '① 압밀응력 계산 → ② 비배수 상태 유사정적 안전율 계산 → ③ 배수상태 유사정적 안전율 계산' 단계로 진행한다. 그런데 지진 시에는 대개 배수가 적게 발생되므로 (셋째 단계 계산을 생략하고) 2 단계로 간략 해석할 때가 많다.

지진 시 비탈지반 안정을 유사정적해석에는 **CU 삼축시험에서 구한 전단강도정수**를 적용한다.

① **첫째 단계 : 지진 전의 평상시 조건**으로 실험실에서 압밀압력 σ'_{fc} 와 τ_{fc} 를 구한다.

　　　　　　　　이 응력으로 지진하중에 대한 **비배수 전단강도**를 계산하여, 둘째 단계에 적용한다.

② **둘째 단계 :** 첫째 단계의 비배수 전단강도를 적용하고 **비배수 유사 정적 안전율**을 계산한다.

③ **셋째 단계 :** 배수가 발생하면 배수 전단강도를 적용하여 **배수 유사 정적 안전율**을 계산한다.

　　　　　　　지진 후 배수는 안정에 유리할 수 있다.

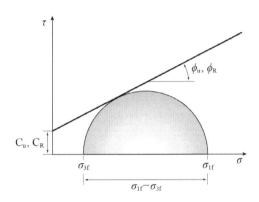

그림 8.9 전응력 파괴포락선 (CU 삼축 압축시험)

(3) 간략 유사정적해석법 (Simplified pseudostatic procedure)

비탈지반 유사 정적 해석은 주로 **2 단계로 수행**하지만, **간략하게 1 단계로 해석**할 수도 있다.

간략 유사정적해석의 1 단계 해석에서는 R 포락선 절편 c_R 과 경사각 ϕ_R 및 지진계수 k 를 적용한다. R 포락선은 CU 삼축시험하여 구하며, **비배수 전단강도** τ_{ff} **– 유효 압밀압력** σ'_{fc} **관계**를 나타내는 **전응력 파괴 포락선** (Terzaghi/Peck, 1967) 이고, 이는 **Mohr–Coulomb 파괴포락선**이 아니다.

R 포락선의 응력원은 최소 주응력이 **유효 압밀 압력** σ'_{3c} 이며, 그 직경이 **파괴 시 주응력의 축차응력** $\sigma_{1f} - \sigma_{3f}$ 이다. 응력 σ'_{3c} 와 $\sigma_{1f} - \sigma_{3f}$ 는 각각 다른 시점에서 결정된 것이므로, 이 응력 원은 Mohr 응력원이 아니다. **R 포락선**은 **Mohr–Coulomb 파괴포락선** 보다 완만해서 그 하부에 위치한다.

R 포락선은 **비배수 전단강도** τ_{ff} 와 **유효 압밀압력** σ'_{fc} 관계이므로, **압밀 중 간극수압**을 취하여 해석한다. **1 단계 방법** (R 포락선 사용하는 간편법) 의 안전율이 **2 단계 방법** (엄밀 방법) 의 안전율 보다 더 작다 (약 80~90%이다). 이는 **유사정적 비탈지반 안정해석**을 수행하여 알 수 있다.

8.6.3 비탈지반의 변위해석

지반진동에 의한 **지반 가속도가 지반 항복가속도보다 작으면 탄성상태**이고, 이때 발생된 **탄성변위**는 진동이 멎으면 회복된다 (잔류하지 않는다). 그러나 지반 가속도가 **지반 항복가속도를 초과**하면 (지반이 소성상태가 되고) **소성변위**가 발생하여 진동 후에도 잔류한다 (**영구변위**).

지진이 발생하면 비탈지반은 **전단파괴** 되거나, (전단파괴 되지 않더라도) **지반강도가 감소**되어 **전단파괴 안정성이 저하**되거나, **영구변위가 누적되어 외형이 변화**된다. 지진강도가 클수록 지반 **동적 가속도**가 **항복 가속도 보다 크게 발생**하는 (**영구변위**가 발생하여 누적되는) 빈도가 증가하여 전단변위가 조금 증가해도 전단파괴 변위에 근접하여 **비탈지반이 불안정**해지거나 **형상이 변화**된다.

지반진동에 의한 가속도곡선에서 **항복 가속도 초과분 가속도** (그림 8.11 음영 부분) 를 적분하여 **진동속도**를 계산하고, 이 속도를 적분하면 (진동에 의해 발생된) **변위 (영구변위)** 가 된다. 항복 가속도보다 큰 가속도에 의해 발생된 영구변위는 누적되므로 **지진 후 비탈지반의 형상**이 변화된다. 이때 전체 지반변위는 영구 지반변위를 모두 합한 크기이다.

지반진동에 의한 비탈지반의 변위는 활동 블록이론에 기초한 **간편 해석법**을 적용하여 계산하며, **Newmark 의 활동 블록이론**과 **Makdisi-Seed 방법**이 주로 사용된다.

1) Newmark 의 활동블록이론 (Sliding Block Analysis)

Newmark (1965) 은 활동면 상부 토체 (그림 8.10b) 를 평면상에서 **활동하는 강성 블록**으로 단순하게 모형화해서 변위를 구하였다. **Newmark 의 활동블록해석법**은 지진에 의한 비탈지반의 **영구변위**를 추정할 수 있는 **간편 방법**이며, 지진하중에 의한 **강도손실**이 크지 않을 때 적용한다.

블록의 활동 가속도가 지반의 **항복 가속도 a_y 를 초과**하면 블록이 활동면을 미끄러져서 활동면의 하부 원지반에 대해 상대속도가 발생된다. 가속도가 항복가속도 보다 작더라도 블록 움직임은 **상대속도가 영**이 될 때까지 지속된다. 가속도가 항복가속도를 초과하면 다시 미끄러진다 (그림 8.11).

지반진동에 의한 **가속도 - 시간 이력**을 알고 **항복 가속도 크기**를 알면 적분할 수 있다. 모든 변위는 내리막 방향으로만 발생 (오르막 방향 변위는 무시) 한다고 가정한다 (Jibson, 1993 ; Kramer, 1996 ; Kramer/Smith, 1997). **항복 가속도**는 한계 평형상태 비탈지반 안정해석에 적용하고, **항복지진계수** $k_y = a_y/g$ (seismic yield coefficient) 로 나타내며 활동블록해석에 적용한다.

a) 실제 비탈지반   b) 활동블록

그림 8.10 지진 시 비탈지반의 영구변위 계산

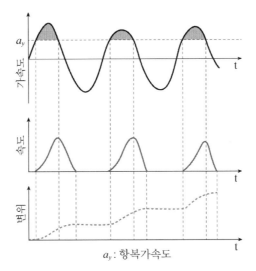

그림 8.11 영구변위 계산을 위한 가속도 - 시간이력 이중적분 ; a_u ; 항복가속도

항복 지진계수 k_y 는 유사 정적 비탈지반 안정해석에서 안전율 1 일 때의 지진계수이며, 전통적인 비탈지반 안정해석법으로 구한다. 지진계수가 최소치가 되는 **활동면**을 찾는다. 이 활동면은 정적 안전율이 최소치가 되는 활동면이 아니다.

$$k_y = a_y/g \tag{8.17}$$

Newmark 활동 블록이론에서는 지반진동에 의한 비탈지반 변위가 안전율 1 이하일 때 발생한다고 가정하고 변위를 구했다. **항복 가속도** a_y (안전율 1 인 가속도) 는 한계평형해석하여 정할 수 있다.

영구변위 d 는 항복가속도 a_y 를 초과하는 가속도 ($a > a_y$, 그림 8.11 빗금 부분)를 2 번 적분하여 구한다. 최대가속도 a_{max} 이고 항복가속도 초과 지속기간이 Δt 이면 **영구변위** d 는 다음이 된다.

$$d = \frac{1}{2}\left(a_{max} - a_y\right)\Delta t^2 \frac{a_{max}}{a_y} \tag{8.18}$$

2) Makdisi-Seed 방법

활동 파괴블록의 평균가속도는 댐의 활동 파괴면에 작용하는 **깊이별 가속도를 적분**하여 구할 수 있다 (Chopra, 1966). 흙 댐과 제방의 영구변위는 Chopra 방법과 Newmark 활동 블록이론을 적용하여 계산할 수 있다 (Makdisi-Seed, 1978). 즉, 비배수 강도의 80 % 를 적용하고 한계 평형 해석 하여 항복 가속도를 계산하고, **깊이별 가속도** (그림 8.12) 를 적용하고 평균 가속도를 구해서 **영구변위**를 계산한다. Makdisi-Seed (1978) 는 다양한 지진기록과 댐에 대해서 수치해석을 수행하여 **비탈지반의 높이에 따른 최대가속도비 관계** (그림 8.13) 를 제안하였다. 그림 8.13 을 이용하여 주어진 비탈지반 고유주기, 최대가속도, 항복가속도에 대한 영구변위를 계산할 수 있다.

흙 댐과 제방의 고유주기 T_1 는 Gazetas (1982) 의 **전단 빔 이론**으로 계산할 수 있다 (단, $\overline{V_s}$ 는 평균 전단파속도, H 는 댐의 높이).

$$T_1 = \frac{2\pi H}{2.404}\overline{V_s} \tag{8.19}$$

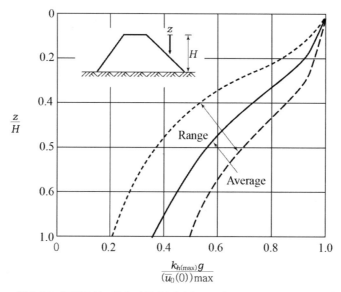

그림 8.12 비탈면의 높이에 따른 최대가속도비 (Makdisi-Seed, 1978)

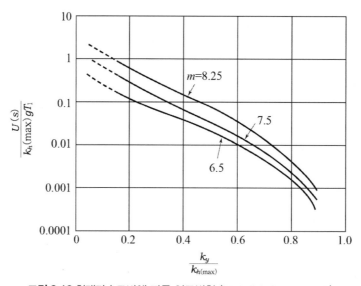

그림 8.13 최대가속도비에 따른 영구변형 (Makdisi-Seed, 1978)

8.7 지진 후 약화된 비탈지반의 안정

동하중이 작용하면, **비탈지반은 액상화**(전단강도 소멸) 되거나, **전단파괴**(강도 초과 응력 발생) 되거나, (액상화되거나 전단파괴되지 않아도) **전단강도가 감소**되어 **안정성이 저하**되거나 **변형**된다.

지진 시 **액상화되지 않거나 전단파괴되지 않은 비탈지반**에서 동하중에 의한 **전단강도 감소를 추정** (8.7.1 절) 하고, 감소 전단강도를 적용하여 **지진 후 비탈지반의 활동파괴 안정을 검토** (8.7.2 절) 한다.

8.7.1 지진 후 지반의 감소 전단강도 추정

지진이 발생하면 **지반의 전단강도가 비배수 궁극 전단 강도로 감소**되어 비탈지반이 전단파괴 (또는 액상화) 되거나 전단파괴 (또는 액상화) 에 근접한 상태로 변화된다. **지진 시에 생존한 비탈지반의 지진 후 활동파괴 안정**은 감소 전단강도를 적용하여 검토한다. 이때 **감소 전단강도는 액상화 지반**이면 **액상화 안전율**로부터 추정하고, **비액상화 지반**이면 **표준 관입저항치**나 **간극비로부터 추정**한다.

1) 액상화 지반의 전단강도 감소 추정

지진 등 동하중에 의하여 증가된 **지반의 동적 전단응력** (τ_{ds} ; Cyclic Shear Stress) 이 **액상화 유발 동적 전단강도** (τ_l ; CSSRL ; Cyclic Shear Stresses Required to cause Liquefaction) 를 **초과**하면 지반이 **액상화**된다.

액상화 지반의 **액상화 안전율** η_{LQ} (factor of safety against liquefaction ; **동적 전단응력** τ_{ds} 와 **액상화 발생 동적 전단강도** τ_l 의 비) 를 이용하면, **동하중에 의한 액상화 발생 예측**은 물론 동하중에 의한 **지반 전단강도의 감소 정도**를 산정할 수 있다. **액상화 발생 동적 전단강도** τ_l 을 **액상화 안전율** η_{LQ} 로 나누면 **동하중에 의한 지반의 동적 전단응력** τ_{ds} 이 된다.

액상화 전단강도는 **액상화 동적 전단강도 비** (Liquefied Shear Strength Ratio, **액상화 발생 동적 전단 강도** τ_l 과 **초기 유효 연직압력** σ_{vo}' 의 비) – **콘 저항치** q_{c1} 관계로부터 구할 수 있다 (Olson/Stark, 2002).

2) 비액상화 지반의 전단강도 감소 추정

지반의 **궁극 전단강도**는 **한계 간극비** (critical void ratio) 상태 전단강도이며, **비액상화 지반**에서 지진에 의해 **감소된 비배수 궁극 전단강도**는 다음 방법으로 추정한다.

- 깨끗한 모래에서 **비배수 궁극 전단강도**는 **수정 표준 관입저항치** N_1 (Seed/Harder, 1990) 에서 구하거나, **비배수 궁극 전단강도 비** (비배수 궁극강도와 초기 유효 연직응력의 비, 즉 **등가** c/p **비**) 와 **수정 표준 관입 저항치** N_1 의 관계 (Stark/Mesri, 1992) 로부터 추정한다.
- 지반의 **궁극 전단강도**는 **궁극 전단강도 – 간극비 관계**로부터 구할 수 있다 (Poulos et al., 1985).

8.7.2 지진 후 비탈지반의 활동파괴 안정검토

지진이 발생하면 대부분 **지반이 이완되어 약화**되므로 비탈지반의 안정성이 저하된다. 따라서 지진에 의해 파괴되지 않은 비탈지반에 대해서도 안정성을 검토해야 한다. **지진 후 비탈지반의 안정성**은 지진에 의해 **감소된 전단강도**를 적용하고 **전통적 정적 비탈지반 안정해석**을 수행하여 판정한다.

지진 후 비탈지반의 안전율은 **활동 파괴면**에 (반복하중 영향을 반영한) **비배수 전단강도** (또는 배수 전단강도나 비배수 전단강도 중에서 작은 강도) 를 적용하고 계산한다. 활동 파괴면에 대해 비배수 전단강도를 적용할 때는 **전 응력**을 적용하고, **배수 전단강도**를 적용할 때는 **유효응력**을 적용한다.

지반의 비배수 전단강도는 지진 시에 최소치가 되었다가, 지진 후 시간이 지남에 따라서 점차로 회복된다.

전단 시 **다일러턴시 현상**이 발생되는 지반에서는 지진 후 시간경과에 따라 (간극 내 물이 배수되고, 간극수가 수압이 낮은 곳으로 이동하여) 지반의 전단강도가 감소된다.

지진 직후의 비배수 강도를 적용하여 계산한 안전율은 부분배수 및 간극수압 재배분이 일어나면, 크게 감소될 수 있다 (Seed, 1979 ; Lower San Fernando Dam).

지진 후 비탈지반의 안정성은 **2 단계로 계산**한다. 즉, **지진 직후의 전단강도**를 적용하여 **비탈지반의 활동파괴 안정성**을 계산하고 (**1 단계**), **지진 후에** (다양한 원인으로 인하여) **전단강도가 감소되는 경우**에는 **감소 전단강도**를 추정하고, 이를 적용하여 **지진 후에 저하된 비탈지반의 활동파괴 안정성**을 계산한다 (**2 단계**).

1 단계 : 지진 후 비탈지반의 정적 안정성은 지진에 의해 감소된 **지반강도**를 적용하고 **정적 비탈지반 안정해석**방법을 적용하여 판정한다. 이때에 **저배수성** 지반이면 (반복하중에 의한 영향을 반영한) **감소 비배수 전단강도 정수**를 적용하고, **배수성** 지반이면 유효응력과 **배수 전단강도 정수**를 적용한다.

2 단계 : 지진 후에 배수 등 다양한 원인으로 인해 **전단강도가 감소**되는 지반에서는 지진 후 감소 전단강도를 추정하고, 이렇게 추정한 감소 전단강도를 적용하여 2 단계 해석한다. 비배수 강도와 배수강도 (또는 부분 배수강도) 가 비탈지반의 안정에 영향을 미치는 경우에는 **배수 전단강도** 또는 **비배수 전단강도 중에서 작은 값**을 적용한다.

완전 배수 전단강도는 각 절편의 활동면에서 추정한다. 배수성 지반이면 1 단계 안정해석에서 구한 전 수직응력과 완전 배수 후의 간극수압을 바탕으로 **추정**하며, 저배수성 지반에서는 각 절편의 활동면에서 **추정**한다.

제 9 장 비탈지반의 3차원 거동

9.1 개 요

규모가 작은 비탈지반은 (지반이 균질하면) 대체로 2 차원 형태로 파괴된다. 그러나 비탈지반은 규모가 클수록 지반의 **불균질성**과 **비등방성**에 의한 영향이 커져서 **3 차원 거동**하는 경향이 뚜렷해진다. 비탈지반 파괴체가 얕은 깊이로 길게 형성되면 활동 파괴체의 시점과 종점의 영향을 고려하지 않고 2 차원 모델을 적용하여 안전율을 산정할 수 있고, 이런 경우에는 대개 보수적인 안전율이 구해진다.

비탈지반은 대표적 **평면 변형률** 문제이므로, 대부분 2 차원으로 안정해석한다. 그러나 **지반상태**나 **외력 재하**상태 또는 비탈지반의 **규모**나 **형상**에 따라 3 차원 파괴가 발생할 수 있다.

비탈지반의 3 차원 파괴는 비탈지반이 **높고 가파르거나**, 지반이 **불균질**하거나, **외력**이 국부적으로 작용하거나, **비탈지반의 형상**이 특이할 때에 발생된다. 불균질한 **경성 지반** (암 지반) 이나 **강성이 큰 지반**에서는 **취약한 지층**이나 **불연속면**을 따라 3 차원 블록형태로 파괴되는 경우가 많다.

비탈지반의 3차원 파괴거동 (9.2 절) 을 해석하기 위해 (2 차원 절편법을 확장한) **비탈지반의 3 차원 절편법** (9.3 절) 이 오래전부터 개발되어 왔으나 아직까지 실용화되지 않고 있다.

비탈지반은 그 종류 (큰 비탈, 비탈면, 단구) 에 따라 다양한 형태로 **3 차원 파괴**가 발생하며, 파괴형상이 실제에 가까울수록 계산이 복잡해지기 때문에 실무에서는 **형상을 단순화**할 때가 많다. 여기에서는 **비탈면의 3 차원 파괴거동**으로 대표하여 비탈지반의 3 차원 파괴거동을 설명한다.

비탈면에서 3 차원 파괴체를 단일 파괴체로 단순화하여 안정을 검토하는 방법을 **비탈면의 3 차원 단일 파괴체법** (9.4 절) 이다. 즉, **평면 활동면**으로 구성된 **4 면체형**이나 **5 면체형의 쐐기형 단일 파괴체** 또는 원통 뿔형이나 원통 곡뿔형의 **원통 곡뿔형 단일 파괴체**에 대해 암반 비탈의 블록파괴에 대한 안정검토 방법을 적용하고 3 차원 단일 파괴체에 3 차원 힘의 평형을 적용하여 안정성을 해석한다.

9.2 비탈지반의 3차원 파괴거동

비탈지반의 3차원 파괴거동을 해석하기 위한 **비탈지반의 3 차원 해석**은 1970 년대부터 시도되었고 (Baligh/Azzouz, 1975 ; Hovland, 1977), 1990 년대의 후반부터 본격적으로 연구되었다 (Koerner /Soong, 1998 ; Mitchell, 1993 ; Duncan, 1996 ; Stark/Eid, 1997). 그러나 연구결과를 실무에 적용하기에는 연구된 것이 아직은 많이 부족한 상황이다.

비탈지반의 2 차원 파괴거동을 정역학적으로 해석하려면 전부 4 개 식, 즉 3 개 평형식 (2 개 방향의 힘의 평형식과 1 개 축 방향의 모멘트 평형식) 과 **1 개의 파괴조건식 (Mohr−Coulomb 파괴조건식)** 이 필요하다. 반면 **비탈지반의 3 차원 파괴거동**을 정역학적으로 해석하려면 전부 7 개 식, 즉 6 개의 평형식 (3 개의 힘의 평형식과 3 개의 축방향 모멘트 평형식) 과 한 개 파괴조건식이 필요하다.

3 차원 비탈지반 안정해석을 위해 전산 **프로그램**들이 몇 가지가 개발되었으나 상용화되어 보급되어 있는 것은 많지 않다. 그것은 이론적 뒷받침이 아직까지 부족하고, 비탈지반의 3 차원 안정해석에 대한 지반공학 기술자의 관심과 수요가 적기 때문이다.

비탈지반 안정은 **평형조건**과 **파괴조건** 및 **적합조건**을 만족하는 상태에서 검토해야 한다. 그중에서 평형조건과 파괴조건은 비탈지반의 형상과 경계조건 및 지반상태를 알면 문제없이 적용할 수 있으나 적합조건을 충족시키는 조건은 검증하기가 쉽지 않다.

2 차원 상태 비탈면에서는 **직선**이거나 **원형** 또는 **대수나선**으로 활동파괴되면 적합조건이 충족된다. 그러나 **3 차원 비탈면**에서는 적합조건을 충족하는 활동파괴면을 찾기 쉽지 않으므로 **2 차원 파괴형상** (대개 **평면**이나 **원통면**)을 기본으로 하고 있다.

정역학적 3 차원 비탈지반 해석의 개념과 원리 및 수행 방법은 2 차원 비탈지반의 해석과 거의 동일하지만, 2차원 해석과 비교하면 다음과 같은 특징이 있다.

- 3 차원 해석에서 구한 안전율은 2 차원 해석해서 구한 안전율 보다 항상 더 크다. 즉, 2 차원 안정해석은 안전측이다.
- 3 차원으로 역해석하면 작은 강도가 산출된다.
- 3 차원 효과는 점착성 지반 ($c > 0$) 에서 두드러지며, 비점착성 지반 ($c = 0$) 에서 적다.
- 3 차원 해석에 적용할 수 있는 3 차원 파괴면의 형상은 현장에서 구하기가 어렵다.
- 3 차원 지반모델을 개발하고 전산화 코딩하기가 복잡하다.

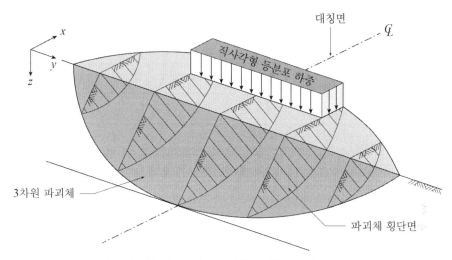

그림 9.1 직사각형 등분포 하중의 재하에 의한 비탈면의 3차원 파괴

비탈지반의 3차원 해석에서는 **적합조건에 맞는 파괴면 형상을 선정**하는 것이 가장 어려운 일이다.

비탈지반의 2차원 해석에서는 파괴체가 활동 파괴면을 따라 하부 쪽으로 활동하므로, **2차원 절편**은 바닥면에서 한방향으로만 상대적 운동하므로 활동거동이 단순하다.

그러나 **비탈지반의 3차원 파괴체**는 바닥면에서 여러 방향으로 상대적으로 운동하므로 **활동거동이 매우 복잡**하며, 3차원 파괴체 바닥면의 상대적 운동은 **운동학(Kinematics)을 고려**해서 해석할 필요가 있다.

비탈지반을 3차원 해석하기 위해 3차원 절편법 등 다양한 방법들이 개발되어 적용되고 있으나, 비탈지반의 3차원 거동해석은 **3차원 운동요소법**(3D-KEM, 3 Dimensional Kinematical Element Method) 이 적용할 만하다. 3차원 운동요소법은 **힘과 모멘트 평형**은 물론 **요소 간 상대운동**(Kinematics)을 고려 하기 때문에 비탈지반의 3차원 거동해석에 적합하다. 따라서 장차 비탈지반의 안정해석에 주도적으로 적용될 것으로 예상된다.

비탈지반 배후의 지표면에 **한정된 면적**에 **큰 하중**이 작용하거나 (그림 9.1), 비탈지반에서 **지반의 특성** (특히 강도특성) 이 국부적 편차가 심하거나 **비탈지반 길이**가 짧을 때는 **파괴체의 측면 지지효과** 가 있기 때문에 비탈지반의 길이방향으로 단면의 크기가 변하는 형상으로 **3차원 파괴체가 형성**된다. 원통형 파괴체 측면의 지지 효과가 길이방향으로 선형적으로 감소하면 뿔형 (그림 9.3c) 이 되고, 비선형적으로 감소하면 곡뿔형 (그림 9.3d) 이 된다. 쐐기형 파괴체 측면에서는 선형적으로 감소하는 긴쐐기 (그림 9.3.6) 가 된다.

9.3 비탈지반의 3차원 절편법

비탈지반에 대한 **3 차원 절편법**은 2 차원 절편법을 확장한 것이다. **3 차원 절편**은 대개 사각형 단면 기둥요소이며, 바닥면, 즉 3 차원 곡면 활동면을 따라서 활동한다. 3 차원 절편에는 6 개의 평형식 (즉, 힘 평형식 3 개, 모멘트 평형식 3 개) 을 적용하고, 바닥면에는 파괴조건식을 적용한다 (Hovland, 1977 ; Dennhardt, 1986).

3 차원 절편 바닥면 형상은 두 가지 형상, 즉 **비탈지반 주향에 수직한 방향의 형상**과 **주향에 평행한 방향의 형상**을 생각하며, 두 경우 모두 **절편 바닥면의 수직응력 분포를 가정**한다.

3 차원 파괴체가 충족시켜야 할 **6 개 평형조건**은 다음과 같다.

힘의 평형식　　：　$\sum X = 0, \sum Y = 0, \sum Z = 0$
모멘트 평형식　：　$\sum M_x = 0, \sum M_y = 0, \sum M_z = 0$ (9.1)

비탈지반 길이방향, 즉 3 차원 파괴체가 y **축에 대해 대칭형**이면 충족시켜야 할 **평형조건**이 다음 **3 개로 감소**되므로 평형조건이 3 개이면 안정해석이 가능하다.

x, z **방향 힘의 평형**　：　$\sum X = 0, \ \sum Z = 0$
y **축 중심 모멘트 평형**：　$\sum M_y = 0$ (9.2)

미지수는 **안전율** η 와 활동면상 수직응력 σ 의 분포이다. 그런데 **수직응력 분포**를 다음 같이 가정하면, **미지수**가 3 개 (안전율 η, k_1, k_2) 이므로 위 **3 개 평형식** (식 9.2) 에서 안전율을 구할 수 있다.

$$\sigma = k_1 f(\eta, \ k_1, \ k_2)$$ (9.3)

위 함수 f 는 실제 비탈지반에 적합해야 하며, 활동면을 회전면으로 간주하여 **최소 안전율** $\eta_{\min}$ 을 구할 수 있다. 균질 지반에서는 그림 9.2 와 같은 파괴체를 적용하고 3 차원해석 해도 무리가 없다.

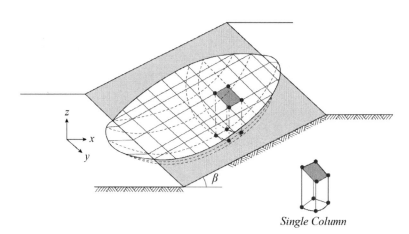

그림 9.2 비탈지반의 3 차원 파괴와 3차원 절편

9.4 비탈면의 3차원 단일 파괴체법

비탈면의 3차원 거동은 2차원 단일 파괴체를 3차원으로 확장한 모델을 적용하여 해석할 수 있다. 즉, (평면을 따라 평행이동 활동하는) 5면체 흙 쐐기 (역삼각형 단면) 나 (원호를 따라 회전 활동하는) 원통형 파괴체에 대해 다음 두 가지 방법으로 3차원 효과를 나타낸다.

방법 ① : 흙쐐기나 원통형 파괴체의 양쪽 측면에 측면 전단저항력을 적용한다.

방법 ② : 흙쐐기나 원통형 파괴체의 양쪽 측면에 붙어 있는 측면 파괴체를 가정하고 **측면 파괴체 바닥면 전단저항력**을 적용한다.

5면체 흙 쐐기 양 측면에서 전단저항력을 적용하는 **방법 ①**에서는 **측면 전단저항력을 직접 고려**하여 3차원 효과를 나타내거나, 측면 전단저항력의 **연직성분 만큼 파괴체 자중을 감소**시켜 3차원 효과를 나타내는 방법이 있고, 이는 『토압론』(이상덕, 2016 ; 9.4절) 을 참조한다.

여기에서는 5 **면체 흙 쐐기**나 **원통형 파괴체**의 양 측면에 붙은 측면 파괴체를 가정하고, **측면 파괴체 바닥면**에 **전단저항력**을 적용하여 3차원 효과를 나타내는 **방법 ②**를 설명한다.

방법 ②에서 3차원 효과는 5 **면체 흙 쐐기**나 **원통형 파괴체**의 측면에서 멀수록 감소하므로, 측면 파괴체는 흙쐐기나 원통형 파괴체의 양측면에서 멀수록 단면이 작아지는 뿔 모양이 된다. 결국 흙쐐기 측면으로 사면체 뿔 모양 파괴체가 붙어서 5면체 긴 쐐기가 되고 (그림 9.3b), 원통 파괴체 측면에 원뿔 모양 파괴체가 붙어서 원통-원뿔형 파괴체 (그림 9.3c) 가 되고, 곡뿔 모양 파괴체가 붙어서 원통-곡뿔형 파괴체 (그림 9.3d) 가 된다. "

비탈면의 3차원 안정해석에 그림 9.3 과 같은 다양한 형태의 **3차원 단일 파괴체**를 적용할 수 있다. 즉, **평면 활동면**으로 구성된 **4면체형**이나 **5면체형의 쐐기형 단일 파괴체** (9.4.1 절) 또는 원통 뿔형이나 원통 곡뿔형의 **원통 곡뿔형 단일 파괴체** (9.4.2 절) 를 적용할 수 있다. 그밖에도 더 다양한 형상을 생각할 수 있으나, 형상이 복잡할수록 계산이 복잡해지기 때문에 실무에서는 그림 9.3 과 같이 단순한 형상을 적용하는 경우가 많다.

9.4.1 쐐기형 단일 파괴체

평면으로 구성된 4면체 쐐기 (그림 9.3a) 나 5면체 쐐기 (그림 9.3b) 형상의 **쐐기형 단일 파괴체**를 가정하고 안전율을 계산할 수 있다. 이때에는 파괴체의 바닥면이 활동면이 되며, **활동방향**은 두 개 바닥면이 교차되는 선의 방향이다.

평면으로 구성된 쐐기형 단일 파괴체는 회전하지 않고 평면을 따라 미끄러지기 때문에 연직 및 수평방향 힘의 평형식을 적용하여 **안전율**을 계산한다.

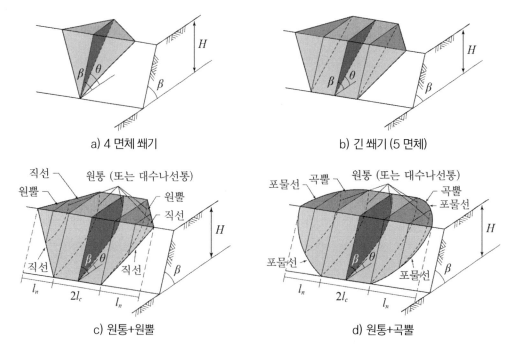

a) 4 면체 쐐기

b) 긴 쐐기 (5 면체)

c) 원통+원뿔

d) 원통+곡뿔

그림 9.3 비탈면의 3 차원 단일파괴체

9.4.2 원통 곡뿔형 단일 파괴체

비탈면의 3차원 안정성은 **원통 곡뿔형 3차원 단일 파괴체**를 적용하고 안전율을 계산하여 평가할 수 있다. **원통 곡뿔형 3차원 단일 활동 파괴체**는 중앙부가 원통형 실린더이고 양측으로는 원뿔 (그림 9.3c) 또는 곡선 뿔 (그림 9.3d) 이 붙어 있는 형상으로 대칭이고, 실린더와 원뿔 (또는 곡선 뿔) 이 분리되지 않고 일체로 같은 축을 공유하고 회전 운동한다고 가정한다.

이 방법은 2 차원 단일 파괴체를 3 차원 단일 파괴체로 확장한 것이며, 실제 현장에서 발생하는 3 차원 비탈면 파괴형상을 앞 절의 쐐기형 단일 파괴체 형상 (9.4.1 절) 보다 더욱 더 근사하게 묘사한 것임에도 불구하고 계산이 비교적 용이하다는 장점이 있다.

원통 곡뿔형 3 차원 파괴체는 실린더와 원뿔 (또는 곡선 뿔) 이 분리되지 않고 일체로 회전활동 하기 때문에, 작용하는 힘에 대해 **연직방향 힘의 평형식**을 적용할 수 있고, 모멘트에 대해 원통형 실린더의 중심에 대한 **모멘트 평형식**을 적용할 수 있다.

원통 곡뿔형 3 차원 단일 활동 파괴체 (Baligh/Azzouz, 1975) 는 그 중앙부준이 **원통 실린더** (길이 $2l_c$) 이고 양쪽 끝은 **원뿔** (길이 l_n) 형상이며, 2 차원 원호활동 단일 활동 파괴체를 간단하게 3 차원 으로 확장한 형상이다.

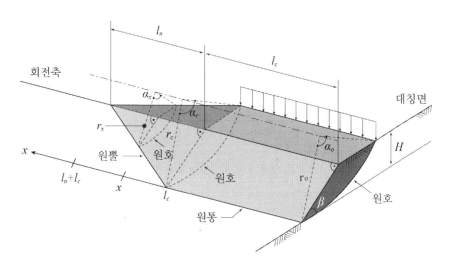

그림 9.4 비탈면의 3차원 단일파괴체 (Baligh/Azzouz, 1975)

원통 실린더와 곡뿔 부분의 **회전축이 일치**하므로 (그림 9.4), **하나의 모멘트 평형식**을 적용할 수 있다. 따라서 **평면변형률** 조건으로 간주하고 **활동면이 원호**인 2차원 단일 활동 파괴체에 대한 Fröhlich (그림 9.5) 의 식을 적용할 수 있다.

활동파괴에 대한 안전율 η 는 저항모멘트 M_r 과 활동모멘트 M_d 의 비이므로 다음 식이 된다.

$$\eta = \frac{M_r}{M_d} = \frac{R_\phi r_\phi + C r_c}{R\,a}$$

$$= \frac{\frac{1}{2}R\,r\tan\phi'\cos\overline{\delta}\left(1 + \frac{a}{\sin\alpha}\right) + 2\,c'a\,r^2}{R\,a}$$

(9.4)

위 R_ϕ 는 3차원 비탈면 활동 파괴체에서 마찰 저항력이고, r_ϕ 는 마찰 저항력 R_ϕ 의 팔 길이이며,

$$R_\phi = R\tan\phi'\cos\overline{\delta}\,r_\phi$$

$$r_\phi = \frac{1}{2}(r + r_c) = \frac{1}{2}r\left(1 + \frac{a}{\sin\alpha}\right)$$

(9.5)

C 는 **활동파괴면의 점착 저항력**이며, 원호 활동파괴면의 호의 길이로부터 계산하고, r_c 는 **점착 저항력** C **의 팔의 길이**를 나타낸다.

$$C = 2c'r\sin\alpha$$

$$r_c = r\frac{a}{\sin\alpha}$$

(9.6)

그런데 위에서 R 은 3차원 단일 파괴체의 활동력으로 작용하는 외력이며 그 팔의 길이는 a 이고, α 는 원호 **활동면 사잇각**의 절반각이며, r 은 원호 활동파괴면의 반경이다. $R, r, a, \bar{\delta}, \alpha$ 가 비탈면 주향방향으로 단면을 따라 (그림 9.4) 좌표 x 에 따라 변하므로 좌표 x 의 함수로 나타낼 수 있다.

$$R = R(x), \; r = r(x), \; a = a(x), \; \bar{\delta} = \bar{\delta}(x), \; \alpha = \alpha(x) \tag{9.7}$$

따라서 **원호 활동파괴에 대한 비탈면의 안전율** η 은 **활동모멘트** $M_d(x)$ 과 **저항모멘트** $M_r(x)$ 을 적분하여 계산할 수 있다.

$$\eta = \frac{\int_{-l_n}^{l_c} M_r(x)}{\int_{-l_n}^{l_c} M_d(x)} = \frac{\frac{1}{2}\tan\phi' \int_{-l_n}^{l_c} Rr\cos\bar{\delta}\left(1 + \frac{a}{\sin\alpha}\right)dx + \frac{a}{\int_{-l_n}^{l_c} ar^2\,dx}}{\int_{-l_n}^{l_c} R\,a\,dx} \tag{9.8}$$

위 식에서는 파괴체 양단 (원뿔) 의 x 축에 대한 **활동파괴면 경사**를 고려하지 않았으나, 그 결과는 안전측이며, **하한계** (lower bound) 에 속한다.

원통형 실린더의 회전 중심축의 위치 외에도, 중앙부 원통형 실린더의 반경 r 과 양측 원뿔의 길이 l_n 을 변화시켜서 최소 안전율 $\eta_{\min}$ 을 찾아낼 수 있다.

이와 같은 방법으로 Baligh/Azzouz (1975) 는 한정된 길이의 띠 하중이 점성토 비탈면 배후지반 지표면에 작용하는 경우에 대해 **점성토 비탈면의 안정성**을 연구하였다.

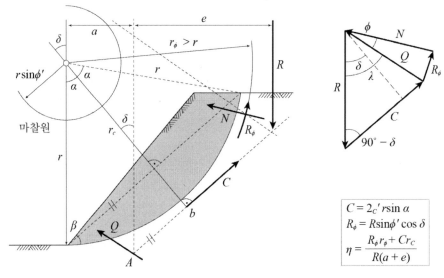

그림 9.5 Fröhlich 의 비탈면 안정해석 (원호 활동파괴)

제 10 장 비탈지반의 한계상태 안정

10.1 개 요

지반의 안정성은 대개 한계상태에서 지반의 최대 저항을 기준으로 판단한다. **지반의 한계상태** (10.2 절) 는 **3 가지 항목**, 즉 안정성 (극한 한계상태) 이나 사용성 (사용 한계상태) 또는 사고 등 **극단 상황** (극단 한계상태) 에 대한 한계상태를 생각한다.

한계상태 설계에서는 **허용응력 설계**와 유사한 결과가 산출될 수 있는 **설계 기본변수** (10.3 절) 를 적용한다. **설계 기본변수** (하중 , 재료강도 , 구조물 치수)는 **부분안전계수** (부분계수) 를 이용하여 설계 값으로 변환해서 적용한다. 지반 특성 값은 경험 값이나 표준도표에서도 결정할 수 있다.

구조물 재료의 저항능력은 재료가 파괴되지 않고 하중에 대해 저항할 수 있는 능력이다. **구조물 재료성질**은 강도, 탄성계수, 항복응력, 항복 (파괴, 최대, 극한) 변형률 등이 적용된다. **구조물 치수**는 **변동성**이 매우 작기 때문에, **도면 치수**를 **공칭 값**으로 간주하고 **설계 값**으로 사용할 수 있다.

한계상태 설계의 **기본 개념** (10.4 절) 으로는 **작용하중** , 작용하중에 대한 **저항능력**, **부담하중** (작용하중에 의한 영향), **연성** (부재손상이 없는 하중전이 능력), 작용하중 (또는 저항능력) 의 **특성 값**, (특성 값을 부분계수로 변화시킨) **설계 값**, 동시 다발 한계상태에 대한 **작용하중의 조합**, **저항능력의 안전등급**, 극한 한계상태 저항능력에 대한 **경우하중** 등이 있다.

안전율 개념 (10.5 절) 은 **글로벌 안전율 개념**과 **한계상태 부분안전율 개념** 및 **저항능력의 활용도 개념** 등이 있다. **과거 안전율 개념**, 즉 **글로벌 안전개념**에서는 최대 저항능력과 실제 작용하중 (및 부담하중)의 비를 안전율로 정의하며, 이는 작용하중 (및 부담하중) 의 개별적 차별성이나 저항능력의 개별 사정을 고려할 수 없으므로, **저항능력을 감소시켜 적용**한다. **한계상태 부분 안전 개념**에서는 (감소시킨) **설계 저항능력**이 (증가시킨) **설계 작용 (및 부담) 하중**을 초과하도록 설계한다.

한계상태 설계의 검증 (10.6 절) 은 계산모델 , 규범적 방법, 실험 및 재하시험, 관찰법 등으로 **극한 한계상태**와 **사용 한계상태**에서 설계저항능력의 설계작용하중 **초과 여부**를 판단하는 일이다. **안정성 수준**은 **저항능력 활용도** μ 로 확인한다. 설계 저항능력을 (활용도를 이용하여) 감소시켜서 설계 작용 하중과 등치하면, (한계상태 부등식이) 활용도 설계식으로 된다. 작용하중과 저항능력에 하나의 부분 계수를 사용하면, **활용도** μ와 **부분안전계수**로부터 **글로벌 안전계수** η 가 구해진다.

10.2 지반의 한계상태

지반 및 **구조물의 한계상태**는 안정성이 손상되는 **극한 한계상태** (10.2.1 절) 나 그 사용성이 문제가 되는 **사용 한계상태** (10.2.2 절) 및 사고 등에 의해서 발생되는 극단적 상황에 대한 **극단 한계상태** (10.2.3 절) 로 구분한다.

한계상태 설계에서는 3 개의 **설계 기본변수** (작용하중, 재료특성, 외형치수) 로부터 세부사항들을 결정하고, **하중을 조합**하여 **작용하중** (영구하중, 변동하중, 우발하중, 지진 하중 등) 을 결정한다.

사용기간 동안 구조물이 처한 조건 (**설계상황**) 은 **영구 상황** (정상사용), **일시적 상황** (시공 중 또는 보수 중), **우발 상황**, **지진 상황** (예외조건) 으로 구분한다.

지반설계의 위험도가 높으면 **완화조치** (위험도 낮춤작업) 하고, 그래도 위험도가 낮춰지지 않으면 완화조치를 추가하거나 프로젝트를 포기하거나 재설계한다.

10.2.1 극한 한계상태

극한 한계상태는 **하중 영향** 또는 **구조적 변형** (및 **재료파괴**) 에 의해 발생되며, 구조물의 일부 또는 전체에서 **평형손실**과 **구조적 파괴**로 인해 **기능 저하, 외형 손상, 인명손상, 재산 손실** 등이 생긴다.

극한 한계상태 지반은 **불안정 작용하중**이 **안정 작용하중**을 **초과하는 크기**로 작용하여 **불안정한 상태**이다. 안정성이 손상되지 않고 설계 값이 신뢰성을 확보하려면, 안정 (불안정) 작용하중, 재료특성, 저항능력, 기하적 파라미터 등에 대해 **극한 한계상태별로 다른 부분안전계수**를 적용한다.

극한 한계상태가 되면 대개 **다음이 발생**하고, **인명손상**과 **재산손실**은 물론 구조물의 **편리성과 기능 및 외형이 손상**된다.

- 구조물 중요부가 파괴되어 구조물의 국부적 (또는 전체적) 파괴를 유발
- 부재단면에 소성힌지 (소성 파괴메커니즘) 가 발생하거나 점진적 붕괴
- 구조물의 변형에 의한 불안정
- 사용하중의 반복재하로 피로에 의해 부재가 파손되어 붕괴

DIN 1054 에서는 **극한 한계상태 ULS**를 $GZ1$ 로 나타내며, 다시 3 가지의 경우로 구분한다. 즉, 구조물이 붕괴되지 않고 **평형이 손실**된 상태 ($GZ1A$; EOU 극한한계상태) 와 **구조물이나 구조부재가 파괴**된 상태 ($GZ1B$; STR 극한한계상태) 및 비탈면 파괴나 단구파괴처럼 **지반파괴** (및 이에 따라 지반이 지지하는 구조물의 파괴) 가 발생된 상태 ($GZ1C$; GEO 극한한계상태) 로 구분한다.

지반의 **극한 한계상태** ULS 는 안정성이 손상된 상태이며 손상원인에 따라 여러 가지로 분류한다. **지반의 안정성 손상**은 힘의 정적평형의 손상 (**EQU 극한 한계상태**), 과도한 변형이나 응력증가에 따른 구조적인 내부파괴 (**STR 극한 한계상태**), 지반파괴나 과다변형 및 이에 따른 지반지지 구조물의 손상 (**GEO 극한 한계상태**), 수압 (부력) 이나 양압력에 의한 평형손상 (연직평형만 고려) 및 과도한 변형 (**UPL 극한 한계상태**) 이 있다.

또한 동수경사에 의해서 발생되는 굴착저면의 수압융기 (히빙), 터널 등 지하공간으로 지하수가 유사와 함께 유입되는 내부침식, 파이핑, 세굴, 수압파괴 등 물과 관련되어 발생하는 극한 한계상태 (**HYD 극한 한계상태**) 가 있고, 구조부재나 구조물에 발생하는 피로파괴 (**FAT 극한 한계상태**) 가 있다.

1) EQU 극한 한계상태

EQU 극한 한계상태는 구조물 (또는 지반) 의 **작용 하중과 저항능력**이 이루고 있는 **정적 힘의 평형이 손상된 상태**이다. 주로 암반의 위에 설치되어 있고, 강체로 간주할 수 있는 구조물 (풍력 발전소 등) 이나 강성기초 또는 중력식 옹벽 등에 관련되어 나타나며, 지반 구조물에 발생하는 경우는 희귀하다.

EQU 극한 한계상태는 (구조물이 파괴되지 않고) 구조물의 정적 평형상태가 상실되어 발생되므로 재료강도가 주가 되지는 않는 상황이다. 지반공학에서는 굴착저면이 융기하거나 기초 수리파괴가 발생되는 경우나 인장재하 기초 (사장교의 앵커블록 등) 가 인발파괴되는 경우 등이 포함된다.

EQU 극한한계상태에 대한 안정성은 이용률 (utilization factor, **불안정 부담하중의 안정 부담하중에 대한 비율**) 로 검증하며, **이용률**이 100% 이하이면, 구조물이 **설계 요구조건**을 충족한다.

(1) 유리한 하중과 불리한 하중
EQU 극한 한계상태에서는 **유리한 작용하중**과 **불리한 작용하중**으로 구분하고, 굴착저면 하부로 깊게 주입하여 생긴 굴착저면 주입부에 작용하는 **수압**은 불리한 영구 작용하중이며, 주입 바닥과 그 상부 **포화지반 자중**은 유리한 영구 작용하중이다 (이때 유리한 임시 작용하중은 고려하지 않음).

지중벽체 **측벽 마찰 저항력**이나 부력앵커나 부력말뚝 등 **구조요소에 기인한 작용하중**은 (저항능력으로 간주하지 않고) **유리한 작용하중**으로 취급한다. DIN 1054 의 한계상태 $GZ\,1A$ 에 해당된다.

(2) 설계하중 계산
설계하중은 안정 설계하중과 불안정 설계하중으로 구분하여 계산한다.

안정 설계하중은 특성하중에 조합계수를 적용하여 변환한 **안정 대표하중**에 **부분안전계수** 적용하여 **변환**한 하중이다 {특성하중 → (조합계수) → 안정 대표하중 → (부분안전계수) → 안정 설계하중}.

불안정 설계하중은 **특성하중**을 조합계수로 변환시킨 **불안정 대표하중**을 다시 부분안전계수로 **변환**시킨 하중이다 {특성하중 → (조합계수) → **불안정 대표하중** → (부분안전계수) → **불안정 설계하중**}.

(3) EQU 극한 한계상태에 대한 안정성 검증

작용하중은 변화량이 작아도 **저항능력의 증진**에 미치는 영향이 상당히 크다. 그러나 **구조재료 및 지반의 강도**는 저항능력의 증진에 미치는 영향이 작기 때문에 중요하게 취급되지 않는다.

풍력 발전기나 코퍼 댐 등 높은 구조물에서도 전도 모멘트는 (구조물 중량에 의한) 복원 모멘트를 초과할 수 없다.

EQU 극한 한계상태에 대한 안정성은 **불안정 설계 부담하중**이 **안정 설계 부담하중**을 **초과하지 않으면** 확보된다. 불안정 설계 부담하중은 **작용하중** (안정 설계하중과 불안정 설계하중) 과 **설계치수** (공칭치수에 허용오차 가감한 값) 및 **재료특성**을 적용하고 구조 해석하여 구한다.

설계 불안정 (전도) 모멘트가 **설계 안정 (복원) 모멘트**를 초과하지 않는 경우에는 하중방향으로 **EQU 극한 한계상태**가 발생되지 않는다. **안정한 설계 부담하중**이 **설계 저항능력**을 추가할 수 있다. 이는 구조 재료나 지반의 강도가 저항능력 증진에 중요하지 않다는 사실과 상충된다.

EQU 극한 한계상태에 대한 **이용률**은 불안정 부담하중의 안정 부담하중에 대한 비율이며, 이용률이 100% 이하이면, 구조물이 설계 요구조건을 충족한다.

2) STR 극한 한계상태

STR 극한 한계상태가 되면 구조물이 **내적 파괴** (파열) 되거나 지지 지반의 파괴로 인하여 **과도하게 변형**되어 (앵커 로드의 파괴처럼) 구조부재 재료가 파괴되는 상태이다. 따라서 STR 극한 한계상태 에서는 **재료 강도**가 그 거동에 대해 지배적이다. 단면크기는 특성 작용하중으로 계산한다. DIN 1054 에서 정의하는 한계상태 $GZ\,1B$ 는 STR 극한 한계상태와 같은 상태이다.

특성 작용하중 (앵커력, 토압 등) 에 대해 **특성 부담하중**과 **특성 저항능력**을 구한다. **특성 저항능력**은 지반 전단저항 (**감소 전단강도정수**를 적용하지 않고 **특성 전단강도정수**로 계산) 이나 구조부재 전단 저항 (앵커 인발저항력, 앵커 인장부재 강도, 앵커력 등) 에 의해 생긴다.

STR 극한 한계상태는 **설계 부담하중**이 **설계 저항능력**을 초과할 때나, **최대 설계 휨모멘트**가 **최소 설계 휨 저항모멘트**를 초과할 때 발생된다. 따라서 STR 극한 한계상태검증은 (특성부담하중에 부분 안전계수를 곱한) 설계부담하중과 (특성저항능력을 부분안전계수로 나누어 구한) **설계 저항능력**을 비교하여 검토한다.

STR 극한한계상태에 대한 **이용률** (즉, 설계 부담하중과 설계 저항능력의 비) 이 100 % 이하이면, 설계 요구조건이 충족된다. 이용률이 100 % 를 초과하면, 구조물이 붕괴되지 않더라도 그 신뢰성은 떨어진다.

3) GEO 극한 한계상태

GEO 극한 한계상태는 지반의 전단파괴나 과도한 변형에 따라 비탈면(또는 단구)이 이를 지지하는 구조물을 포함한 채 활동파괴 (지반파괴) 되는 상태이다. DIN 1054 의 한계상태 $GZ\,1\,C$와 같다.

크기를 변화시킨 **작용하중**과 **저항능력**으로 정역학적 계산을 수행한다. 특성 전단강도정수는 설계 전단강도정수로 감소시키고, 특성작용하중은 부분안전계수를 이용하여 설계 작용하중으로 증가시킨다 (설계 작용하중의 증가는 변동 작용하중에서만 발생한다. 영구 작용하중에서는 대체로 모든 경우 하중에 대해서 부분안전계수가 1.0 이다). 원호 활동할 경우에는 설계 전단강도정수로 계산한 **활동저항 모멘트**가 설계 작용하중에 의한 **활동유발 모멘트**보다 항상 커야 한다.

4) UPL 극한 한계상태

UPL 극한 한계상태는 수압 (부력) 이나 양압력에 의해 **구조물 및 지반의 평형이 손실**된 상태이다. 기초 바닥면의 **상향력**이 **저항력** (구조물의 중량과 기초 측벽 전단력의 합력) 을 초과하거나, 굴착 저면의 부력이 굴착지반 중량을 초과할 때에 발생된다.

구조물 및 지반이 양압력에 대해 안정하려면 **불안정 설계 연직하중** (불안정 설계 영구 연직하중과 불안정 설계 변동 연직하중의 합) 이 **안정 설계 연직 저항능력** (안정 설계 영구 연직하중과 안정에 유리한 설계 저항능력의 합) 을 초과하지 않아야 된다.

(1) 불안정 설계 연직하중

불안정 설계 연직하중은 **불안정 설계 영구 연직하중** (불안정 특성 영구하중과 부분 안전계수의 곱) 과 **불안정 설계 변동 연직하중** (불안정 특성 변동하중에 부분안전계수와 조합계수의 곱) 의 **합**이다.

(2) 안정 설계 연직 저항능력

안정 설계 연직 저항능력은 **안정 설계 영구 연직하중**과 안정에 유리한 **설계 저항능력의 합**이다. 양압력 저항능력이 안정 설계 영구 연직하중이면, 유리한 설계 저항능력은 '영'을 적용한다.

저항능력을 유리한 작용하중으로 간주할 때에는 재료강도를 부분안전계수로 나누고, **저항능력**으로 간주할 때에는 안정 영구 작용하중에 부분안전계수를 곱한다.

(3) 안정 설계 연직하중

안정 설계 연직하중은 안정 특성 영구하중에 해당 부분안전계수를 곱한 크기이다 (그런데 이 식은 불안정할 수 있는 특성 변동하중의 항이 없다). **설계 저항능력**은 설계 물성 값이나 특성 물성 값에서 구한다. **설계치수**는 공칭치수에 허용오차를 더하거나 빼서 구한다.

5) HYD 극한 한계상태

HYD 극한 한계상태는 침투에 의하여 지반 내에서 **수압파괴 (수압융기**나 **내부침식** 또는 **파이핑**) 가 발생되는 상태이다. 지반에 근입된 벽체 전후 지반의 수두차로 인한 전면 지반의 과다 융기와 지중 구조물에서 흙의 내부 침식을 방지해야 한다.

(1) 수압융기 (hydraulic heave)

흙막이 벽체 전 후 지반에서 수두차로 인해 벽체 배후지반 (하향) 과 굴착저면 하부지반 (상향) 에 **침투가 발생**된다. **동수경사**가 그 한계 값 (한계 동수경사) 을 초과하면, 벽체 전면 지반이 상향 침투로 인하여 융기된다 (**수압융기**). **수압융기에 대한 안정성**은 침투력과 침투저항능력을 비교하거나 또는 간극수압과 저항능력을 비교하여 검토한다.

수압융기에 대한 안정성은 굴착저면 아래의 토체 (그림 10.1 의 음영부분, 폭 $d/2$, 근입 깊이 d) 의 하부 경계에 (전 수두로부터 구한) 동수경사를 적용하여 계산한 침투력과 토체자중 (저항능력) 을 비교 (**침투력 접근법**) 하거나, 유효응력 (저항능력) 과 간극수압을 비교 (**전응력 접근법**) 하여 검토한다.

설계 침투력이 설계 수중중량 (침투저항력) 을 초과하거나 (**침투력 접근법**), 전 설계 간극수압 (영구 불안정 하중) 이 전 설계응력 (영구 안정 하중) 을 초과하면 (**전응력 접근법**), **수압융기**가 발생한다. 두 방법은 부분안전계수 적용방법에 따라 차이가 난다.

전응력 접근법에 적용하는 **전통적 안전율** 3 은 문헌 값 범위 (1.5 ~ 4.0) 이내이다. **침투력 접근법**에서 안전율은 1.5 ~ 2.0 이 적용되며, 위험성이 크면 안전율 4 ~ 5 이 적용되고, 안전율 1.5 는 문헌 값의 하한 값이다. 결국 전응력 접근법의 적용이 권장된다.

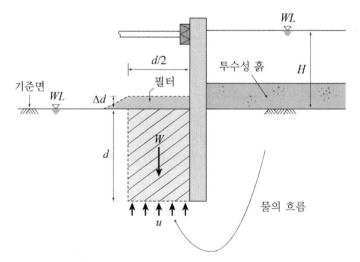

그림 10.1 침투에 의한 수압융기에 대한 근입벽체의 안정

(2) 내부침식(internal erosion)

지층과 지층 간 경계 또는 흙과 구조물 간 경계에서 동수경사가 커서 흙 입자가 이동되면 **내부침식**이 일어나며, 내부침식이 지속되면 지반이나 구조물 붕괴로 이어질 수 있다. **필터**는 지층 내에서 내부침식을 막고 입자이동을 방지하거나 극소화하기 위하여 지하수가 유출되는 지층 경계에 설치하며, 비점성토를 사용하고, 입도분포를 필터기준으로 정하며, 필터 보호층을 설치하여 보호한다. **내부침식을 방지**하려면, 설계 동수경사가 한계 동사경사보다 훨씬 더 작아야 한다.

설계 동수경사를 결정할 부분안전계수는 경험적으로 최소 4.0 이상이고, 한계 동사경사는 물의 흐름방향과 입도분포곡선과 입자 모양 및 지반의 층상을 고려하여 결정한다. 지반융기 방지를 위한 설계 동수경사는 내부침식 방지를 위한 설계 동수경사보다 훨씬 작다.

(3) 파이핑(piping)

파이핑은 **내부 침식의 한 형태**이며, 동수경사 (또는 침투가능성) 가 집중되어 일어나고, 파이핑에 의한 유출수 통로 상류 끝 (upstream end) 이 상류 수저면에 도달하면 파괴가 발생한다. 파이핑은 흙이 내부침식에 대해 충분히 저항하도록 하면 방지된다.

동수경사는 **침투유로**가 발생하는 구조물-지반 사이의 **경계면**이나 **연결부 지층**을 고려하여 결정한다. 파이핑은 조립질 세립토에서 제방이나 댐의 설계에서 중요한 개념이다. **파이핑의 발생을 완화**하려면 적절한 투수성 재료를 사용하여 침투경로를 조절해야 하며, 세심한 토공작업이 필요하다.

6) FAT 극한 한계상태

재료역학에서 **피로**는 재료가 **반복하중**을 받아 발생하는 **진행성 및 국부적 구조 손상**을 의미한다. **피로파괴**는 주로 풍하중을 받는 도로나 철도 교량 및 세장 구조물에서 발생한다.

7) 극한 한계상태 구조물의 안정성 검증

극한 한계상태 구조물은 작용하중 (**불안정 하중**) 이 저항능력 (**안정 하중**) 을 초과하지 않으면 안정하다. **불안정 하중**은 불안정한 설계 부담하중이며, **안정 하중**은 안정한 설계 저항능력과 외력에 대한 구조물의 저항능력 (**안정 설계 부담하중 및 기타 저항능력**) 의 합력이다.

불안정 설계하중은 불안정 특성하중에 부분안전계수와 조합계수를 적용한 값의 합이며, **안정 설계 하중**은 **안정 특성외력**에 부분안전계수와 조합계수를 적용한 값의 합이다.

설계 재료 특성 값은 재료 특성 값을 부분안전계수로 나눈 값이고, **설계 저항능력**은 특성 저항능력을 부분계수로 나눈 값이며, **구조물 설계치수**는 공칭치수에 허용오차를 가감한 값이다.

불안정 설계하중은 '불안정 특성하중 → 불안정 대표하중 → 불안정 설계하중'으로 변환한다. **불안정 하중에 의한 설계 부담하중은 불안정 설계하중**으로 한다. **불안정 특성하중**은 영구하중과 변동하중 (고정 변동하중 + 가변 변동하중) 의 합력이다. **불안정 설계하중**은 (**불안정 특성하중**의 가변 변동하중을 조합계수로 감소시킨) **불안정 대표하중**에 **부분안전계수**를 곱한 값이다.

안정 설계하중은 '안정 설계하중 → 안정 대표하중 → 안정 특성하중'으로 변환한다. **안정 하중에 의한 안정 설계 부담하중은 안정 특성하중**으로 책정한다.

안정 특성하중은 영구하중과 변동하중 (고정 변동하중 + 가변 변동하중) 의 합이다. **안정 설계하중**은 (**안정 특성하중**의 가변 변동하중을 조합계수로 변화시킨 **안정 대표하중**의 영구하중을 부분안전계수를 곱하여 변화 (감소) 시킨 값이다.

극한 한계상태 구조물은 **불안정 설계 부담하중** (불안정 설계하중) 이 **안정 설계 저항능력**, (즉 외력에 대한 구조물 저항능력–안정 특성하중– 과 기타 저항능력의 합력)을 초과하지 않으면 안정하다.

10.2.2 사용 한계상태

사용 한계상태 SLS 는 구조물의 **정상적 사용**이나 **사용자 성능**이나 **구조물의 외형** 및 **기능**이 **사용자의 요구성능을 더 이상 충족하지 못하는 상태**이고 (붕괴된 것은 아님), 주로 **변위**에 의해 **판정**되는데, 원상복구가 가능 (처짐) 하거나 불가능 (항복) 할 수가 있다.

구조물의 사용성에서 관심사는 얕은 기초침하량, 구조물 기초 부등 침하량, 토압에 의한 벽체의 수평변위, 기계진동에 의한 영향, 굴착저면의 히빙 등이다. **사용 한계변위는** 특이성 구조물 또는 부등하중이 현저한 구조물에 적용되지 않는다. **사용 한계상태**는 DIN 1054 의 한계상태 *GZ* 2 이다.

구조물의 변위가 작용력 (작용 하중) 의 영향에 의한 사용 한계변위를 초과하면 구조물 사용성과 기능과 편리성 및 외관 (침하, 뒤틀림, 변형 등) 이 변화된다. 일반적으로 발생된 변위가 구조물이 (해 없이) 수용 가능한 크기인지 조사하여 규명한다. 실제 (특성) 침하가 최대 허용침하보다 작도록 한다. 사용자 요구 성능은 구조물의 종류와 사용목적에 달려있고, 일반 기준이 없어서 허용 침하와 허용 비틀림 등을 설계자가 제시해야 한다.

작용하중을 제거한 후에 한계상태를 초과하는 변위가 잔류하지 않는 (돌이킬 수 있는) 상태와 잔류하는 (돌이킬 수 없는) 상태가 있다.

사용 한계상태 SLS 는 설계 부담하중이 대응하는 **한계 값을 초과**하거나, 설계하중에 의한 **침하량**이 **최대 허용 침하량을 초과**할 때 발생된다. 설계 부담하중과 이에 대응하는 한계 값의 비 (**이용률**) 가 100 % 를 초과하지 않아야 구조물의 **사용성이 확보**된다.

구조물 (및 구조부재)은 **변위가 사용한계 값**을 초과하지 않으면 **사용성이 확보**된 것으로 간주한다. 그리고 이것 (변위가 사용한계값 이하임)을 입증하는 단계를 **사용 한계상태 설계 검증** 또는 **설계 신뢰성의 검증**이라 한다. **사용 한계상태 검증**은 간편한 방법으로 대체 (**대체 검증법**)할 수 있다.

사용 한계상태 검증에서 하중, 재료특성, 하중영향 등에 대한 부분안전계수는 저항력에 대한 부분 안전계수로 적용할 수 있다. 일반 현장시험을 수행하여 **확대 기초의 침하량을 결정**할 수도 있다.

사용한계 상태에서 **작용하중의 영향**에 의하여 구조부재 내에 내력, 모멘트, 응력 등이 유발되고, 전체 구조물에 변위나 회전이 발생되면, 기초 변위가 다양한 형태로 일어난다. 일반적으로 **허용변위 지침** (즉, **사용성 한계기준)**은 일반 구조물에만 적용되고, 특이 구조물이나 현저한 부등하중이 작용 하는 구조물에는 적용되지 않는다.

1) 사용 한계상태에서 작용하중의 영향(effects of actions)

사용 한계상태에서 작용하중의 영향에 의해 구조부재 내에서 내력, 모멘트, 응력, 변위 및 전체 구조물의 변위와 회전 등이 발생되며, 이로 인해 그림 10.2 와 같이 다양한 형태의 **기초변위**(침하 S, 회전변위 θ, 각 변위 α, 부등침하 δ_s, 상대처짐 $\triangle$, 기울어짐 ω, 상대 회전변위 또는 각 변형 β 등)가 발생된다.

구조물 처짐비 $\triangle / L$ 는 단위 길이당 상대 처짐이다.

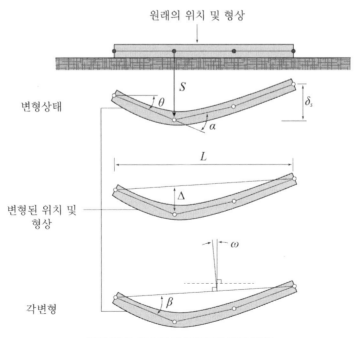

그림 10.2 기초의 변형거동에 대한 정의

2) 사용성 한계기준

일상 구조물에는 다음 표 10.1 의 **허용변위 (사용 한계변위)** 를 적용한다 (특이 구조물이나 현저한 부등하중(nonuniform loading) 이 작용하는 구조물에는 적용하지 않는다).

표 10.1 일상 구조물의 허용변위 (사용 한계변위)

변위			한계상태에 도달되기 전 허용 최대변위	
			사용 한계상태	극한 한계상태
침하		s	50 mm	–
각 변형	위로 오목 (sagging)	β	1/2000–1/300	1/150
	위로 볼록 (hogging)		1/4000–1/600	1/300

3) 설계 신뢰성의 검증

발생 변위가 사용 한계변위보다 작으면 **사용성이 확보**된 것으로 판정하며, 이와 같이 사용성 확보 입증 단계를 **설계 신뢰성의 검증**이라 한다 (사용 한계상태 부분안전계수는 보통 1.0 적용). 구조물 설계수명 동안에 하중과 재료특성이 변화할 수 있어서, 하중의 한계영향을 택하는 일이 중요하다. 사용 한계상태는 간편한 방법 (**대체 검증법**) 으로 검증할 수 있다. **파괴 가능성**이 낮거나 **지반강도가 크면, 변형이 사용한계 이내**가 된다. 따라서 기초 하부지반 지지력을 허용 값 (보수적) 이내로 제한하면 변형이 사용한계 이내가 된다.

구조물의 사용 한계상태는 특성 지지 저항능력과 사용하중의 비로 검증하며, 이 비가 3 미만이면, 침하량을 정확하게 계산하고, 3 이상이면 극한 한계상태 계산에 의해 검증된 것으로 간주한다.

사용 한계상태의 **대체검증**은 다음 순서로 수행하며, 이때 변위의 한계 값을 결정할 필요가 없다.
– 단위중량은 재료의 특성하중과 재료의 특성값에 모두 적용한다.
– 특성하중을 (영향계수 이용하여) 변환한 대표하중으로부터 설계하중을 계산한다.
– 재료 물성의 특성 값에서 구한 (강도) 설계 값을 적용한다.
– 설계 부담하중이 설계 저항능력 이하이면, 사용성이 검증된 것으로 간주한다.

4) 침하량 결정 현장시험

확대기초의 침하량은 콘 및 피조콘 시험 (CPT 및 CPTU), 평판재하시험 (PLT), 표준관입시험 (SPT), 스웨덴식 사운딩 시험 (WST), 딜라토 미터 시험 (DMT), 메나드 프레셔미터 시험 (PMT) 등의 현장 시험을 수행하여 결정할 수 있다.

10.2.3 극단 한계상태

극단 한계상태는 **비정상적 조건이나 하중에 의해 구조물이 손상되거나 파괴된 상태**이다. 극단적 지진상태에서 파손/붕괴되거나, **부식**이나 **노후화** 등에 의해 구조적 영향을 받거나, 장기간 물리적 또는 화학적으로 불안정해진 상태이다.

10.3 구조물의 설계 기본변수

구조물의 설계에서 **설계 기본변수**는 3 가지, 즉 **작용하중 및 하중의 변동성** (10.3.1 절) 과 **재료강도 및 강도의 변동성** (10.3.2 절) 그리고 **구조물의 치수** (10.3.3 절) 가 있다.

구조물의 설계에서 **구조물 설계하중**은 작용하중과 조합하중 및 부담하중을 고려한 값이고, **구조물 재료강도**는 구조물 재료의 저항능력과 재료특성을 고려한 특성 값을 적용한다. **구조물 외형치수**는 변동성이 작으므로 대개 알고 있는 기지 (known) 값으로 다룬다.

10.3.1 작용하중 및 하중의 변동성

작용하중에는 같은 크기의 **반작용력**이 항상 존재한다 (뉴턴의 제 3 법칙, 운동법칙). 작용하중 (action) 은 원인 (cause) 이고, 반작용력 (reaction) 은 그 영향 및 결과 (effect) 를 말한다.

작용하중은 구조물에 작용하는 모든 직접 및 간접 하중을 말하며, 구조물 수명기간 동안의 **최대 하중의 평균값**을 적용한다. **부담하중** (load effect) 은 **저항능력** (resistance strength) 을 초과할 수 없다.

작용하중은 **고정하중**과 **변동하중** 및 **우발하중**으로 구분한다. 하중 값의 변동 가능성 때문에 (평균보다 약한) 구조물이 (평균보다 큰) 작용하중으로 인해 파괴될 수 있다.

구조물 설계 하중은 **작용하중**과 **작용하중의 조합** 및 **부담하중**을 고려하여 적용한다.

1) 작용하중 (하중)

작용하중 (하중) 은 구조물에 응력을 발생시키는 모든 작용하중 (하중) 을 말하며, **부과 형태**에 따라 **직접 작용하중** (구조물에 직접작용) 과 **간접 작용하중 (변형이나 가속에 의해 부과된 힘)** 이 있다.

- **직접 하중** (direct load) : 구조물 자중, 물/흙/바람 압력에 의한 집중력 (또는 분포력)
- **간접 하중** (indirect load) : 작용하중에 의한 변형 이외의 강제변형 (imposed deformation) 및 기타변형 (콘크리트 수축에 의한 철근 압축력 등) 에 의해 구조물에 유발된 하중

작용하중 (하중) 은 시간에 대한 변동에 따라서 영구 작용하중 G, 변동 작용하중 Q, 선행하중 P, 사고/우발하중 A 등이 있다 (표 10.2).

- **영구작용하중** (permanent load) G : 거의 불변, 부재자중(중력)이나 구조물 영구설치물 등
- **변동 작용하중** (variable load) Q : 활하중, 시간 따라 변하는 정적하중, 진동유발 동적하중
- **우발/사고 변동하중** (contingent load) A : 단시간, 화재/충돌/폭발 등 극단하중/사고하중

표 10.2 하중의 시간에 따른 변동

하중	기간	시간에 따른 변동	예
영구 G	기준기간 동안 작용할 수 있음	어느 한계치까지 무시할 수 있거나 변화 없음	구조물 자중, 고정장비와 도로 포장,* 수압, 수축, 부등침하
변동 Q		무시할 수도 없고 변화가 없지도 않음	건물바닥과 보 및 지붕 부과하중, 바람, 눈,† 교통하중
우발 A	기간 짧음 (사용기간 중 발생 가능성 적음)	상당한 크기	폭발, 차량의 충격,* 지진*(기호 A_E)

* 변동할 수 있음   † 우발적일 수 있음

자중은 다음 표 10.3 의 구조물 **공칭치수**와 **특성 단위중량**으로 계산한다.

표 10.3 구조물 재료의 특성단위중량 (EN 1991-1-1 부록 A)

재료	시간에 따른 변동	예 [kN/m^3]
콘크리트	무근 (normal)	24.0
	철근 (reinforced)	25.0
강재(steel)		77.0-78.5
건조모래	교량의 채움재로 사용	15.0-16.0
느슨한 자갈(Loose Gravel ballast)		15.0-16.0
돌이나 잡석(packed stone rubble)		20.5-21.5
젖은 점토(puddle clay)		18.5-19.5

2) 작용하중의 조합

작용하중은 평균 값, 상한 값, 하한 값, 공칭 값 중 하나일 수 있고, **특성 하중**으로 변환한다. **특성하중을 상황에 맞게 조합**하면 **대표하중**이 된다 (하중 조합계수 $\psi \leq 1.0$). **영구하중**에서는 하중 조합계수 ψ 가 생략되므로 **대표 영구하중은 특성하중**과 같다.

전체 설계 영구 작용하중은 특성하중에 (상황에 맞는) **조합계수**를 곱한 **대표하중의 총합**이다. **전체 설계 변동 작용하중**은 변동 작용하중에 조합계수 ($\psi = \psi_0 < 1.0$) 를 곱한 **대표하중의 총합**이다.

동반 활하중은 기준 값에 조합값계수를 곱한 값 또는 빈발값계수 (발생확률 5% 초과) 를 곱한 값 또는 준 고정 값 계수 (발생확률 50% 초과) 를 곱한 값이다.

3) 작용하중의 영향

부담하중 (즉, 하중작용과 변형구속 작용) 에 대하여 부재의 내력과 모멘트를 계산한다. **부담하중** E_d 는 **설계 하중** $F_{d,i}$ 와 **구조물 설계 치수** $a_{d,j}$ 만의 **함수**이다 (재료강도의 함수가 아님).

4) 지반공학적 설계 하중

해당 기간 동안 한계상태를 만족시킬 수 있는 물리적 조건을 **설계상황**이라 한다. **지반 공학 하중**은 분명한 하중과 모호한 하중이 있고, **작용하중**은 **유리한 하중**과 **불리한 하중**이 있다. **수압 설계 값**은 **특성수압**에 부분안전계수를 적용하거나 **특성 지하수위**에 안전율을 적용하여 구한다.

(1) 설계상황과 설계하중

설계상황은 **실제조건**과 검토대상 **기간** 및 **하중**을 고려하여 설명한다. **실제조건**은 **정상상태**(매일 사용)과 **임시상태**(시공 및 보수 중) 및 **예외 상태**(화재, 폭발, 충격, 국부 파괴, 지진)로 구분한다. **설계기간**은 **장기**(조립토, 완전배수상태 세립토)와 **단기**(비배수상태 또는 느린 배수상태 세립토)로 구분한다.

설계하중은 다음과 같이 영구하중, 임시하중, 우발하중, 지진하중 등으로 구분한다.

- **영구하중** : 정상상태에서 설계 사용기간까지 확실하게 발생
- **임시하중** : 임시상태에 설계 사용기간보다 짧은 시간에 높은 확률로 발생
- **우발하중** : 예외상태에서 매우 짧게 낮은 확률로 발생
- **지진하중** : 예외상태에서 지진에 의해 매우 짧은 기간에 낮은 확률로 발생

배수 및 비배수 상태에 따라 **단기 및 장기 설계상황**은 다음 표 10.4 와 같이 구분한다.

표 **10.4** 배수 및 비배수 상태에서 단기 및 장기 설계상황

설계상황	실제조건	기간	예
영구하중	정상상태	장기	조립토와 (완전 배수조건) 세립토 위에 세워진 빌딩과 교량
		단기	세립토의 부분배수 비탈면 (설계 사용기간 25 년 이하)
임시하중	임시상태	장기	조립토에서의 임시작업
		단기	세립토에서의 임시작업
우발하중	예외상태	장기	조립토와 (배수가 빠른) 세립토 위에 세워진 빌딩과 교량
지진하중		단기	(느린 배수조건) 세립토 위에 세워진 빌딩과 교량

(2) 지반공학 하중

지반공학 하중은 **분명한 것**(지반과 물 중량, 토압과 수압, 하중제거, 지반굴착)과 **모호한 것**(굴착 변위, 기후변화에 의한 팽창과 수축, 동결작용 등 온도영향에 의한 하중)이 있다. **작용하중**은 **비탈면**에서 진동, 기후변화, 식생제거, 파도작용 등 다양한 조합하중이 있고, **제방**에서는 비탈면과 산마루의 범람, 빙하, 파도 및 비에 의한 침식 영향 등이 있다.

(3) 유리한 작용하중과 불리한 작용하중

작용하중은 **유리한 (안정) 하중** (부분안전계수 $\gamma_P \leq 1$ 에 의하여 감소하거나 불변함) 과 **불리한 (불안정) 하중** (부분안전계수 $\gamma_P > 1$ 에 의해 증가) 이 있다.

단일 소스에서 기인되는 유리한 하중과 불리한 하중에는, 하중 (또는 부담하중) 의 합에 **하나의 부분 안전계수**를 적용할 수 있다 (단일소스 원칙). **자중**과 **수압**은 유리한 하중과 불리한 하중으로 구분하므로, 전체 무게와 수압의 합력을 수중 무게로 대체할 수 없다.

(4) 설계 수압과 부분안전계수

설계 수압은 구조물 사용기간 동안 (극한 한계상태) 또는 일상적 환경 (사용 한계상태) 에서 **가장 불리한 수압**으로 설정하며, **특성 수압에 부분안전계수**를 적용하거나 **특성 지하수위에 안전율**을 적용 하여 구한다. **최고수위**는 수리학적 정상 환경에서 예상 (**상시 최고수위**) 되거나 구조물의 사용기간 동안 가능한 수위 (**가능 최고수위**) 를 생각한다.

설계수압은 특성 수압 (그림 10.3b) 또는 가능 최고수위에 대한 수압 (그림 10.3c, 부분안전계수 미적용 $\gamma = 1.0$) 에 **부분안전계수** (영구하중 $\gamma_G = 1.35$, 변동하중 $\gamma_Q = 1.5$) 를 곱한 값이다 (그림 10.3d,e,f, 의 음영은 변동하중이고, 빗금은 영구하중이다). 수압을 영구하중으로 간주할 때 (그림 10.3d) 에는 부분안전계수 $\gamma_G = 1.35$ 를 적용한다.

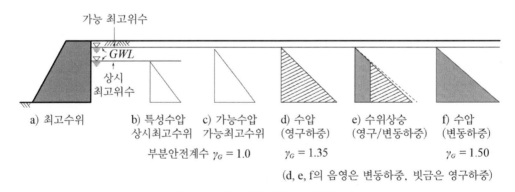

그림 10.3 수압 종류별 적용 부분안전계수

지하수위가 상시 최고수위 (그림 10.3e) 로 상승하면, **추가압력** (음영 부분) 은 **변동하중**으로 취급하여 부분안전계수 $\gamma_Q = 1.5$ 를 적용하고, **잔류수압** (빗금 부분) 은 **영구하중**으로 취급하여 부분안전계수 $\gamma_G = 1.35$ 를 적용한다. 수압을 변동하중으로 간주하는 경우 (그림 10.3f) 에는 부분안전계수 $\gamma_Q = 1.5$ 를 적용한다.

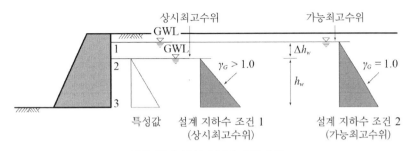

그림 10.4 특성 수압과 설계 수압

부분안전계수는 지하수압에 $\gamma_Q = 1.2 \sim 1.4$ (최고수위가 명확하면 $\gamma_Q = 1.2$, 기타 $\gamma_Q = 1.4$) 을 적용하고, **유효토압과 수압에서 동일**하게 적용한다 (유효토압에만 적용하면 휨 모멘트와 전단력이 수치해석과 다름). 그림 10.4 는 설계의 신뢰성과 실제현상 간의 형평성을 제공하는 접근법이다.

옹벽의 배면에 작용하는 수압은 **지하수 설계조건 1** 에서는 **부분안전계수** $\gamma_G > 1.0$ 을 **유효 토압**과 **간극수압**에 모두 적용하고, 간극수압은 **상시 최고수위** (사용한계) 로 계산하며, 이때 안전율은 적용하지 않는다. **지하수 설계조건 2** 에서는 **부분안전계수** $\gamma_G = 1.0$ 을 **유효 토압**과 **간극수압**에 모두 적용하고, **간극수압**은 **가능 최고수위** (극한한계) 를 적용하며, 그 이후에 적절한 안전율을 적용한다. 표 10.5 는 **구조물에 작용하는 수압**의 상대적 크기를 나타낸다.

표 10.5 구조물에 작용하는 수압의 크기

한계상태	설계지하수조건	부분계수 γ_G	안전여유 Δh_w	수압 (γ_w 는 물 단위중량)
특성	–	1.0	0	$0.5\gamma_w h_w^2$
극한	1	1.35	0	$0.675\gamma_w h_w^2$
	2	1.0	> 0	$\frac{1}{2}\gamma_w (h_w + \Delta h_w)^2$

10.3.2 재료강도 및 강도의 변동성

구조물 재료 저항능력은 재료가 파괴되지 않고 하중에 저항할 수 있는 능력이다. **재료특성**은 **특성 값**으로 설계에 적용한다. 설계계산에 주로 사용되는 **구조재료 성질**은 강도 f_k, 탄성계수 E, 항복응력 f_y, 항복 변형률 ϵ_y, 파괴 변형률 ϵ_u, 정점 변형률 ϵ_{cQ}, 극한 변형률 ϵ_{cu} 등이 있다.

1) 재료강도의 변동성

공장제작 재료는 **재료강도의 변동성**이 (구조물의 거동에 영향을 줄 만큼) **크지 않다**. 강도가 정규 분포하면 항상 **설계강도 보다 크게 할 수 없다**. 산술평균한 재료의 평균 강도로 설계한다면, 절반은 설계강도 이하가 된다. 그렇지만 실제 구조물의 구성 재료는 전부를 시험할 수 없으므로, 구조물 구성 재료가 동일하다고 보고, **재료 일부만 시험**하여 **대표 값**으로 한다.

재료성질에 대한 시험자료의 **확률빈도 분포도**에서 **특정 확률에 해당하는 특성값** (재료 기준값) 은 **상한 값과 하한 값 및 평균값**이 있다. 재료성질이 한계상태 검증에 중요한 변수일 때에는, **상한 값과 하한 값**을 사용한다. 강도 관점에서 **하한 값**을 사용하면 **안전한 설계**가 된다. 구조물 강성에 관련된 재료성질들은 대개 **평균값**으로 정의한다.

2) 저항능력

설계 저항능력은 하중의 함수가 아니고, 구조물 재료의 **설계 재료강도**와 **설계 치수**에만 의존한다 (이는 긴장(tension)되지 않은 보에만 유효하다.).

3) 재료특성

재료특성에 대해서 **특성 값** X_k 를 설계에 적용하는데, 이 값은 규정된 확률을 초과하지 않는 값을 뜻한다. 그림 10.5 에서 가로 축은 평균값으로부터 **변수 X 의 편차**이고 연직 축은 변수의 특성이 많은 수의 개별적인 변량효과의 조합에 의존하는 경우에 발생한다. **하한 (inferior) 특성 값** $X_{k,inf}$ X 의 **확률밀도**를 나타내는 **정규 (가우시안) 확률밀도 함수**를 나타낸다. **정규분포**는 물리적인 특성이 많은 수의 개별적인 변량효과의 조합에 의존하는 경우에 발생한다.

하한 (inferior) 특성 값 $X_{k,inf}$ 은 발생가능한 **기댓값의** 5 % 가 X 이하 값이다 (X 가 $X_{k,inf}$ **보다 큰 확률이** 95 % 의 뜻이다). 재료특성의 크기가 **과대평가**되는 경우에는 사용되는 값이 **불안정**할 수 있다. 따라서 **하한 특성 값**은 재료가 특정하중을 지탱할 수 있을 만큼 **충분한 강도를 갖는지 확인하는 데 사용**한다. **강도검사**는 설계 시 매우 일반적인 요구사항이므로 X_k 를 **특성 값**으로 한다.

상한 (superior) 특성 값 $X_{k,sup}$ 은 발생 가능한 **모든 기댓값의 5 % 가 X 이상** (X 가 $X_{k,sup}$ **보다 작을 확률이** 95 %) 이 되는 값으로 정의한다. **상한 특성 값**은 **하한 특성 값**보다 사용빈도가 적기 때문에 항상 '**상한 값**'으로 한정해야 하며 $X_{k,sup}$ 로 표시한다.

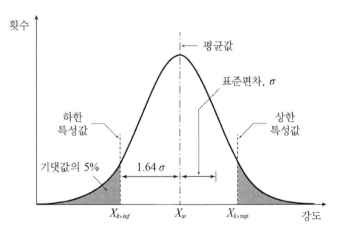

그림 10.5 인공재료에서 강도의 정규분포 (예: 콘크리트)

① 표준편차에 대한 선행지식이 있는 경우

모집단의 표준편차 σ_X (또는 분산 σ_X^2)를 **선행지식으로부터 알고 있는 상태**에서는, 하한 및 상한의 **특성값** $X_{k,inf}$ 와 $X_{k,sup}$ 의 통계적 정의는 다음과 같다.

$$\left.\begin{array}{c} X_{k,inf} \\ X_{k,sup} \end{array}\right\} = \mu_X \mp k_N \sigma_X = \mu_X (1 \mp k_N \delta_X) \qquad (10.1)$$

여기에서 μ_X 는 X 의 **평균**, σ_X 는 모집단의 **표준편차**, δ_X 는 **변동계수** COV, 그리고 k_N 은 **통계계수**(모집단의 크기 N 에 의존)이며, 다음과 같이 정의한다.

$$\mu_X = \frac{1}{N} \sum_{i=1}^{N} X_i$$

$$\sigma_X = \frac{1}{N} \sum_{i=1}^{N} (X_i - \mu_X)^2 \qquad (10.2)$$

$$\delta_X = \sigma_X / \mu_X$$

$$k_N = t_\infty^{95\%} \sqrt{\frac{1}{N} + 1} = 1.645 \times \sqrt{\frac{1}{N} + 1}$$

($t_\infty^{95\%}$ 는 신뢰도 수준 95 % 의 무한자유도에 대한 Student t 값).

② 표준편차에 대한 선행지식이 없는 경우

표준편차에 대한 **선행지식이 없어서 모집단 분산을 모르는 경우**(따라서 시료로부터 결정해야 함)에는, **하한 및 상한 특성 값** $X_{k,inf}$ 및 $X_{k,sup}$ 에 대한 통계적 정의는 다음 식과 같다.

$$\left.\begin{array}{c} X_{k,inf} \\ X_{k,sup} \end{array}\right\} = m_X \mp k_n s_X = m_X (1 \mp k_n V_X) \qquad (10.3)$$

여기에서 m_X 는 X 의 평균값, s_X 는 시료의 표준편차, V_X 는 분산계수, k_n 은 시료의 숫자에 의존하는 통계계수 (이 식은 μ 와 σ 및 δ 를 사용하는 기지분산식과 구별된다) 이다.

X 의 **평균값** m_X, **시료의 표준편차** s_X, **분산계수** V_X는 다음과 같이 정의한다.

$$m_X = \frac{1}{N} \sum_{i=1}^{N} X_i$$

$$s_X = \frac{1}{N-1} \sum_{i=1}^{N} (X_i - m_X)^2 \qquad (10.4)$$

$$V_X = s_X / m_X$$

통계계수 k_n 은 다음 식과 같다.

$$k_n = t_\infty^{95\%} \sqrt{\frac{1}{N} + 1}$$
(10.5)

위의 식에서 $t_{n-1}^{95\%}$ 는 신뢰도가 95 % 일 때의 자유도 $(n-1)$ 에 대한 Student t 값을 나타낸다. 표준편차의 불확실성이 크면 f_{ck} 가 좀 더 **비관치** (pessimistic value) 로 나타난다.

10.3.3 구조물의 치수

구조물 부재들의 실제 강도 (저항능력) 는 대부분 계산 값과 차이가 있다. 그 이유는 강도의 변동성과 준공된 치수, 설계도면 치수의 차이, 부재 저항 값, 계산식 유도과정 중에 한 가정 등의 영향을 받기 때문이다.

구조물의 치수 (구조물, 구조부재와 단면의 형상, 크기와 전체적 배열 등 치수) 는 중요한 **설계 기본변수**이다. 그런데 **구조물의 치수는 그 변동성**이 (하중이나 재료특성 등 다른 설계변수에 비해서) 대개 작거나 무시할 만큼 작다. 따라서 설계도면의 치수를 **공칭 값**으로 간주하고 그 값을 **설계 값**으로 사용할 수 있다.

기하적 데이터 또한 설계에서는 **특성 값** a_k 로 적용되고, 설계도면에서는 **공칭 값** a_{nom} 으로 고려되고 있는데, 이렇게 하면 설계계산이 지나치게 복잡하게 되지 않을 수 있다는 장점이 있다.

기하적 데이터의 변동성은 하중이나 재료특성에 비해 작은 편이다. 그러므로 대체로 기하적 데이터를 **기지** (known) 의 값으로 취급하고 있으며, 설계도면에 제시되는 공칭 값은 특성 값으로 고려하여 설계한다. **특성 값**에 포함되는 값으로는 구조부재의 크기, 비탈면의 높이와 경사, 기초 심도 등이 있다.

구조물에서 **부재의 크기**는 대체로 **공칭치수**를 사용한다. 그렇지만 구조적 형상에서 발생하는 결함 (부두 기초의 기울어짐 등) 은 일반적으로 공사 시방서에 제시되어져 있는 **허용오차**를 근거로 하여 고려하고 있다.

공칭치수는 보수 값을 선택하며, 구조물 설계 및 설계의 **초기** (하중재하, 제작, 배치 또는 조립) 또는 **시간 경과** (물리 화학적 원인 등) 에 따라 치수가 변하게 될 위치에 대해서 이런 **변동성을 반영**해야 한다.

10.4 한계상태 설계의 기본 개념

　지지 구조물에 영향을 주는 힘 (또는 변형) 의 크기를 **작용하중** (10.4.1절) 이라고 하고, 재료의 강도에 의해 야기되어 작용하중에 대항하는 능력을 **저항능력** (10.4.2 절) 이라 하며, 각 작용하중에 의한 영향의 합을 단면력이나 응력 또는 변위의 형태로 나타낸 것을 **부담하중** (10.4.3 절) 이라고 한다. 한계상태에 근접한 상태에서 지반 (및 구조물 부재) 의 손상이 없이 하중이 전이되는 능력을 **연성** (10.4.4 절) 이라고 한다.

　해당기간 또는 설계상황에서 주어진 확률을 초과 (또는 미달) 하지 않는 작용하중 또는 저항능력을 **특성 값** (10.4.5 절) 이라 한다. 특성 값 중에서 작용하중이나 부담하중에는 부분안전계수를 곱하고, 저항능력은 부분안전계수로 나누어서 **설계 값** (10.4.6 절) 으로 변환한다.

　발생 가능한 한계상태에 대해 동시 발생 가능한 조합을 나타낸 것을 **작용하중의 조합** (10.4.7 절) 이라 하고, 결정적 작용하중의 지속시간과 빈도에 의존하여 저항능력의 안전 요구사항을 나타내는 값을 **저항능력의 안전등급** (10.4.8 절) 이라고 한다. 안전등급과 연계한 작용하중으로부터 지지력 한계 상태에 대한 저항능력에서 설정되는 작용하중을 **경우하중** (10.4.9 절) 이라고 한다.

10.4.1 작용하중

　작용 하중 (action) 은 '지지 구조물에 직접 작용하는 일련의 힘 (**직접 작용하중**) 또는 변형이나 가속에 의해 부과되는 힘 (**간접 작용하중**)' 을 포함한다 (DIN 1055-100).

　작용 하중은 상부 구조물에서 하부 구조물로 전환되는 **기초하중**과 토압이나 수압처럼 지반에서만 발생하는 **지반공학 특수 작용하중** 및 **동적 작용하중**이 있다.

　작용하중의 형태는 다음과 같이 다양하게 구분한다.

- 직접(direct) 작용하중, 간접 (indirect) 작용하중
- 시간적 불변(temporarily unchanged) 작용하중, 시간적 변동(temporarily changed) 작용하중
- 정적(static) 작용하중, 동적(dynamic) 작용하중, 유사정적(quasistatic) 작용하중
- 예외적 작용하중, 진동 (seismic) 작용하중, 고정(local) 작용하중, 자유(free) 작용하중

　작용하중은 다시 3 개의 주요그룹 (**기초하중, 지반공학적 특수 작용하중, 동적 작용하중**) 으로 구분 하며, 지반 공학적 특수 작용하중이 위주가 되면 **지반 구조물**이라고 한다.

　작용하중은 영구 작용하중과 변동 작용하중으로 구분하며, 각각 다른 부분안전계수를 적용한다. **변동 작용하중**은 유리한 변동 작용하중과 불리한 변동 작용하중으로 구분한다. **영구 작용하중**은 EQU 극한 한계상태 ($GZ\,1A$) 에서는 유리한 영구작용하중과 불리한 영구작용하중으로 구분한다.

1) 기초하중

기초하중은 상부구조에서 하부 기초구조로 전환되는 지점의 단면력이며, 모든 한계설계상태에서 특성 값의 크기로 주어진다.

지지 구조물 설계에서 **작용하중**은 (단면력 결정 이전에) 부분안전계수를 적용하여 증가시킨다. **상부구조물**에서는 영구 작용하중과 변동 작용하중을 단순하게 합하지 않고, 조합계수 $\psi_i < 1.0$ 를 곱하여 합한다. 이것은 모든 작용하중마다 (일률적인 확률을 적용하지 않고) 다른 확률을 적용하는 것을 나타낸다.

DIN 1054 에서는 (조합계수를 적용하지 않는 대신) 작용하중 조합의 빈도와 지속시간에 따라 다음의 3 가지의 **경우하중**으로 구분하고, 각각 다른 부분안전계수를 적용한다.

- **경우하중** 1 : 영구 설계조건이며, 부분안전계수는 최대 값을 적용한다.
- **경우하중** 2 : 조금 작은 부분안전계수를 적용한다.
- **경우하중** 3 : 예외적 설계조건이며, 부분안전계수는 최소 값을 적용한다. 작용하중의 동시 발생을 조합계수로 검토할 여지가 남아 있다.

기초구조물에서 경우하중 2 와 경우하중 3 에 작은 안전율을 적용하는 것이 다음 중에서 어떤 상황 인지 아직 알려져 있지 않다.

- 임시적 (및 예외적) 설계상황에서 요구되는 안전율이 작은 것을 나타내는 것인지,
- 변동 작용하중이 동시에 발생할 확률이 작은 것을 (상부구조처럼) 조합계수로 고려하는 것을 나타내는 것인지

설계상황이 일반규정에 제시되어 있지 않은 상황이면, 설계자와 구조물 설계자 및 지반전문가가 협력하여 '**구조물 설계에서 넘겨 받은 단면력을 조합계수를 이용하여 수정해야 할지**' 를 결정한다. 예외적으로 지반 공학적 특성 하중조합 값 (조합을 고려하지 않고) 을 그 발생원인에 따라서 별도로 사용할 수도 있다.

2) 지반공학 특수 작용하중

지반공학 특수 작용하중은 다음과 같은 것들이 있다.

- 자중, 토압, 수압
- 말뚝의 측압 및 부마찰력
- 풍하중, 설하중, 얼음하중, 파력
- 근접시공이나 지반굴착에 기인한 기초지반변형
- 전단강도 감소에 따른 지반열화

(1) 토압

지반공학에서는 (수압 이외에도) **토압**에 특별히 주의해야 한다. 토압의 크기와 분포는 하중영향으로 인한 배후지반의 변위에 의해 발생된다. 그림 10.6a 는 하단 점을 중심으로 회전하는 벽체에서 토압합력 E 발생을 양적으로 나타낸 것이다.

주동토압 E_a 와 수동토압 (저항토압) E_p 는 특정 크기 변위가 발생된 때에 도달된다. 수동토압은 주동토압보다 큰 변위에서 도달된다. 수용할 만한 한계변위를 유지하려면, 민감 구조물에서는 수동토압 특성 값을 (조정계수 $\eta > 1.0$ 를 써서) 처음부터 (토류벽을 지반에 근입하는 방법 등으로) 제한해야 한다.

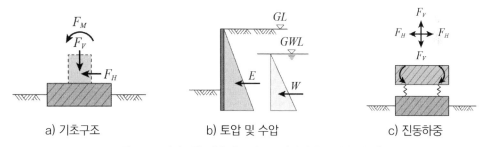

a) 기초구조   b) 토압 및 수압   c) 진동하중

그림 10.6 지반공학 작용하중의 구분 (지진하중 작용 안함)

수동상태 토압은 저항하중이지만, 기초파괴 등 몇몇 경우에 대한 계산에서는 수동토압이 유리한 작용하중이다. **주동상태 토압**은 증가시켜 적용하고, 지지구조물 변형을 제한하기 위해 (슬러리월 등) 강성구조물로 바꿀 때도 있다. **증가 주동토압** E'_a은 정지토압 E_o와 주동토압 E_a 의 사이 값으로 할 때가 많다. **앵커 사전 긴장력** (pretension) 은 토압 크기는 물론 벽체변형성도 고려하여 결정한다.

(2) 수압

수압의 특성 값은 최고수위는 물론 최저수위를 고려하여 결정한다. **최고 및 최저 수위**는 구조물 (구조부재) 설계 시 **부담하중 결정**에 중요하다. **설계 관련 수위**는 구조물의 예상 **계약기간**이나 생애기간 또는 주어진 시간에 발생 가능한 극한수위에 맞춰 결정한다. **최저 설계수위**에 의한 수압은 영구 작용하중으로 취급한다. 그 상부의 수위는 발생확률에 따라서 **규칙적 변동 작용하중**이나 드문 작용하중 또는 **예외적 작용하중**으로 간주하고 각각에 대한 **부분안전계수**를 적용하여 안전성을 검토한다.

흙막이 벽체 전후에서 지하수위가 다르면 지반에 **침투**가 발생한다. 침투로 인해 정수압은 유로를 따라 흐르면서 감소되고, 지반 **유효 단위중량**은 침투방향에 따라 **증가**하거나 **감소**한다.

3) 동적 작용하중

동적 작용하중은 **변동 정적 작용하중**으로 고려하며 **교통하중, 충돌 및 충격하중, 지진** 등이 속한다. 개개의 경우에 대해 질량 관성력을 계산에 고려하지 말아야만 하는지 검토한다. 여기에서는 동적 작용하중을 더 이상 심도있게 다루지 않는다.

10.4.2 저항능력

저항능력은 **재료 강도**에 의하여 유발되어서 **작용하중**에 대항하며, 슬러리 월에서는 콘크리트의 압축강도가 될 수 있고, 앵커에서는 인장재의 **재료저항력**이 될 수 있다.

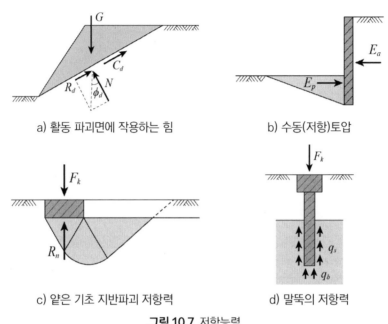

a) 활동 파괴면에 작용하는 힘   b) 수동(저항)토압

c) 얕은 기초 지반파괴 저항력   d) 말뚝의 저항력

그림 10.7 저항능력

저항능력을 **설계 부담하중과 직접 비교**할 때에는 **감소 저항능력**을 적용한다. 활동하는 **흙 쐐기** (그림 10.7a) 는 지반의 전단파괴에 대한 **GEO 극한 한계상태** ($GZ 1 C$) 를 나타내고, **활동 파괴면상의 저항력**을 **설계 전단강도정수** (전단강도정수 특성 값을 부분안전계수로 감소시킨 값) 를 나타내는 **마찰력과 점착력**을 적용하고서 계산한다.

반면 수동 (저항) 토압 (그림 10.7b) 이나 **얕은 기초의 전단파괴저항** (그림 10.7c) 이나 말뚝의 지지저항 (그림 10.7d) 이나 **앵커의 인발저항** 등의 **저항능력**은 **특성 전단강도정수** (전단강도정수의 특성 값을 변화시키지 않고 그대로 적용) 를 나타내는 **마찰력과 점착력**을 적용하여 계산한다. 그림 10.8c 는 구조물 (부재) 의 파괴에 대한 극한 한계상태 ($GZ 1B$) 를 나타낸다.

지반공학에서는 **저항능력과 작용하중**을 분명하게 구분하기가 어렵다는 것이 문제이다. 단순하게 예를 들자면, **토류벽** (그림 10.9) 에서 **배면 주동토압**과 하부벽체 **전면의 수동토압**은 동일한 공식으로 (단지 부호만 바꾸어서) 계산한다.

이때에는 벽체배면의 **주동토압이 작용하중**이 되고, 하부벽체에서 전면의 **수동 (저항) 토압**이 **저항능력**이 되며 이들은 마찰각에 의존하여 결정되는 값이다.

토류벽에서 **설계 부담토압** E_{ad} 및 **설계 저항토압** E_{pd} 는 두 가지 방법으로 구한다.

- **첫째 방법** : 특성 내부 마찰각 $\tan\phi_k$ 을 설계 내부 마찰각 $\tan\phi_d$ 로 감소시켜서 적용하고 설계 부담토압 E_{ad} 과 설계 저항토압 E_{pd} 를 구한다.
- **둘째 방법** : 특성 내부 마찰각 ϕ_k 적용하고 특성 부담토압 E_{ak} 과 특성 저항토압 E_{pk} 를 구한 후에 특성 부담토압에는 부분안전계수 γ_G 를 곱하고, 특성 저항토압은 부분안전계수 γ_{Ep} 로 나누어서 설계 부담토압 E_{ad} 과 설계 저항토압 E_{pd} 를 구한다.

이때 작용하중에는 부분안전계수 γ_G 를 적용하고, 저항능력에는 부분안전계수 γ_ϕ 및 γ_{Ep} 를 적용한다. 부분안전계수는 DIN 1054 의 표 1 및 2 의 값을 취한다.

위의 첫째 방법은 지반의 전단파괴에 대한 **극한 한계상태 GEO** ($GZ1C$) 해석의 접근방식이고, 둘째 방법은 구조물 (부재) 의 파괴에 대한 **극한 한계상태 STR** ($GZ1B$) 의 방식이다. 위 두 가지 방법에 따라 벽체의 선단을 지반에 고정시키는 치수, 즉 **벽체 근입깊이가 다른 크기로 계산**된다. 이때 토압계산식은 비선형적이기 때문에 일반식이 될 수 없고, 이 방법에서는 치수가 작게 계산된다. **경사하중**이 재하된 기초 (그림 10.8a) 에서 작용하중의 연직성분 P_v 에 의해 기초 바닥면에 수직력 N 이 발생되고, 이로 인해 유발된 마찰력 R 은 그 크기가 최대로 $R = N\tan\delta_s$ 에 달한다. 작용하중 P 가 커지면 **불리한 수평성분 하중** P_h 가 커지지만, 동시에 수직력 N 도 커지므로 마찰력이 더욱 커질 수 있다. 위 두 가지 경우에 대한 각 한계상태 계산에서 **작용하중**과 **저항능력**의 접근방식에 따라 계산한 안전율이 알맞고 비교할 만하게 된다는 것을 알 수 있다.

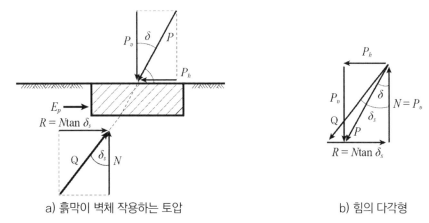

a) 흙막이 벽체 작용하는 토압   b) 힘의 다각형

그림 10.8 작용하중과 저항능력의 불확실성

10.4.3 부담하중

부담하중은 각 작용하중에 의한 영향의 총합이다. **부담하중**은 단면력이나 응력 또는 변위의 형태로 나타내고, **저항능력**과 직접 비교하여 **안전성**을 **검증**한다.

일단지지 자유단 널말뚝 (그림 10.9a) 을 예로 들어 설명한다. **작용하중**은 (**지반의 자중**과 **상재 지표하중**으로부터 발생된) 주동토압 E_{ah} 이다. 지반에 **근입된 토류벽**은 정역학적 시스템에서 **2 단 지지 슬래브** (그림 10.9b) 로 간주한다. 정역학 계산에서 지점 반력 A 와 B 는 앵커 및 지반지점에서 **부담하중**이다. 한계상태에서 앵커의 인발저항과 근입 벽체 전면지반에 발동된 저항토압이 부담하중에 대항하는 저항능력이 된다.

정역학적 계산에서 구한 모멘트 M_E (그림 10.9c) 는 **부담하중**이 되고, **저항능력**은 토류벽체의 기하형상과 재료가 최대 수용가능한 모멘트 M_R 이 된다 (그림 10.9d).

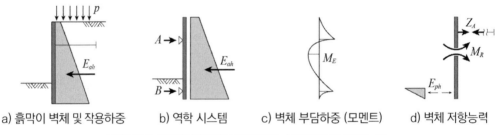

a) 흙막이 벽체 및 작용하중   b) 역학 시스템   c) 벽체 부담하중 (모멘트)   d) 벽체 저항능력

그림 10.9 흙막이 벽체에서 작용하중, 부담하중 및 저항능력

10.4.4 연성

지반과 구조물이 한계상태에 근접할 때 (지반과 구조물의 **손상 없이**) 하중이 **전이되는 능력**을 **연성**이라 하며, 최근에 지반공학에서 새로이 채택된 개념이다 (DIN 1054).

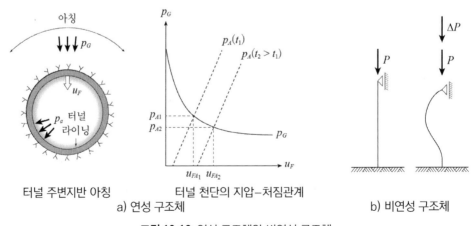

터널 주변지반 아칭   터널 천단의 지압−처짐관계

a) 연성 구조체   b) 비연성 구조체

그림 10.10 연성 구조체와 비연성 구조체

라이닝 설치한 NATM 터널은 전형적 **연성 시스템**이다 (그림 10.10a). **터널 굴착면의 변형**이 증가하면 주변지반에 아치가 형성되어 지반압력 p_G 이 굴착 직후보다 감소한다. **터널 굴착면의 변형**이 커질수록 라이닝 저항 p_A 은 증가하며, **강한 라이닝**을 설치하면 **힘의 평형**이 성립되고 **변형이 정지**될 수 있다. 터널 굴착 후 라이닝을 늦게 설치하여 **천단변위**가 최대 허용 천단변위 u_{Fgr} 에서 정지되면, **라이닝 저항**이 **소요 라이닝 저항** p_{A2} 로 최소가 된다. 터널굴착 후 시간 $t = t_2$ 에 라이닝을 설치하여 변위가 정지되고 평형상태가 되면, 이 라이닝은 **최적치수 라이닝**이 된다.

비연성 시스템의 구조체는 **임계하중**을 조금이라도 초과하는 하중이 가해지면 급격하게 파괴된다. 이 상태의 구조체 (그림 10.10b) 가 **버팀 굴착 토류벽**이라면 좌굴밴드를 설치하여 방지할 수 있다.

구조물 (부재) 의 파괴에 대한 **STR 극한 한계상태** ($GZ\,1B$) 와 지반의 전단파괴에 대한 **GEO 극한 한계상태** ($GZ\,1C$) 는 전체시스템이 **충분히 연성**이라 가정하고 해석한다. 대부분 지반공학문제는 연성이다. **토압에 기인한 작용하중**은 **변형**이 **증가할수록** 더 **감소**하지만, **저항토압 형태의 저항능력**은 변형이 증가할수록 증가한다. 충분히 연성거동하는 지반에서는 조심스럽게 예측한 평균 전단강도를 특성 전단강도 (전단강도의 특성 값) 로 적용해도 된다.

굴착 토류벽 주변의 침투로 인해 침식이 배후로 전파된 경우에는 **비연성 시스템**이 된다.

10.4.5 특성 값

특성 값은 작용하중이나 저항능력에 대하여 정의하며, 해당 **설계상황**이나 기간 또는 **구조물 사용 기간**에 주어진 확률을 초과하거나 미달하지 않는 값이고, 첨자 k 로 나타낸다.

1) 토질정수의 결정

토질정수의 특성 값 (특성 토질정수) 은 실내 (현장) 시험이나 추가 정보로부터 결정하며, 그러나 (지반은 불균질하므로) 한정된 지점의 값이고 역학적 근거가 불확실하므로 결정하기 어렵다. **특성 토질정수**는 경험 많은 지반 전문가가 특성 값과 계산 값 사이의 안전편차 내에서 정한다. **안전편차**는 주어진 경우가 적고, 데이터 베이스 품질, 구조물 종류, 파라미터 의미, 계산방법 등의 영향을 받는다.

실내 (현장) 시험 결과가 분산 폭이 적고 측정 파라미터의 영향이 적으면 (단위중량 등) **특성 값**을 측정값의 평균 값으로 할 수 있고, 시험 결과의 분산 폭이 넓으면 (변동계수 $V_a > 0.1$) 특성 값의 상한 및 하한 값의 **가장 불리한 조합**이 요구될 수 있다. 특성 값은 시공법에 따라 다르다.

전면기초에서는 지반 변형특성의 편차가 상부구조물에 의해 평준화 될 수 있기 때문에 **강성계수**는 각 기초 측정치의 평균 값 (경우에 따라 할인 안전율) 을 적용할 수 있다. **독립기초**에서는 가장 불리한 경우가 발생하고, 인접부재로의 분배가 불가능하므로 최소 값을 적용한다.

2) 지반 파라미터의 특성 값 결정

재료물성의 **특성 값**은 **작은 값이 불리**할 때는 5 % 분위수로 정하고, **큰 값이 불리**할 때는 95 % 분위수로 정의한다. 이 정의는 **인공재료** (강재나 콘크리트 등) 에서는 잘 적용되지만, (변동성이 큰) 지반재료나 (물성 값의 직접 측정이 어려운) **흙과 암석**에는 적용하기 어렵다.

지반정보는 다양한 원인에 기인한 **불확실성**을 내포하고 있다. 한계상태가 발생할 위험은 신중한 **추정 값**을 적용하여 피할 수 있다. 현장 토질 물성은 보수적으로 추정한 **대표 값**을 취한다. 일반적으로 적절한 보수 값과 **최저 신뢰 값**을 적용한다. 지반 파라미터 특성 값은 지반 한계상태 발생 관련성을 고려하여 정하며, 확실한 경험이나 지반공학 표준 표 등에서도 구한다.

(1) 지반정보의 불확실성

지반조사를 많이 시행해도, 현장지반을 완벽히 파악하여 지반정보를 얻기가 어렵고, 지반재료는 변동성이 커서 역학적 (화학적) 특성파악이 어렵기 때문에, 불충분한 지반정보를 바탕으로 설계할 경우가 많다. 지반정보의 불확실성은 임의성에 관련된 **우연적 불확실성** (aleatory uncertainty) 과 실제에 대한 예측 및 산정의 부정확성과 관련된 **인지적 불확실성** (epistemic uncertainty) 이 있다. 지반 설계파라미터의 결정에 인지적 불확실성 요인이 있기 때문에 시험 데이터는 통계처리에 불충분하여 지반조사 범위와 강도 및 품질수준은 지침을 따른다.

지반은 설계파라미터 값 분포범위가 넓고, 변동계수 (흙 $0.002 \sim 1.0\ MPa$, 암석 $0.6 \sim 500\ MPa$) 는 인공재료 (콘크리트 $20 \sim 60\ MPa$, 강재 $225 \sim 460\ MPa$) 보다 훨씬 크다 (표 10.6).

표 10.6 지반재료와 인공재료의 변동계수 (COV)

재료	파라미터		변동계수 (COV) %
흙	전단저항계수	$\tan\phi$	5~15
	유효점착력	c'	30~50
	비배수전단강도	c_u	20~40
	압축계수	m_v	20~70
	단위중량	γ	1~10
콘크리트	보와 기둥의 저항		8~21
강재			11~15
알루미늄			8~14

(2) 신중한 추정값

신중한 추정값은 (한계상태에 영향 미치는) 잠재적 문제 (위험) 를 피하기 위하여 **주의 깊게 근사 계산**하여 획득한 값을 말한다. 각 한계상태에 대해 **가능한 특성 값**은 **다수**가 존재한다. **말뚝기초 설계**에서 (주변 마찰력을 계산하는) **전단 저항각의 특성 값** $\phi_{k,shaft}$ 보다 (선단 지지력을 계산하는) **전단 저항각의 특성 값** $\phi_{k,base}$ 을 더 작게 택할 수 있다 ($\phi_{k,base} < \phi_{k,shaft}$).

(3) 대표 값

토질파라미터의 대표 값 (representative) 은 **현장 토질 물성 값의 보수적 추정 값**이므로, 설계에 적용될 수 있는 값이다. **변동성 (값의 변화)** 이 **적은** 토질 파라미터 (단위중량 등) 의 **대표 값**은 시험 결과의 **평균값**을 취하고, **변동성이 심하거나 확신할 수 없는** 토질 파라미터의 **대표 값**은 사용가능한 (acceptable) 데이터의 **하한 값**을 취한다.

(4) 적절한 보수 값과 최저 신뢰 값

적절한 보수 값은 보수적으로 추정한 **최적 추정 값**이고, **신중한 평균값**을 나타낸다. **최저 신뢰 값**은 **초과될 가능성**이 매우 낮은 (불가능은 아닌) **가장 비현실적 값**을 나타낸다. 토질 파라미터 안전율은 (하중 및 기하학적 구조와 더불어) 토질 파라미터의 결정법에 따라 다르다 (표 10.7).

(5) 지반 파라미터의 특성 값의 결정

지반 파라미터의 **특성 값**은 지반 파라미터에 대한 **신중한 추정 값**을 사용하여 결정하고, 지반의 한계 상태 근접도 (한계상태의 발생 관련성) 나 **확실한 경험**이나, (데이터가 충분하면) **95 % 신뢰도 값** (상한치나 하한치) 이나, (데이터 불충분하면) 지반공학의 **표준표** 값 등으로부터 결정한다.

표 10.7 지반 파라미터의 최적 추정 값과 최저 신뢰 값

파라미터/계수		설계법	
		적절한 보수값	최저 신뢰값
흙		보수적인 최적 추정 값	가장 비현실적인 값
하중			초과 가능성이 매우 낮은 값들 (물리적으로 완전 불가능 아님)
기하학적 구조			
흙의 강도에 적용되는 안전율 Fs	적용	넉넉한 (generous) 값	덜 보수적인 값
	전응력 해석		추천하지 않음
	유효응력해석	1.1~1.2 (가설공사)	1.0 (가설공사)
		1.2~1.5 (본 공사)	1.2 (본 공사)
동등한 안전수준		5 % 분위 수	0.1 % 분위 수

① 극한 한계상태 발생 관련성

지반 일부가 파괴되어도 구조물은 극한 한계상태에 도달하지 않으면 힘은 응력이 큰 곳에서 작은 곳으로 재분배되므로 극한 한계상태 발생은 **재료강도 평균값**에 의해 좌우된다.

지반 파라미터 특성 값은 지반영역을 대표하는 **지반 파라미터**의 공간적 평균 값이며, 평균에 대해 95 % 신뢰수준을 요구한다. **지반 파라미터 특성 값**은 지반영역이 작은 경우에는 신중하게 추정한 **공간 평균값**으로 정하며 (큰 지반영역 값보다 작을 수 있다), **5 % 분위 수**에 가깝다.

실내시험에서 구한 **지반강도**는 **직접 측정한 값**이지만, 소량의 시료에 대한 것이므로 현장을 대표하기 어렵다. **SPT 시험 지반강도**는 간접 측정값이지만, **현장강도**이기 때문에 실무에서 중요시 된다.

점토의 소성지수와 **비배수 전단강도** c_u 의 관계와 표준 관입시험 저항치 N **값**과 비배수 전단강도 c_u 값을 비교해서, c_u - N 관계를 구할 수 있다.

$$c_u = 4.5\,N \tag{10.6}$$

② 확실한 경험

오랫 동안 축적된 **확실한 경험**(well established) 은 **사례**(events) 나 지식 또는 기술을 **실제 관찰하여 보완**하며, 토질 파라미터 추정에 쓰는 **간단한 경험법칙**까지 포함한다.

③ 지반공학 표준표(standard table)

특정 지층에 대한 시험결과가 없어도 **지반 파라미터**를 결정할 수가 있다. 즉, **표준표**를 사용하면 점토 소성지수 I_p 로부터 **일정 체적 전단저항각** ϕ_{cv} 을 구할 수 있다 (표 10.8).

표 10.8 점토의 소성지수 I_p와 일정 체적 전단저항각 ϕ_{cv} 의 관계

소성지수 I_p	15%	30%	50%	80%
전단저항각 ϕ_{cv}	30°	25°	20°	15°

10.4.6 설계 값

설계변수 (하중과 재료특성 및 기하학적 공칭치수) 는 **설계 값으로 변환**한 후 설계한다. **설계 값**은 **설계 작용하중**이나 **설계 부담하중** 또는 **설계 저항능력**으로 표현하며, 첨자 d 로 나타낸다. **작용하중과 부담하중** 및 **재료특성**은 불확실성이 있기 때문에 **특성 값**에 **부분안전계수**를 적용하여 **설계 값으로 변환**한다. 즉, **설계 값**은 **작용하중** 및 **부담하중**에는 **부분안전계수**를 곱하고, **저항능력**은 **부분안전계수로 나눈** 값이다. **기하적 공칭치수**는 변동성에 **허용 오차**를 가감하여 **설계치수**로 변환한다.

1) 부분안전계수

작용하중과 부담하중 및 저항능력은 개별적 불안전성에 **부분안전계수**를 사용하여 가중치를 부여할 수 있다. 작용하중과 부담하중에 대한 부분 안전계수는 표 10.9 와 같고, **저항능력**에 대한 부분안전계수는 표 10.10 과 같다 (DIN 1054 의 표 2 및 표 3).

부분안전계수는 **한계상태**와 **경우하중**에 따라 다르다.

경우하중은 다음과 같고 (과거 DIN 1054), 수정 DIN 1054 (2005) 에도 있다.

- LF1 : 영구하중 및 자주 반복되는 교통하중
- LF2 : 드물게 발생하는 하중
- LF3 : 예외적 하중

표 10.9 작용하중 및 부담하중에 대한 부분안전계수(DIN 1054 ; 2005-01 Tab.2)

작용하중			기호	경우하중		
				LF1	LF2	LF3
GZ 1A	위치안정성 손상으로 인한 한계상태	유리한 영구 작용하중	$\gamma_{G,stb}$	0.90	0.90	0.95
		불리한 영구 작용하중	$\gamma_{G,dst}$	1.00	1.00	1.00
		유리한 하부지반에서 침투력	γ_H	1.35	1.30	1.20
		불리한 하부지반에서 침투력	γ_H	1.80	1.60	1.35
		불리한 변동 작용하중	$\gamma_{Q,dst}$	1.50	1.30	1.00
GZ 1B	구조물 및 구조부재의 파괴로 인한 한계상태	일반 영구작용력*(영구 및 변동수압포함)	γ_G	1.35	1.20	1.00
		정지토압에 의한 영구 작용하중	γ_{E0g}	1.20	1.10	1.00
		불리한 변동 작용하중	γ_Q	1.50	1.30	1.00
GZ 1C	전체 안전율의 손실로 인한 한계상태	영구 작용하중	γ_G	1.00	1.00	1.00
		불리한 변동 작용하중	γ_Q	1.30	1.20	1.00
GZ 2	사용적합성의 한계상태	영구 작용하중에 대한 $\gamma_G = 1.0$, 변동 작용하중에 대한 $\gamma_Q = 1.0$				

표 10.10 저항능력에 대한 부분안전계수(DIN 1054 ; 2005-01 Tab.3)

저항능력		기호	경우하중		
			LF1	LF2	LF3
GZ 1B ; 구조물 및 구조부재의 파괴로 인한 한계상태					
지반 저항능력	지반저항능력 및 기초전단파괴능력	γ_{Ep}, γ_{Gr}	1.40	1.30	1.20
	활동저항능력	γ_{Gl}	1.10	1.10	1.10
말뚝 저항능력	시험재하에서 말뚝 압축저항	γ_{Pc}	1.20	1.20	1.20
	시험재하에서 말뚝 인발저항	γ_{Pt}	1.30	1.30	1.30
	경험적 말뚝의 압축 및 인발저항	γ_P	1.40	1.40	1.40
주입앵커 저항능력	강재 인장부재의 저항	γ_M	1.15	1.15	1.15
	주입 정착부의 인발저항	γ_A	1.10	1.10	1.10
GZ1C ; 전체 안전율의 손실로 인한 한계상태					
전단 강도	배수지반의 마찰계수 $\tan\phi'$	γ_ϕ	1.25	1.15	1.10
	배수상태 점착력 c' 및 비배수 전단강도 c_u	γ_c, γ_{cu}	1.25	1.15	1.10
인발 저항 능력	쏘일 네일링 및 암석네일, 앵커인장말뚝	γ_N, γ_z	1.40	1.30	1.20
	주입앵커의 주입 정착부	γ_A	1.10	1.10	1.10
	연성 지반보강요소	γ_B	1.40	1.30	1.20

(1) 부분안전계수의 결정

구조물은 사용수명 동안 한계상태 도달확률이 허용할 만한 값이 되도록 설계한다. **부분 안전계수**는 설계 부담하중과 설계 저항능력의 **설계 신뢰성**을 얻기 위해 불확실성을 고려하여 결정한다.

부분안전계수는 재료특성과 하중 및 해석방법의 불확실성을 고려하여 결정하며, **첨자**를 이용하여 **작용하중** (영구하중 G, 변동하중 Q, 유리한 하중 fav) 과 **재료물성** (전단저항계수 ϕ, 유효점착력 c', 비배수전단강도 c_u, 일축압축강도 q_u, 단위중량 γ) 및 **저항능력** (지지력 R_v, 활동저항 R_h, 흙의 저항 R_e, 앵커 a) 에 대한 **세부내용**을 표시한다.

① 재료특성에 대한 부분안전계수

설계 저항능력 부분안전계수 γ_{Rd} 는 **모델 불확실성** 부분안전계수 γ_{Rd1} 와 **기하적 불확실성 부분안전계수** γ_{Rd2} 를 곱한 값 $\gamma_{Rd} = \gamma_{Rd1}\gamma_{Rd2}$ 이다. **재료특성 부분안전계수** γ_M 는 **설계 저항능력 부분안전계수** γ_{Rd} 에 **재료성질 불확실성 부분안전계수** γ_m 를 곱한 값 $\gamma_M = \gamma_m \gamma_{Rd}$ 이다.

재료강도의 설계 값 f_d 는 재료의 기준강도 f_{ck} 에 **부분안전계수** ϕ 를 적용하여 결정한다.

$$f_d = \phi f_{ck} \tag{10.7}$$

부분안전계수 ϕ 는 **극한하중조합** (극한 한계상태) 에서 콘크리트 $\phi = 0.65$, 철근이나 강재 $\phi = 0.90$, **극단하중조합** (극단 한계상태) 및 **사용하중조합** (사용 한계상태) 에서 $\phi = 1.0$ 이다.

강도 외의 재료성질 (탄성계수, 푸아송비, 건조수축변형률) 의 **설계값**은 **평균 값으로** 한다.

② 작용하중에 대한 부분안전계수

작용하중에 대한 부분안전계수는 작용하중의 **불리한 편차**와 작용하중 (부담하중) 모델의 **불확실성** 및 (영구하중, 변동하중, 기타 작용하중에 의한) **부담하중**을 고려하여 결정한다.

영구 작용하중 (자중) 영향에 대한 **부분안전계수** γ_G 는 모델의 불확실성에 대한 **부분안전계수** γ_{Sd} 와 **기타 영구 작용하중의 영향**에 대한 **부분 안전계수** γ_g 를 곱한 값이다.

$$\gamma_G = \gamma_{Sd} \gamma_g \tag{10.8}$$

불리한 영구 작용하중 영향에 대한 **부분안전계수** γ_g 는 **영구 작용하중의 설계 값** G_d 과 **기준 값** G_k 의 **비** 이다.

$$\gamma_{g,sup} = G_d / G_k \tag{10.9}$$

(2) 정적평형 한계상태에서 부분 안전계수

정적평형 한계상태에서 **부분 안전계수**는 하중계수 γ_F 와 저항계수 γ_M 이 있다.

① **하중계수** γ_F : 정적평형 한계상태에서 **하중에 대한 부분 안전계수**이다 (표 10.11). 구조부재 설계에서 하중에 대한 부분안전계수는 표 10.12 와 같다.

표 10.11 정적평형의 한계상태에서 하중에 대한 부분 안전계수

부담하중	불리한 영향 γ_{sup}	유리한 영향 γ_{inf}
영구 작용하중 G, γ_G	1.05~1.10	0.9~0.95
프리스트레스 P, γ_p	1.0	1.0
주동 변동 부담하중 $Q_{k,i}$, γ_Q	1.5	고려 안 함
동반 변동 부담하중 $Q_{k,i}$, γ_Q	$1.5\psi_{o,i}$	고려 안 함

표 10.12 지반작용 고려 안 한 구조부재설계에서 하중에 대한 부분안전계수

	부담하중	불리한 영향 γ_{sup}	유리한 영향 γ_{inf}
경우 1	영구 부담하중 G, γ_G	1.35	
	프리스트레스 P, γ_p	1.0	1.0
	주동 변동 부담하중 $Q_{k,i}$, γ_Q	$1.5\psi_{o,i}$	고려 안 함
	동반 변동 부담하중 $Q_{k,i}$, γ_Q	$1.5\psi_{o,i}$	고려 안 함
경우 2	영구 부담하중 G, γ_G	$0.85 \sim 1.35$	1.0
	프리스트레스 P, γ_p	1.0	1.0
	주동 변동 부담하중 $Q_{k,i}$, γ_Q	1.5	고려 안 함
	동반 변동 부담하중 $Q_{k,i}$, γ_Q	$1.5\psi_{o,i}$	고려 안 함

② **저항계수** γ_M

재료에 대한 부분안전계수 γ_M 는 한계상태 **저항능력의 설계 값** R_d 의 산정에 적용된다.

③ **설계 계산에 부분계수 적용**

부분 안전계수는 부담하중에 대한 **하중계수** γ_F 와 저항능력에 대한 **저항계수** γ_M 이 있다 (표 10.14). 그런데 **하중계수** γ_F 는 2 개 (하중 대표 값의 불확실성 γ_f, 작용하중 및 부담하중의 불확실성 γ_a) 가 있고, 저항계수 γ_M 는 2 개 (구조저항능력 모델의 불확실성 γ_r, 재료성질의 불확실성 γ_m) 가 있다 (표 10.13).

- **하중계수** γ_F (load factor) : **작용하중 및 부담하중**의 불확실성에 대한 부분안전계수 γ_a 와 **하중의 대표 값**의 불확실성에 대한 부분안전계수 γ_f 를 곱한 크기, 즉 $\gamma_F = \gamma_f \gamma_a$ 이다.
- **저항계수** γ_M (resistance factor) : **재료성질**의 불확실성에 대한 부분안전계수 γ_m 와 **구조저항강도** 산정방법의 불확실성에 대한 부분계수 γ_r 를 곱한 크기, 즉 $\gamma_M = \gamma_m \gamma_r$ 이다.
- **강도감소계수** ϕ (strength reduction factor) : 저항계수 γ_M 의 역수 $\phi = 1/\gamma_M$ 이고, 부재에 적용하면 **부재계수**이고, 구성 재료에 적용하면 **재료계수**이다.

표 10.13 부분안전계수의 정의와 그 관계

불확실성의 근원		부분안전계수	
부담하중	대표하중 값의 불확실성	γ_f	하중계수 γ_F
	작용하중 및 부담하중의 불확실성	γ_a	
저항능력	구조저항성능에서 모델의 불확실성	γ_r	재료계수 γ_M
	재료성질의 불확실성	γ_m	

부분안전계수 적용에 따라 **강도 설계법, 하중-저항계수 설계법, 부분안전계수 설계법**이 있다.
- **강도 설계법** (strength design method) : 하중계수 γ_F 와 강도감소계수 ϕ 로 구성된 설계법
- **하중-저항계수 설계법** : 하중계수 γ_F 와 재료계수 γ_M 으로 구성된 설계법
  ($\gamma - \phi$ 로 구성된 강도 설계법과 근본적으로 동일)
- **부분안전계수 설계법** : 설계 기본변수 (하중, 재료, 구조치수) 불확실성에 대한 부분안전계수를 확률적으로 결정한다. 재료성질로 한계상태를 정의하여 부담하중의 한계 값 초과 여부를 검증한다. 강도설계법과 구분하여 **한계상태 설계법**이라 한다.

표 10.14 하중계수와 재료계수

하중계수 γ_F	강도감소계수 (재료계수) $\phi = 1/\gamma_M$
• **하중크기**에 대한 불확실성 • **하중분포**에 대한 불확실성 • **부담하중 구조해석**의 불확실성 • **부담하중**의 추정에 영향을 주는 **구조치수**에 대한 불확실성	• **실험 재료강도**에 대한 불확실성 • **실험 재료**와 구조물에 사용되는 재료 사이의 차이에 대한 불확실성 • 저항계산에 영향을 주는 **구조치수**의 불확실성 • **강도 예측법**에 대한 불확실성

2) 기하적 공치치수의 설계 치수 변환

기하적 데이터는 구조물의 형상과 치수를 말하며, 설계에서는 **특성 값** a_k 으로 적용되고, 설계도면에서는 **공칭 값** a_{nom} 로 고려된다. 또한, 보통 **변동성**이 하중이나 재료특성보다 작기 때문에 **기지** (known) **값**으로 하며, 설계도면에 제시된 **공칭 값**은 **특성 값**으로 고려한다.

특성 값에는 구조부재 크기, 비탈지반의 높이와 경사, 기초심도 등이 포함된다. **구조부재 크기**는 **공칭치수**를 사용한다. 구조형상의 결함 (기울어짐 등) 은 공사시방서 **허용오차**에 근거한다. **공칭치수**는 보수적 값을 택하며, **초기** 또는 **시간 경과**에 따른 **변동성을 반영**해야 한다.

공칭치수 a_{nom} 에 **허용오차** (안전여유) $\triangle a$ 를 가감하면 **설계치수** a_d 로 변환된다.

$$a_d = a_{nom} \pm \triangle a \tag{10.10}$$

허용오차 $\triangle a$는 치수의 불확실성을 고려하며, 영구 및 임시 설계상황에서는 기하적 결함에 대한 설계상황의 민감도에 의해 좌우된다. **우발 설계상황**에 대한 $\triangle a$ 값은 0 이다.

3) 하중의 설계 값 변환

EQU 극한 한계상태에서 **영구하중의 부분계수**가 $\gamma_G = 1.1$ 이면 불리한 영구하중의 **역효과는 증가**하고, **유리한 하중 부분계수**가 $\gamma_{G,fav} = 0.9$ 이면 유리한 하중의 **도움효과는 감소**한다. **불리한 변동 하중**은 50% 증가되나 ($\gamma_Q = 1.5$), **유리한 변동 하중**은 무시된다 ($\gamma_{Q,fav} = 0$).

STR 극한 한계상태에서 **부분안전계수**는 불리한 영구하중에서는 $\gamma_G = 1.35$, **변동 하중**에서는 $\gamma_Q = 1.5$, **유리한 영구하중**에서는 $\gamma_{G,fav} = 1.0$, **불리한 우발하중**에서는 $\gamma_A = 1.0$ 을 적용한다.

우발설계상황에서 $\gamma_G = \gamma_{G,fav} = \gamma_Q = \gamma_A = 1.0$ 이며, $\gamma_{Q,fav} = \gamma_{A,fav} = 0$ 이다 (표 10.15).

표 10.15 영구하중과 변동하중의 부분안전계수

하중 및 기호		하 중	부분계수	EQU	STR	EQU+STR
영구	G	불리한	γ_G	1.1	1.35	1.35
		유리한	$\gamma_{G,fav}$	0.9	1.0	1.15
변동	Q	불리한	γ_Q	1.5	1.5	1.5
		유리한	$\gamma_{Q,fav}$	0	0	0

4) 재료 특성 값의 설계 값 변환

재료의 설계 값 X_d 는 재료의 **특성 값** X_k 을 **부분안전계수** γ_M 로 나누어서 변환한다.

$$X_d = X_k / \gamma_M \tag{10.11}$$

위의 **부분안전계수** γ_M 은 재료특성과 모델 불확실성 및 치수 변동성 크기를 고려하는 계수이며, 재료에 따라 $\gamma_M = 1.0 \sim 1.5$ 이고, 우발 설계상황에서 $\gamma_M = 1.0$ 이다.

10.4.7 작용하중의 조합

작용하중의 조합은 **동시 작용 가능한 작용하중의 조합**이며, 3 가지 조합이 있다.
- **보통 조합 ($EK1$)** : 영구 작용하중 및 구조물 기능기간 동안 규칙적 발생 변동 작용하중,
  댐의 예에서 최저수위 및 평균수위 사이 수위 변화
- **드문 조합 ($EK2$)** : 보통 조합의 작용하중에 예외적 작용하중 또는 일회성 계획적 작용하중,
  댐의 예에서 수위가 홍수위에 도달되고 홍수방지 시스템을 월류하는 경우
- **예외 조합 ($EK3$)** : 보통 조합의 작용하중 외에 동시 가능 예외적 작용하중, 재난이나 사고,
  최고 홍수위에 도달되고 동시에 홍수방지 시스템이 (수리 중이라) 작동하지 않은 경우

10.4.8 저항능력의 안전등급

안전등급은 작용하중의 지속시간과 빈도에 의존한 **저항능력의 안전요구사항**이다 (DIN 1054).
- **안전등급 1 상태 ($SK1$)** : 구조물의 기능기간 동안의 설계에 포함된 상태
- **안전등급 2 상태 ($SK2$)** : 구조물 건조나 수리 중이나 부대시설공사 및 지반굴착공사
- **안전등급 3 상태 ($SK3$)** : 구조물 생애에 일회 발생 또는 발생 안 될 것이 예상되는 상태

캔틸레버 옹벽에서 바닥면 저항력 R_t 와 전면수동토압 E_p 는 주동토압 E_a 에 의한 활동에 저항한다
(**안전등급 1 상태 $SK1$**). **옹벽 벽체 전면 지반을 굴착**하여 **활동 억제 토압이 소멸되면**, 지반굴착 따른 **3
차원 작용을 고려**하거나 **굴착부 측면 마찰력 R_{spa}** 을 작용시켜 **소요 안전율을 낮춰 적용**하거나, **임시
저항력을 도입**하여 안전성을 검토한다 (**안전등급 2 상태 $SK2$**). 지진 형의 예외 작용하중은 작용하중
지속시간이 짧아 겉보기 점착력에 의한 힘 C_s 를 안정계산에 적용가능하다 (**안전등급 3 상태 $SK3$**).

10.4.9 경우하중

경우하중은 안전등급과 연계한 작용하중 조합으로부터 **SLS 극한 한계상태 $GZ1$** 에 대한 저항능력
에서 설정된다. 경우하중은 DIN 1054 에서 3 가지 경우로 구분한다 (표 10.16).
- **경우하중 $LF1$** : 안전등급 $SK1$ 상태 (영구 설계상태) 에 연계되는 보통 조합 $EK1$ 이다.
- **경우하중 $LF2$** : 안전등급 $SK1$ 상태(영구 설계상태) 에 연계되는 드문 조합 $EK2$ 이거나,
  또는 안전등급 $SK2$ 상태 (잠정 설계상태) 관련 보통 조합 $EK1$ 이다.
- **경우하중 $LF3$** : 안전등급 $SK2$ 상태(잠정 설계상태) 에 연계되는 예외 조합 $EK3$ 이거나,
  또는 안전등급 $SK3$ 상태 (예외적 설계상태) 관련 드문 조합 $EK2$ 이다.

표 10.16 작용하중 조합과 안전등급에 연계한 경우하중

EK \ SK	$SK1$	$SK2$	$SK3$
$EK1$	$LF1$	$LF2$	–
$EK2$	$LF2$	$LF2$ ($LF2$와 $LF3$ 사이 interpolation)	$LF3$
$EK3$	–	$LF3$	$LF3$ (경우에 따라 $\gamma_F = \gamma_E = \gamma_R = 1.0$)

10.5 안전율 개념

과거에는 **안전율**을 최대 저항능력과 실제 작용하중의 비율로 정의하였다 (구 DIN 1054). 이는 **글로벌 안전개념** (10.5.1 절) 이며, 작용하중의 차별성 및 저항능력의 사정 등을 고려할 수 없다.

한계상태 부분안전개념 (10.5.2 절) 에서는, 저항능력이 작용하중에 대항하므로, (특성 저항능력을 부분계수로 감소시킨) 설계 저항능력이 (특성 작용하중을 부분계수로 증가시킨) 설계 부담하중을 초과하도록 설계하며 (개정 DIN 1054), 초과 여부는 **한계상태 부등식**으로 판단한다.

도달된 안전수준은 **저항능력 활용도** μ (10.5.3 절) 로 확인한다. 활용도로 설계 저항능력을 감소시켜 설계 부담하중과 같게 하면, **한계상태 부등식**이 **활용도 설계식**이 된다. 작용하중과 저항능력에 동일 부분계수를 사용하면, **저항능력 활용도** μ와 **부분계수**로부터 **글로벌 안전계수** η 를 계산할 수 있다.

10.5.1 글로벌 안전개념(구 DIN 1054)

글로벌 안전개념에서는 최대 저항능력 (특성 저항능력 R_k) 과 실제 작용하중 (특성 작용하중 E_k) 및 부담하중 E_k 사이 비율을 구해서 **안전율**로 한다. **소요안전율**은 1.0 보다 커야 한다. 작용하중의 개별적 차별성 및 저항능력별 형세 (사정) 는 고려할 수 없다. 글로벌 안전개념으로 구조부재치수를 설계할 때 특성 값으로 정역학 계산을 수행하면, 요구 안전율이 1.0 보다 커지지 않는 문제가 있다. 즉, 특성 작용하중과 특성 저항능력사이에 여유 없이 평형이 성립되기 때문에 저항능력을 축소시킨다.

10.5.2 부분 안전개념(개정 DIN 1054)

한계상태의 부분 안전개념에서는 설계 저항능력 R_d 가 설계 작용하중 F_d 및 설계 부담하중 E_d 에 대항한다. 설계 저항능력은 부분안전계수 γ_R 로 감소시켰고, 작용하중 및 부담하중은 부분 안전계수 γ_F 및 γ_E 로 증가시켰기 때문에, 설계 저항능력 R_d 가 설계 작용하중 F_d 및 설계 부담하중 E_d 를 초과해야 한다 (한계상태 $GZ\,1B$ 는 물론 한계상태 $GZ\,1C$ 에서도 유효하다. 10.4.6 절 참조).

$$R_d - F_d \geq 0 \ \ \text{및} \ \ R_d - E_d \geq 0 \tag{10.12}$$

10.5.3 저항능력의 활용도

설계 저항능력 R_d 을 (안전수준을 알 수 있는) **저항능력 활용도** μ 로 감소시켜 **설계 작용하중** F_d 와 등치시키고 ($\mu R_d - F_d = 0$), R_d 및 F_d 에 부분안전계수 γ_F 및 γ_R 를 적용하면 다음이 되어,

$$\mu R_{n,d} - F_d = 0 \ \rightarrow \ \mu (R_{n,k}/\gamma_R) - F_k\,\gamma_F = 0 \tag{10.13}$$

특성 작용하중 F_k 와 특성 저항능력 $R_{n,k}$ 및 부분계수 (γ_F 및 γ_R) 로부터 저항능력 활용도 μ 를 계산하고, 부분계수 γ_F 및 γ_R 와 활용도 μ 로부터 **글로벌 안전계수** η 를 계산할 수 있다.

$$\mu = (F_k/R_{n,k})\,\gamma_F\,\gamma_R \tag{10.14}$$
$$\eta = R_{n,k}/F_k = \gamma_F\,\gamma_R/\mu$$

10.6 한계상태 설계의 검증

지반의 한계상태 설계는 **부담하중**이 허용 저항능력 (**극한 한계상태**, 10.6.1 절) 을 초과하지 않고, **예측 변위**가 한계 값 (**사용 한계상태**, 10.6.2 절) 을 초과하지 않음을 입증하여 **검증**한다.

구조적 안정성 손상에 대한 **STR 극한 한계상태**에서 **강도를 검증**하고, 평형손실에 대한 **EQU 극한 한계상태**에서 **외적 안정 (전도, 들림, 활동) 을 검토**한다. **사용 한계상태**에서는 **예측 변위**가 한계 값을 초과하지 않음을 입증한다.

10.6.1 극한 한계상태의 검증

설계상황 검증은 정상적 설계상황 및 우발적 설계상황으로 구분하여 수행한다. **우발적 설계상황**은 차량충돌이나 지진 등이 발생된 상황이며, 발생빈도가 낮아 경제적 설계를 위해 고려하는 사항이다. **극한 한계상태설계**는 계산, 규범적 방법, 모델실험 및 재하시험, 관찰법 등으로 **검증**한다.

극한 한계상태 설계공식은 다음과 같다.

$$E_d \leq R_d \tag{10.15}$$

구조물의 설계 저항능력 R_d 는 **지배적 단면의 저항능력**과 같다고 가정하고, 설계상황에 따라서 재료물성의 설계 값과 단면의 제원을 적용하여 결정한다 (간편 산정법).

부담하중에 대한 부분안전계수와 조합 값은 표 10.17 과 같다.

표 10.17 부담하중에 대한 부분안전계수

설계상황	부담하중		
	영구	변동	
		1차 주요	기타
정상적	$\gamma_G = 1.35$	1.5	1.5
우발적	$\gamma_{GA} = 1.0$	1.0	1.0

1) ULS 극한 한계상태의 검증

지반의 극한 한계상태는 구조물과 지반의 과도한 변형 또는 파괴 및 평형상실 (STR 한계상태, GEO 한계상태), 양압력 및 수압에 의한 파괴 (EQU 한계상태, UTL 한계상태 및 HYD 한계상태) 에 관한 내용을 포함한다. 설계법은 STR 한계상태 및 GEO 한계상태를 확인하는 방법으로 선택한다.

지반 한계상태 설계의 검증은 **계산**하거나 **규범적 방법**을 적용하거나 **실험 모델 및 재하시험**하거나 **관찰법**을 적용하여 수행한다.

(1) 계산에 의한 설계 검증
지반의 한계상태 설계는 **계산한 예측 변위**가 그 한계 값 (사용 한계상태) 을 초과하지 않고, **부담하중**이 허용 저항능력 (극한 한계상태) 을 초과하지 않음을 입증하여 검증한다.

계산모델은 해석적 방법 (지지력 이론), 반경험적 방법 (말뚝설계의 α 법), 수치적 방법 (유한요소법) 등이 적용된다. 계산모델에서는 하중 (지반의 중량, 토압과 수압, 교통하중) 과 재료물성 (재료의 밀도와 강도) 및 기하학적 데이터 (기초크기, 굴착 깊이, 편심하중) 를 고려한다.

(2) 규범적 방법에 의한 설계 검증
규범적으로 설계를 검증 (한계상태 발생 여부) 할 때는 보수적 설계규칙 (건축법과 설계매뉴얼) 을 적용하고 관리한다. 유사조건에서 경험이 있으면 규범적 방법 설계가 계산설계보다 적합할 수 있다.

(3) 시험에 의한 설계 검증
대/소규모 모형시험에 의한 지반 구조물의 설계검증이 인정되고 있다. 그러나 시험과 실제 시공의 차이, 소요시간과 축척 영향을 알아야 하고, 시험에 의한 설계에 상세지침이 필요하다.

(4) 관측에 의한 설계 검증
관측에 의한 지반 구조물의 설계검증이 인정된다. 관측법 적용방법에 대해 간단한 지침만 제시되어 있다. 거동 한계설정, 가능한 거동범위 평가, 우발상태 대책, 허용한계 초과거동지침이 필요하다.

2) 극한 한계상태의 검증

ULS **극한 한계상태의 검증**은 구조물의 파괴 (구조적 안정성 손상) 에 대한 STR **극한 한계상태**와 **평형 손실**에 대한 EQU **극한 한계상태** 및 **지반파괴**에 대한 GEO **극한 한계상태**에 대해 수행한다.

(1) 구조물이 파괴 (구조적 안정성 손상) 되는 STR 극한 한계상태
구조물의 구조적 안정성 손상에 대한 극한 한계상태는 구조 시스템 (부재) 의 **파괴** (강도 부족, 연결부의 파단, 초과변형으로 인한 파괴) 또는 **과도한 변형**이 발생하는 한계상태이다.

설계하중과 설계 치수를 적용하고 **구조해석**하여 구한 **설계 부담하중** E_d 와 설계 재료값과 설계 치수를 적용하고 **응력해석**하여 구한 **설계 저항능력** R_d 을 비교하여 **강도를 검증**한다. **설계 부담하중** E_d 가 **설계 저항능력** R_d 를 초과하지 않으면 ($E_d \leq R_d$) STR **극한 한계상태**에 대해 안정하다.

설계 상황에 대한 한계상태에서 **가장 불리한 하중**들을 조합하여 적용한다. **하중조합**은 **영구하중**과 **지배적 (주요) 활하중**과 **동반 활하중**에의 표준 값과 하중계수에 근거한다.

(2) (외적 안정) 평형이 손실되는 EQU 극한 한계상태

　외적 안정 한계상태는 구조 시스템(부재)에서 **정역학적 평형이 손실된 한계상태**이고, 재료의 강도와 무관하며, **넘어짐**(overturning) 이나, **들림**(uplift) 이나, **미끄러짐**(sliding) 이 발생된다.

　EQU 극한 한계상태 안정성은 설계 치수와 불안정 설계 하중을 적용한 후 구조해석하여 구한 **불안정 설계부담하중** $E_{d,dst}$ 와 **설계 치수**와 **안정 설계 하중**을 사용하고서 구조해석하여 구한 **안정 설계 부담 하중** $E_{d,stb}$ 를 비교하여 검토한다.

　불안정 설계 부담하중 $E_{d,dst}$ 이 **안정 설계 부담하중** $E_{d,stb}$ 을 초과하지 않으면, **외적 안정 한계상태** (EQU 한계상태) 에 대해 **안정**하다.

$$E_{d,dst} \leq E_{d,stb} \tag{10.16}$$

　안정 부담하중에는 영구하중만이 포함되고, 활하중은 고려하지 않으며, **불안정 부담하중**을 결정할 때에는 활하중의 영향을 반드시 고려한다.

10.6.2 사용 한계상태의 검증

　사용 한계상태는 사용 하중상태에서 구조물이나 부재의 성능 관련 주제이고, 부재 강성과 관련된 좌굴이나 균열 및 처짐에 대한 것이다 (극한 한계상태는 재료 및 단면의 **강도와 관련**). **허용응력이 증가** 되면 **재료의 강도가 증가**되고 **안전율이 감소 및 재분배**되며, 이에 따라 단면해석방법이 **극한 강도법** 으로 변환된다.

　사용 한계상태 설계검증은 **설계 부담하중** E_d 이 **사용 한계기준** C_d 을 초과하지 않는 것을 입증하는 일이다.

$$E_d \leq C_d \tag{10.17}$$

　위의 식에서 C_d 는 특정 구조물이나 구조 부분요소의 **공칭 값**이며 허용 처짐/변형, 허용 균열 폭, 허용응력 등이다. 허용 값들은 거의 경험적 값 (처짐) 이거나 실험값 (균열 폭) 이다.

　설계 부담하중 E_d 는 결정적 작용하중 조합의 결과이며, 구조물 또는 구조부재에 발생하는 **균열 폭** 이나 **처짐**이다. **결정적 작용하중의 조합**은 희소 조합, 최빈 조합, 준 고정조합 등이 있다.

　콘크리트 부재단면에서 (균열 형성, 과도한 크리프 영향, 설계 균열 폭, 균열 다시 열림 등에 의한) **균열 및 과도한 압축의 한계상태**가 발생되며, 설계계산의 변형량이 변형의 한계 값을 초과한 **변형 한계상태**가 되지 않도록 한다.

제 11 장　비탈지반의 극한 한계상태 해석

11.1 개 요

비탈지반에서 **극한 한계상태 발생**은 **계산**을 통해 **예상**할 수 있다. **안정해석 가정조건**들이 **신뢰**하기 어려운 경우에는 **관찰**을 통해서도 유효응력 해석에 필요한 자료를 획득할 수 있다.

비탈지반의 설계상황과 극한 한계상태 (11.2 절) 는 매우 다양하며, 대개 **지반**과 **물**에 관련이 있다.

큰 비탈의 극한 한계상태 안정해석 (11.3 절) 은 전체 안전율에 대한 식이나 부분안전계수를 적용하여 수행하며, **지하수**에 의하여 크게 영향 받는다. **큰 비탈의 지반 하부가 투수성 지층**이면, 물이 그 투수성 지층을 통해 유출되어 큰 비탈 내에는 물이 잔류하지 않으므로 **물에 의한 영향이 없다**. 큰 비탈 하부에 **불투수성 지층**이 있으면 지하수는 유출되지 않고 큰 비탈 지반 내에서 흐르며, 침투력이 작용한다. 큰 비탈에서 **지하수 흐름**과 **침투력**은 불투수성 지층의 상부 경계면에 평행하다.

비탈면의 극한 한계상태 안정해석 (11.4 절) 은 **부분 안전계수**를 적용해서 변환시킨 **변환 설계 변수**를 **전통적 비탈면 안정설계 도표** (단순 비탈면) 나 **전통적 비탈면 안정해석법** (복잡 비탈면) 에 적용하여 수행한다. 원호활동에 대한 Bishop 의 간편법은 식이 간편하고 명료하여 거의 표준 절편법처럼 자주 적용되며, **안정성**은 저항 (또는 복원) 모멘트와 전도 모멘트를 비교하여 검증한다.

단구의 극한한계상태 안정해석 (11.5 절) 은 **비탈면의 극한 한계상태 안정해석**과 **같은 방법**으로 수행한다. **단구**는 지표면에 계단모양의 단차가 있는 지형이며, 자립하지 못해 **지지구조물**을 설치하여 안정을 유지할 경우가 많다. 원호 활동 파괴면의 상부 활동파괴 토체를 (단구 등 지표면 형상을 고려하고) 절편분할하고 **한계상태 해석**하여 **안정성**을 검증한다. 이때 지지 구조물 또한 절편으로 나타낸다.

비탈지반의 극한한계상태 해석 예제 (11.6 절) 에서는 **큰 비탈**과 **비탈면** 및 **단구**에 대한 예제를 해석한다. **큰 비탈**은 하부의 지층이 투수성 지층인 경우와 불투수성 지층인 경우로 구분하여 해석한다. **비탈면**은 **전통적 비탈면 안정설계 도표**를 이용하거나 **전통적 비탈면 안정해석 방법**을 이용하여 안정성을 검증한다. **단구**는 지지 구조물을 절편으로 나타내고 **전통적 비탈면 안정해석 방법**을 써서 안정해석한다. 비탈 지반은 앵커 등으로 보강하여 안정을 확보할 수 있다.

11.2 비탈지반의 설계상황과 극한 한계상태

비탈 지반 (**큰 비탈**과 **비탈면** 및 **단구**) 은 다양한 **설계상황** (11.2.1 절) 에 유의하여 설계하며, 비탈 지반의 **극한 한계상태** (11.2.2 절) 에 대한 설계에서는 지반은 물론 물 상태도 고려한다.

11.2.1 비탈 지반의 설계상황

비탈 지반에서 유의해야 할 **설계상황**은 지반과 비탈상태 및 주변여건에 관련된 것으로 구분하여 설명한다.

- **지반 관련** : 과거 (또는 현재) 지반변위, 함수비 (또는 간극수압) 의 변동 등
- **비탈 관련** : 식생 및 굴착제거, 비탈면이 기존 구조물이나 비탈 지반에 미치는 영향 등
- **주변 여건 관련** : 진동, 기후변동, 인간/동물 활동, 파랑작용 (수변 비탈) 등

11.2.2 비탈지반의 극한 한계상태

비탈지반의 (한계상태 발생에 대비한) **설계 시에 고려할 사항**은 과거 또는 현재의 지반변위, 비탈 지반이 기존 구조물이나 기존 비탈지반에 미치는 영향, 진동, 기후변동, 식생, 인간이나 동물의 활동, 함수비 또는 간극수압의 변동, 파랑작용 등이 있다.

- **비탈 지반의 극한 한계상태** : 지반은 물론 물과의 관련성 (수변 비탈) 이 크게 나타난다.
- **지반 관련 극한 한계상태** : 지반/구조물 안정성 손실, 과도한 변위, 사용성 손실, 배수 막힘 등
- **물 관련 극한 한계상태** : 물에 접한 수변비탈에서 침식 (표면 및 내부) 과 세굴, 손상유발 변형, 인접 구조물 손상, 동결융해 영향, 기층재료 열화, 수압에 의한 변형, 환경조건 변화 등

안정성을 검토해야 하는 **비탈지반의 극한 한계상태** (그림 11.1) 는 슬래브형 병진 활동파괴, (취약 지층 상부) 블록 활동파괴, 원호 활동파괴, 비원호 활동파괴, 구조물 포함하는 대규모 활동파괴 등이 있으므로, 이에 대해 안정성을 검토한다.

a) 슬래브 병진활동   b) 블록활동   c) 원호활동   d) 비원호 활동   e) 구조물–지반 활동

그림 11.1 비탈 지반의 극한 한계상태 예

11.3 큰 비탈의 극한 한계상태 안정해석

큰 비탈은 일정한 **경사**로 무한히 긴 '**장대 비탈면**'을 말하며, '**무한 비탈면**'이라고 부르기도 한다. 큰 비탈은 (비탈면에 평행한 활동면을 따라) 얕은 깊이로 활동파괴 된다고 가정하고 안정해석 한다.

얕은 깊이로 길게 활동파괴 되어서 활동 파괴면의 시점과 종점의 영향을 무시하고 안정해석 할 수 있으면 **큰 비탈**로 분류한다. **비탈면**에서는 (유한한 크기로 활동파괴 되기 때문에) 활동 파괴면의 시점과 종점의 영향을 무시할 수 없다.

비탈면에서 얕은 깊이로 긴 활동 파괴면이 발생되는 경우는 **큰 비탈로 해석**할 수 있다. 깊이가 깊어질 수록 전단강도가 증가하는 지반에서는 **얇은 두께로 얕은 깊이에서 활동파괴** 된다.

큰 비탈의 안정성은 지하수에 의해 영향을 받는다. 따라서 **큰 비탈의 전통적 안정해석**(11.3.1 절) 에서는 비탈면에 평행하게 얕은 깊이로 활동파괴 된다고 가정하고 지하수를 고려하여 해석한다.

큰 비탈 지반 하부에 **불투수 지층**이 위치하면 (그림 11.2a), 지하수가 (불투수 지층에 막혀서 밖으로 유출되지 못하고) 큰 비탈 내 지반을 흘러내리면서 침투력이 작용한다. 지하수 흐름방향 및 침투력의 작용방향은 불투수 지층의 상부경계면에 평행하다.

큰 비탈 지반 하부에 **투수성 지층**이 위치하면 (그림 11.2b), 지표에서 유입된 물이 (하부의 투수성 지층을 통과하여) 밖으로 유출되어서 큰 비탈 내에 잔류하지 않는다. 따라서 이 경우에는 물에 의한 영향이 없으므로 건조한 큰 비탈처럼 거동한다.

큰 비탈의 극한 한계상태 안정해석(11.3.2 절)은 **전통적 큰 비탈 안정해석법**을 적용하여 수행할 수 있다. 즉, **부분안전계수**를 적용하여 변환한 **재료강도**를 전통적 큰 비탈 안정해석법에 대입하여 **엄밀 해**를 구하거나, 변환시킨 **재료강도**를 **전통적 큰 비탈 안정해석 설계도표**에 적용하여 **간략 해**를 구한다.

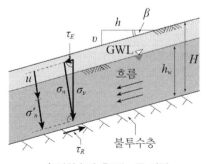
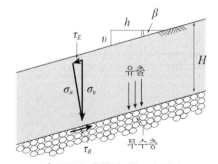

a) 지하수가 흐르는 큰 비탈   b) 지하수 흐름이 없는 큰 비탈

그림 11.2 하부 지층상황에 따라 지하수 영향이 달라지는 큰 흙 비탈

11.3.1 큰 비탈의 전통적 안정해석

큰 비탈은 지하수의 영향을 받지 않는 경우와 지하수의 영향을 받는 경우로 구분하고, 큰 비탈 파괴체를 시점과 종점의 영향을 생각하지 않고 폭이 같은 공액요소 (연직절편) 로 분할하고 해석한다.

1) 지하수의 영향을 받는 큰 비탈

큰 비탈이 일정한 깊이 H 로 활동파괴 되고, 지하수위는 활동면 상부 h_w 에 있고, 지표에 평행하게 **정상침투** (steady seepage) 되는 경우를 생각한다 (그림 11.3).

① 큰 비탈의 절편 분할 및 절편 작용력

큰 비탈 파괴체를 (편의상) 폭이 같은 **연직절편으로 분할**한다. 절편에는 절편 무게 G가 작용하고, 절편 바닥면 (활동면) 에는 전단저항력 T 및 수직력 N이 작용한다 (절편 연직측면의 측면력은 무시). 절편 바닥면에서 수직응력 σ' 와 전단응력 τ 및 간극수압 u 는 다음과 같다.

$$\sigma' = \frac{N'}{l} = \frac{G'\cos\beta}{l} = \frac{G'\cos\beta}{1/\cos\beta} = G'\cos^2\beta = \gamma'H\cos^2\beta$$

$$\tau = \frac{T}{l} = \frac{G'\sin\beta}{l} = \frac{G'\cos\beta}{1/\cos\beta} = G'\sin\beta\cos\beta = \gamma'H\sin\beta\cos\beta \tag{11.1}$$

$$u = \gamma_w h_w \cos^2\beta = r_u \gamma H\cos^2\beta$$

γ_w 는 물 단위중량, γ 는 지반 단위중량, $r_u = \dfrac{\gamma_w h_w}{\gamma H}$ 는 간극수압계수, $G' = \gamma'H$ 는 절편무게이다.

② 큰 비탈의 활동파괴 안전율

큰 비탈의 활동파괴 안전율 η (엄밀해) 는 전단강도에 대한 Fellenius 안전율식에 위 수직응력 σ 와 전단응력 τ 및 수압 u 를 대입하면 다음이 된다.

$$\eta = \frac{\tau_f}{\tau} = \frac{c' + (\sigma - u)\tan\phi'}{\tau} = \frac{c' + (\gamma H - r_u \gamma H)\cos^2\beta\tan\phi'}{\gamma H\sin\beta\cos\beta} = \frac{c' + (1 - r_u)\gamma H\cos^2\beta\tan\phi}{\gamma H\sin\beta\cos\beta} \tag{11.2}$$

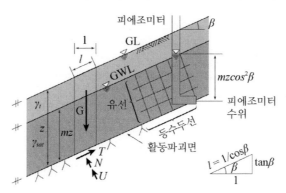

그림 11.3 지하수가 침투하는 큰 흙 비탈

③ 안정수와 큰 비탈의 안전율

큰 비탈의 안전율 η 는 **소요 안정수 N** (대개 $\eta = 1.2$ 를 목표 안전율로 간주하고 다음 식이나 기타 도표 또는 그래프로부터 구함) 을 **큰 비탈 안전율 식** (식 11.2) 에 적용하면 다음 식이 된다.

$$N = \frac{c'}{\gamma H} = \eta \sin\beta \cos\beta - (1 - r_u)\cos^2\beta \tan\phi, \quad \eta = \frac{N}{\sin\beta \cos\beta} + (1 - r_u)\frac{\tan\phi}{\tan\beta} \tag{11.3}$$

④ 지하수위가 지표와 일치하는 큰 비탈의 안전율

큰 모래 비탈 $(c' = 0)$ 에서 지하수위가 지표와 일치하여 **지반이 포화상태** $(h_w = H,\ r_u = \gamma_w/\gamma)$ 가 되면, **안전율** η 는 식 (11.2) 에 $r_u = \gamma_w/\gamma$ 를 대입하면 다음 식이 된다. $\gamma_{sat} \le 2\gamma_{sub}$ 이므로, 지하수위가 큰 비탈 지표면과 일치 (큰 비탈이 포화) 되면 안전율이 절반 크기가 된다 (절편 자중은 $G = \frac{\gamma_{sat}H}{\cos\beta}$).

$$\eta = \frac{(\gamma_{sat} - \gamma_w)\cos\beta \tan\phi'}{\gamma_{sat}\ \sin\beta} = \frac{\gamma_{sub}}{\gamma_{sat}}\frac{\tan\phi'}{\tan\beta} \simeq \frac{1}{2}\frac{\tan\phi'}{\tan\beta} \tag{11.4}$$

점착성 지반이면 큰 비탈 경사 β 가 내부마찰각 ϕ' 보다 크므로 (즉, $\beta > \phi'$) 안정할 수 있다.

2) 지하수의 영향을 받지 않는 큰 비탈

지하수위가 활동면 하부에 있는 큰 비탈 또는 수중 큰 비탈은 지하수의 영향을 받지 않는다.

① **지하수 영향을 받지 않는 큰 모래 비탈** : 지하수위가 활동면 하부 $(r_u = 0)$ 에 있어서, 활동거동이 지하수 영향을 받지 않는 **큰 비탈의 안전율** η 는 식 (11.2) 로부터 다음이 되고, $\beta < \phi$ 이면 안정하다.

$$\eta = \frac{\tan\phi}{\tan\beta} \tag{11.5}$$

② **수중 큰 비탈** : 수중 큰 비탈에는 **침투력**이 작용하지 않고, **안전율**은 유효중량 $G' = \gamma'H$ 에 의한 힘의 평형조건으로부터 구한다. 활동면에 작용하는 **수직응력** σ' 와 **전단응력** τ 는 다음과 같다.

$$\sigma' = \frac{G'\cos\beta}{1/\cos\beta} = \frac{\gamma' H\cos\beta}{1/\cos\beta} = \gamma' H\cos^2\beta\ ,\quad \tau = \frac{G'\sin\beta}{1/\cos\beta} = \gamma' H\sin\beta\cos\beta \tag{11.6}$$

수중 큰 비탈의 안전율 η 는 식 (11.2) 로부터 다음이 되고,

$$\eta = \frac{\tau_f}{\tau} = \frac{c' + \sigma'\tan\phi}{\tau} = \frac{c' + \gamma' H\cos^2\beta \tan\phi'}{\gamma' H\sin\beta\cos\beta} \tag{11.7}$$

모래 $(c = 0)$ 에서 다음이 된다.

$$\eta = \frac{\tan\phi'}{\tan\beta} \tag{11.8}$$

즉, **건조상태** (식 11.5) 와 **수중** (식 11.8) 에서 큰 비탈의 **안전율**이 동일하다. 수중에서는 활동 파괴면의 전단강도가 수압영향만큼 감소하고, 지반 자중이 유효중량으로 작용하여 활동 파괴면의 전단응력 또한 감소한다. 따라서 안전율에는 변화가 없다.

11.3.2 큰 비탈의 극한 한계상태 안정해석

큰 비탈의 극한 한계상태에 대한 안정성은 대개 다음 같이 **엄밀 방법**이나 **간략 방법**으로 판정한다.

- **재료강도**를 부분안전계수로 감소시켜 적용하고, 부담하중을 부분안전계수로 증가시켜 **전통적** 방법으로 **큰 비탈**을 안정해석하여 검증하거나 (**엄밀 방법**),
- **특성 안정수** N_k (식 11.3) 를 **전통적 큰 비탈 안정해석 설계도표**에 적용하여 검증한다 (**간략방법**).

  이때 연직 작용하중에 **유리한** 또는 **불리한 영구하중 부분안전계수** $\gamma_{G,fav}$ 또는 γ_G 를 적용한다.

1) 엄밀 방법

설계 부담하중 E_d 는 **지반의 자중** $G = \gamma_k H$ 에 **부분안전계수** γ_G 를 곱한 값, 즉 $\gamma_G \gamma_k H$ 를 적용하여 구한 값이다.

$$E_d = \sigma_{vd} \sin\beta \cos\beta = \gamma_G \gamma_k H \sin\beta \cos\beta \tag{11.9}$$

설계 저항능력 R_d 는 **저항력**, 즉 **큰 비탈 안전율 식** (식 11.2) 의 분자를 **저항력 부분안전계수** γ_{Re} 로 나눈 값이다. **특성 연직하중** $\sigma_{vk} = \gamma_k H$ 에 **불리한 영구하중 부분안전계수** γ_G 를 곱하며, **지반의 특성 내부마찰각** $\tan\phi_k$ 를 **부분안전계수** γ_ϕ 로 나눈 값을 적용한다 (첨자 d 와 k 는 설계 값과 특성 값).

$$R_d = \frac{c' + (1 - r_u)\sigma_{vd}\cos^2\beta \tan\phi_d}{\gamma_{Re}} = \frac{(c_k'/\gamma_c) + (1 - r_u)(\gamma_G \gamma_k H)\cos^2\beta\{(\tan\phi_k)/\gamma_\phi\}}{\gamma_{Re}} \tag{11.10}$$

큰 비탈은 **설계 부담하중** E_d 가 **설계 저항능력** R_d 를 초과하지 않으면 안정하다 (**강도검증**).

$$E_d \leq R_d \tag{11.11}$$

2) 간략 방법

특성 안정수 N_k 을 나타내는 식 (11.3) 의 우변에는 활동유발 인자와 활동저항 인자가 모두 다 포함되어 있다. 따라서 **특성 안정수** N_k 는 **저항부분안전계수** γ_{Re} 와 **영구하중 부분안전계수** γ_G 는 물론 지반물성 부분안전계수 γ_c 및 γ_ϕ 를 모두 적용하여 계산한다.

$$N_k = \frac{c_k}{\gamma_k H} = (\gamma_G \gamma_c \gamma_{Re})\sin\beta\cos\beta - \left(\frac{\gamma_G \gamma_c}{\gamma_\phi}\right)(1 - r_u)\cos^2\beta\tan\phi_k \tag{11.12}$$

위 식의 **영구하중 부분안전계수** γ_G 대신에 **유리한 부분안전계수** $\gamma_{G,fav}$ 를 적용하면 다음이 된다.

$$N_k = \frac{c_k}{\gamma_k H} = (\gamma_G \gamma_c \gamma_{Re})\sin\beta\cos\beta - \left(\frac{\gamma_{G,fav}\gamma_c}{\gamma_\phi}\right)(1 - r_u)\cos^2\beta\tan\phi_k \tag{11.13}$$

11.4 비탈면의 극한 한계상태 안정해석(절편법)

비탈면은 선단과 정점이 있고 규모가 유한한 비탈지반이며, **활동파괴도 한정된 크기로 발생**된다.

과거의 **글로벌 안전개념**에서는 **최대 저항** (힘 또는 모멘트) 과 실제 **작용하중** (및 모멘트) 사이의 비율을 안전율로 정의하였고, **소요 안전율**이 1.0 보다 크면 안정하다고 생각하였다. 그러나 글로벌 안전 개념에서는 작용하중 (및 부담하중) 의 **개별적 차별성**과 저항능력의 **개별 형세**를 고려할 수 없기 때문에 부담하중은 증가시키고 저항능력을 축소시켜 적용하고 정역학 계산한다.

최근의 **한계상태 부분 안전개념**에서는 설계의 안정성과 안전수준의 도달 정도를 판정하며, **설계의 안정성**은 설계 저항능력이 **설계 작용하중** (및 **특성 설계부담하중**) 을 초과하는지 여부로 판정하고 (개정 DIN 1054), **안전수준의 도달 정도**는 **저항의 활용도** μ 로 확인한다.

한계상태 부분 안전개념에서 **설계 저항능력**은 특성 저항능력을 부분안전계수로 감소시킨 값이고, **설계 작용하중** (및 설계 부담하중) 은 특성 작용하중 (및 부담하중) 을 부분안전계수로 증가시킨 값이다. 설계저항능력의 설계부담하중 **초과 여부**는 **한계상태 부등식**에 적용하여 판단한다.

한계상태 부분 안전개념에서 **안전수준 도달 정도**는 **저항의 활용도** μ 로 확인한다. 활용도를 적용하고 설계 저항능력을 감소시켜서 설계 작용하중 (및 설계 부담하중) 과 등치시키면 한계상태 부등식이 **활용도에 대한 설계식**으로 변환된다. 작용하중과 저항능력에 하나의 부분안전계수를 사용하면, **활용도** μ 와 작용하중 (및 설계부담하중)의 **부분안전계수로**부터 **글로벌 안전계수** η 를 계산가능하다.

한계상태 부분 안전개념에서 **한계상태**는 극한 한계상태 ($GZ\,1$) 와 사용 한계상태 ($GZ\,2$) 로 구분하며 **극한 한계상태** ($GZ\,1$) 는 다시 평형 손실상태 (EQU, $GZ\,1A$) 와 구조물 (부재) 파괴상태 (STR, $GZ\,1B$) 및 상부 구조물 포함 지반파괴상태 (GEO, $GZ\,1C$) 로 구분한다 (DIN 1054) .

비탈면의 극한 한계상태 안정해석은 **전통적 비탈면 안정해석 방법** (11.4.1 절) 으로 수행할 수 있다. **원호 활동파괴 모델을 적용하는 극한 한계상태 해석** (11.4.2 절) 에서는 원호 활동면의 상부 활동파괴 토체를 절편분할하고 (재료강도에 부분안전계수를 적용하고) 해석하여 **안정성**을 판정한다.

일부가 물에 잠겨 내부 지하수위가 외부 수위 보다 높은 **침투 비탈면의 극한한계상태 안정해석** (11.4.3 절) 은 부력에 의한 **영구 작용하중의 감소**와 침투압에 의한 **작용하중의 증가**를 모두 고려하여 수행한다. 활동면의 **수압**은 멤브레인 효과를 적용하여 구하거나 유선망에서 구한다.

활동면에서 전단저항이 부족하면, 인장재 등으로 보강하여 **저항능력을 추가시켜** 비탈면 안정성을 확보한다. **전단 보강 비탈면의 극한 한계상태 해석** (11.4.4 절) 에서 인장부재에 가해진 힘은 **저항능력이** 되거나 **유리한 작용하중이** 되지만, **불리한 작용하중이** 될 수도 있기 때문에 전단보강 효과가 유리한지 **아니면 불리한지** 검토하고, 그 결과로부터 **프리텐션 재하 여부**를 판정한다. 앵커보강 비탈면의 극한 한계 **상태해석** (11.4.5 절) 에서 앵커력 (프리텐션등) 에 의해 저항력이 증가 또는 감소한다.

11.4.1 비탈면의 극한 한계상태 안정해석과 전통적 안정해석의 관계

비탈면의 극한 한계상태 안정은 **전통적 비탈면 안정해석법**을 적용해서 해석할 수 있다. 즉, **재료강도를 부분안전계수**로 감소시키고, 감소 재료강도를 **전통적 비탈면 안정해석법 (Bishop 간편법 등)** 에 적용하고 **안전율**을 구하면 된다. **전통적 비탈지반 안정해석**에서 원호 활동파괴에 대한 **안전율** η 은 원호의 중점에 대한 **활동저항 모멘트** M_R 과 **활동유발 모멘트** M_O 의 비로 정의한다 (**전통적 글로벌 안전율**).

전통적 비탈면 안정해석에서 활동유발 모멘트 M_O 는 **한계상태 비탈면 안정해석**에서는 설계 부담하중 E_d 이고, (전통적 비탈면 안정해석에서) 활동저항 (복원) 모멘트 M_R 은 한계상태 비탈면 안정해석에서 설계저항능력 R_d 이다. **한계상태 설계의 안정성**은 **설계부담하중** E_d 가 **설계저항능력** R_d 를 초과하지 않아야 확보된다. 이 조건은 설계 부담하중 E_d 와 설계 저항능력 R_d 을 **직접 비교**하거나, **그 크기 (힘)**의 **차이** (> 0) 또는 **크기 (모멘트)** 의 **비** (> 1.0) 를 구하여 검증할 수 있다 (**강도검증**).

전통적 비탈면 안정해석에서는 **상재하중** Q_i 를 **절편자중** G_i 에 포함시켜 안정성을 계산한다. **한계상태 안정해석**에서는 **상재하중** Q_i 를 **영구하중**(절편자중 G_i) 과 **변동하중** (상재하중 P_i) 으로 구분한 후에 각각 다른 **부분안전계수**를 적용해서 변환시킨 값을 **전통적 비탈면 안정해석법 (Bishop 간편법 등)** 에 적용하고 안정성을 검증한다. 비탈면 설계 시에 모든 하중은 **지반 공학 하중**으로 취급한다.

여러 가지 파괴메커니즘에 대해 안전율을 계산하며, **활용도가 가장 높은 파괴메커니즘**이 결정적인 파괴메커니즘이다. 이 사실을 이용하여 비탈면을 개량하거나 안정된 비탈면 형상을 결정할 수 있다.

1) 전통적 안정해석에서 비탈면의 원호 활동파괴에 대한 활동 모멘트와 저항 모멘트

전통적 글로벌 안전율 개념에서 **원호 활동파괴에 대한 비탈면의 안전율** η 은 원호 중심점에 대한 **활동 저항 (복원) 모멘트** M_R 와 **활동 유발 (전도) 모멘트** M_O 의 비로 정의한다.

$$M_O = \sum_i (G_i + Q_i) x_i \tag{11.14}$$

$$M_R = r \sum_i \left[\frac{\{c_i'b_i + (G_i + Q_i - u_i b_i)\tan\phi_i\}\sec\theta_i}{1 + \tan\theta_i\{(\tan\phi_i)/\eta\}} \right]$$

$$= r \sum_i \left[\frac{c_i'b_i + (G_i + Q_i - u_i b_i)\tan\phi_i}{\cos\theta_i + \sin\theta_i\{(\tan\phi_i)/\eta\}} \right]$$

$$\eta = \frac{M_R}{M_O} = \frac{\sum_i \left[\dfrac{c_i'b_i + (G_i + Q_i - u_i b_i)\tan\phi_i}{\cos\theta_i + \sin\theta_i\{(\tan\phi_i)/\eta\}} \right]}{\sum_i (G_i + Q_i)\sin\theta_i}$$

2) 전통적 비탈면 안정해석에서 비탈면의 안전율

전통적 비탈면 안정해석에서는 **절편법** 중에서 적용성이 좋고 적용사례가 많은, Bishop 간편법이 거의 표준으로 통용된다. **안전율**은 활동저항 모멘트와 활동유발 모멘트의 비로 정의하며, 원호 활동면 상부 활동파괴체를 **절편으로 분할**하고, **전응력 해석**하거나 **유효응력 해석**하여 구한다.

(1) 비탈면의 안전율

전통적 비탈면 안정해석에서 글로벌 개념의 **비탈면 안전율** η 는 회전 중심점에 대한 **활동저항 모멘트** M_R 과 **활동유발 (작용) 모멘트** M_O 비로 정의한다.

$$\eta = \frac{M_R}{M_O} \tag{11.15}$$

(2) 활동유발 모멘트

활동유발 모멘트 M_O 는 배수 해석과 비배수 해석에서 동일하다 (x_i 는 절편 i 의 팔 길이).

$$M_O = \sum_i (G_i + Q_i) x_i \tag{11.16}$$

(3) 활동저항 모멘트 및 안전율

활동저항 모멘트 M_R 은 활동면 지반의 전단강도에 의존하기 때문에 **전응력 (비배수) 해석**하거나 **유효응력 (배수) 해석**하여 구하여, **안전율** (식 11.15) 을 계산한다.

① 전응력 해석

비탈면의 단기 안정성은 **전응력** (비배수) **해석**하여 구한 **안전율**로 검증한다.

활동저항 모멘트 M_R 은 전응력 해석에서 (**활동면 전단강도**는 비배수 강도의 함수이므로) 다음이 된다 (r 은 원호 활동면 반경, $c_{u,i}$ 는 활동면 지반의 비배수 전단강도, l_i 는 활동면의 길이).

$$M_R = r \sum_i c_{u,i} l_i \tag{11.17}$$

전응력 해석에서 **비탈면 안전율** η 는 **전응력 해석의 활동저항 모멘트** M_R (식 11.17) 과 **활동유발 모멘트** M_O (식 11.16) 를 식 (11.15) 에 적용하면 다음이 된다.

$$\eta = \frac{M_R}{M_O} = \frac{\sum_i c_{u,i} l_i}{\sum_i (G_i + Q_i) \sin\theta_i} \tag{11.18}$$

위 식에서 θ 는 절편 바닥면 (활동면) 의 수평에 대한 경사각이고, $\theta_i = \sin^{-1}(x_i/r)$ 이다.

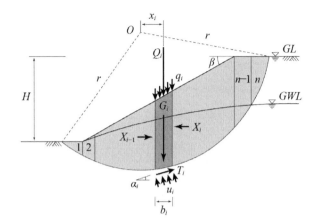

G_i : 절편 i 의 자중
Q_i : 절편 i에 작용하는 상재하중
x_i : 회전 중심점 O 에 대한 절편 i 의 팔의 길이이다.
(x_i 는 양(+)이면 전도 모멘트 M_O 를 증가시키는 불리한 요소 이고, 음(-)이면 전도모멘트 M_O를 감소시키는 유리한 요소이다)

그림 11.4 비탈면의 원호활동파괴에 대한 절편해석

② 유효응력 해석

비탈면 장기 안정은 배수해석한 **활동저항 모멘트** M_R 과 **활동유발 모멘트** M_O 를 **비교**하여 검증한다. **활동유발 모멘트** M_O 는 배수해석과 비배수 해석에서 동일하다 (식 11.16).

활동저항 모멘트 M_R 을 **유효응력 해석**에서 구한 **유효 전단강도정수** c', ϕ' 를 적용하면 다음이 된다.

$$M_R = r \sum_i \left[\frac{c_i'b_i + (G_i + Q_i - u_i b_i)\tan\phi'_i}{\cos\theta_i + \tan\theta_i\{(\tan\phi'_i)/\eta\}} \right] \tag{11.19}$$

유효응력 해석의 비탈면 안전율 η 는 유효응력 해석의 활동저항 모멘트 M_R 과 활동유발 모멘트 M_O (식 11.16) 을 식 (11.15) 에 적용하면 다음이 된다.

$$\eta = \frac{M_R}{M_O} = \frac{\sum_i \left[\dfrac{c_i'b_i + (G_i + Q_i - u_i b_i)\tan\phi'_i}{\cos\theta_i + \tan\theta_i\{(\tan\phi'_i)/\eta\}} \right]}{\sum_i (G_i + Q_i)\sin\theta_i} \tag{11.20}$$

3) 한계상태 비탈면 해석에서 비탈면의 안정성 검증

전통적 비탈면 안정해석의 원호활동에 대한 **활동유발 모멘트** M_O 는 극한 한계상태 비탈면 해석의 **설계 부담하중** E_d 이 된다. 전통적 비탈면 안정해석의 **활동저항 모멘트** M_R 는 극한 한계상태 비탈면 해석의 **설계 저항능력** R_d 이 되고, 전응력 해석하거나 유효응력 해석하여 구한다.

비탈면은 **설계 부담하중** E_d 가 **설계 저항능력** R_d 을 초과하지 않으면 ($E_d \leq R_d$, $E_d/R_d \leq 1.0$) **안정**하다 ($G_{i,d}$ 는 설계 절편자중, $Q_{i,d}$ 는 설계 상재하중, $c_{ui,d}$ 는 절편바닥 설계 비배수 전단강도).

$$\frac{E_d}{R_d} = \frac{M_O}{M_R} = \frac{\sum_i (G_{i,d} + Q_{i,d})\sin\theta_i}{\sum_i c_{ui,d} l_i} \leq 1.0 \tag{11.21}$$

11.4.2 비탈면의 극한 한계상태 해석 (원호활동파괴)

비탈면의 극한 한계상태 안정해석에 자주 적용하는 **원호 활동파괴**는 **영구 및 변동 작용하중**에 의한 **부담하중**은 물론 **침투력**이나 **앵커력** 등을 고려하고 **모멘트 평형**을 생각하여 비탈면의 안정성을 평가하기에 적합하다.

비탈면의 **활동파괴**는 **영구 작용하중** 및 **변동 작용하중**에 의하여 **발생**되며, **지반** (및 지보구조물) 의 **저항능력**에 의하여 **억제**된다. 한계상태 비탈지반의 활동파괴에 대한 안정성은 그 **설계 부담하중**이 **설계 저항능력**을 **초과하지 않으면** 확보된다.

1) 하중의 결정

비탈면의 작용하중은 자중에 의한 **영구 작용하중**과 상재하중에 의한 **변동 작용하중**이 있다. 비탈면 일부가 물에 잠긴다면 **영구 작용하중**이 부력 만큼 감소되어서 **전단면 마찰력**이 감소되며, 비탈면에서 **침투**가 발생하면 **영구 작용하중**에 **수압과 침투압**이 추가된다.

비탈면의 활동파괴에 대한 저항능력은 **지반 전단강도** (마찰력과 점착력) 및 **변동 작용하중** (에 기인한 마찰력) 또는 **활동면 형상**에 의하여 발생된다. **저항능력이 부족하면**, 보강 구조 부재 (뒤벨, 인장부재, **스트러트** 등) 를 설치하여 **저항능력**을 증가시켜서 비탈면 안정성을 확보한다. 구조부재의 부재력은 **저항능력**이 되거나 **유리한 작용하중**이 되지만, **불리한 작용하중**이 되는 경우도 있다.

2) 설계 값의 결정

점성토 비탈면의 활동파괴에 대한 안정성 해석에 (비탈면의 초기상태에 대한) **비배수 전단강도정수** c_u, ϕ_u 를 적용할지, 아니면 (비탈면 최종상태에 대한) **배수 전단강도정수** c', ϕ' 를 적용할지 여부를 결정해야 한다.

비탈면 (및 지반파괴) 에서 **부담하중** 및 (그 결과 발생되는) **저항능력**은 **설계 작용하중**과 **설계 전단 강도정수**를 적용하여 계산한다. **설계 작용하중**은 **특성 작용하중**에 **부분안전계수**를 곱한 값이며, **설계 전단 강도정수**는 **특성 전단강도정수** c_k, ϕ_k 값을 **부분안전계수**로 **나눈 값**이다.

특성 작용하중에 대한 **부분안전계수**는 변동 작용하중에 대해 $\gamma_Q = 1.3$ 이고, **영구 작용하중**에 대해 $\gamma_G = 1.0$ 이다 (따라서 **변동 작용하중만이 증가**된다). 전단강도정수에 대한 부분안전계수 γ_c 및 γ_ϕ 는 하중경우 LF1 에 대해 $\gamma_c = \gamma_\phi = 1.25$ 이다 (10.4.6 절, DIN 1054 2005, 표 1.3).

설계 값이 결정되면 하중 (또는 모멘트) 형태 **작용하중 (및 부담하중)** 과 마찰력과 점착력에 의한 저항력 (또는 모멘트) 형태의 **저항능력**과 변동작용하중에 의한 **저항능력**을 계산한다.

3) 절편분할 및 모멘트 평형

비탈면의 원호활동파괴에 대한 안정성을 해석하기 위해 **원호 활동 파괴체**를 다수의 **절편**으로 분할한다 (그림 11.5). 절편의 **영구 및 변동 작용하중**은 활동 파괴면의 평행 및 수직방향으로 분력한다.

활동 파괴면에 평행한 분력 (접선방향 분력) 은 (원호 활동면의 중심점에 대해) 비탈면의 낮은 **방향으로 모멘트를 발생시켜서** 비탈면에 대해 **부담하중**이 된다. **활동 파괴면에 수직한 분력**은 활동면에서 **마찰력을 발생**시켜서 활동에 저항하는 **활동저항 모멘트를 유발**시키므로 **저항능력**이 된다.

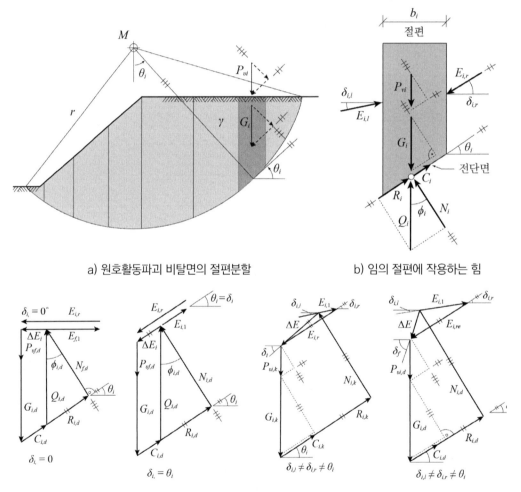

a) 원호활동파괴 비탈면의 절편분할

b) 임의 절편에 작용하는 힘

c) 수평 측면력   d) 바닥에 평행한 측면력   e) 특성 값 힘의 다각형   f) 설계 값 힘의 다각형

(Bishop 힘의 다각형)   (Fellenius 힘의 다각형)   좌측과 우측의 측면력 작용방향이 다른 경우

그림 11.5 원호활동파괴 비탈면의 절편분할 및 절편 측면력의 작용방향과 힘의 다각형

절편에 작용하는 힘은 그림 11.5b 와 같다. 여기에서 **미지수**는 전단 파괴면의 **수직력** N_i 의 **크기**와 절편의 좌측면 및 우측면에 작용하는 **측면 토압의 크기** ($E_{i,r}$ 및 $E_{i,l}$) 및 **방향** (수평 경사각 $\delta_{i,r}$ 및 $\delta_{i,l}$) 이 있다.

원호 활동에 대한 **모멘트 평형**에서 토압은 내력으로 작용하므로 **토압의 크기**는 안정성 계산에 포함시키지 않는다. 그렇지만 **절편에 작용하는 측면토압의 경사각**은 각 절편 바닥면 (전단면) 의 수직력에 영향을 미친다.

절편 측면토압의 **수평 경사각**이 바닥면 **접선 경사와 같은** ($\delta_i = \theta_i$) 경우에는 **전단파괴면의 수직력** N_i 가 작용하중 (영구 작용하중 G_i 및 변동 작용하중 P_{vi})의 **수직분력**과 같아지며 (그림 11.5d), **수평경사각**이 바닥 **접선경사와 같지 않은** ($\delta_i \neq \theta_i$) 경우에는 **전단 파괴면의 수직력** N_i 과 작용하중의 수직분력이 **같아지지 않는다.**

절편 측면토압의 **좌측** 및 **우측** 수평 경사각 $\delta_{i,l}$ 및 $\delta_{i,r}$ 가 같지 않을 때는 영구 작용하중 부분안전계수 γ_G 와 변동 작용하중 부분안전계수 γ_Q 가 같지 않으면, **설계 값의 힘의 다각형** (그림 11.5e) 과 **특성 값의 힘의 다각형** (그림 11.5f) 은 서로 비례하지 않는다.

따라서 **절편 좌우 측면토압** $E_{i,r}$ 와 $E_{i,l}$ 의 **벡터 합**, 즉 **측면토압 합력** ΔE_i 의 **경사** δ_i 를 적용하면 편리하다. **과거 절편법**에서는 대개 측면토압 합력의 경사가 **수평** ($\delta_i = 0$, 그림 11.5c) 이거나 또는 **바닥면 접선에 평행** ($\delta_i = \theta_i$, 그림 11.5d) 하다고 가정하였다.

4) 비탈면의 활동파괴에 대한 저항능력

비탈면의 활동파괴에 대한 저항능력은 **활동면의 지반 전단강도 (마찰력과 점착력)** 와 **변동 작용하중**에 의해 발생된다.

(1) 지반의 전단 저항능력

한계상태 비탈면의 안정성은 대체로 Bishop **절편법** (그림 11.5c) 을 적용하여 해석한다. 즉, **원호 활동파괴**를 가정하고 연직절편으로 분할하며, **측면토압 경사**를 $\delta_i = 0$ 으로 가정하고, **전체 모멘트 평형**으로부터 한계상태 비탈면의 안정성을 판정한다.

활동면 (전단파괴면) 에 작용하는 **설계 수직력** $N_{i,d}$ 은 절편의 **연직방향 힘의 평형**에서 구할 수 있다.

$$N_{i,d} = \frac{(G_{i,d} + P_{vi,d}) - c_{i,d} b_i \tan\theta_i}{\cos\theta_i + \tan\phi_{i,d}\sin\theta_i} \tag{11.22}$$

저항능력에 기여하는 **점착력 설계 값** $C_{i,d}$ **과 마찰력 설계 값** $R_{i,d}$ 는 다음이 된다 (l_i 는 **활동면 길이**).

$$C_{i,d} = c_{i,d} l_i = \frac{c_{i,k}}{\gamma_v} l_i \tag{11.23}$$

$$R_{i,d} = N_{i,d} \tan \phi_{i,d} = N_{i,d} \frac{\tan \phi_{i,k}}{\gamma_\phi} \tag{11.24}$$

(2) 변동 작용하중의 활동면 수직분력에 의한 저항능력

변동 작용하중에 의한 활동파괴 저항능력을 계산할 때 **유리하게 작용하는 변동 작용하중** (활동면 접선 분력) 은 제외하고 계산한다. 이것은 팔의 길이가 역방향 (원호 중심의 좌측 절편) 이 되어서 '**음의 모멘트**'가 발생되기 때문이다.

비탈면 선단 하부보다 깊게 원호 활동파괴 되는 경우에 절편 바닥면의 경사가 활동면 위치에 따라 달라져서 활동 파괴면 마찰력이 유리한 변동 작용하중 (활동유발 모멘트 감소) 으로 작용할 수 있다 (그림 11.6b). 비탈면의 선단 측 (원호중점 좌측) 에 위치한 **절편 i** (그림 11.6a) 에서 변동 작용하중의 **활동파괴면 수직분력에 의한 마찰력** $R_{pi,d}$ 로 인하여 발생되는 **활동저항 모멘트**는 **활동파괴면 평행방향 접선분력** $T_{pi,d}$ 에 의한 **활동유발 모멘트** 보다 더 크다.

반면 비탈면 정점부 측 (원호중점 우측) 에 위치한 **절편 n** (그림 11.6c) 에서는 **변동 작용하중의 활동면 수직분력에 의한 마찰력** $R_{pi,d}$에 의한 **활동저항 모멘트**가 **활동면 평행 분력** $T_{pi,d}$에 의한 **작용 (활동유발) 모멘트**보다 작으므로, P_n 는 **불리한 변동 작용하중**으로 고려되어야 한다.

그러나 **변동 작용하중이 불리하게 작용하는** 절편이 일부가 있더라도 전체적으로는 **변동 작용하중의 전체적 영향은 유리**할 수도 있다.

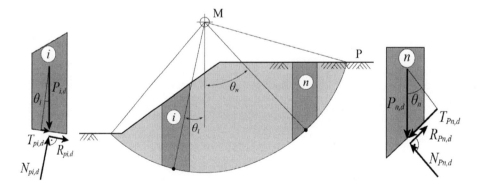

a) 활동저항 바닥 전단력   b) 활동면상 절편의 위치와 절편 바닥면 경사   c) 활동유발 바닥 전단력

그림 11.6 변동 작용하중이 유리하게 또는 불리하게 작용하는 원호활동파괴

5) 안정성 증명

비탈면의 활동파괴에 대한 설계 부담하중 E_{Md} 은 모든 절편에 대한 **활동유발 모멘트의 합**이며, 이는 각 절편의 **설계 부담하중을 모두 합한 값**이다.

$$E_{Md} = r\sum_i (G_{i,d} + P_{vi,d})\sin\theta_i \tag{11.25}$$

비탈면의 활동파괴에 대한 설계 저항능력 R_{Md} 은 모든 절편에 대한 **활동저항 모멘트의 합**이며, 이는 각 절편의 **설계 저항능력을 모두 합한 값**이다.

$$R_{Md} = r\sum_i (N_{i,d}\tan\phi_d + C_{i,d}) = r\sum_i \frac{(G_{i,d}+P_{vi,d})\tan\phi_d + c_{i,d}b_i}{\cos\theta_i + \tan\phi_d\sin\theta_i} \tag{11.26}$$

설계 부담하중 E_{Md} 이 **설계 저항능력** R_{Md} 을 초과하지 않으면 비탈면은 **활동파괴에 대해 안정**하다.

$$E_{Md} \leq R_{Md} \tag{11.27}$$

6) 저항능력의 활용도

비탈면이 **한계평형**을 이룰 수 있을 만큼만 지반 **전단강도 정수**가 활용되어 ($\tan\phi_d^* = \mu\tan\phi_d$ 및 $c_{i,d}^* = \mu c_{i,d}$) **저항능력**이 설계 활용 저항능력 R_{Md}^* 이 된다고 가정한다. **저항능력의 활용도** μ 를 적용하면 **설계 부담하중** E_{Md} (식 11.25)와 활동파괴 안정식 (식 11.27)을 등식화할 수 있다.

$$E_{Md} = R_{Md}^* = \mu R'_{Md} \tag{11.28}$$

설계 저항능력 R_{Md} (식 11.26)에 **활용 전단강도 정수** ($c_{i,d}^* = \mu c_{i,d}$ 및 $\tan\phi_d^* = \mu\tan\phi_d$)를 적용하면, **설계 활용 저항능력** R_{Md}^* 이 되고,

$$\begin{aligned} R_{Md}^* &= r\sum_i \frac{(G_{i,d}+P_{vi,d})(\mu\tan\phi_d)+\mu c_{i,d}b_i}{\cos\theta_i+(\mu\tan\phi_d)\sin\theta_i} \\ &= r\sum_i \frac{(G_{i,d}+P_{vi,d})\left(\mu\frac{\tan\phi_k}{\gamma_\phi}\right)+\left(\mu\frac{c_{i,k}}{\gamma_c}\right)b_i}{\cos\theta_i+\left(\mu\frac{\tan\phi_k}{\gamma_\phi}\right)\sin\theta_i} = r\sum_i \frac{(G_{i,d}+P_{vi,d})\left(\mu\frac{\tan\phi_k}{\gamma_\phi}\right)+\left(\mu\frac{c_{i,k}}{\gamma_c}\right)b_i}{\cos\theta_i+\left(\mu\frac{\tan\phi_k}{\gamma_\phi}\right)\sin\theta_i} \\ &= \mu R'_{Md} \end{aligned} \tag{11.29}$$

위 식을 **저항능력의 활용도** μ 에 대한 식으로 정리하면 다음이 된다.

$$\frac{1}{\mu} = \frac{R'_{Md}}{E_{Md}} = \frac{r\sum_i \dfrac{(G_{i,d}+P_{vi,d})\tan\phi_d+c_{i,d}b_i}{\cos\theta_i+\mu\tan\phi_d\sin\theta_i}}{r\sum_i (G_{i,d}+P_{vi,d})\sin\theta_i} \tag{11.30}$$

7) 활용도와 안전율의 관계

점착력에 대한 부분안전계수 γ_c 와 내부 마찰각에 대한 부분안전계수 γ_ϕ 가 같은, 즉 $\gamma_\phi = \gamma_c$ 인 경우에 (신간 DIN 1054) 위 식 (11.30) 은 다음이 된다.

$$r \sum_i (G_{i,k} + P_{vi,k}) \sin\theta_i = r \sum_i \frac{(G_{i,k} + P_{vi,k})\left(\frac{1}{\eta}\tan\phi_k\right) + \left(\frac{1}{\eta}c_{i,k}\right)b_i}{\cos\theta_i + \left(\frac{1}{\eta}\tan\phi_k\right)\sin\theta_i} \tag{11.31}$$

그런데 위 식은 식 (11.14) 와 동일한 식이며, 우측 항은 과거 절편법의 저항모멘트 M_R 에 대한 식 (11.14) 에서 **안전율** η 를 **활용도** μ 로 대치시킨 것이 된다.

따라서 위 식과 식 (11.30) 으로부터 **활용도** μ 와 **글로벌 안전율** η 에 대해 다음 관계가 성립된다.

$$\frac{\mu}{\gamma_\phi} = \frac{\mu}{\gamma_c} = \frac{1}{\eta} \tag{11.32}$$

Bishop 방법을 적용할 때는, 사전에 **변동 작용하중** $P_{i,k}$ 을 γ_ϕ 로 증가시켜서 **기존 비탈면 안정해석 전산 프로그램**을 사용하여 해석할 수 있다.

새로운 안전율 개념을 적용한 E DIN 4084 의 **활용도** μ 는 **부분안전계수** $\gamma_\phi = \gamma_c$ 를 비탈면 안정 해석용 전산해석 프로그램에서 지정한 안전율 η 로 나누어 계산한다. 즉, DIN 4084 ; 1987-07 의 안전율에서 $1/\eta$ 를 μ 로 대체하고, c_i 및 ϕ_i 를 설계 값 $c_{i,d}$ 및 $\phi_{i,d}$ 로 대체한다.

8) 한계 활동파괴면의 탐색

비탈면을 원호 활동파괴 해석할 때에 한계 활동면과 비탈면의 최소 안전율을 구하는 **탐색과정**이 필요하다. 전통적 비탈면 안정해석에서는 **최소 안전율**과 그때 **파괴메커니즘**은 안전율 등고선을 그려서 구하거나, **최적화 기법** (optimization techniques) 으로 직접 구할 수 있다.

극한 한계상태 해석에서 **작용하중**이나 **재료특성** 또는 **저항능력**에 부분안전계수를 적용하면, **비탈면 파괴 메커니즘**이 달라질 수 있으므로, 대체로 다음 방법을 적용하여 개략적으로 해결한다.

- 처음 **전통적 비탈면 안정해석**을 수행하여 **한계 활동면**을 구하고,
- 그 **한계 활동면**에 대해 **부분안전계수를 적용**하고 **추가 계산**하여 **비탈면의 안정성을 확인**한다.

흙 지반의 **특성 단위중량** γ_k과 **특성 내부마찰각** ϕ_k 에 대한 **특성 안정수** N_k를 구하고, 한계상태 비탈면의 안정에 대한 **설계도표**에서 구한 **안전율이 1.0 이 되는 유효 특성 점착력** c_k' $(c_k' = N_k\gamma_k H)$ 으로부터 안정성을 검증할 수 있다.

11.4.3 침투 비탈면의 극한 한계상태 해석 (원호활동파괴 적용)

비탈면 내 지하수위가 외부 수위 보다 높고 일부가 물에 잠겨 있는 비탈면에서는 기존의 **영구작용
하중**이 **부력만큼 감소**되어 절편 바닥면 수직력 (및 그로 인한 **바닥면의 마찰력) 이** 감소된다. 비탈면에
침투가 발생하면, **침투압**이 **작용하중**에 추가된다.

활동면에 작용하는 간극수압은 유선망에서 직접 구하거나, **멤브레인**이 활동면을 싸고 있다고 생각하고
멤브레인에 작용하는 **외부수압**을 **활동면 간극수압**으로 간주한다. 이렇게 구한 수압을 적용하여
안정성을 검증한다.

1) 멤브레인 효과를 적용한 침투효과 계산

활동면에 작용하는 수압은 활동면에 멤브레인 (그림 11.7a 의 점선) 이 씌워졌다고 가상하고 (즉,
멤브레인 효과를 적용하여) 외부수압 $u_{i,d} = \gamma_w h_{si}$ 을 구한 후, 이를 **활동면에 작용하는 간극수압**으로
간주하고 **설계 부담하중** 및 **설계 저항능력**을 결정하여 안정성을 해석할 수 있다 (그림 11.7a). 이때
수압은 외력처리하고, 내부절편에 작용하는 힘은 그림 11.7c 와 같다.

(1) 활동면 작용하중과 수압

지하수면 하부의 **활동면 (절편 바닥면)** 에 작용하는 수직력 $N_{i,d}$ 은 수압 $U_{i,d} = u_{i,d} b_i / \cos \theta_i$ 만큼
감소시켜서 유효 수직력 $N'_{i,d}$ 으로 변환하여 **마찰력** $R_{i,d}$ 을 계산한다 (그림 11.7c).

거의 **수평으로 침투**되는 경우 (침윤선이 수평에 가까운) 에는 지하수면에 **활동면 상부 수두** h_{si} 를
적용하여, 멤브레인 효과를 적용하고 간극수압을 구해도 된다.

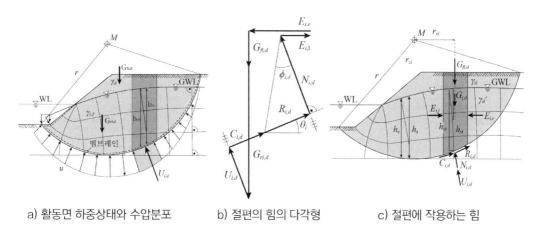

a) 활동면 하중상태와 수압분포　　　b) 절편의 힘의 다각형　　　c) 절편에 작용하는 힘

그림 11.7 활동면에 가상 멤브레인을 적용

(2) 설계 부담하중과 설계 저항능력

원호활동에 대한 설계 부담하중 E_{Md} 은 활동유발 모멘트이며, 절편 무게 $G_{i,d}$ 와 연직 상재하중 $P_{vi,d}$ 의 합에 의해 발생된다. 비탈면 내에 지하수가 흐르는 경우에 절편 무게 $G_{i,d}$ 는 **지하수면 하부 지반의** 자중 $G'_{i,d}$ (**수중 단위중량** $\gamma'_{i,d}$ **을 적용**)와 지하수면 상부지반의 자중 $G_{fi,d}$ (**습윤 단위중량** $\gamma_{i,d}$ 을 적용)를 합한 크기, 즉 $G_{i,d} = G'_{i,d} + G_{fi,d}$ 이다.

$$E_{Md} = r \sum_i (G_{i,d} + P_{vi,d}) \sin\theta_i \tag{11.25}$$

원호활동에 대한 설계 저항능력 R_{Md} 은 **활동저항 모멘트**이며, 지하수가 흐르는 비탈면에서 활동면 저항능력 $R_{M,d}$ 은 식 (11.26)에서 절편에 작용하는 **연직력** (자중 $G_{i,d}$ + 상재하중 $P_{vi,d}$) 을 **수압 합력** $u_{i,d} b_i$ **만큼 감소**시킨 값을 적용하여 구한다.

$$R_{Md} = r \sum_i \frac{(G_{i,d} + P_{vi,d} - u_{i,d} b_i) \tan\phi_d + c_{i,d} b_i}{\cos\theta_i + \tan\phi_d \sin\theta_i} \tag{11.33}$$

(3) 안정성 증명

설계 부담하중 E_{Md} 이 **설계 저항능력** R_{Md} 을 초과하지 않으면, 비탈면은 지하수 흐르는 상태에서 **활동파괴에 대해 안정**하다.

$$E_{Md} \le R_{Md} \tag{11.27}$$

2) 유선망을 이용한 침투 효과 계산

지하수가 침투하는 비탈면의 안전성은 **유선망에서 구한 침투력**을 적용하고 판정할 수 있다. **유선망에서 압력수두** h_{ui} 를 구하고, 이를 적용하여 **활동면 간극수압** u_i 를 구해 안정성을 해석할 수 있다.

(1) 활동면 작용하중과 수압 및 침투력

지하수가 침투하는 비탈면에서 각 절편 i 에 대해 **유선망에서 압력수두** h_{ui} 를 구한 후에 이를 적용하여 **활동면 간극수압** u_i 를 산정한다 (그림 11.8a). **침투력** 및 **침투력과 절편 바닥면 중점 간의 거리**는 절편별로 계산하며, **침투력** $S_{i,d}$ 를 **연직 분력 침투력** $S_{zi,d}$ 및 **수평 분력 침투력** $S_{xi,d}$ 로 분력하여 적용한다.

침투력의 활동면 평행분력은 **추가 작용하중**을 유발시키고, 침투력의 활동면 **수직 분력**은 그 방향에 따라 **활동면 마찰력을 증가시키거나 감소**시킨다. Bishop 방법에서는 **작용하중의 연직 분력**만 전단면의 마찰력에 영향을 미치는 것으로 생각한다.

(2) 설계 부담하중과 설계 저항능력

원호활동에 대한 설계 부담하중 E_{Md} 는 **활동유발 모멘트**이며, 이는 비탈면에 지하수가 흐르는 경우에는 (지하수면 상부와 하부 무게를 합한) 절편자중 $G_{i,d}$ 와 상재하중 $P_{vi,d}$ 의 합력에 의해 유발되는 활동유발 모멘트와 **침투력** $S_{i,d}$ 에 의한 모멘트의 증가량을 합한 값이다. **침투력에 의한 부담하중의 증가량** $M_{Si,d}$ 은 그림 11.8a 와 같이 침투력의 연직 및 수평분력, 즉 **연직 침투력** S_{zi} 와 **수평 침투력** S_{xi} 에 의해 발생되며, 원호 중심의 **팔 길이** r_{zi} 및 r_{xi} 를 적용한다 ($M_{Si,d} = S_{xi,d} r_{zi} + S_{zi,d} r_{xi}$).

$$E_{Md} = r \sum_i (G_{i,d} + P_{vi,d}) \sin\theta_i + \sum_i M_{Si,d} \tag{11.34a}$$

$$M_{S,d} = \sum_i (S_{xi,d} r_{zi} + S_{zi,d} r_{xi}) \tag{11.34b}$$

부담하중에서 오직 **침투력의 연직성분** $S_{zi,d}$ 만이 **마찰력에 영향**을 미치며, 그 작용방향에 따라 기존 자중 G_i 와 상재하중 P_i 에 **추가**하거나 **절감**한다.

지하수가 흐르는 비탈면의 원호활동에 대한 설계 저항능력 R_{Md} 은 절편에 작용하는 **연직력**(자중 $G_{i,d}$ + 상재하중 $P_{vi,d}$)에 **연직 침투력** $S_{zi,d}$ 을 더한 값이다. **수압** u_i 는 저항능력에 무관하고, **절편무게** $G_{i,d}$ 는 지하수면의 상부자중 $G'_{i,d}$ 와 하부자중 $G_{fi,d}$ 의 합 $G_{i,d} = G_{fi,d} + G'_{i,d}$ 이다. **저항능력** $R_{M,d}$ 은 **연직 침투력** $S_{zi,d}$ 에 의한 저항능력 $R''_{M,d}$ 을 추가한 크기가 된다.

$$R_{Md} = r \sum_i \frac{(G_{i,d} + P_{vi,d})\tan\phi_d + c_{i,d} b_i}{\cos\theta_i + \tan\phi_d \sin\theta_i} + R''_{Md} \tag{11.35a}$$

$$R''_{Md} = r \sum_i \frac{S_{zi,d}\tan\phi_d}{\cos\theta_i + \tan\phi_d \sin\theta_i} \tag{11.35b}$$

(3) 안정성 증명

설계 부담하중 E_{Md} 이 **설계 저항능력** R_{Md} 을 초과하지 않으면, **활동파괴에 대해 안정**하다.

$$E_{Md} \leq R_{Md}, \quad R_{Md} - E_{Md} \geq 0 \tag{11.27}$$

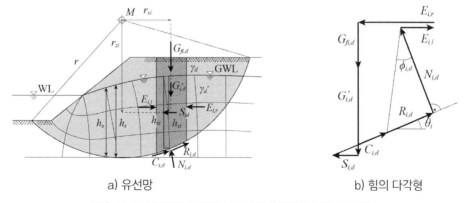

a) 유선망   b) 힘의 다각형

그림 11.8 침투력을 고려한 비탈면의 유선망과 힘의 다각형

11.4.4 전단보강 비탈면의 극한 한계상태 해석

비탈면에서 내부 (또는 표면) 침식이나 함수비 변화나 동결융해 등에 의해 **지반강도가 감소**되면, 지반의 전단저항력이 부족하여 전단파괴에 대해 안정 (자립) 하지 못할 수 있다. 이때에는 **절단저항 부재** (말뚝이나 구조체 등) 나 **인장부재** 또는 **압축부재** (버팀대 등) 를 설치하여 **저항능력을 증가**시킨다. 인장부재는 앵커, 인장말뚝, 소구경 주입말뚝, 쏘일 네일링, 강재 띠, 지반 보강섬유 등이 있다.

비탈면의 전단보강에 대한 기본개념은 3.8 장을 참조한다.

1) 절단저항 부재의 절단저항

절단저항 부재 (말뚝이나 **구조체**) 는 절단저항능력이 큰 부재를 사용하며 (그림 3.13), **설계 절단저항력** $T_{si,d}$ 는 특성 절단저항능력을 **부분안전계수**로 나눈 값이다. **설계 절단저항능력** $R_{M,d}$ 은 식 (3.22)에 설계절단저항력의 활동면 접선분력 $T_{si,d} \cos \theta_i$ 에 의한 **저항모멘트**를 추가한 식 (11.36) 이 된다.

원호활동에 대한 설계 부담하중 E_{Md} 는 설계 자중 $G_{i,d}$ 와 설계 상재하중 $P_{vi,d}$ 에 의해 발생되며, 식 (3.21) 은 다음 식이 된다 (이때 **절단저항부재**의 설치와 무관).

$$E_{Md} = r \sum_i (G_{i,d} + P_{vi,d}) \sin \theta_i \tag{11.25}$$

원호활동에 대한 설계 저항능력 R_{Md} 은 설계 자중 $G_{i,d}$ 와 설계 상재하중 $P_{vi,d}$ 로 인한 **마찰저항력**에 의한 저항 모멘트 (분자 1 항) 와 **설계 점착저항력** $c_{i,d} b_i$ 에 의한 저항 모멘트 (분자 2 항) 및 **설계 부재 절단저항력** $T_{si,d}$ 의 활동면 접선분력 $T_{si,d} \cos \theta_i$ 에 의한 저항 모멘트 (분자 3 항) 를 모두 합한 값이다.

$$R_{Md} = r \sum_i \frac{(G_{i,d} + P_{vi,d}) \tan \phi_d + c_{i,d} b_i + T_{si,d} \cos \theta_i}{\cos \theta_i + \tan \phi_d \sin \theta_i} \tag{11.36}$$

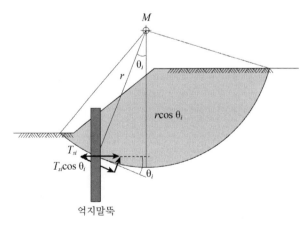

그림 3.13 억지말뚝이나 지지 구조체의 전단저항

2) 인장재 및 압축재의 전단저항

인장재(앵커)나 **압축재**(버팀대)로 보강한 **비탈면의 안정성**을 Bishop 법으로 검토할 때에는 **인장재**(또는 **압축재**)에 발생한 **인장력**(앵커력)의 연직분력만 고려한다 (수평력 고려하지 않음).

앵커력의 활동 저항능력은 앵커력의 **연직분력**(및 **활동면 수직분력**)에 의하여 발생된 **마찰 저항력**에 의한 **활동 저항모멘트**와 활동면 **접선분력**(**전단 저항력**)에 의한 **활동 저항모멘트**의 합이다.

앵커(하향경사 ϵ_{Ai})의 **앵커력** F_{Ai}의 활동면(경사 θ_i) **접선분력**은 다음이고 ($\alpha_{Ai} = \theta_i + \epsilon_{Ai}$),

$$F_{Ai}\cos\alpha_{Ai} = F_{Ai}\cos(\theta_i + \epsilon_{Ai}) \tag{11.37}$$

앵커력 접선분력으로 인한 **모멘트**는 앵커와 활동면의 교차각 α_{Ai}에 따라 **활동저항 모멘트**(그림 3.15b) 또는 **활동유발 모멘트**(그림 3.15a)가 되어 **설계 활동 저항능력** $R_{M,d}$을 변화시킨다.

앵커력 연직분력 $F_{Avi} = F_{Ai}\sin\epsilon_{Ai}$는 **영구 연직작용하중**(자중 $G_{i,d}$ 및 **변동 연직작용하중** $P_{vi,d}$)과 함께 **활동면 수직력** N_{FAi}을 **증가시켜 마찰 저항력**이 R_{FAi} 만큼 **증가**된다 (그림 3.14). Bishop 법은 **앵커력 수평분력** F_{Ahi}을 고려하지 않는다 (즉, **수평분력** F_{Ahi}에 의한 모멘트는 포함하지 않는다).

원호활동에 대한 설계 부담하중 E_{Md}는 **설계 영구 작용하중**(설계자중 $G_{i,d}$와 설계 상재하중 $P_{vi,d}$)에 의해 발생된다 (식 11.25). 급경사앵커 ($\alpha_{Ai} > 90°$)의 접선분력은 활동유발력 (부담하중)이다.

원호활동에 대한 설계 저항능력 R_{Md}은 설계 영구작용하중(설계자중 $G_{i,d}$와 설계상재하중 $P_{vi,d}$) 및 앵커력의 설계 연직분력 $F_{Avi,d}$에 의한 마찰 저항력 $(G_{i,d} + P_{vi,d} + F_{Avi,d})\tan\phi_{i,d}$과 지반의 설계 **점착력**에 의한 전단 저항력 $c_{i,d}b_i$에 의한 저항모멘트 (제 1 항)와 **앵커력** F_{Ai}의 활동면 접선분력 $F_{Ai}\cos(\theta_i + \epsilon_{Ai})$에 의해 발생되는 저항모멘트 (제 2 항)를 합한 값이다 (식 3.23).

$$R_{Md} = r\sum_i \frac{(G_{i,d} + P_{vi,d} + F_{Ai}\sin\epsilon_{Ai})\tan\phi_{i,d} + c_{i,d}b_i}{\cos\theta_i + \tan\phi_{i,d}\sin\theta_i} + r\sum_i F_{Ai}\cos(\theta_i + \epsilon_{Ai}) \tag{11.38}$$

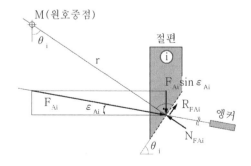

그림 3.14 앵커력의 연직분력에 의한 활동면 마찰저항력

11.4.5 앵커보강 비탈면의 극한 한계상태 해석

비탈면은 **지지 구조물** (절단저항부재, 인장부재, 압축부재) 로 보강해서 **저항능력을 증가** (안정성을 증진) 시킬 수 있다. 비탈면의 **지지 구조물 보강** 개념은 제 3.8 절을 참조한다. **앵커보강 비탈지반 활동 파괴 안정성**은 앵커력 (프리스트레스 포함) 에 의해 증가되거나 감소된다.

앵커는 인장부재이며, 허용하중과 앵커력을 고려하여 **앵커 설치간격**을 정하여 **하향경사**로 설치하며, **활동 유발력은 최소**가 되고 **활동 저항력은 최대**가 되도록 배치한다.

앵커에 인장력 (앵커력) 이 발생되면, 프리텐션 앵커에서는 (앵커력이 인장력 만큼 증가되어서) **앵커력의 크기가 긴장력과 인장력을 합한 값**이 된다. 반면 앵커길이가 짧아지게 변형되면 압축력이 유발되고, **프리텐션 앵커**의 앵커력은 기존 **앵커력** (긴장력) 에서 **압축력만큼** 감소된다.

활동면 수직력은 마찰 저항력을 유발하여 활동저항 모멘트를 증가시킨다. 그리고 **활동면 접선력**은 **활동저항 모멘트** (완경사 앵커) 나 **활동유발 모멘트** (급경사 앵커) 를 발생시킨다. 앵커력의 **활동면 수직분력**과 **접선분력**으로부터 **활동저항 모멘트**와 **활동유발 모멘트**를 계산할 수 있다.

앵커력을 **연직방향과 수평방향**으로 분력하면, **연직분력**을 **영구 연직 작용하중** (자중 및 **연직변동 작용하중**) 처럼 Bishop 식의 **활동저항 모멘트** 항에 **추가**할 수 있다. **앵커력 수평분력**은 (수평력이므로) Bishop 식에는 포함시킬 항이 없다.

앵커보강 비탈면의 활동파괴 안정은 활동 파괴체를 절편 분할하고 **절편법** (대개 Bishop 법) 으로 활동유발 모멘트 (부담하중 간주) 와 활동저항 모멘트 (저항능력 간주) 를 비교하여 판정한다.

1) 앵커 설치경사 및 설치간격

앵커의 설치경사는 **수평 하향경사** ϵ_A 로 하며, **절편** i 에서 활동파괴면 (**수평경사** θ_i) 과 **교차각** $\alpha_{Ai} = \theta_i + \epsilon_{Ai}$ 로 교차한다. **교차각**이 $\alpha_A < 90°$ 이면 **앵커가 유효**하고, $\alpha_A < 75°$ 면 **긴장가능** 하다 (E DIN 4084).

앵커설치간격 l_A 는 **앵커력** F_A 가 **앵커허용하중** F_{Aal} 을 초과하지 않도록 **앵커 허용하중** F_{Aal} 을 **앵커력** F_A 로 나눈 값으로 정한다. **앵커력** F_A 는 대개 **앵커력 계산 치의 80%** 를 적용한다 (식 3.28).

2) 앵커력의 발생

앵커는 (활동파괴나 지반변형 등 원인에 의해) **앵커부재가 인장**될때 앵커력이 발생되도록 설치 하거나 (**자기 긴장앵커**), 프리텐션 (긴장) 하여 앵커력 재하상태로 설치한다 (**비자기 긴장앵커**).

앵커보강 비탈면에서 **앵커부재가 인장** (앵커길이 신장) 상태가 될 조건인지 확인하여 (3.8 절), 앵커력을 결정한다. **자기 긴장상태** 앵커에 발생한 **인장력**이 앵커력이다. 긴장력 가한 (프리텐션) 앵커 에서도 자기 긴장상태가 되면 **인장력**이 발생되어 **앵커력은 긴장력과 인장력의 합**이 된다.

앵커의 길이가 짧아지면 압축력이 유발되고 (**자기 긴장앵커**), 프리텐션 앵커에서 **앵커력**은 기존의 앵커력 (긴장력) 에서 **압축력만큼** 감소된 값 (**긴장력에서 압축력을 뺀 값**) 이다.

앵커의 자기긴장(지반변형에 의한 **길이 증가**) 상태는 **앵커**와 **활동면의 교차각** α_A 가 **한계각도** $\alpha_{A,\max}$ 를 초과하지 않을 때 ($\alpha_A < \alpha_{A,\max} < 90°$) 에 일어난다. 따라서 **자기긴장앵커**는 지반에 따라 **한계각** $\alpha_{A,\max}$ 를 표 3.2 의 값으로 감소시켜 적용한다.

3) 앵커의 활동저항 능력

원호 활동파괴에 대한 활동유발 모멘트는 부담하중으로 간주하고 활동저항 모멘트는 저항능력으로 간주한다.

앵커에 의한 활동 저항능력은 앵커력 F_{Ai} 의 연직분력에 의한 마찰저항력과 접선분력에 의한 전단저항력이 유발한 **활동저항 모멘트** R_M 이다. **급경사 앵커**($\alpha_A > 90°$)는 앵커력이 활동 유발력이 되어 **활동 부담하중**이 될 수도 있다.

앵커의 활동 억제효과는 앵커력을 **연직**(vertical) 방향과 **활동면의 수직**(normal) 방향 및 **접선**(tangential) 방향으로 분력한 후에 적용하여 확인한다.

앵커력의 연직분력은 **연직 영구 작용하중**(자중 및 **연직 변동 작용하중**)과 더불어 활동면 수직력이 되어 **마찰 저항력을 발동**시켜서 **활동저항 모멘트**를 증가시킨다. (수평력을 고려하지 않는) Bishop의 **절편법**을 적용하면, **앵커력 연직분력**에 의한 저항모멘트만을 생각한다.

활동억제에 **불리한 효과**를 보이는 **급경사 앵커**는 앵커력을 포함하는 경우와 포함하지 않는 경우를 계산하여 **불리한 쪽을 선택**한다.

① **연직분력** F_{Avi} : 앵커력 연직분력 F_{Avi} 과 **영구 작용하중**(자중 G_i 및 **연직 변동 작용하중** P_{vi})의 **활동면 수직력** N_i 이 발동한 **마찰 저항력** R_i (그림 3.16a) 에 의해 **활동저항 모멘트**가 커진다.

② **활동면 수직분력** $F_{Ai} \sin \epsilon_{Ai}$ 이 발동한 **마찰 저항력**에 의해 **활동 저항 모멘트** R_M 이 증가된다.

③ **활동면 접선분력**은 앵커와 활동면의 교차각 α 에 따라 **활동 저항능력**이나 **부담하중**을 발생시킨다.

   $\alpha_A > 90°$ (**급경사 앵커**, 그림 3.15a) 이면 회전 운동할 때 앵커길이가 짧아져 (압축상태) 앵커에 압축력이 발생하여 **활동 유발력**이 되고, 이로 인해 **활동유발 모멘트**가 증가된다. 이 경우에는 **앵커력을 포함할 때**와 **포함하지 않을 때**를 계산하여 **불리한 쪽**을 택한다.

   $\alpha_A = 90°$ 이면, 앵커는 길이가 변하지 않고 회전만 하므로 앵커력이 유발되지 않는다.

   $\alpha_A < 90°$ (**완경사 앵커**, 그림 3.15b) 이면 회전 운동할 때 앵커길이가 길어져 (인장상태) 앵커에 인장력이 발생하여 **활동 저항력**이 되고, 이로 인해 **활동 저항 모멘트**가 증가된다.

④ **활동면 수평분력** F_{Ahi} 는 활동 저항력이 되어 **활동 저항모멘트** R_M 를 증가시킨다 (그림 3.16b).

Bishop **절편법**에서는 수평력을 고려하지 않는다.

원호활동에 대한 설계 부담하중 E_{Md} 은 **영구작용하중**(설계자중 $G_{i,d}$ 및 설계 **연직 변동작용 하중** $P_{vi,d}$)에 의해 발생된다.

$$E_{Md} = r \sum_i (G_{i,d} + P_{vi,d}) \sin \theta_i \tag{11.25}$$

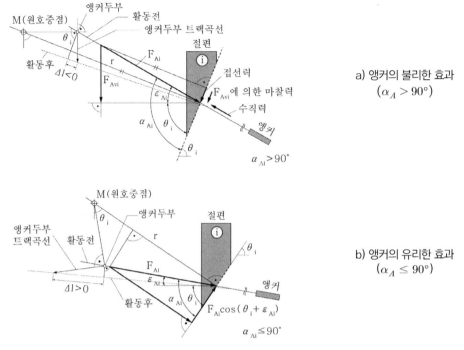

a) 앵커의 불리한 효과
$(\alpha_A > 90°)$

b) 앵커의 유리한 효과
$(\alpha_A \leq 90°)$

그림 3.15 설치각도에 따른 앵커의 (유리한 또는 불리한) 효과

원호활동에 대한 설계 저항능력 R_{Md} 은 설계 **영구작용하중** (설계자중 $G_{i,d}$ 및 설계 **연직 변동작용 하중** $P_{vi,d}$) 및 앵커력의 설계연직분력 $F_{Avi,d}$ 에 의한 마찰저항력 $(G_{i,d} + P_{vi,d} + F_{Avi,d}) \tan\phi_{i,d}$ 과 설계 점착력에 의한 전단 저항력 $c_{i,d}b_i$ 에 의해 발생되는 **저항 모멘트** (제1항) 와 앵커력 F_{Ai} 의 활동면의 접선분력 $F_{Ai}\cos(\theta_i + \epsilon_{Ai})$ 에 의해 발생되는 **저항 모멘트** (제2항) 를 합한 값이다 (식 11.38).

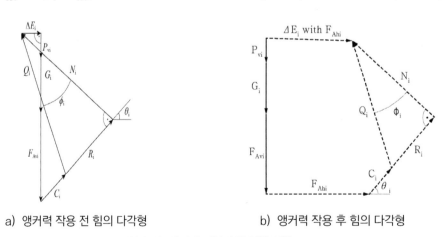

a) 앵커력 작용 전 힘의 다각형   b) 앵커력 작용 후 힘의 다각형

그림 3.16 앵커 수평분력에 의한 영향

4) 소요 앵커력

앵커력의 연직분력 $F_{Ai}\sin\epsilon_{Ai}$의 **활동면 설계 수직분력** $N_{FAi,d}=F_{Ai,d}\sin\epsilon_{Ai}\cos\theta_i$에 의하여 활동면 **마찰 저항력**이 유발되고, 이로 인해 **활동저항 모멘트 (설계 저항능력)** 가 ΔR_{Md} 만큼 추가된다.

$$\Delta R_{Md}=rN_{Ai,d}\tan\phi_{i,d}=r\frac{F_{Ai}\sin\epsilon_{Ai}\cos\theta_i\tan\phi_{i,d}}{\cos\theta_i+\mu\tan\phi_{i,d}\sin\theta_i} \tag{11.39}$$

앵커력의 활동면 접선분력 $F_{Ai}\cos(\theta_i+\epsilon_{Ai})$에 의해 **활동모멘트 (설계 부담하중)** 가 ΔE_{Md}변하고,

$$\Delta E_{Md}=rF_{Ai}\cos(\theta_i+\epsilon_{Ai}) \tag{11.40}$$

수직분력 $\dfrac{F_{Ai}\sin\epsilon_{Ai}}{\cos\theta_i+\mu\tan\phi_{i,d}\sin\theta_i}$ 에 의해 **활동저항 모멘트 (설계 저항능력)** 가ΔR_{Md} 만큼 변한다.

설계 저항능력 변화량 ΔR_{Md} 과 **설계 부담하중 변화량** ΔE_{Md} 의 **차이**는 $\Delta R_{Md}-\Delta E_{Md}$ 이다.

$$\Delta R_{Md}-\Delta E_{Md}=rF_{Ai}\left\{\frac{\sin\epsilon_{Ai}\tan\phi_{i,d}}{\cos\theta_i+\mu\tan\phi_{i,d}\sin\theta_i}-\cos(\theta_i+\epsilon_{Ai})\right\} \tag{11.41}$$

위 $\Delta R_{Md}-\Delta E_{Md}$ 는 **설계 부담하중** R_{Md} (식 11.38) 과 **설계 저항능력** E_{Md} (식 11.25) 의 **차이**, 즉 $R_{Md}-E_{Md}$ 와 같다는 조건으로부터 **소요 앵커력** F_{Ai} (식 3.27) 를 구할 수 있고, **앵커의 허용하중** F_{Aal} 을 **앵커력** (계산치의 80% 적용) 으로 나누어서 **앵커의 소요 설치간격** D_A 를 구할 수 있다.

$$F_{Ai}=\frac{R_{Md}-E_{Md}}{r\left\{\dfrac{\sin\epsilon_{Ai}\tan\phi_{i,d}}{\cos\theta_i+\mu\tan\phi_{i,d}\sin\theta_i}-\cos(\theta_i+\epsilon_{Ai})\right\}} \tag{11.42}$$

$$D_A=\frac{F_{Aal}}{(0.8)F_{Ai}} \tag{11.43}$$

5) 앵커보강 비탈지반의 안정성

자기긴장 앵커는 활동 파괴체의 활동운동 등에 의해 앵커길이가 신장되어서 저항력이 구축되므로 인장재의 **인발 저항력**과 **강도의 설계 값**으로 최소 값을 적용한다.

(1) 자기긴장 앵커

활동 저항력은 앵커력 $F_{Ai,d}$ 에 의한 마찰저항력과 지반 전단저항력 ($\tan\phi_d$ 및 $c_{i,d}$) 의 합이다.

① 설계자중 $G_{i,d}$ 와 설계상재하중 $P_{vi,d}$ 에 의해 **설계 부담하중** E_{Md} 이 발생되며, **활용 활동 저항 모멘트** R_{Md}^* 과 평형을 이룬다 ($R_{Md}^*=E_{Md}$).

$$E_{Md}=r\sum_i(G_{i,d}+P_{vi,d})\sin\theta_i \tag{11.25}$$

② **활동저항모멘트** R_M (식 3.26) 에 **활용도** μ 를 **적용**하면 **활용 설계저항능력** R_M^* (식 3.29) 이 된다. 활용도 μ 는 모든 **가능 저항능력**, 즉 지반 전단저항 ($\tan\phi_{i,d}$ 및 $c_{i,d}$), 앵커력 F_{Ai}, 말뚝 절단 저항력 $T_{Si,d}$ 등에 적용하므로 앵커력 마찰력에는 두 번 (제곱 값이) 적용된다.

$$R^*{}_{Md} = r\sum_i \frac{(G_{i,d} + P_{vi,d} + \mu F_{Ai}\sin\epsilon_{Ai})\mu\tan\phi_d + \mu c_{i,d} b_i}{\cos\theta_i + \mu\tan\phi_d \sin\theta_i} + r\sum_i \mu F_{Ai}\cos(\theta_i + \epsilon_{Ai})$$
$$= r\mu\sum_i \frac{(G_{i,d} + P_{vi,d} + \mu F_{Ai}\sin\epsilon_{Ai})\tan\phi_d + c_{i,d} b_i}{\cos\theta_i + \mu\tan\phi_d \sin\theta_i} + r\mu\sum_i F_{Ai}\cos(\theta_i + \epsilon_{Ai})$$
$$= \mu R'{}_{Md} \tag{11.44}$$

③ **설계 저항능력의 활용도** μ 는 다음이 된다 (식 3.30).

$$\mu = R^*_{Md} / R'{}_{Md} = E_{Md} / R'{}_{Md}$$
$$= \frac{r\sum_i (G_{i,d} + P_{vi,d})\sin\theta_i}{r\sum_i \dfrac{(G_{i,d} + P_{vi,d} + \mu F_{Ai}\sin\epsilon_{Ai})\tan\phi_d + c_{i,d} b_i}{\cos\theta_i + \mu\tan\phi_d \sin\theta_i} + r\sum_i F_{Ai}\cos(\theta_i + \epsilon_{Ai})} \tag{11.45}$$

저항능력의 활용도 μ 는 모든 **가능 저항능력**, 즉 지반의 전단저항 ($\tan\phi_{i,d}$ 및 $c_{i,d}$), 앵커력 F_{Ai}, 말뚝의 설계절단 저항력 $T_{Si,d}$ 등은 한계평형 때까지 **활용도** μ **를 변화시키면서 감소시켜 적용한다.**

(2) 프리텐션 앵커

앵커에 **프리텐션 (긴장력) 을 가하면** 지반이 활동 운동하지 않아도 처음부터 앵커력이 작용한다. **활동파괴에 유리한 프리텐션 앵커에서는** (예상하지 못한 변형에 의한 **긴장력 추가에 대비하여**) 계산한 소요앵커력의 0.8 배 만큼 **긴장력**을 가한다. 앵커 긴장력이 유리하게 작용하는 **비자기 긴장 프리텐션 앵커에서 긴장력을** 계산상 소요 앵커력의 1.0 배까지 높여 가할 수 있다. 이때 **프리텐션 앵커력** F_{Aoi}의 **활동면 접선분력은** 활동변위가 발생하지 않더라도 설치 즉시 작용하므로 **부담하중**에 포함시킨다.

① **활동유발 모멘트 :** 비자기 긴장 (프리텐션) 앵커에서 **활동유발 모멘트** E'_M (식 3.31) 는 다음과 같고, **앵커력은** 원호 활동파괴를 억제하는 힘으로 작용하기 때문에 활동유발 모멘트 식에서 **앵커력의 부호는 음(−)** 이다.

$$E_{Md} = r\sum_i \{(G_{i,d} + P_{vi,d})\sin\theta_1 - F_{Aoi}\cos(\theta_i + \epsilon_{Aoi})\} \tag{11.46}$$

② **설계활용도저항능력 :** 프리텐션 앵커력의 연직분력 $F_{Aoi}\sin\epsilon_{Aoi}$ 에 의한 **마찰저항력은** 자기긴장 **앵커 연직분력** $F_{Ai}\sin\epsilon_{Ai}$ 에 의한 마찰저항력처럼 **설계저항능력** $R'_{M,d}$ 에 포함된다. **프리텐션에 의한** 마찰저항력은 처음부터 전체 크기로 작용하므로 **프리텐션 앵커력** F_{Aoi} 에 활용도 μ 를 곱하지 **않는다.**

$$R'{}_{Md} = r\sum_i \frac{(G_{i,d} + P_{vi,d} + \mu F_{Ai}\sin\epsilon_{Ai} + F_{Aoi}\sin\epsilon_{Aoi})\tan\phi_d + c_{i,d} b_i}{\cos\theta_i + \mu\tan\phi_d \sin\theta_i} + r\sum_i F_{Ai}\cos(\theta_i + \epsilon_{Ai})$$
$$\tag{11.47}$$

11.5 단구의 극한 한계상태 안정해석

단구의 극한 한계상태 안정성은 지반정수에 **부분안전계수**를 적용하고 **절편법**을 적용해서 구한 **설계 부담하중**과 **설계저항능력**을 비교하여 판정한다. 이때 Bishop **간편법**이 자주 적용되며 원호 활동파괴면 상부 활동파괴 토체를 (지표형상을 고려하여) 다수의 절편으로 분할하여 모멘트 평형조건을 적용하고 **극한한계상태 해석**한다. 이때 단구에 설치한 지지구조물 (옹벽 등) 도 절편으로 분할한다.

최소 안전율과 **최적 활동파괴 규모**는 활동파괴면의 형상을 변화시키면서 찾는다.

단구의 **지반파괴에 대한 극한 한계상태** $GZ1C$ (**극한 지반파괴**) 의 **안정성**은 자중과 상재하중에 의한 **설계 부담하중**(작용 모멘트) 이 지반의 전단 저항력 (접착 저항력과 마찰 저항력) 에 의한 (저항모멘트 형태의) **설계 저항능력** (저항 모멘트) 을 **초과하는지 여부**를 확인하여 검증한다.

단구가 스스로 안정 (**자립**) 하지 못하면 **지지 구조물 (옹벽, 앵커 등)** 을 설치하여 안정을 확보한다.

옹벽으로 지지한 단구의 극한한계상태 안정 (11.5.1 절) 은 **옹벽바닥면 미끄러짐**은 물론 (옹벽을 포함하여) 옹벽이 지지하는 단구지반에서 일어나는 **원호 활동 지반파괴**에 대해 검토한다.

앵커보강 옹벽으로 지지한 단구에서 극한 한계상태 안정 (11.5.2 절) 은 앵커력을 적용하고서 검토한다. 앵커력의 활동면 접선분력은 **부담하중 (활동 유발력)** 을 **변화** (증가 또는 감소) 시키고, 앵커력의 **수직분력**은 **저항능력 (활동저항력)** 을 증가시킨다. 앵커는 **부담하중**은 **최소치**가 되고 **저항능력**은 **최대치**가 되도록 배치한다.

보강토 옹벽으로 지지한 단구의 극한 한계상태 안정 (11.5.3 절) 은 보강토체를 옹벽으로 간주하고, 옹벽이 설치된 단구의 안정, 즉 바닥 미끄러짐과 지반파괴 (외적안정) 에 대해 검토한다.

11.5.1 옹벽으로 지지한 단구의 극한 한계상태 안정해석

단구를 지지하는 옹벽은 활동파괴, 전도파괴, 침하파괴, 기초파괴, 부력파괴, 세굴파괴 등에 대해 안정해야 한다.

옹벽으로 지지된 단구의 활동파괴는 옹벽 바닥면의 미끄럼 파괴 (**수평 활동파괴**) 와 (지반의 전단파괴에 의한) 옹벽 포함 지반의 활동파괴 (**지반파괴**) 로 구분하여 안정을 검토한다.

옹벽으로 지지된 단구의 지반파괴에 대한 안정성은, 옹벽을 포함하는 단구지반이 원호 활동파괴 된다고 생각하고, 대체로 다수의 절편으로 절편 분할하고 Bishop **의 간편법** 등의 절편법을 적용하여 검토한다. 특성 지반정수를 부분안전계수로 변화시킨 **설계 지반정수**를 적용한다.

1) 단구를 지지하는 옹벽에서 바닥면의 미끄럼 파괴 안정성

단구를 지지하는 옹벽에서 바닥면의 미끄럼 파괴는 옹벽이 수평방향으로 미끄러지는 **수평 활동파괴**이며, 이에 대한 한계상태 설계의 안정성은 수평활동을 일으키는 힘을 **부담하중**으로 간주하고, 바닥면의 마찰 저항력을 **저항능력**으로 간주하고 비교하여 검증한다. 옹벽 배후지반의 활동면을 그림 3.9 와 같이 가정하고, **설계 지반정수**는 특성지반정수를 부분안전계수로 변화시킨 값을 적용한다.

2) 옹벽으로 지지하는 단구에서 옹벽 포함 지반의 활동파괴 안정성

옹벽으로 지지한 단구의 극한 한계상태 안정성은 옹벽을 포함하는 지반의 **원호 활동 지반파괴** (전단파괴)를 가정하고 원호 활동파괴면 상부 활동 파괴체에 대하여 힘 또는 모멘트 평형을 적용하여 검토 (**단일 활동파괴 해석**) 하거나, 원호 활동파괴면 상부의 활동 파괴체를 절편으로 분할하고 Bishop 간편법 등을 적용하여 구한 절편 시스템에서 **설계 부담하중**과 **설계 저항능력**을 비교해서 검토 (절편 해석) 한다. 이때 **설계 지반정수**를 적용한다.

(1) 옹벽으로 지지한 단구에서 옹벽 포함 지반의 단일 활동파괴 해석

옹벽으로 지지한 단구는 **옹벽 바닥면 후단** (그림 3.9b 의 B 점) 을 통과하는 **원호형상으로 활동파괴**되며, **원호 활동파괴에 대한 한계상태 안정성**은 활동면 상부 단일 활동파괴체가 활동면상에서 극한 평형상태라고 보고, **비탈면의 단일 활동파괴 해석법** (제 4.2 절) 으로 검토할 수 있다 (모멘트 평형법, Fröhlich, 1955). 이때 활동모멘트는 **설계부담하중**이고, 저항모멘트는 **설계저항능력**이다.

한계상태 안정은 **설계부담하중**(활동모멘트) 과 **설계저항능력** (저항모멘트) 을 비교하여 검증한다.

(2) 옹벽으로 지지하는 단구에서 옹벽 포함 지반의 절편해석

옹벽으로 지지한 단구의 한계상태 안정은 벽체뒷면 하단 점 (그림 3.9b 의 B 점) 을 지나는 원호 활동파괴면 상부 활동파괴체를 절편으로 분할 (지지구조물도 절편분할) 하여 생성된 절편 시스템에 대해 Bishop 간편법으로 (재료강도를 부분안전계수로 감소시켜 적용하고) 절편 해석하여 검토한다.

옹벽으로 지지한 단구의 활동파괴 (지반파괴) 안정성은 **부담하중**을 **활동 유발력** (지반의 자중과 작용하중 및 기타 외력의 합력) 에 의한 **활동유발 모멘트**로 하고, **저항능력**을 **활동 저항력** (지반의 전단 저항력과 옹벽의 지지 저항력) 에 의한 **활동저항 모멘트**로 간주하고 이들을 비교하여 검증한다.

단구의 극한 한계상태 안정성해석은 한계상태 지반파괴에 대하여 검증하며, 이때 재료강도는 **특성 지반정수** c_k, ϕ_k, γ_k 를 부분 안전계수를 써서 **설계 지반정수** c_d, ϕ_d, γ_d 로 감소시켜서 적용하고 부담 하중의 **설계 값**을 결정한다. 자중과 상재하중에 대한 **부분안전계수**는 표 10.13 의 값을 적용한다.

단구의 극한 한계상태 저항능력은 **지반 전단저항** (점착력과 마찰력) 에 의하여 발생되며, 구조물 (옹벽) 로 **보강한 단구에서는 저항능력**에 지지 구조물 (또는 구조체) 의 **절단 저항력**이 추가된다.

단구의 지반파괴에 대한 극한 한계상태 안정성 검증에서는 (지반의 자중과 상재하중에 의한 모멘트) **설계 부담하중**의 (지반의 전단저항력에 의한 모멘트) **설계 저항능력 초과 여부**를 판단한다.

① 원호활동파괴에 대한 설계 부담하중 E_{Md} 은 **활동유발 모멘트**이며, **절편설계자중** $G_{i,d}$ 와 설계연직하중 $P_{vi,d}$ 의 합력에 의해 발생된다 (팔길이 r_i 는 원호 중심과 절편중점 사이 수평거리).

$$E_{Md} = r\sum_i (G_{i,d} + P_{vi,d})\sin\theta_i = \sum_i (G_{i,d} + P_{vi,d})\, r_i \tag{11.48}$$

② 원호활동파괴에 대한 **설계 저항능력** R_{Md} 은 활동저항 모멘트이며, 활동면 (절편의바닥면) 접선력에 팔 길이 (원호 반경 r 로 일정) 를 곱한 크기로 발생된다. 이때 활동면 접선력은 점착력에 의한 전단력과 (작용하중, 즉 자중 및 상재하중의 바닥면 수직분력에 의한) 마찰력의 합이다.

점착력 $c_{i,d}b$ 에 의한 **전단저항력**은 $\dfrac{c_{i,d}b}{\cos\theta_i + \tan\phi_d\sin\theta_i}$ 이다. 작용하중 (절편자중 $G_{i,d}$ 및 상재 하중

$P_{vi,d}$)의 바닥 **마찰저항력**은 **수직분력** $\dfrac{G_{i,d} + P_{vi,d}}{\cos\theta_i + \tan\phi_d\sin\theta_i}$ 에 마찰계수 $\tan\phi_d$ 를 곱한 값이다.

따라서 설계 저항능력 R_{Md} 은 지반 점착력의 전단저항력 $c_{i,d}b$ 에 의한 저항모멘트 (식 1 항) 와 자중과 활동면 수직분력의 마찰 저항력에 의한 저항 모멘트 (식 2 항) 의 합이다.

$$R_{Mdi} = r\frac{c_{i,d}b}{\cos\theta_i + \tan\phi_d\sin\theta_i} + r\frac{(G_{i,d} + P_{vi,d})\tan\phi_d}{\cos\theta_i + \tan\phi_d\sin\theta_i} = r\frac{(G_{i,d} + P_{vi,d})\tan\phi_d + c_{i,d}b}{\cos\theta_i + \tan\phi_d\sin\theta_i} \tag{11.49}$$

③ **설계 부담하중** E_{Md} (작용하중에 의한 활동유발 모멘트) 이 설계 저항능력 R_{Md} (변동작용력 p 의 마찰력에 의한 활동저항 모멘트) 을 초과하지 않으면 지반파괴에 안정하다.

$$E_{Md} \leq R_{Md} \tag{11.50}$$

11.5.2 앵커보강 옹벽으로 지지한 단구의 극한 한계상태 안정해석

앵커보강 옹벽에서 앵커 (하향경사 ϵ_{A0}) 와 활동면 (수평경사 θ_i) 의 **교차각**이 $\alpha_A = \theta_i + \epsilon_{A0} < 90°$ 이면 **앵커가 활동억제에 유효**하고, 교차각이 $\alpha_A < 75°$ 이면 **앵커의 긴장이 가능**하다 (E DIN 4084).

앵커보강 옹벽에서 앵커력을 가하면 **활동면 접선분력**은 부담하중을 변화시키고, **활동면 수직분력**은 저항능력을 증가시킨다. 앵커력은 여러가지 원인으로 앵커부재가 인장될 때 발생되는 **인장력**이며, 설치 전에 긴장 (프리텐션) 한 앵커의 앵커력은 긴장력에 인장력이 추가된 값이다.

앵커력의 활동면 수직분력은 **마찰 저항력**을 발생시켜서 활동에 유리하다. **활동면 접선분력**은 활동 유발력 (급경사 앵커) 이 되어 불리하거나 활동 저항력(완경사 앵커) 이 되어 활동억제에 유리하다.

앵커와 활동면 교차각이 $\alpha_A > 90°$ (급경사 앵커) 인 경우 **앵커력의 활동면 접선분력**이 활동유발 모멘트를 발생시켜서 **앵커력 포함할 경우**와 **포함하지 않을 경우**를 계산하고 **불리한 쪽을 택**한다.

단구지반의 활동 저항모멘트는 앵커력의 **연직분력**에 의해 발생된 활동면의 마찰 저항력에 기인한 모멘트와 그 **접선분력** (전단저항력) 에 의한 모멘트를 합한 크기만큼 **증가**된다 (식 3.32).

설계 저항능력 R_{Md} 와 **설계 부담하중** E_{Md} 의 **차이 값** $R_{Md} - E_{Md}$ 을 구하여 (다음 식에 적용하여 **앵커력** F_{A0} 를 구할 수 있다 (**저항 활용도**는 $\mu = 1.0$ 로 가정). **앵커 허용하중** F_{Aal} 은 앵커력 (계산치의 80% 적용) 으로 나누면 **앵커 소요설치간격** l_A 가 된다.

$$F_{A0} = \frac{R_{Md} - E_{Md}}{r\left\{\dfrac{\sin\epsilon_{A0}\tan\phi_d}{\cos\theta_i + \tan\phi_d\sin\theta_i} + \cos(\theta_i + \epsilon_{A0})\right\}} \tag{11.51}$$

$$l_A = \frac{F_{Aal}}{(0.8)F_{Ai}} \tag{11.52}$$

11.5.3 보강토 옹벽으로 지지한 단구의 극한 한계상태 안정해석

보강토 옹벽으로 지지한 단구의 극한 한계상태 안정은 일반 옹벽으로 지지한 단구와 마찬가지로 바닥 미끄러짐이나 옹벽을 포함하는 지반 활동파괴 (**지반파괴, 외적안정**) 에 대해 검토한다.

그런데 보강토 옹벽은 층별로 성토하면서 전면판과 보강재를 연결하고 설치하기 때문에 **내적 안정** (전면판의 기울어짐이나 보강재의 뽑힘이나 끊어짐 등) 을 별도로 검토해야 한다.

활동 파괴체에 자중 G, 수평외력 H, 연직외력 V, 활동파괴면의 반력 Q, 활동 파괴면과 교차하는 보강띠 인장력 합력 $\sum Z_i$ 등이 작용하며, 이 힘들은 **한계 평형상태** (limit equilibrium state) 이다.

보강토 옹벽은 보강재의 재료상태나 설치상태가 부적절하거나, 성토지반에서 전단강도가 취약하거나, 외부하중이 과다하게 작용할 때에는 보강 성토체 내에서 **쐐기형 활동파괴**가 일어날 수 있다 (기초공학, 2014). 또한, 보강토 옹벽 기초지반의 강도가 취약하거나, 옹벽의 높이에 비하여 보강재 길이가 짧거나, 보강토 옹벽 전면을 굴착하거나, 보강토 옹벽으로 단구를 지지하는 경우에는 **지반–보강토 복합체의 활동파괴 (지반파괴)** 가 발생할 가능성이 높다.

지반파괴 (지반–보강토 복합체의 활동파괴) 에 대한 안정은 **보강토 옹벽 보강재 후단** (그림 3.12 의 B점) 을 통과하는 원호 활동파괴면에 대해 검토한다.

보강토 옹벽이 활동파괴되면, 활동면 파괴면 상부활동파괴체에 **한계 평형법** (limit equilibrium method) 이나 **극한해석법** (limit analysis method) 을 적용해서 가능한 모든 활동파괴면에 대해서 활동파괴 안정성을 확인한다.

보강토 옹벽으로 지지되는 단구지반의 활동파괴에 대한 안정성은 보강띠의 선단을 경계로 하는 보강토체를 (일반 옹벽과 같은) 지지구조물로 간주하고 검토한다 (『기초공학』 이상덕, 2014). 이때 지반정수는 보강토체 외부지반의 설계 지반정수를 적용한다.

11.6 비탈지반의 원호활동파괴에 대한 극한 한계상태 안정해석 예제

한계상태 비탈면에 대해 **원호활동파괴모델**을 적용하여 안정해석한다. **지하수에 무관한 비탈면**을 해석하고 (예제 11.1), 동일 비탈면에 **지하수의 영향**을 추가하여 해석한다 (예제 11.2).

캔틸레버 옹벽을 설치하여 지지한 **사질지반 단구**에 대해 안정을 검토 (예제 11.3) 하고, 동일 단구에서 **외력 작용의 영향**을 확인 (예제 11.4) 한다. 예제 11.4 와 동일한 치수의 **점착성 지반 단구**에 대해 안정을 검토 (예제 11.5) 하고 동일한 단구에서 **외력의 증가 영향**을 확인 (예제 11.6) 한다. 해석결과 안정성이 확보되지 않는 단구에 대해 **단구의 앵커보강정도** (예제 11.7) 를 계산한다.

1) 예제 11.1 : 비탈면 원호활동에 대한 한계상태 해석 예제 (지하수에 무관)

비탈면 (높이 6.0m, 경사각 $\beta = 28°$) 이 그림 예 11.1.1 과 같이 원호활동파괴될 경우에 안정성을 검토한다. **원호**는 **중심** 좌표가 (10.5, 9.3)이고, **반경**은 $r = 12m$ 이다. 비탈면의 **선단좌표**는 (5.00, 0.00)이고, **정점좌표**는 (16.5, 6.00)이다. 비탈면 선단 앞쪽 지반지표는 수평이다.

(1) 지반물성과 상재하중 및 부분안전계수

지반물성은 **특성 단위중량** $\gamma_{ks} = 19.0\,kN/m^3$, **특성 전단강도정수** $c'_k = 25.0\,kPa$, $\phi'_k = 22.5°$ 이다. **부분안전계수**는 **영구 작용하중** 특성 값에 $\gamma_G = 1.0$, **변동 작용하중** 특성 값에 $\gamma_Q = 1.3$, **저항능력** 특성 값에 $\gamma_c = 1.25$ 및 $\gamma_\phi = 1.25$ 를 적용한다 (DIN 1054 의 표 1-2 와 표 1-3) . 표 예 11.1.1과 표 예 11.1.2 는 작용하중과 저항능력의 특성 값을 부분안전계수를 써서 설계 값으로 환산시킨 값이다. 정점 배후지반 지표에 **상재하중**이 $p_k = 20.0\,kN/m^2$ 의 크기로 작용한다.

작용하중은 자중과 상재하중에 의하여 발생되며, **저항능력**은 지반의 전단저항능력에 의하여 유발된다. 부분안전계수를 적용하여 **특성 작용하중**은 **증가**시키고 **특성 저항능력**은 감소시켜 **설계 값** (설계 작용하중 및 설계 저항능력) 으로 전환시킨다. 작용하중과 전단저항의 특성 값과 설계 값 및 부분안전계수는 표 예 11.1.1 및 표 예 11.1.2 와 같다.

표 예 11.1.1 작용하중

작용하중의 특성 값	작용하중의 부분안전계수	작용하중의 설계 값
$\gamma_{ks} = 19.0\,kN/m^3$	$\gamma_G = 1.0$	$\gamma_{ds} = 19.0\,kN/m^3$
$p_k = 20.0\,kN/m^2$	$\gamma_Q = 1.3$	$p_d = 26.0\,kN/m^2$

표 예 11.1.2 저항능력 ($\phi_d' = \mathrm{atan}\{(\tan\phi_k')/\gamma_\phi\} = \mathrm{atan}\{(\tan 22.5°)/1.25\} = 18.3°$)

저항능력의 특성 값	저항능력의 부분안전계수	저항능력의 설계 값
$\phi'_k = 22.5°$, $\tan\phi'_k = 0.414$	$\gamma_\phi = 1.25$	$\phi'_d = 18.3°$, $\tan\phi'_d = 0.331$
$c'_k = 25.0\,kN/m^2$	$\gamma_c = 1.25$	$c'_d = 20.0\,kN/m^2$

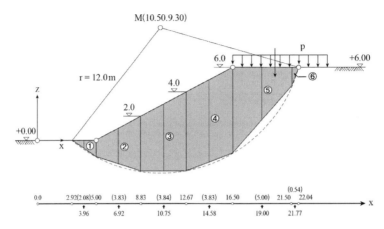

그림 예 11.1.1 비탈면의 원호 활동파괴 해석 및 절편분할

(2) 절편분할

원호 활동면은 중점 (10.50, 9.30) 이고, 반경 12.0 m 이며, 비탈면 전면 지반의 지표와 (2.92, 0.00) 에서 만나고, 비탈면 배후지반 지표와 (22.04, 6.0) 에서 만난다.

비탈면은 총 **6 개의 절편**으로, 즉 비탈면 선단의 앞 쪽에 1 개, 비탈면에 3 개 (비탈면을 3 등분), 비탈면 정점의 배후에 2 개로 분할한다. 절편 높이는 바닥면의 중심점에서 높이이고, 절편 면적은 절편의 폭과 높이를 곱한 값이다. 상재하중은 정점 배후에 있는 절편의 지표에 작용한다.

절편 경계면은 원호활동면과 점 (5.0, −1.37), (8.83, −2.58), (12.67, −2.50), (16.50, −1.09), (21.50, 4.50)에서 교차하고, 지표와 점 (5.0, 0.0), (8.83, 2.0), (12.67, 4.0), (16.5, 6.0), (21.5, 6.0)에서 교차한다. 절편의 경계면 길이는 지표 교차점과 활동면 교차점의 z 좌표 차이이며, **절편 높이**는 절편의 좌우측 경계면 높이의 중간 값이다.

각 **절편의 형상** (폭 b_i, 높이 h_i, 면적 A_i, 바닥면 경사 α_i) 과 무게 G_i 및 상재하중 P_i 는 다음과 같고, 그 결과는 표 예 11.1.3 에 있다.

- **절편의 폭** : 우측 경계면과 좌측 경계면의 x 좌표 차이 : $b_i = x_{r,i} - x_{l,i}$
- **절편 높이** : 우측 경계면과 좌측 경계면의 평균높이   : $h_i = (h_{r,i} + h_{l,i})/2$
- **절편 바닥면 중심점** : 우측 및 좌측 절편 경계면 좌표의 중간 값 : $x_{u,i} = (x_{r,i} + x_{l,i})/2$,
$$z_{u,i} = (z_{ur,i} + z_{ul,i})/2$$
- **절편의 면적** : $A_i = b_i h_i = $(절편 폭) × (절편 높이)
- **절편의 무게** : $G_i = A_i \gamma_i = $(절편 면적) × (지반 단위중량)
- **절편에 작용하는 상재하중** : $P_i = $(절편 폭) × (상재하중)$= b_i p_a$
- **절편 바닥면의 경사** : $\alpha_i = \tan^{-1}\left\{(z_{ur,i} - z_{ul,i})/b_i\right\}$

표예 11.1.3 절편의 형상과 바닥면 중심점 위치 및 무게

	절편				절편중심선		지표점	절편 바닥면					절편		
	바닥좌측 경계좌표		바닥우측 경계좌표		폭	바닥 중점좌표			경사 $\theta=\mathrm{atan}\dfrac{\Delta z_u}{b}$ [°]					높이	면적	무게
절편 번호	x_{ul} [m]	z_{ul} [m]	x_{ur} [m]	z_{ur} [m]	b [m]	x_{um} [m]	z_{um} [m]	z_{om} [m]	Δz_u [m]	$\dfrac{\Delta z_u}{b}$	$\theta=\mathrm{atan}⑩$ [°]	$\sin\theta$	$\cos\theta$	h [m]	A [m²]	G_d [kN]
	①	②	③	④	⑤	⑥	⑦	⑧	⑨	⑩	⑪	⑫	⑬	⑭	⑮	⑯
					③-①	(①+③)/2	(②+④)/2		④-②	⑨/b	atan⑩			⑧-⑦	⑤×⑭	⑮×γ_{d,s}
1	2.92	0	5.00	-1.37	2.08	3.96	-0.69	0.00	-1.37	-0.659	-33.38	-0.550	0.835	0.69	1.44	27.36
2	5.00	-1.37	8.83	-2.58	3.83	6.92	-1.98	1.00	-1.21	-0.316	-17.54	-0.301	0.954	2.98	11.41	216.79
3	8.83	-2.58	12.67	-2.50	3.84	10.75	-2.54	3.00	0.08	0.021	1.20	0.021	1.000	5.54	21.27	404.13
4	12.67	-2.50	16.50	-1.09	3.83	14.59	-1.80	5.00	1.41	0.368	20.20	0.345	0.938	6.80	26.04	494.76
5	16.50	-1.09	21.50	4.50	5.00	19.00	1.71	6.00	5.59	1.118	48.19	0.745	0.667	4.29	21.45	407.55
6	21.50	4.50	22.04	6.00	0.54	21.77	5.25	6.00	1.50	2.778	70.20	0.941	0.339	0.75	0.41	7.79

(3) 작용하중과 부담하중 및 저항능력

설계 부담하중 E_{Md} 는 절편 자중 $G_{i,d}$ 와 상재하중 $P_{vi,d}$ 의 원호 중심에 대한 모멘트이다.

$$E_{Md}=r\sum_i(G_{i,d}+P_{vi,d})\sin\theta_i=\sum_i(G_{i,d}+P_{vi,d})r_i \tag{11.27}$$

설계 저항능력 R_{Md} 은 **지반 전단저항 (식 1 항)** 과 **작용하중에 의한 저항모멘트 (식 2 항)** 의 합이다.

$$R_{Md}=r\sum\frac{G_{i,d}\tan\phi_d+c_{i,d}b_i}{\cos\theta_i+\tan\phi_d\sin\theta_i}+r\sum\frac{P_{vi,d}\tan\phi_d}{\cos\theta_i+\tan\phi_d\sin\theta_i}=r\sum\frac{(G_{i,d}+P_{vi,d})\tan\phi_d+c_{i,d}b}{\cos\theta_i+\tan\phi_d\sin\theta_i} \tag{11.26}$$

(4) 안정검토 ; 비탈면은 설계 부담하중 E_{Md} 이 설계 저항능력 R_{Md} 을 초과하지 않으면 안정하다.

$$R_{Md}-E_{Md}=12248.61-6238.31=6010.30\,kNm/m>0\quad\therefore O.K\ \text{비탈면은 안정하다.}$$

표예 11.1.4 절편의 형상 및 바닥면 중심점 위치

절편 번호	G_d [kN/m]	P_{vd} [kN/m]	G_d+P_{vd} [kN/m]	E_{Md} from G_d+P_{vd} [kNm/m]		R_{Md} from $G_d+P_{vd}+c_db$ [kNm/m]						R_{Md}
				$r\sin\theta$	$E_{Md}=$ ⑱×r sinθ	분자 $r\{(G_d+P_{vd})\tan\phi_d+c_db\}$				분모 $\sin\theta\tan\phi_d+\cos\theta$		
	γA	$p_d b$	$\gamma A+p_d b$			$(G_d+P_{vd})\tan\phi_d$	$c_d b$	㉑+㉒	$r㉓$	$\sin\theta\tan\phi_d$	㉕+cosθ	
	⑯	⑰	⑱	⑲	⑳	㉑	㉒	㉓	㉔	㉕	㉖	㉗
	⑮×γ_{d,s}	⑤×p_d	⑯+⑰	r×⑫	⑱×⑲	⑱×tanφ_d	⑤×c_d	㉑+㉒	r×㉓	⑫×tanφ_d	㉕+⑬	㉔/㉖
1	27.36	0.00	27.36	-6.60	-180.58	9.06	41.60	50.66	607.92	-0.182	0.653	930.96
2	216.79	0.00	216.79	-3.61	-782.61	71.76	76.60	148.36	1780.32	-0.100	0.854	2084.68
3	404.13	0.00	404.13	0.25	101.03	133.77	76.80	210.57	2526.84	0.007	1.007	2509.28
4	494.76	0.00	494.76	4.14	2048.31	163.77	76.60	240.37	2884.44	0.114	1.052	2741.86
5	407.55	130.00	537.55	8.94	4805.70	177.93	100.00	277.93	3335.16	0.247	0.914	3648.97
6	7.79	14.04	21.83	11.29	246.46	7.23	10.80	18.03	216.36	0.311	0.650	332.86
Σ					Σ 6238.31							Σ 12248.61

2) 예제 11.2 : 침투발생 비탈면의 원호활동에 대한 한계상태 해석 예제

침투 발생하는 비탈면의 원호활동파괴 (그림 예 11.2.1) 에 대한 안정성을 해석하여 침투에 의한 영향을 확인한다. 앞 예제 비탈면에서 **지하수가 존재**하고 비탈면 일부가 **물에 잠긴** 상황을 해석한다. 비탈면 경계조건과 원호 활동파괴형상 및 지반물성은 앞 예제와 동일하다.

비탈면 배후지반에서 지하수위는 지표아래 $1.5\ m$ 에 위치하며, 비탈면 하부의 $1/3\ (2.0\ m)$ 이 물에 잠겨 있고, 6 개 절편 중에서 앞쪽의 2 개 절편 (절편 1 및 절편 2) 은 물에 잠겨 있고, 절편 2 와 절편 3 의 경계면에서 외부수위와 지하수위가 만난다. 절편 1 에서는 침투되지 않는다. 따라서 침투는 4 개 절편 (절편 2～절편 5) 에서 발생된다. 절편 2 에서 유선과 비탈면이 직각 교차하므로 침투방향은 절편 내 유선 평균기울기 약 -35.0^o 로 가정한다. 절편 6 은 지하수위 상부에 있고, 좌측경계 하단은 원 지하수위면과 접한다. 4 개 절편 (절편 2 와 3 과 4 및 5) 에서 침투 발생한다.

외부수위는 절편 2 와 절편 3 의 경계 높이이고, 절편 2 와 절편 3 의 경계에서 지하수위는 $0.0\ m$, 절편 3 과 절편 4 의 경계면에서 $1.27\ m$, 절편 4 와 절편 5 의 경계면에서 $2.08\ m$, 절편 5 와 절편 6 의 경계면에서 $2.50\ m$ 이다. 각 절편에서 바닥면 중앙점 지하수위는 좌우 경계 지하수위의 중간 값이다. 침윤선의 경사 α_i 는 절편 경계면의 수위와 절편의 폭으로부터 계산하며, 표 예 11.2.1 과 같다.

표예 11.2.1 지하수위면 위치 (비탈면 전면 외부수위 기준)

절편	2		3		4		5		6	
위치	절편 경계	절편 중앙	절편 경계	절편 중앙	절편 경계	절편 중앙	절편 경계	절편 중앙	절편 경계	
지하수위 좌표 $[m]$	2.0	2.70	3.27	3.73	4.08	4.38	4.50	4.50	4.50	
절편 내 수위차 $\Delta h_i\ [m]$		1.27		0.81		0.42		0.00		
수위경사 $\Delta h_i/b_i$		0.3307		0.2109		0.0840		0.00		
침윤선 경사 $\theta_i = \tan^{-1}(\Delta h_i/b_i)\ [^o]$		18.31		11.91		4.80		0.00		

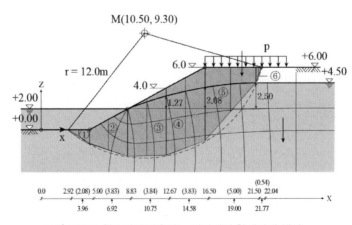

그림 11.2.1 침투력이 작용하는 비탈면의 한계상태 해석

(1) 지반물성과 상재하중 및 부분계수

비탈면에 작용하는 특성 작용하중 p_k 및 부분안전계수는 표 예 11.2.2 와 같고, 특성 지반정수 c_k 와 ϕ_k' 및 γ_{ks} 는 표 예 11.2.3 과 같다.

표 예 11.2.2 작용하중

작용하중의 특성 값	작용하중의 부분안전계수, LF1	작용하중의 설계 값
$\gamma_{ks} = 19.0\ kN/m^3$ $\gamma'_{ks} = 11.0\ kN/m^3$	$\gamma_G = 1.0$	$\gamma_{ds} = 19.0\ kN/m^3$ $\gamma'_{ds} = 11.0\ kN/m^3$
$p_k = 20.0\ kN/m^2$	$\gamma_Q = 1.3$	$p_d = 26.0\ kN/m^2$

표 예 11.2.3 저항능력

저항능력의 특성 값	저항능력의 부분안전계수, LF1	저항능력의 설계 값
$\phi'_k = 22.5^o$, $\tan\phi'_k = 0.414$	$\gamma_\phi = 1.25$	$\phi'_d = 18.3^o$,* $\tan\phi'_d = 0.331$
$c'_k = 25.0\ kN/m^2$	$\gamma_c = 1.25$	$c'_d = 20.0\ kN/m^{2\#}$

* $\phi_d' = \operatorname{atan}\{(\tan\phi_k')/\gamma_\phi\} = \operatorname{atan}\{(\tan22.5^o)/1.25\} = 18.3^o$; # $c_d' = c_k'/\gamma_c = 25.0/1.25 = 20.0\ kN/m^2$

(2) 절편의 형상

절편의 형상과 절편의 바닥면 중심점의 위치 및 높이는 지하수위면의 상부와 하부 (포화된 부분)로 구분하고 높이와 면적은 물론 절편의 크기를 계산하면 표 예 11.2.4 와 같다.

표 예 11.2.4 절편의 형상과 높이 및 면적

절편 번호	절편 바닥면 좌측경계 좌표		우측경계 좌표		절편 폭	절편 중심선 절편바닥 x 좌표	z 좌표	지표 z좌표	절편 중간 높이	바닥면 경사 $\theta = \operatorname{atan}\left(\dfrac{z_{ur}-z_{ul}}{b}\right) = \operatorname{atan}\dfrac{\Delta z_u}{b}$					지하 수위면 좌표	절편높이 수위면 하부	수위면 상부	전체 높이
	x_{ul} [m]	z_{ul} [m]	x_{ur} [m]	z_{ur} [m]	b [m]	x_{un} [m]	z_{un} [m]	z_{on} [m]	h_m [m]	Δz_u [m]	$\Delta z_u/b$ [m]	θ [^{o}]	$\sin\theta$	$\cos\theta$	z_{WL} [m]	h_{uw} [m]	h_{ow} [m]	h_i [m]
	①	②	③	④	⑤	⑥	⑦	⑧	⑭	⑨	⑩	⑪	⑫	⑬	⑮	⑯	⑰	⑱
					③-①	(①+③)/2	(②+④)/2	표11.2.1	⑧-⑦	④-②	⑨/⑤	atan⑩	sin⑪	cos⑪	표11.2.1	⑮-⑦	⑧-⑮	⑯+⑰
1	2.92	0.00	5.00	-1.37	2.08	3.96	-0.69	0.00	0.69	-1.37	-0.659	-33.38	-0.550	0.835	0.00*	0.69	0.00	0.69
2	5.00	-1.37	8.83	-2.58	3.83	6.92	-1.98	1.00	2.98	-1.21	-0.316	-17.54	-0.301	0.954	1.00*	2.98	0.00	2.98
3	8.83	-2.58	12.67	-2.50	3.84	10.75	-2.54	3.00	5.54	0.08	0.021	1.20	0.021	1.000	2.70	5.24	0.30	5.54
4	12.67	-2.50	16.50	-1.09	3.83	14.59	-1.80	5.00	6.80	1.41	0.368	20.20	0.345	0.938	3.73	5.53	1.27	6.80
5	16.50	-1.09	21.50	4.50	5.00	19.00	1.71	6.00	4.29	5.59	1.118	48.19	0.745	0.667	4.38	2.67	1.62	4.29
6	21.50	4.50	22.04	6.00	0.54	21.77	5.25	6.00	0.75	1.50	2.778	70.20	0.941	0.339	4.50	0.00#	1.50&	0.75

* 수중에서 지하수위면은 수저지반면으로 간주한다. # 지하수위면 상부에 있어서 '음(-)'으로 계산된 값은 '0'으로 한다. & 절편이 지하수위 상부이므로 절편바닥을 수면으로 간주한다.

(3) 침투력 계산

침투력은 침투부 부피에 물 단위중량과 동수경사를 곱한 크기이며, **수평분력** S_x 와 연직분력 S_z 는 침윤선 수평경사 α_s 로부터 계산한다 (**침투부 부피** $V = A_{uw} \times 1.0 = A_{uw}$, **물 단위중량** γ_w, 동수경사 i).

$$S_x = |\gamma_w A i| \cos\alpha_S = \gamma_w A |\sin\alpha_S| \cos\alpha_S \ , \qquad S_z = |\gamma_w A i| \sin\alpha_S = \gamma_w A |\sin\alpha_S| \sin\alpha_S$$

수중 절편 2 는 침투되지 않으므로 침투경사는 유선 평균 수평경사 (그림 예 11.2.1 의 유선망에서 약 − 40°) 이다. 유선은 수중 비탈면과 직각 교차하므로 절편 2 의 비탈면과 '음'의 경사로 교차된다. **침투력의 팔 길이** r_x 는 원호 중심 (x_M , z_M) 에서 절편 바닥의 중심점 x_{um} 까지 x 방향거리이고, 팔 길이 r_z 는 원호 중심에서 절편 침투부 중간점 $r_z = |z_{um}| - h_{uw}/2$ 까지 z 방향거리이다.

$$r_z = |z_M| - |z_{um}| - h_{uw}/2, \qquad r_x = x_{uw} - x_M$$

지하수위 상하부 단위중량을 적용한 **절편 자중** 및 **침투력**은 표 예 11.2.5 와 같다

표 예 11.2.5 절편자중과 침윤선 및 침투력

절편번호	절편면적 $[m^2]$			침윤선 경사 α_s $[°]$						모멘트 팔의 길이 $[m]$			침투력 $[kN/m]$			
	수면하부 A_{uw}	수면상부 A_{ow}	전체면적 A	수위차 $\triangle h$	$\dfrac{\triangle h}{b}$	atan$\dfrac{\triangle h}{b}$	$\sin\alpha_s$	$\cos\alpha_s$		$|z_M|$ $-|z_{um}|$	r_z $|z_M - z_{um}|$ $-h_{uw}/2$	r_x $|x_{um}|$ $-|x_M|$	$A_{uw}\gamma_w|\sin\alpha_s|$	수평S_x ㉚× $\cos\alpha_s$	연직S_z ㉚× $\sin\alpha_s$
	⑲	⑳	㉑	㉒	㉓	㉔	㉕	㉖		㉗	㉘	㉙	㉚	㉛	㉜
	⑤×⑯	⑤×⑰	⑲+⑳	표11.2.1	㉒/⑤	atan㉓	sin㉔	cos㉔	9.3-⑦	⑲/2	㉗-⑲/2	⑥-10.5	γ_w|㉕|	$A_{uw}\gamma_w$|㉕|	㉚×㉖	㉚×㉕
1	1.44	0.00	1.44	0.00	0.000	0.00	0.000	1.000	9.99	0.34	9.65	−6.54	0.0	0.00	0.00	0.00
2	11.41	0.00	11.41	0.00	0.000	−35.00*	−0.574	0.819	11.28	1.49	9.79	−3.58	5.74	65.49	53.64	−37.59
3	20.12	1.15	21.27	1.27	0.331	18.31	0.314	0.949	11.84	2.62	9.22	0.25	3.14	63.18	59.96	19.84
4	21.18	4.86	26.04	0.81	0.211	11.91	0.206	0.978	11.10	2.76	8.34	4.09	2.06	43.63	42.67	8.99
5	13.35	8.10	21.45	0.42	0.084	4.80	0.084	0.996	7.59	1.33	6.26	8.50	0.84	11.21	11.17	0.94
6	0.00	0.41	0.41	0.00	0.000	0.00	0.000	1.000	4.05	0.00	4.05	11.27	0.00	0.00	0.00	0.00

* 유선망은 수저면(등수두선)에 거의 수직이므로, 침윤선과 절편 3 이 너무 급격히 차이나지 않도록 침윤선 경사를 35°로 가정함.

(4) 부담하중 및 저항능력 계산

침투력으로 인해 발생되는 모멘트 M_{Sd} 는 다음과 같고,

$$M_{Sd} = \sum_i (S_{xi,d} r_{zi} + S_{zi,d} r_{xi}) \tag{11.34b}$$

부담하중은 절편자중과 상재하중에 의한 모멘트에 **침투력에 의한** 모멘트 M_{Sd} 를 추가한 값이다.

$$E_{Md} = r\sum_i (G_{i,d} + P_{vi,d}) \sin\theta_i + M_{Sd} \tag{11.34a}$$

저항능력은 **침투력 연직분력** $S_{zi,d}$ 에 의한 마찰저항 R''_{Md} 만큼 커진다. **침투력 수평분력** $S_{xi,d}$ 은 Bishop 방법에서는 고려하지 않는다.

$$R''_{Md} = r\sum_i \frac{S_{zi,d}\tan\phi_d}{\cos\theta_i + \tan\phi_d \sin\theta_i} \tag{11.35}$$

표예 11.2.6 부담하중 및 부담 모멘트

절편 번호	절편자중 $[kN/m]$			부담하중 $G_d + P_{vd}$ $[kN/m]$				부담 모멘트 E_{Md} $[kNm/m]$						
	수면 하부 G_u	수면 상부 G_o	전체 자중 G_t	자중 설계값 G_d	작용하중 설계값 P_{vd}		부담 하중 $G_d + P_{vd}$	부담하중 모멘트 M_{GP_d}		침투력에 의한 모멘트 M_{Sd} from $S_{xd} r_z + S_{zd} r_x$			총 부담모멘트 E_{Md}
					p_d	$b p_d$		$r \sin\theta$	(G_d+P_{vd}) $\times r \sin\theta$	from S_{zd} $S_{xd} r_z$	from S_{zd} $S_{zd} r_x$	from $S_{xd}+S_{zd}$ $S_{xd} r_z + S_{zd} r_x$	$M_{GP_d}+M_{Sd}$
	㉝	㉞	㉟	㊱	㊲	㊳	㊴		㊵	㊶	㊷	㊸	㊹
	⑲×γ_a	⑳×γ_t	㉝+㉞	㉟×γ_G	그림11.2.1	⑤×㊲	㊱+㊳	r×⑫	㊴×r×⑫	㊶×㉘	㊷×㉙	㊶+㊷	㊵+㊸
1	15.84	0.00	15.84	15.84	0.00	0.00	15.84	−6.60	−104.54	0.00	0.00	0.00	−104.54
2	125.51	0.00	125.51	125.51	0.00	0.00	125.51	−3.61	−453.09	525.14	134.57	659.71	206.62
3	221.32	21.85	243.17	243.17	0.00	0.00	243.17	0.25	60.79	552.83	4.96	557.79	618.58
4	232.98	92.34	325.32	325.32	0.00	0.00	325.32	4.14	1346.82	355.87	36.77	392.64	1739.46
5	146.85	153.90	300.75	300.75	26.00	130.00	430.75	8.94	3850.91	69.92	7.99	77.91	3928.82
6	0.00	7.79	7.79	7.79	26.00	14.04	21.83	11.29	246.46	0.00	0.00	0.00	246.46
Σ									4947.35			1688.05	6635.40

전체 저항능력은 **자중**(및 **상재하중**)과 **침투력**의 **저항능력** R''_{Md} 을 합한 식 (11.35a) 이다.

$$R_{Md} = r \sum_i \frac{(G_{i,d}+P_{vi,d})\tan\phi_d + c_{i,d}b_i}{\cos\theta_i + \tan\phi_d \sin\theta_i} + R''_{Md} = r \sum_i \frac{(G_{i,d}+P_{vi,d})\tan\phi_d + c_{i,d}b_i + S_{zi,d}\tan\phi_d}{\cos\theta_i + \tan\phi_d \sin\theta_i}$$

(5) 안정검토

침투에 의해 저항능력이 증가되고 부담하중이 추가 발생하여 총 부담하중은 증가한다.

총 부담하중 : E_{Md} = 4947.35+1688.05 = 6935.40 kNm/m

총 저항능력 : R_{Md} = 10014.95-58.45 = 9956.50 kNm/m

총 부하량 : $R_{Md} - E_{Md}$ = 9956.50-6935.40 = 3024.10 $kNm/m > 0$ ∴ OK 침투안정

표예 11.2.7 저항능력 (연속)

절편 번호	저항능력 R_{Md} $[kNm/m]$													
	분모			분자								저항능력 R_{Md}		
	$\cos\theta + \tan\phi_d \sin\theta$			$r(G_d+P_d)\tan\phi_d + r c_d b + r F_{zd}\tan\phi_d$								from $(G_d+P_d)+c_d$	from F_{zd}	total
				$r\{(G_d+P_d)\tan\phi_d + c_d b\}$				$r F_{zd}\tan\phi_d$		분자			
	⑬	⑫	㊺	㊻	㊼	㊽	㊾	㊿	51	52	53	54	55	56	57
	$\cos\theta$	$\sin\theta$	0.331×⑫	⑬+㊺	0.331×㊴	c_d×⑤	㊼+㊽	r×㊾	0.331×F_{zd}	r×51	㊾+53	50/㊻	53/㊻	54/㊻
1	0.835	−0.550	−0.182	0.653	5.24	41.60	46.84	562.08	0.00	0.00	562.08	860.77	0.00	860.77
2	0.954	−0.301	−0.100	0.854	41.54	76.60	118.14	1417.68	−12.44	−149.28	1268.40	1660.05	−174.80	1485.25
3	1.000	0.021	0.007	1.007	80.49	76.80	157.29	1887.48	6.57	78.84	1966.32	1874.36	78.29	1952.65
4	0.938	0.345	0.114	1.052	107.68	76.60	184.28	2211.36	2.98	35.76	2247.12	2102.05	33.99	2136.04
5	0.667	0.745	0.247	0.914	142.58	100.00	242.58	2910.96	0.31	3.72	2914.68	3184.86	4.07	3188.93
6	0.339	0.941	0.311	0.650	7.23	10.80	18.03	216.36	0.00	0.00	216.36	332.86	0.00	332.86
Σ								9205.92		−30.98	9174.96	10014.95	−58.45	9956.50

3) 예제 11.3 : 옹벽설치 단구의 예제 (사질지반)

캔틸레버 옹벽으로 지지하는 **사질 지반 단구**에 대하여 안정을 검토 (예제 11.3) 하고, 동일 단구에서 **외력 작용의 영향**을 확인 (예제 11.4) 한다. **점착성 지반 단구**에 대하여 안정을 검토 (예제 11.5) 하고, 동일 단구에서 **외력 작용의 영향**을 확인 (예제 11.6) 한다. **외력의 영향**으로 안정성이 확보되지 않는 **옹벽 설치 단구**에서 **앵커보강** (예제 11.7) 을 검토한다.

캔틸레버식 옹벽 형태의 지지 구조물을 설치한 단구를 생각한다. 옹벽 바닥판의 상부표면은 지표와 일치하고, 옹벽 배후지반의 수평 지표에는 $p_k = 15.0 \, kN/m^2$ 의 등분포 하중이 작용한다.

옹벽 바닥판은 두께 $0.90 \, m$, 앞굽판 길이 $0.50 \, m$, 뒷굽판 길이 $3.00 \, m$ 이고, 윗면이 지표와 동일 수준이다. **옹벽 벽체**는 바닥판 윗면의 상부로 높이 $6.00 \, m$ 이고, 배면이 연직이고, 아래가 넓고 위가 좁은 사다리꼴 단면 (최상단 두께 $0.50 \, m$, 바닥판 상부두께 $1.00 \, m$) 이다.

옹벽을 포함하는 지반파괴가 일어나며, **원호 활동면**은 중심점이 좌표 (10.5, 9.3) 이고, 옹벽 뒷굽판 하단 점 (좌표 (16.82, -0.90)) 을 지나고, 반경은 다음이 된다.

$$r = \sqrt{(16.82 - 10.50)^2 + (-0.9 - 9.3)^2} = 12.00 \, m$$

(1) 작용하중과 저항능력

작용하중은 지반의 자중과 지표의 등분포 상재하중이며, 각 특성 값 및 설계 값과 부분안전계수는 표 예 11.3.1 과 같다.

표 예 11.3.1 작용하중

작용하중의 특성값	작용하중에 대한 부분안전계수	작용하중의 설계 값
$\gamma_{ks} = 20.0 \, kN/m^3$ $\gamma_{kcn} = 24.0 \, kN/m^3$	$\gamma_G = 1.0$	$\gamma_{ds} = 20.0 \, kN/m^3$ $\gamma_{dcn} = 24.0 \, kN/m^3$
$p_k = 15.0 \, kN/m^2$	$\gamma_Q = 1.3$	$p_d = 19.5 \, kN/m^2$

저항능력의 특성 값 및 설계 값과 부분안전계수는 표 예 11.3.2 와 같고, 전단강도정수는 표 11.3.2 에 의거해서 다음 식을 이용하여 특성 값을 설계 값으로 변환시킨 후 적용한다.

$$\tan \phi_d = (\tan \phi_k)/\gamma_\phi, \qquad c_d = c_k/\gamma_c$$

표 예 11.3.2 저항능력

저항능력의 특성 값	저항능력에 대한 부분안전계수	저항능력의 설계 값
$\phi'_k = 32.5^o$, $\tan\phi'_k = 0.637$	$\gamma_\phi = 1.25$	$\phi'_d = 27.0^o$, $\tan\phi'_d = 0.510$
$c'_k = 0.0 \, kN/m^2$	$\gamma_c = 1.25$	$c'_d = 0.0 \, kN/m^2$

(2) 절편분할

옹벽설치 단구의 안정성은 활동면 상부 토체를 절편으로 분할하여 (그림 예 11.3.1) 검토하며, 분할 절편의 상태는 표 예 11.3.3 과 같다. 옹벽 전면에서 충분히 이격된 수평지표에 좌표 원점 (0, 0) 을 잡는다. 활동면의 상부지반을 총 6 개 절편으로 분할한다. 이때 단구의 형태를 최대한 고려하여 옹벽 전면 지반 2 개, 옹벽 2 개, 옹벽 배후지반 2 개의 절편으로 분할한다.

옹벽은 2 개 절편, 즉 앞굽판과 벽체 (및 하부지반) 를 포함하는 절편과 뒷굽판 (및 상하부 지반) 을 포함하는 절편으로 분할한다.

절편 바닥면 경사는 반시계 방향을 양(+) 방향으로 한다. 절편 높이는 바닥면 중심점 높이이고, 절편면적은 절편의 폭과 높이의 곱이다. 상재하중 $p_k = 15.0 \, kN/m^2$ 이 벽 배후지표에 작용한다.

원호 활동면은 중점 좌표가 (10.50, 9.30) 이고, 반경이 12.0 m 이며, 옹벽 전면 지반의 지표와 점 (2.92, 0.00) 에서 만나고, 옹벽 뒷굽판 하단 점 (16.82, −0.90) 을 지나고, 옹벽 배후지반 지표와 점 (22.04, 6.0) 에서 만난다. 원호 활동파괴면이 절편 경계면과 만나는 점의 좌표는 (7.62, −2.35), (12.32, −2.56), (13.82, −2.23), (16.82, −0.90), (20.82, 3.18) 이다.

절편의 측면 (경계면) 은 연직면이며, 지표와 점 (7.62, 0.0), (12.32, 0.0), (13.82, 6.0), (15.82, 6.0), (20.82, 6.0) 에서 만난다. **절편 측면의 길이**는 지표면의 교차점과 활동면 교차점의 z 좌표의 차이이다. **절편 높이**는 절편 좌우측 경계면 높이의 중간 값이다.

절편 바닥면 (활동면) 은 **원호**이지만 직선으로 대체하고 절편의 면적과 바닥면의 길이를 계산하며, 직선으로 대체함으로 인한 오차는 크지 않다. 절편의 자중은 바닥면 중앙점에 작용한다고 가정한다.

각 절편의 형상과 면적과 무게와 상재하중 및 바닥면 경사는 다음과 같이 구하고, 그 결과를 정리하면 표 예 11.3.3 과 같다.

- **절편의 폭** : 절편 우측 및 좌측 경계면의 x 좌표 차이 : $b_i = x_{r,i} - x_{l,i}$
- **절편의 높이** : 절편 중심선의 높이 : $h_i = z_{mo,i} - z_{mu,i}$
- **절편 바닥면 중점** : 우측 및 좌측 경계 바닥점의 중간 값 : $x_{u,i} = \dfrac{x_{r,i} + x_{l,i}}{2}$, $z_{u,i} = \dfrac{z_{ur,i} + z_{ul,i}}{2}$
- **절편 바닥면의 경사** : $\alpha_i = \tan^{-1}\left(\dfrac{z_{ur,i} - z_{ul,i}}{b_i}\right)$
- **절편의 면적** : $A_i = b_i h_i =$ (절편 폭) × (절편 높이)
- **절편의 무게** : $G_i = A_i \gamma_i =$ (절편 면적) × (지반 단위중량)
- **절편의 상재하중** : $P_i =$ (절편 폭) × (상재하중) $= b_i p_a$

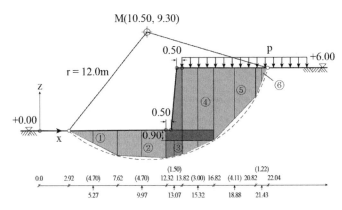

그림 예 11.3.1 옹벽지지 단구의 절편해석

절편 1과 **2** 및 **절편 5**와 **6**은 지반 절편이고, **절편 3**과 **절편 4**는 옹벽과 지반을 포함한다.

절편 3은 옹벽의 벽체와 앞굽판을 포함하며, 지반의 높이는 바닥판 하부로 활동면까지 높이이다. 콘크리트 (바닥판과 벽체) 는 절편 폭 (폭 $1.50\,m$) 의 직사각형 벽체로 대체하고 높이를 계산한다.

– **직사각형 대체 콘크리트 높이** : $0 - (-0.9) + (6.0 - 0.0)(0.5 + 1.0)(0.5)/(1.5) = 3.9\,m$

   지반높이 : $-0.90 - (-2.40) = 1.50\,m$; **전체높이** : $3.9 + 1.5 = 5.4\,m$

절편 4의 지반높이는 옹벽 뒷굽판 및 상하부 높이의 합이고, 콘크리트높이는 슬라브 두께이다.

– **지반높이** : $(6.0 - 0.0) + \{-0.9 - (-1.57)\} = 6.67\,m$, **콘크리트 높이** : $0 - (-0.9) = 0.9\,m$

절편의 분할상태는 표 예 11.3.3 과 같고, 그에 따른 절편형상과 자중은 표 예 11.3.4 와 같다.

표 예 11.3.3 절편 분할

절편 번호	좌측경계			우측경계			절편 폭	바닥면 경사					절편 중심선			절편 높이
	x 좌표	z 좌표		x 좌표	z 좌표								x 좌표	z 좌표		
		지표 (상부)	바닥		지표 (상부)	바닥	b	$\Delta z = z_{ru} - z_{lu}$	$\dfrac{\Delta z}{b}$	$\theta_i = \text{atan} \dfrac{\Delta z}{b}$	$\sin\theta$	$\cos\theta$	바닥	바닥	지표 (상부)	
	x_l	z_{lo}	z_{lu}	x_r	z_{ro}	z_{ru}							x_{mu}	z_{mu}	z_{mo}	h
	[m]	[m]	[m]	[m]	[m]	[m]	[m]	[m]		[^{o}]			[m]	[m]	[m]	[m]
	①	②	③	④	⑤	⑥	⑦	⑧	⑨	⑩	⑪	⑫	⑬	⑭	⑮	⑯
	본문설명			본문설명			④-①	⑥-③	⑧/⑦	atan⑨	sin⑩	cos⑩	(①+④)/2	(③+⑥)/2	(②+⑤)/2	⑮-⑭
1	2.92	0.00	0.00	7.62	0.00	-2.35	4.70	-2.35	-0.500	-26.57	-0.447	0.894	5.27	-1.18	0.00	1.18
2	7.62	0.00	-2.35	12.32	0.00	-2.56	4.70	-0.21	-0.045	-2.58	-0.045	1.000	9.97	-2.46	0.00	2.46
3	12.32	-0.90	-2.56	13.82	-0.90	-2.23	1.50	0.33	0.220	12.41	0.215	0.977	13.07	-2.40	-0.90	1.50
4	13.82	*6.00 / -0.90	*0.00 / -2.23	16.82	*6.00 / -0.90	*0.00 / -0.90	3.00	1.33	0.443	23.89	0.405	0.914	15.32	*0.00 / -1.57	*6.00 / -0.90	*6.00 / 0.67
5	16.82	6.00	-0.90	20.82	6.00	3.18	4.00	4.08	1.020	45.57	0.714	0.700	18.82	1.14	6.00	4.86
6	20.82	6.00	3.18	22.04	6.00	6.00	1.22	2.82	2.311	66.60	0.918	0.397	21.43	4.59	6.00	1.41

* 절편 3 에서 중간 콘크리트 판 상부의 흙 절편

표 예 11.3.4 절편형상과 영구 작용하중 및 변동 작용하중

절편 번호	절편 크기		절편 자중							절편 바닥 중심점		상재하중		전체 하중
	폭	전체 높이	지반 부분			콘크리트 부분			전체 자중	수평거리		P_d		$G_{gc}+P_d$
			높이	면적	무게	높이	면적	무게		x 좌표	원 중심			
	b	h	h_g	A_g	G_g	h_c	A_c	G_c	G_{gc}	x_i	x_o	p_d	$b\,p_d$	$G_{gc}+P_d$
	[m]	[m]	[m]	[m²]	[kN]	[m]	[m²]	[kN]	[kN]	[m]	[m]	[kN/m²]	[kN]	[kN]
	⑦	⑯	⑰	⑱	⑲	⑳	㉑	㉒	㉓	㉔	㉕	㉖	㉗	㉘
		⑯-⑭	그림11.3.1 ⑲-⑭	⑦×⑰	⑱×$\gamma_{d,s}$	본문계산	⑦×⑳	㉑×$\gamma_{d,c}$	⑲+㉒	그림11.3.1	㉔-10.5	본문	⑦×㉖	㉓+㉗
1	4.70	1.18	1.18	5.55	111.00	0.00	0.00	0.00	111.00	5.27	-5.23	0.00	0.00	111.00
2	4.70	2.46	2.46	11.56	231.20	0.00	0.00	0.00	231.20	9.97	-0.53	0.00	0.00	231.20
3	1.50	#5.40	1.50	2.25	45.00	3.90*	5.85*	140.40	185.40	13.07	2.57	0.00	0.00	185.40
4	3.00	7.57	6.67@	20.01	400.20	0.90	2.70	64.80	465.00	15.32	4.82	19.50	58.50	523.50
5	4.00	4.86	4.86	19.44	388.80	0.00	0.00	0.00	388.80	18.88	8.38	19.50	78.00	466.80
6	1.22	1.41	1.41	1.72	34.40	0.00	0.00	0.00	34.40	21.43	10.93	19.50	23.79	58.19

* 콘크리트 대체 높이 ; 콘크리트면적/절편폭={(6.0)(0.5+1.5)/2+(0.9)(1.5)}/1.5=3.9 (본문설명)
\# 콘크리트 대체 높이+지반높이 = ⑳+⑰=3.9+1.5=5.4 ; @ 지반절편높이=상부높이+하부높이=6.0+0.67=6.67 (본문설명)

(3) 설계 부담하중

설계 부담하중 E_{Md} 는 **절편자중 및 상재하중의 합력** (절편 바닥의 중앙점에 작용) 에 의해 발생되며, 원 중심에 대한 모멘트이고, 팔 길이 r_i 는 원호 중심과 절편 바닥면 중심점 사이 수평거리이다.

설계 부담하중 E_{Md} 는 자중 $G_{i,d}$ 과 상재하중 $P_{vi,d}$ 에 의해 발생된다.

$$E_{Md} = r \sum_{i=1}^{6} (G_{i,d} + P_{vi,d}) \sin\theta_i = \sum_{i=1}^{6} (G_{i,d} + P_{vi,d}) r_i \tag{11.25}$$

(4) 설계 저항능력

활동면의 **설계 저항능력** R_{Md} 은 활동에 대한 **저항 모멘트**이다. **저항 모멘트**는 활동면에서 접선력 (점착력) 에 의한 **전단저항력**과 활동면 수직 분력에 의한 **마찰저항력**에 팔 길이를 곱한 크기로 발생된다. 저항 모멘트의 팔 길이는 원호 반경 r 로 일정하다.

활동면 (절편 바닥면) 에서 접선력 (점착력 $c_{i,d} b$) 에 의한 **전단 저항력**은 $\dfrac{c_{i,d} b}{\cos\theta_i + \tan\phi_d \sin\theta_i}$ 이고, 활동면 수직 분력에 의한 **마찰 저항력**은 절편 바닥면 중앙점에 접선방향으로 작용하고, 그 크기는 작용하중 (절편자중 $G_{i,d}$ 및 상재하중 $P_{vi,d}$) 의 바닥면에 대한 수직분력 $\dfrac{G_{i,d} + P_{vi,d}}{\cos\theta_i + \tan\phi_d \sin\theta_i}$ 에 **마찰계수** $\tan\phi'_d$ 를 곱한 크기이다.

설계 저항능력 R_{Md} 은 **지반의 전단저항**(마찰력 및 접착력)에 의한 저항 모멘트(다음 식의 1 항)와 **작용하중**의 활동면 수직 분력에 의한 저항 모멘트(다음 식의 2 항)의 합이다.

$$R_{Mdi} = r\frac{G_{i,d}\tan\phi_d + c_{i,d}b}{\cos\theta_i + \tan\phi_d\sin\theta_i} + r\frac{P_{vi,d}\tan\phi_d}{\cos\theta_i + \tan\phi_d\sin\theta_i} = r\frac{(G_{i,d} + P_{vi,d})\tan\phi_d + c_{i,d}b}{\cos\theta_i + \tan\phi_d\sin\theta_i} \tag{11.26}$$

설계 작용하중과 설계 부담하중 및 설계 저항능력의 계산은 표 예 11.3.5 와 같다.

표 예 11.3.5 설계 작용하중과 설계 부담하중 및 설계 저항능력

절편번호	작용하중에 의한 설계부담하중 $E_{Md}[kN/m]$ $E_{Md}=r_i(G_d+P_{vd})$					설계 저항능력 R_{Md} $[kNm/m]$ $R_{Md}=r_o\dfrac{(G_d+P_{vd})\tan\phi_d+c_d b}{\cos\theta+\sin\theta\tan\phi_d}$					
	자중 G_d $=G_{gc}$	상재하중 P_{vd}	전체하중 G_d+P_{vd}	팔 길이 r_i [m]	설계부담하중 $E_{Md}[kN/m]$	분자 $(G_d+P_{vd})\tan\phi_d+c_d b$			분모 $\sin\theta\tan\phi_d+\cos\theta$		설계 저항능력 $r_o\dfrac{(G_d+P_{vd})\tan\phi_d+c_d b}{\cos\theta+\sin\theta\tan\phi_d}$
	㉓	㉗	㉘	㉙	㉚	㉛	㉜	㉝	㉞	㉟	㊱	㊲
	G_d	P_{vd}	G_d+P_{vd}	$r_i=$ $r_o\sin\theta$	$r_i\times$ (G_d+P_{vd})	(G_d+P_{vd}) $\times\tan\phi_d$	$c_d b$	분자	$\sin\theta\tan\phi_d$	분모	$\dfrac{(G_d+P_{vd})\tan\phi_d+c_d b}{\cos\theta+\sin\theta\tan\phi_d}$	설계 저항능력
	㉓	㉗	㉓+㉗	$12.0\times⑪$	㉘×㉙	㉘×$\tan\phi_d$	$c_{i,d}\times⑦$	㉛+㉜	$0.51\times⑪$	㉞+⑫	㉝/㉟	$12.0\times㊱$
1	111.0	0.00	111.00	−5.36	−594.96	56.61	0.00	56.61	−0.228	0.666	85.00	1020.00
2	231.2	0.00	231.20	−0.54	−124.85	117.91	0.00	117.91	−0.023	0.977	120.69	1448.28
3	185.4	0.00	185.40	2.58	478.33	94.55	0.00	94.55	0.110	1.087	86.98	1043.76
4	465.0	58.50	523.50	4.86	2544.21	266.99	0.00	266.99	0.207	1.121	238.17	2858.04
5	388.8	78.00	466.80	8.57	4000.48	238.07	0.00	238.07	0.364	1.064	223.75	2685.00
6	34.4	23.79	58.19	11.02	641.25	29.68	0.00	29.68	0.468	0.865	34.31	411.72
Σ					Σ 6944.46							Σ 9466.80

(5) 안정검토

변동 작용력 p 의 마찰력에 의한 **저항 모멘트**가 작용하중에 의한 **작용 모멘트**보다 크면 안정하다.

계산결과(표 예 11.3.5)에서 절편 4 의 변동작용하중에 의한 **설계저항능력** $358.02\ kNm/m$ 가 **설계 부담하중** $284.32\ kNm/m$ 보다 크므로 절편 4 에서는 상재하중 영향을 고려하지 않는다.

부담하중 E_{Md} 와 **저항능력** R_{Md} 은 다음이 된다.

E_{Md} = 6944.46-284.32 = 6660.14 kNm/m

R_{Md} = 9468.24-358.02 = 9110.22 kNm/m

설계 부담하중 E_{Md} 가 설계 저항능력 R_{Md} 을 초과하지 않으면 $E_{Md} \le R_{Md}$ (식 11.27) 이다. 즉, $R_{Md} - E_{Md} > 0.0$ 이 되어, 저항능력이 부담하중보다 크다.

$$R_{Md} - E_{Md} = 9466.80 - 6944.46 = 2522.34\,kNm/m > 0 \quad \therefore OK\ \text{지반파괴에 대해 안정}$$

4) 예제 11.4 : 옹벽설치 단구의 한계상태 안정해석 예제 (사질지반, 외력 추가)

원호 활동파괴된다고 생각하고 절편 분할하여 안정상태를 검토한 옹벽설치 단구 (예제 11.3) 를 생각한다. 옹벽 배면지반의 지표에 성토하여 외력이 $15.0\ kN/m^2$ 에서 $p_k = 100.0\ kN/m^2$ 로 증가되었다. 단구 안정성을 검토하여 보강 여부를 판정한다.

(1) 설계 작용하중

작용하중 특성 값 p_k 에 부분안전계수 $\gamma_Q = 1.3$ 을 적용하여 **작용하중 설계 값**, 즉 **설계 작용하중** p_d 로 변환시켜서 계산에 적용한다.

$$p_d = p_k \gamma_Q = (100.0)(1.3) = 130.0\ kN/m^2$$

표예 11.4.1 절편형상과 영구 작용하중 및 변동 작용하중

절편 번호	절편 치수		절편 무게							절편 바닥 중심점		상재하중		전체하중
	폭	전체 높이	지반 부분			콘크리트 부분			전체 자중	수평거리		P_d		$G_{gc}+P_d$
			높이	면적	무게	높이	면적	무게		x 좌표	원중심			
	b	h	h_g	A_g	G_g	h_c	A_c	G_c	G_{gc}	x_i	x_o	p_d	$b\,p_d$	$G_{gc}+P_d$
	$[m]$	$[m]$	$[m]$	$[m^2]$	$[kN]$	$[m]$	$[m^2]$	$[kN]$	$[kN]$	$[m]$	$[m]$	$[kN/m^2]$	$[kN]$	$[kN]$
	⑦	⑯	⑰	⑱	⑲	⑳	㉑	㉒	㉓	㉔	㉕	㉖	㉗	㉘
			그림11.3.1	⑦×⑰	⑱×$\gamma_{d,s}$	본문계산	⑦×⑳	㉑×$\gamma_{d,c}$	⑲+㉒	그림11.3.1	㉔-10.5	본문	⑦×㉖	㉓+㉗
1	4.70	1.18	1.18	5.55	111.00	0.00	0.00	0.00	111.00	5.27	−5.23	0.00	0.00	111.00
2	4.70	2.46	2.46	11.56	231.20	0.00	0.00	0.00	231.20	9.97	−0.53	0.00	0.00	231.20
3	1.50	#5.40	1.50	2.25	45.00	*3.90	5.85	140.40	185.40	13.07	2.57	0.00	0.00	185.40
4	3.00	7.57	@6.67	20.01	400.20	0.90	2.70	64.80	465.00	15.32	4.82	130.00	390.00	855.00
5	4.00	4.86	4.86	19.44	388.80	0.00	0.00	0.00	388.80	18.88	8.38	130.00	520.00	908.80
6	1.22	1.41	1.41	1.72	34.40	0.00	0.00	0.00	34.40	21.43	10.93	130.00	158.60	193.00

* 콘크리트 대체 높이 ; 콘크리트면적/절편폭={(6.0)(0.5+1.5)/2+(0.9)(1.5)}/1.5=3.9 (본문설명)
# 콘크리트 대체높이+지반높이 = ⑳+⑰=3.9+1.5=5.4 ; @ 지반절편높이=상부높이+하부높이=6.0+0.67=6.67(본문설명)

(2) 설계 부담하중

설계 부담하중 E_{Md} 는 **절편 자중과 상재하중의 합력**이 절편 바닥 중앙점에 작용하여 발생되는 원호 중심에 대한 모멘트이며, 팔 길이는 원 중심과 바닥 중점의 수평거리이다.

설계 부담하중은 자중 $G_{i,d}$ 와 상재하중 $P_{vi,d}$ 에 의해 발생한다.

$$E_{Md} = r \sum_{i=1}^{6} (G_{i,d} + P_{vi,d}) \sin\theta_i = \sum_{i=1}^{6} (G_{i,d} + P_{vi,d})\, r_i = \sum_{i=1}^{6} G_{i,d}\, r_i + \sum_{i=1}^{6} P_{vi,d}\, r_i \qquad (11.25)$$

설계 부담하중 E_{Md} 은 자중에 의해서는 변화가 없으므로 **상재하중**에 의한 변화만 고려한다.

따라서 **전체 설계 부담하중** E_{Md} 은 다음이 된다.

$$E_{Md} = \sum_{i=1}^{6} E_{Mdi} = -596.07 - 124.85 + 478.33 + 4155.30 + 7788.42 + 2126.86 = 13829.10\ kNm$$

표 예 11.4.2 설계작용하중과 설계 부담하중 및 설계 저항능력

절편번호	작용하중			설계부담하중 E_{Md}		설계 저항능력 R_{Md}						
	절편자중 G_d	상재하중 P_{vd}	전체하중 G_d+P_{vd}	작용하중에 의한 설계부담하중 $r_i(G_d+P_{vd})$		$R_{Md}=r_o\dfrac{(G_d+P_{vd})\tan\phi_d+c_d b}{\cos\theta+\sin\theta\tan\phi_d}$						
				팔 길이 r_i [m]	설계부담하중	분자 $[kNm/m]$ $(G_d+P_{vd})\tan\phi_d+c_d b$			분모 $\sin\theta\tan\phi_d+\cos\theta$		설계 저항능력 $[kNm/m]$ $r_o\dfrac{(G_d+P_{vd})\tan\phi_d+c_d b}{\cos\theta+\sin\theta\tan\phi_d}$	
	[kN/m]											
	㉓	㉗	㉘	㉙	㉚	㉛	㉜	㉝	㉞	㉟	㊱	㊲
	G_d	P_{vd}	G_d+P_{vd}	$r_i=$ $r_o\sin\theta$	$r_i\times$ (G_d+P_{vd})	(G_d+P_{vd}) $\times\tan\phi_d$	$c_d b$	분자	$\sin\theta\tan\phi_d$	분모	$\dfrac{(G_d+P_{vd})\tan\phi_d+c_d b}{\cos\theta+\sin\theta\tan\phi_d}$	설계 저항능력
			㉓+㉗	12.0×①	㉙×㉘	㉘×$\tan\phi_d$	c_d×⑦	㉛+㉜	0.51×①	㉞+⑫	㉝/㉟	12.0×㊱
1	111.0	0.00	111.00	−5.36	−594.96	56.61	0.00	56.61	−0.228	0.666	85.00	1020.00
2	231.2	0.00	231.20	−0.54	−124.85	117.91	0.00	117.91	−0.023	0.976	120.81	1449.72
3	185.4	0.00	185.40	2.58	478.33	94.55	0.00	94.55	0.110	1.087	86.98	1043.76
4	465.0	390.00	855.00	4.86	4155.30	436.05	0.00	436.05	0.207	1.121	388.98	4667.76
5	388.8	520.00	908.80	8.57	7788.42	463.49	0.00	463.49	0.364	1.064	435.61	5227.32
6	34.4	158.60	193.00	11.02	2126.86	98.43	0.00	98.43	0.468	0.865	113.79	1365.48
Σ					Σ 13829.10							Σ 14774.04

(3) 설계 저항능력

활동파괴면에서 설계 **저항능력** R_{Md} 은 마찰에 저항하는 저항 모멘트이다. 상재하중에 의한 저항 모멘트는 마찰력 (바닥면의 수직분력 $P_{vi,d}/(\cos\theta_i+\tan\phi_d\sin\theta_i)$ 에 마찰계수 $\tan\phi'_d$ 를 곱한 크기) 에 팔 길이 r (원호 반경) 을 곱한 크기이다.

$$R_{Mdi}=\frac{r\,P_{vi,d}\tan\phi_d}{\cos\theta_i+\tan\phi_d\sin\theta_i} \tag{11.36}$$

따라서 전체 **설계 저항능력** R_{Md} 은 다음이 된다.

$$R_{Md}=\sum_{i=1}^{6}R_{Mdi}=1020.00+1449.72+1043.76+4667.76+5227.32+1365.48$$
$$=14774.04\;kN\,m$$

(4) 안정검토

설계 저항능력 R_{Md} 과 설계 부담하중 E_{Md} 의 차이를 구하면 다음이 되어,

$$R_{Md}-E_{Md}=14774.04-13829.10=944.94\;kNm/m>0 \quad \therefore \;\text{OK}$$

설계 부담하중 E_{Md} 이 **설계 저항능력** R_{Md} 을 초과하지 않으므로 ($E_{Md}\le R_{Md}$) 안정하다. 외력 증가된 옹벽설치 단구에서 지반파괴에 대한 설계 작용하중과 설계 부담하중 및 설계저항능력은 계산하여 정리하면 표 예 11.4.2 와 같다.

5) 예제 11.5 : 옹벽설치 단구의 한계상태 안정해석 예제 (점착성 지반)

점성토 (내부 마찰각 $\phi'_k = 10.0°$, 점착력 $c'_k = 20.0\ kN/m^2$) 에 있는 단구에 옹벽을 설치하여 안정을 유지하고자 한다. 옹벽과 단구의 형상과 제원은 예제 11.3 과 같고 **상재하중**과 **지반조건**만이 다르다. 먼저 옹벽이 설치된 단구의 안정을 검토하고, 불안정하면 앵커로 보강한다. 옹벽 배후지반의 지표에 등분포 상재하중 $p_k = 15.0\ kN/m^2$ 이 작용한다.

캔틸레버 옹벽의 바닥판 (두께 $0.90\ m$, 앞굽판 길이 $0.50\ m$, 뒷굽판 길이 $3.00\ m$) 은 상하면이 수평이고 윗면은 지표와 같은 수준이다. 벽체는 배면이 연직이고, 바닥판 상부로 높이 $6.00\ m$ 이고, 사다리꼴 단면 (최상단 두께 $0.50\ m$, 바닥판 상부 두께 $1.00\ m$) 이다.

옹벽 포함하는 지반파괴가 일어나고, **원호 활동면**은 반경 $r = 12.00\ m$ 이고, 옹벽의 뒷굽판 하단점 $(16.82, -0.90)$ 을 지나고, 전면지표 점 $(2.92, 0.00)$ 과 배후지표 점 $(22.04, 6.0)$ 을 지난다. 원호 중심점의 좌표는 $(10.5, 9.3)$ 이다.

(1) 작용하중과 저항능력

지반에 작용하는 **작용하중**은 지반 자중과 지표에 등분포하는 상재하중이며, 각각의 특성 및 설계 값과 부분안전계수는 표 예 11.5.1 과 같다.

표 예 11.5.1 작용하중

작용하중의 특성 값	작용하중 부분안전계수, LF1	작용하중의 설계 값
$\gamma_{ks} = 19.5\ kN/m^3$ $\gamma_{kcn} = 24.0\ kN/m^3$	$\gamma_G = 1.0$	$\gamma_{ds} = 19.5\ kN/m^3$ $\gamma_{dcn} = 24.0\ kN/m^3$
$p_k = 15.0\ kN/m^2$	$\gamma_Q = 1.3$	$p_d = 19.5\ kN/m^2$

저항능력의 특성 및 설계 값과 부분안전계수는 표 예 11.5.2 와 같고, 전단강도 정수는 표 예 11.5.2 에 의거해서 다음 식을 써서 특성 값을 설계 값으로 변환시킨다.

$$\tan\phi_d = (\tan\phi_k)/\gamma_\phi = (0.176)/1.25 = 0.141$$
$$c_d = c_k/\gamma_c = 20.0/1.25 = 16.0\ kN/m^2$$

예정 설계 값에 의해 원호 중심 모멘트가 발생되므로 한계상태식으로 계산할 수 있다.

표 예 11.5.2 저항능력

저항능력의 특성 값	저항능력 부분안전계수 LF1	저항능력의 설계 값
$\phi'_k = 10.0°, \tan\phi'_k = 0.176$	$\gamma_\phi = 1.25$	$\phi'_d = 8.0°,\ \tan\phi'_d = 0.141$
$c'_k = 20.0\ kN/m^2$	$\gamma_c = 1.25$	$c'_d = 16.0\ kN/m^2$

(2) 절편 분할

절편으로 분할하여 (그림예 11.5.1) 계산하며, 계산과정은 표 예 11.5.3 과 같다. 활동면 상부지반을 총 6 개 절편 (옹벽 전면지반 2 개, 옹벽 2 개, 옹벽 배후지반 2 개) 으로 분할한다. 옹벽은 2 개 절편 즉, 앞굽판과 벽체 (및 하부지반) 를 포함하는 절편 및 뒷굽판 (및 상하부 지반) 을 포함하는 절편으로 분할한다. 절편 측면은 연직면이고, 바닥면은 원호이고, 절편 자중은 바닥면 중앙점에 작용한다.

절편 바닥면의 중심점을 지나는 반경선의 연직경사는 반시계방향을 양 (+) 의 방향으로 한다. 절편 높이는 바닥면 중심점의 높이이고, 절편 면적은 절편의 폭과 높이를 곱한 값이다. 상재하중은 벽체 배후지반의 지표에 작용한다.

원호 활동면은 중점 좌표가 (10.50, 9.30) 이고, 반경이 12.0 m 이며, 옹벽 전면 지반의 지표와 점 (2.92, 0.00) 에서 만나고, 옹벽 배후지반의 지표와 점 (22.04, 6.0) 에서 만난다. 원호 활동파괴면이 절편 경계면과 만나는 점의 좌표는 (7.62, −2.35), (12.32, −2.56), (13.82, −2.23), (16.82, −0.90), (20.82, 3.18)이다.

절편의 측면 (경계면) 은 연직면이며, 지표와 점 (7.62, 0.0), (12.32, 0.0), (13.82, 6.0), (16.82, 6.0), (20.82, 6.0) 에서 만난다. **절편 경계면의 길이**는 지표면과 교차하는 점과 활동면과 교차하는 점의 z좌표의 차이이다. **절편 높이**는 절편의 좌우측 경계면 높이의 중간 값이다.

절편 바닥면 (활동면) 은 원호이지만 직선으로 대체하고 절편의 면적과 바닥면의 길이를 계산해도 오차가 크지 않다. 절편의 자중은 절편 바닥면 중앙에 작용한다고 가정한다.

각 절편의 형상과 면적과 무게와 상재하중 및 바닥면 경사는 다음과 같이 구하고, 그 결과를 정리하면 표 예 11.5.3 과 같다.

- **절편의 폭** : 우측 및 좌측 경계면의 x 좌표 차이 : $b_i = x_{r,i} - x_{l,i}$
- **절편의 높이** : 우측 및 좌측 경계면의 중간 높이 : $h_i = (h_{r,i} + h_{l,i})/2$
- **절편 경계면 길이** : $z_{o,i} - z_{u,i}$
- **절편 바닥면 중심점** : 우측 및 좌측 경계면이 바닥면과 만나는 점의 좌표의 중간 값
$$x_{u,i} = (x_{r,i} + x_{l,i})/2, \ z_{u,i} = (z_{ur,i} + z_{ul,i})/2$$
- **절편의 면적** : $A_i = b_i h_i =$ (절편 폭) × (절편 높이)
- **절편의 무게** : $G_i = A_i \gamma_i =$ (절편 면적) × (지반 단위중량)
- **절편의 상재하중** : $P_i =$ (절편 폭) × (상재하중)$= b_i p_a$
- **절편 바닥면의 경사** : $\theta_i = \tan^{-1} \dfrac{z_{ur,i} - z_{ul,i}}{b_i}$

표예 11.5.3 절편 분할 (* 절편 3 에서 중간 콘크리트 판 상부의 흙 절편)

절편번호	좌측경계 x 좌표 x_l [m] ①	좌측경계 z 좌표 지표 z_{lo} [m] ②	좌측경계 z 좌표 바닥 z_{lu} [m] ③	우측경계 x 좌표 x_r [m] ④	우측경계 z 좌표 지표 z_{ro} [m] ⑤	우측경계 z 좌표 바닥 z_{ru} [m] ⑥	절편폭 b [m] ⑦ ④-①	바닥면 경사 $\Delta z = z_{ru}-z_{lu}$ [m] ⑧ ⑥-③	$\dfrac{\Delta z}{b}$ ⑨ ⑧/⑦	$\theta=\text{atan}\dfrac{\Delta z}{b}$ [°] ⑩ atan⑨	$\sin\theta$ ⑪ sin⑩	$\cos\theta$ ⑫ cos⑩	절편 중심선 x 좌표 바닥 x_{mu} [m] ⑬ (①+④)/2	절편 중심선 z 좌표 바닥 z_{mu} [m] ⑭ (③+⑥)/2	절편 중심선 z 좌표 지표 z_{mo} [m] ⑮ (②+⑤)/2
1	2.92	0.00	0.00	7.62	0.00	-2.35	4.70	-2.35	-0.500	-26.57	-0.447	0.894	5.27	-1.18	0.00
2	7.62	0.00	-2.35	12.32	0.00	-2.56	4.70	-0.21	-0.045	-2.58	-0.045	0.999	9.97	-2.46	0.00
3	12.32	-0.90	-2.56	13.82	-0.90	-2.23	1.50	0.33	0.220	12.41	0.215	0.977	13.07	-2.40	-0.90
4	13.82	*6.00 / -0.90	*0.00 / -2.23	16.82	*6.00 / -0.90	*0.00 / -0.90	3.00	1.33	0.443	23.89	0.405	0.914	15.32	*0.00 / -1.57	*6.00 / -0.90
5	16.82	6.00	-0.90	20.82	6.00	3.18	4.00	4.08	1.020	45.57	0.714	0.700	18.82	1.14	6.00
6	20.82	6.00	3.18	22.04	6.00	6.00	1.22	2.82	2.311	66.60	0.918	0.397	21.43	4.59	6.00

　　절편 3과 **절편 4**에는 콘크리트 옹벽이 포함되므로 절편 자중에 이를 포함시킨다.
　　절편 3은 옹벽의 **벽체와 앞굽 판**을 포함하며, 앞굽 판 아래에 **지반**이 위치한다. **절편 자중**은 옹벽 하부 **지반의 자중**과 **대체 옹벽 자중**의 합이다. 대체 옹벽은 벽체와 앞굽 판을 동일 단면적 직사각형 벽체 (절편 폭 $1.50\,m$) 로 대체한 것이다.
　　절편 4의 자중은 옹벽 뒷굽판과 그 상부 및 하부 지반의 자중의 합이다. 옹벽 배후지반의 지표에 등분포 상재하중 $p_k = 15.0\,kN/m^2$ 이 작용한다.
　　절편의 분할 및 그에 따른 절편형상과 자중은 표 예 11.5.4와 같다.

표예 11.5.4 절편형상과 영구 작용하중 및 변동 작용하중

절편번호	절편 폭 b [m] ⑦	절편 전체높이 h [m] ⑯	지반 부분 높이 h_g [m] ⑰ 그림11.3.1	지반 부분 면적 A_g [m²] ⑱ ⑦×⑰	지반 부분 무게 G_g [kN] ⑲ ⑱×γ_{d,s}	콘크리트 부분 높이 h_c [m] ⑳ 본문계산	콘크리트 부분 면적 A_c [m²] ㉑ ⑦×⑳	콘크리트 부분 무게 G_c [kN] ㉒ ㉑×γ_{d,c}	전체자중 G_d [kN] ㉓ ⑲+㉒	절편 바닥 중심점 수평거리 x좌표 x_i [m] ㉔ 그림11.3.1	절편 바닥 중심점 수평거리 원중심 x_o [m] ㉕ ㉔-10.5	상재하중 P_d p_d [kN/m²] ㉖ 본문	상재하중 P_d $b\,p_d$ [kN] ㉗ ⑦×㉖	전체하중 $G_{gc}+P_d$ [kN] ㉘ ㉓+㉗
1	4.70	1.18	1.18	5.55	108.23	0.00	0.00	0.00	108.23	5.27	-5.23	0.00	0.00	108.23
2	4.70	2.46	2.46	11.56	225.42	0.00	0.00	0.00	225.42	9.97	-0.53	0.00	0.00	225.42
3	1.50	#5.40	1.50	2.25	43.88	3.90*	5.85	140.40	184.28	13.07	2.57	0.00	0.00	184.28
4	3.00	7.57	6.67@	20.01	390.20	0.90	2.70	64.80	455.00	15.32	4.82	19.50	58.50	513.50
5	4.00	4.86	4.86	19.44	379.08	0.00	0.00	0.00	379.08	18.88	8.38	19.50	78.00	457.08
6	1.22	1.41	1.41	1.72	33.54	0.00	0.00	0.00	33.54	21.43	10.93	19.50	23.79	57.33

* 콘크리트 대체 높이 ; 콘크리트면적/절편폭={(6.0)(0.5+1.5)/2+(0.9)}(1.5)/1.5=3.9 (본문설명)
\# 콘크리트 대체높이+지반높이 = ⑳+⑰=3.9+1.5=5.4 ; @ 지반절편높이=상부높이+하부높이=6.0+0.67=6.67(본문설명)

(3) 설계 부담하중

설계 부담하중 E_{Md} 는 **절편 자중과 상재하중의 합력**이 절편 바닥 중앙점에 작용하여 생기는 원호의 중심에 대한 모멘트이며, 팔길이 r_i 는 원 중심과 바닥면 중점의 수평거리이다.

설계 부담하중은 자중 $G_{i,d}$ 과 상재하중 $p_{vi,d}$ 에 의해 발생한다.

$$E_{Md} = r\sum_{i=1}^{6}(G_{i,d}+P_{vi,d})\sin\theta_i = \sum_{i=1}^{6}(G_{i,d}+P_{vi,d})r_i \tag{11.26}$$

따라서 **전체 설계 부담하중** E_{Md} 은 다음이 된다.

$$E_{Md} = \sum_{i=1}^{6}E_{Mdi} = -581.20-121.73+475.44+2211.30+3248.72+369.27$$
$$= 5601.80 \ kNm$$

(4) 설계 저항능력

활동면의 **설계 저항능력** R_{Md} 은 활동에 대한 저항 모멘트이다. **저항 모멘트**는 원호 중심에 대해 계산하며, 활동면에서 접선력 (점착력) 에 의한 전단저항력에 팔의 길이를 곱한 저항 모멘트와 외력의 활동면 수직분력에 의한 마찰저항력에 팔길이를 곱한 저항모멘트의 합이다. 저항 모멘트의 팔 길이는 원호 반경 r 로 일정하다.

활동면 (바닥면)**의 마찰력**은 **활동면 수직력** (절편 자중과 **외력**의 바닥면 접선의 수직분력) 에 **마찰 계수**를 곱한 크기이며, **점착력**은 점착력에 바닥면 면적을 곱한 크기이다.

활동면 바닥에서 접선력 (점착력 $c_{i,d}b$) 에 의한 **전단저항력**은 $\dfrac{c_{i,d}b}{\cos\theta_i+\tan\phi_d\sin\theta_i}$ 이고, 활동면 수직 분력에 의한 **마찰 저항력**은 절편 바닥면 중앙점에 접선방향으로 작용하고, 작용하중 (절편자중 $G_{i,d}$ 및 상재하중 $P_{vi,d}$) 의 절편 바닥에 대한 수직분력 $\dfrac{G_{i,d}+P_{vi,d}}{\cos\theta_i+\tan\phi_d\sin\theta_i}$ 에 **마찰계수** $\tan\phi'_d$ 를 곱한 크기이다. **점착력**은 점착력 $c_{i,d}$ 에 바닥면 면적을 곱한 크기 $c_{i,d}b/(\cos\theta_i+\tan\phi_d\sin\theta_i)$ 이다.

설계 저항능력 R_{Md} 은 **지반의 전단저항** (마찰력 및 점착력) 에 의한 저항 모멘트 (다음 식의 1 항) 와 **작용하중**의 활동면 수직 분력에 의한 저항 모멘트 (다음 식의 2 항) 의 합이다.

$$R_{Mdi} = r\frac{G_{i,d}\tan\phi_d+c_{i,d}b}{\cos\theta_i+\tan\phi_d\sin\theta_i} + r\frac{P_{vi,d}\tan\phi_d}{\cos\theta_i+\tan\phi_d\sin\theta_i} = r\frac{(G_{i,d}+P_{vi,d})\tan\phi_d+c_{i,d}b}{\cos\theta_i+\tan\phi_d\sin\theta_i}$$
$$= r\frac{(G_{i,d}+P_{vi,d})\tan\phi_d+c_{i,d}b}{\cos\theta_i+\tan\phi_d\sin\theta_i} \tag{11.36}$$

따라서 **전체 설계 저항능력** R_{Md} 은 다음이 된다.

$$R_{Md} = \sum_{i=1}^{6}R_{Mdi} = 2349.60+2335.68+1301.28+3317.28+3350.88+662.52$$
$$= 13317.24 \ kNm$$

표 예 11.5.5 설계작용하중과 설계 부담하중 및 설계 저항능력

절편번호	작용하중			설계부담하중 E_{Md}		설계 저항능력 R_{Md} $R_{Md} = r_o \dfrac{(G_d + P_{vd})\tan\phi_d + c_d b}{\cos\theta + \sin\theta\tan\phi_d}$						
	절편자중 G_d	상재하중 P_{vd}	전체하중 G_d+P_{vd}	작용하중에 의한 설계부담하중 $r_i(G_d+P_{vd})$ 팔 길이 r_i [m]		분자 $[kNm/m]$ $(G_d+P_{vd})\tan\phi_d+c_d b$			분모 $\sin\theta\tan\phi_d+\cos\theta$		설계 저항능력 $[kNm/m]$ $r_o \dfrac{(G_d+P_{vd})\tan\phi_d+c_d b}{\cos\theta+\sin\theta\tan\phi_d}$	
	[kN/m]											
	㉓	㉗	㉘	㉙	㉚	㉛	㉜	㉝	㉞	㉟	㊱	㊲
	G_d	P_{vd}	G_d+P_{vd}	$r_o\sin\theta$	$r_i\times(G_d+P_{vd})$	$(G_d+P_{vd})\times\tan\phi_d$	$c_d b$	분자	$\sin\theta\tan\phi_d$	분모	$\dfrac{(G_d+P_{vd})\tan\phi_d+c_d b}{\cos\theta+\sin\theta\tan\phi_d}$	설계 저항능력
			㉓+㉗	12.0×⑪	㉙×㉘	㉘×$\tan\phi_d$	$c_{i,d}$×⑦	㉛+㉜	0.51×⑪	㉞+⑫	㉝/㉟	12.0×㊱
1	108.23	0.00	108.23	−5.36	−580.11	15.26	75.20	90.46	−0.063	0.831	108.86	1306.32
2	225.42	0.00	225.42	−0.54	−121.73	31.78	75.20	106.98	−0.006	0.994	107.63	1291.56
3	184.28	0.00	184.28	2.58	475.44	25.98	24.00	49.98	0.030	1.007	49.63	595.56
4	455.00	58.50	513.50	4.86	2495.61	72.40	48.00	120.40	0.057	0.971	124.00	1488.00
5	379.08	78.00	457.08	8.57	3917.18	64.45	64.00	128.45	0.101	0.801	160.36	1924.32
6	33.54	23.79	57.33	11.02	631.78	8.08	19.52	27.60	0.129	0.526	52.47	629.64
Σ					Σ 6818.17							Σ 7235.40

(5) 안정 검토

위에서 계산한 작용하중은 표 예 11.5.4 에 그리고 부담하중 및 저항능력은 표 예 11.5.5 에 정리되어 있다. 모든 절편에서 변동 작용하중 p 에 의해 발생된 마찰력에 의한 설계 저항능력 계산 값이 변동 작용하중 p 에 의한 설계 부담하중보다 크지 않았다. 그러므로 절편 4 에서부터 작용하는 상재하중의 영향을 고려한다.

부담하중 E_{Md} 와 **저항능력** R_{Md} 은 다음이 된다.

$$E_{Md} = 6818.17 \ kNm/m$$
$$R_{Md} = 7235.40 \ kNm/m$$

단구 시스템의 안정성은 설계 부담하중 E_{Md} 가 설계 저항능력 R_{Md} 을 초과하지 않으면, 즉 $E_{Md} \le R_{Md}$ 이거나 $R_{Md} - E_{Md} > 0.0$ 이면 확보된다.

그런데 설계 부담하중 $E_{Md} = 6818.17 \ kNm/m$ 에 대해 설계 저항능력은 $R_{Md} = 7235.40 kNm/m$ 가 발생하여 다음이 성립된다.

$$R_{Md} - E_{Md} = 7235.40 - 6818.17 = 417.23 \ kNm/m \ > 0$$

따라서 **설계 부담하중** E_{Md} 가 **설계 저항능력** R_{Md} 을 초과하므로 안정하다.

6) 예제 11.6 : 옹벽설치 단구의 한계상태 안정해석 예제 (점착성 지반, 하중증가)

예제 11.5 에서 점성토 (내부 마찰각 $\phi'_k = 10.0°$, 점착력 $c'_k = 20.0 \, kN/m^2$) 에 위치한 단구에 옹벽을 설치하여 안정을 유지한다. 옹벽과 단구의 형상과 제원은 그대로 예제 11.5 와 같은데 옹벽 배후지반의 지표에 작용하는 등분포 상재하중이 $p_k = 15.0 \, kN/m^2$ 에서 $p_k = 50.0 \, kN/m^2$ 으로 증가한다. 먼저 옹벽이 지지하는 단구의 안정을 검토하고, 앵커보강의 필요여부를 확인한다.

캔틸레버 옹벽의 제원과 재료는 예제 11.5 과 같다. **옹벽 포함하는 지반파괴**가 일어나고, **원호 활동 파괴면**은 반경 $r = 12.00 \, m$ 이고, 옹벽의 뒷굽판 하단점을 지나고, 전면과 배후의 지표 점을 지난다.

(1) 작용하중과 저항능력

지반에 작용하는 **작용하중**은 지반 자중과 지표에 등분포하는 상재하중이며, 각각의 특성 및 설계 값과 부분안전계수는 표 예 11.6.1 과 같다.

표 예 11.6.1 작용하중

작용하중의 특성 값	작용하중 부분안전계수, LF1	작용하중의 설계 값
$\gamma_{ks} = 19.5 \, kN/m^3$ $\gamma_{kcn} = 24.0 \, kN/m^3$	$\gamma_G = 1.0$	$\gamma_{ds} = 19.5 \, kN/m^3$ $\gamma_{dcn} = 24.0 \, kN/m^3$
$p_k = 50.0 \, kN/m^2$	$\gamma_Q = 1.3$	$p_d = 65.0 \, kN/m^2$

저항능력의 특성 및 설계 값과 부분안전계수는 표 예 11.6.2 와 같고, 전단강도 정수는 예제 11.5 와 같이 특성 값을 설계 값으로 변환시켜서 적용한다.

표 예 11.6.2 저항능력

저항능력의 특성 값	저항능력 부분안전계수 LF1	저항능력의 설계 값
$\phi'_k = 10.0°$, $\tan\phi'_k = 0.176$	$\gamma_\phi = 1.25$	$\phi'_d = 8.0°$, $\tan\phi'_d = 0.141$
$c'_k = 20.0 \, kN/m^2$	$\gamma_c = 1.25$	$c'_d = 16.0 \, kN/m^2$

(2) 절편 분할

절편으로 분할하여 (그림 예 11.5.1 과 같이) 계산하며, 계산과정은 표 예 11.5.3 과 같다.

절편 3 과 **절편 4** 에는 콘크리트 옹벽이 포함되므로 절편 자중에 이를 포함시킨다.

절편 3 은 옹벽의 **벽체**와 **앞굽 판**을 포함하며, 앞굽 판 아래에 **지반**이 위치한다. **절편 자중**은 옹벽 하부 **지반의 자중**과 **대체 옹벽 자중**의 합이다. 대체 옹벽은 벽체와 앞굽 판을 동일 단면적 직사각형 벽체 (절편 폭 1.50 m) 로 대체한 것이다.

절편 4 의 자중은 옹벽 뒷굽판의 자중과 그 상부 및 하부 지반의 자중을 합한 값이다. 옹벽의 배후 지반의 지표에 등분포 상재하중 $p_k = 50.0\ kN/m^2$ 이 작용한다.

절편의 분할 및 그에 따른 절편형상과 자중은 표 예 11.6.3 (표 예 11.5.4 참조) 과 같다.

표 예 11.6.3 절편형상과 영구 작용하중 및 변동 작용하중

절편번호	절편치수		절편무게							절편 바닥 중심점		상재하중		전체하중
	폭	전체높이	지반 부분			콘크리트 부분			전체자중	수평거리		P_d		$G_{gc}+P_d$
			높이	면적	무게	높이	면적	무게		x좌표	원중심			
	b	h	h_g	A_g	G_g	h_c	A_c	G_c	G_d	x_i	x_o	p_d	$b\,p_d$	$G_{gc}+P_d$
	$[m]$	$[m]$	$[m]$	$[m^2]$	$[kN]$	$[m]$	$[m^2]$	$[kN]$	$[kN]$	$[m]$	$[m]$	$[kN/m^2]$	$[kN]$	$[kN]$
	⑦	⑯	⑰	⑱	⑲	⑳	㉑	㉒	㉓	㉔	㉕	㉖	㉗	㉘
			그림11.3.1	⑦×⑰	⑱×$\gamma_{d,s}$	본문계산	⑦×⑳	㉑×$\gamma_{d,c}$	⑲+㉒	그림11.3.1	㉔-10.5	본문	⑦×㉖	㉓+㉗
1	4.70	1.18	1.18	5.55	108.23	0.00	0.00	0.00	108.23	5.27	-5.23	0.00	0.00	108.23
2	4.70	2.46	2.46	11.56	225.42	0.00	0.00	0.00	225.42	9.97	-0.53	0.00	0.00	225.42
3	1.50	#5.40	1.50	2.25	43.88	3.90*	7.35	140.40	184.28	13.07	2.57	0.00	0.00	184.28
4	3.00	7.57	6.67@	20.01	390.20	0.90	2.70	64.80	455.00	15.32	4.82	65.00	195.00	650.00
5	4.00	4.86	4.86	19.44	379.08	0.00	0.00	0.00	379.08	18.82	8.32	65.00	260.00	639.00
6	1.22	1.41	1.41	1.72	33.54	0.00	0.00	0.00	33.54	21.43	10.93	65.00	79.30	112.84

* 콘크리트 대체 높이 : 콘크리트면적/절편폭={(6.0)(0.5+1.5)/2+(0.9)}(1.5)/1.5=3.9 (본문설명)
\# 콘크리트 대체 높이+지반높이 = ⑳+⑰=3.9+1.5=5.4 ; @ 지반 절편높이=상부높이+하부높이=6.0+0.67=6.67 (본문설명)

(3) 설계 부담하중

설계 부담하중 E_{Mdi} 는 **절편 자중** $G_{i,d}$ 과 **상재하중** $P_{vi,d}$ 의 합력이 절편의 바닥 중앙점에 작용하여 발생되는 원호의 중심에 대한 모멘트이며, **전체 설계 부담하중** E_{Md} 은 다음이 된다. 설계 부담하중의 팔 길이 r_i 는 원 중심과 바닥면 중점의 수평거리이다.

$$E_{Md} = \sum_{i=1}^{6} E_{Mdi} = r\sum_{i=1}^{6}(G_{i,d}+P_{vi,d})\sin\theta_i = \sum_{i=1}^{6}(G_{i,d}+P_{vi,d})\,r_i \qquad (11.26)$$

$$= -581.20 - 121.73 + 475.44 + 2211.30 + 3248.72 + 369.27 = 5601.80\ kNm$$

(4) 설계 저항능력

활동면의 **설계 저항능력** R_{Mdi} 은 활동에 대한 **저항 모멘트**이며, 원호 중심에 대해 계산한다. 활동면에서 접선력에 의한 전단저항력에 팔의 길이를 곱한 저항 모멘트와 외력의 활동면 수직분력에 의한 마찰저항력에 팔 길이를 곱한 저항모멘트의 합이다. 저항 모멘트의 팔 길이는 원호 반경 r 로 일정하다.

설계 저항능력 R_{Mdi} 은 **지반의 전단저항** (마찰력 및 점착력) 에 의한 저항 모멘트 (다음 식의 1 항) 와 **작용하중**의 활동면 수직 분력에 의한 저항 모멘트 (다음 식의 2 항) 의 합이다.

$$R_{Mdi} = r\frac{G_{i,d}\tan\phi_d + c_{i,d}b_i}{\cos\theta_i + \tan\phi_d\sin\theta_i} + r\frac{P_{vi,d}\tan\phi_d}{\cos\theta_i + \tan\phi_d\sin\theta_i} = r\frac{(G_{i,d} + P_{vi,d})\tan\phi_d + c_{i,d}b_i}{\cos\theta_i + \tan\phi_d\sin\theta_i} \quad (11.36)$$

전체 설계 저항능력 R_{Md} 은 다음이 된다.

$$R_{Mdi} = \sum_{i=1}^{6}R_{Mdi} = 2349.60 + 2335.68 + 1301.28 + 3317.28 + 3350.88 + 662.52 = 13317.24 \ kNm$$

표 예 11.6.4 설계 작용하중과 설계 부담하중 및 설계 저항능력

절편 번호	작용하중			설계부담중 E_{Md}		설계 저항능력 R_{Md}						
	절편 자중 G_d	상재 하중 P_{vd}	전체 하중 $G_d + P_{vd}$	작용하중에 의한 설계부담하중 $r_i(G_d + P_{vd})$		$R_{Md} = r_o\dfrac{(G_d + P_{vd})\tan\phi_d + c_d b}{\cos\theta + \sin\theta\tan\phi_d}$						
	[kN/m]			팔 길이 r_i [m]		분자 [kNm/m] $(G_d + P_{vd})\tan\phi_d + c_d b$			분모 $\sin\theta\tan\phi_d + \cos\theta$		설계 저항능력 [kNm/m] $r_o\dfrac{(G_d + P_{vd})\tan\phi_d + c_d b}{\cos\theta + \sin\theta\tan\phi_d}$	
	㉕	㉗	㉘	㉙	㉚	㉛	㉜	㉝	㉞	㉟	㊱	㊲
	G_d	P_{vd}	$G_d + P_{vd}$	$r_i = r_o\sin\theta$	$r_i \times (G_d + P_{vd})$	$(G_d + P_{vd}) \times\tan\phi_d$	$c_d b$	분자	$\sin\theta\tan\phi_d$	분모	$\dfrac{(G_d + P_{vd})\tan\phi_d + c_d b}{\cos\theta + \sin\theta\tan\phi_d}$	설계 저항능력
			㉕+㉗	12.0×⑪	㉙×㉘	㉘×tanϕ_d	$c_{i,d}$×⑦	㉛+㉜	0.51×⑪	㉞+⑫	㉝/㉟	12.0×㊱
1	108.23	0.00	108.23	-5.36	-580.11	15.26	75.20	90.46	-0.063	0.831	108.86	1306.32
2	225.42	0.00	225.42	-0.54	-121.73	31.78	75.20	106.98	-0.006	0.994	107.63	1291.56
3	184.28	0.00	184.28	2.58	475.44	25.98	24.00	49.98	0.030	1.007	49.63	595.56
4	455.00	195.00	650.00	4.86	3159.00	91.65	48.00	139.65	0.057	0.971	143.82	1725.84
5	379.08	260.00	639.08	8.57	5476.92	90.11	64.00	154.11	0.101	0.801	192.40	2308.80
6	33.54	79.30	112.84	11.01	1243.50	15.91	19.52	35.43	0.129	0.526	67.36	808.32
Σ					Σ 9653.02							Σ 8036.40

(5) 안정 검토

위에서 작용하중 계산과정은 표 예 11.6.3 에 그리고 부담하중 및 저항능력은 표 예 11.6.4 에 정리 되어 있다. 모든 절편에서 변동 작용하중 p 에 의해 발생된 마찰력에 의한 설계 저항능력 계산 값이 변동 작용하중 p 에 의한 설계 부담하중 보다 크지 않았다. 그러므로 절편 4 에서부터 작용하는 상재 하중의 영향을 고려한다.

설계 부담하중 E_{Md} 가 **설계 저항능력** R_{Md} 을 초과하지 않으면 ($E_{md} \le R_{Md}$ 또는 $R_{Md} - E_{Md} > 0.0$) 이면 안정하다. 그런데 $E_{Md} = 9653.02 \ kNm/m$ 이고 $R_{Md} = 8036.40 kNm/m$ 가 발생하여,

$$R_{Md} - E_{Md} = 8036.40 - 9653.02 = -1616.62 \ kNm/m \ < 0$$

이 되어 **설계 부담하중** E_{Md} 가 **설계 저항능력** R_{Md} 을 초과하므로 **앵커 등 보강**이 필요하다.

7) 예제 11.7 : 앵커보강 옹벽설치 단구의 한계상태 안정해석(사질토)

앞의 예제 11.5 의 옹벽에서 외력이 크게 증가한 경우 (예제 11.6) 에 대한 안정을 검토한 결과 옹벽 설치 단구의 안정성이 부족하였다. 따라서 여기에서는 앵커 보강 가능성과 보강 정도를 검토한다.

옹벽 및 단구의 형상과 작용하중 (표 예 11.6.3) 및 저항능력 (표 예 11.6.4) 등의 모든 조건은 앞의 예제 11.5 의 내용을 따른다.

예제 11.6 에서 계산한 결과를 승계하여 앵커로 보강할 총량을 계산한다. 설계 부담하중이 설계 저항능력보다 크므로, 그 차이만큼을 앵커를 설치하여 보강하는 것으로 한다.

앵커를 지표면 상부로 $4.40\,m$ 높이의 벽체에서 수평에 대하여 하향경사 $\epsilon_{A0} = 20°$ 로 설치하면, 앵커력의 작용선이 절편 5 의 바닥면에서 수평에 대하여 약 $\theta_5 = 46°$ 만큼 경사지게 된다 (그림 예 11.7.1 참조). 앵커력의 작용선과 활동 파괴면 (절편 5의 바닥면) 의 교차각은 $\alpha_A = \theta_5 + \epsilon_{A0} = 66°$ 가 된다.

여기에서는 앵커의 설치에 대해 보강할 필요성과 소요 보강량을 결정하는 정도의 설명에만 집중한다. 보다 많은 설명은 다른 자료를 필요로 한다.

(1) 앵커 보강량 결정
설계 저항능력과 설계 부담하중의 차이는 **설계 저항능력의 변화량과 설계 부담하중 변화량의 차이**와 같아져야 한다는 조건으로부터 앵커의 보강량을 결정할 수 있다.

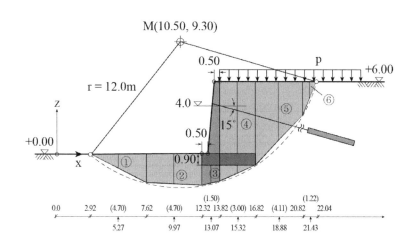

그림 예 11.6.1 옹벽 설치 단구의 앵커보강

① 부담하중 변화량과 저항능력 변화량의 차이

부담하중의 변화량 ΔE_{Md} **와 저항능력의 변화량** ΔR_{Md} **의 차이**는 식 (11.46) 을 이용하여 계산하면 다음이 된다 (원호 반경 $r = 12.0 \, m$, $\phi_{di} = 8°$).

$$\Delta R_{Md} - \Delta E_{Md} = F_{A0} r \left\{ \frac{\sin \epsilon_{A0} \tan \phi_{di}}{\cos \theta_i + \tan \phi_{di} \sin \theta_i} + \cos(\theta_i + \epsilon_{A0}) \right\} \tag{11.46}$$

$$= F_{A0}(12.0) \left\{ \frac{\sin 20° \tan 8°}{\cos 46° + \tan 8° \sin 46°} + \cos(46° + 20°) \right\}$$

$$= F_{A0}(5.6057) \, kNm/m$$

② 설계 저항능력과 설계 부담하중의 차이

예제 11.5 에서 계산한 **설계 부담하중**은 $E_{Md} = 9653.02 \, kN \, m/m$ 이고, **설계 저항능력**은 $R_{Md} = 8036.40 \, kN \, m/m$ 이므로 **앵커로 보강할 저항능력 크기**는 **설계 저항능력과 설계 부담하중의 차이**

$$R_{Md} - E_{Md} = 8036.40 - 9653.02 = -1616.62 \, kN \, m/m \;\; < 0$$

이고, **설계 저항능력 변화량과 설계 부담하중 변화량의 차이**는 다음이 되며,

$$\Delta R_{Md} - \Delta E_{Md} = (5.6057) F_{A0}$$

이들은 서로 같아야 하는 조건 (식 11.46) 에서 **소요 앵커 긴장력** F_{A0} 을 구할 수 있다.

$$F_{A0} = \frac{1616.62}{5.6057} = 288.39 \, kN/m$$

(2) 앵커 설치간격

앵커 설치간격 D_A 은 **앵커용량**을 **소요 긴장력**으로 나눈 값이며, $300 \, kN$ **용량 단선 앵커**를 사용하면,

$$D_A = \frac{300 \, kN}{288.39 \, kN/m} = 1.04 \, m$$

이고, **통상 앵커의 긴장력**은 **공칭 값의 80%** 를 적용하여 실제 앵커의 설치간격을 정한다.

$$D_A = \frac{0.8 \times 300 \, kN}{288.39 \, kN/m} = 0.83 \, m$$

현장에서 앵커를 너무 촘촘히 설치하면, 지반교란이 심하고 시공성이 떨어지며, 인접 앵커에 미치는 영향이 커서 지나치게 근접하여 설치하지 않는다.

예제 11.6 에서 소요간격을 $D_A = 0.83 \, m$ 로 하면 너무 촘촘하다. 따라서 이 경우에는 용량이 큰 앵커를 쓰거나, 수평간격 $1.5 \sim 2.0 \, m$ 을 결정하고 용량이 작은 앵커를 다단으로 설치할 수 있다.

참고문헌 & 찾아보기

참고문헌

◈ 공 통 ◈

Arndts W.E.(1985) Theorie und Praxis der Grundwasserabsenkung. Ernst & Sohn.

Atkinson J.(1993) An introduction to the mechanics of soils and foundations.

Bowles J.E.(1977) Foundation analysis and design. New York, McGraw-Hill.

Caquot A./Kerisel J.(1966) Grundlagen der Bodenmechanik. Berlin, Springer.

Cernica J.N.(1995) Soil mechanics. John Wiley & Sons.

Craig R.F.(1990) Soil mechanics. 4th ed. Chapmen & Hall.

Das B.M.(1983) Advanced soil mechanics. McGraw-Hill.

Das B.M.(1991) Principals of geotechnical engineering. McGraw-Hill.

DIN-Taschenbuch(1991) Erkundung und Untersuchung des Bagrundes. Beuth.

DIN Taschenbuch 75(1996) Erdarbeiten, Verbauarbeiten Rammarbeiten, Einpressarbeiten,
    Nassbaggerarbeiten Untertagebauarbeiten, Beuth.

D.M-7.1(1982) Soil Mechanics.

EAB(1988) Empfehlungen des Arbeitskreises "Baugruben" Ernst & Sohn.

EAU(2004) Empfehlungen des Arbeitsausschusses "Ufereinfassungen". Ernst & Sohn.

Förster W.(1996) Mechanische Eigenschaften der Lockergesteine. Beuth.

Fredlund D.G./Rahardjo M.(1973). Soil mechanics for unsaturated soils. John Wiley & Sons.

Gudehus G.(1981) Bodenmechanik, Enke Verlag, Stuttgart.

Gunn B.(1987) Critical State Soil Mechanics via Finite Element, John Wiley & Sons.

Hansen B./Lundgren J.H.(1960) Hauptprobleme der Bodenmechanik. Springer Verlag.

Harr M.E.(1966) Fundamentals of Theoretical Soil Mechanics, McGraw-Hill. New York.

Holtz J.D./Kovacs W.D.(1981) An Introduction to Geotechnical Engineering. Prentice Hall.

Jumikis(1965) Theoretical Soil Mechanics. Van Nostrand Reinhold.

Kezdi A.(1962) Erddrucktheorien, Springer Verlag, Berlin.

Kezdi A.(1964) Bodenmechanik. Berlin, Verlag für Bauwesen.

Krynine D.P.(1947) Soil Mechanics it's Principles and Structural Applications.

Lambe T.W./Whitman R.V.(1982) Soil Mechanics. SI Version, John Wiley & Sons.

Lang H.J./Huder J.(1990) Bodenmechanik und Grundbau, Springer Verlag.

Mitchell J.K.(1976) Fundamentals of Soil Behavior. New York, John Wiley & Sons.

Ortigao J.A.R(1993) Soil Mechanics in the Light of Critical State Theories, Balkema.

Peck R.R./Hansen W.E./Thornburn T.H.(1974) Foundation Engineering, 2nd. ed. Wiley.

Perloff W.H./Baron W.(1976) Soil Mechanics Principles and Applications John Wiley & Sons.

Poulos H.G./Davis E.H.(1974) Elastic Solutions for Soil and Rock Mechanics. Wiley.

Powers K.(1972) Advanced Soil Physics. John Wiley & Sons.

Powrie W.(1997) Soil Mechanics Concepts and Applications. Champman & Hall.

Schmidt H.H.(1996) Grundlagen der Geotechnik, Teubner, Stuttgart.

Schultze E./Muhs H.(1967) Bodenuntersuchungen für Ingenieurbauten, 2. Aufl., Springer

Schultze U.E./Simmer K.(1978) Grundbau. Stuttgart, Teubner.

Scott R.F.(1963) Principles of Soil Mechanics. Palo Alto : Addison-Wesley.

Simmer K.(1994) Grandbau, Bodenmechanik und Erdstatische Berechnungen. Verlag. Beuth.

Smoltczyk U.(1982) Grundbau Taschenbuch 3.Auf. Teil 1.2.3. Ernst & Sohn.

Smoltczyk U.(1993) Bodenmechanik und Grundbau, Verlag. Paul Daver GmbH, Stuttgart.

Sokolowski V.V.(1960) Statics of Soil Media, Butterworth, London.

Striegler W.(1979) Baugrundlehre für Ingenieure, Werner Verlag.

Tayor D.W.(1956) Fundementals of Soil Mechanics. John Wiley & Sons.

Terzaghi K.(1925) Erdbautechnik auf Bodenphysikalischer Grundlage. Leipzig, Franz Deutike.

Terzaghi K.(1954) Theoretical Soil Mechanics. John Wiley & Sons.

Terzaghi K./Jelinek, R.(1959) Theoretische Bodenmechanik. Springer.

Terzaghi K./Peck R.B.(1961) Die Bodenmechanik in der Baupraxis. Springer, Berlin/Götingen/ Heidelberg.

Terzaghi K./Peck, R.B.(1967) Soil Mechanics in Engineering Practice. 2nd. ed. Wiley.

Terzaghi K./Peck. R.B./Mesri G.(1996) Soil Mechanics in Engineering Practice 3rd. ed. Wiley.

Waltham U.C.(1994) Foundation of Engineering Geology, Chapman & Hall.

Wood (1990) Soil Behavior and Critical State Soil Mechanics. Cambridge.

Yong R.Y./Warkentin B.P.(1975) Soil Properties and Behavior. Elsevier.

이상덕 (1995) 전문가를 위한 기초공학, 엔지니어즈.

이상덕 (2014) 기초공학, 3판, 씨아이알.

이상덕 (2016) 토압론, 씨아이알.

이상덕 (2017) 토질역학, 5판, 씨아이알.

이상덕 (2017) 지반의 침하, 씨아이알.

이상덕 (2023) 토질시험: 원리와 방법, 3판, 씨아이알

◈ 참고문헌 ◈

Baligh M.M./Azzouz A.S.(1975) End Effects on the Stability of Cohesive Slopes. ASCE J. of GE Div., Nov. s. 1105.

Bishop A.W.(1954) The Use of Pore Pressure Coefficient in Practice, Geotechnique, Vol.4, pp.148-152.

Bishop A.W.(1955) The Use of the Slip Circle in the Stability Analysis of Earth Slopes, Geotechnique, Vol. 5.

Bishop A.W./Morgenstern N.(1960) Stability Coefficients for Earth Slopes, Geotechnique, Vol.10.

Boutrup E./Lovell C.W.(1980) Searching techiques in slope stability analyses. Engineering Geology. Vol.16, N0.1/2, pp.51-61.

Box M.J.(1965) 'A New Method of Constrained Optimization and a Comparison with other Methods', Computer J. 8 pp.42-52.

Bray J.D./Rathje E.M./Augello A.J./Merry S.M.(1998) Simplified seismic design procedure for geosynthetic-lined, solid-waste landfills, Geosynthetics International, 5(1-2), 203-235.

Breth H.(1956) Einige Bemerkungen über die Standsicherheit von Dämmen und Böschungen. Die Bautechnik 33, Heft 1, S.9-12.

Chen W.F.(1975) Limit Analysis and Soil Plasticity. Elsevier, Amsterdam, Oxford.

Chopra A.K.(1966) Earthquake effects on Dams, Ph.D. dissertation, Univ. of California, Berkely.

Chopra A.K.(1967) Reservior − Dam Interaction during Earthquake Bull. of SSA. Vol.57, No.4.

Clough R.W./Chopra A.K.(1966) Earthquake Stress Analysis in Earth Dams, of ASCE Vol.92, No.EM2.

Davidon W.C./Nazareth L.(1977) 'OCOPTOR−A Derivative Free Implementation of Davidon's Optimally Cond. Metho'd, Argonne National Lab. III. USA.

Dennhardt M.(1986) Beitrag zur Berechnung der räumlicher Standsicherheiten v. Böschungen, Freiberger Forschungsheft A.731, Deutscher Verlag für Grundstoffindustrie, Leipzig.

Duncan J.M.(1996) State of the Art. Limit equilibrium and finite element analysis of slopes. ASCE J. of GE. 122(7), pp.577-596.

Fellenius W.(1926) Erdstatische Berechungen, Berlin, Ernst & Sohn.

Fellenius W.(1927) Erdstatische Berechungen mit Reibung und Kohäsion (Adhäsion) und unter Annahme Kreiszylindrischer Gleitfächen. Ernst und Sohn.

Fellenius W.(1936) Calculation of the Stability of Earth Dams, Trans. 2nd. Congress on large Dams, Vol.4, p.445.

Franke E.(1967) Einige Bemerkungen zur Definition der Standsicherheit von Böschungen und der Geländebruchsicherheit beim Lamellenverfahren. Bautechnik 44.

Franke E.(1974) Anmerkung zur Anwendung von DIN 4017 u. DIN 4084. Bautechnik 51 S.225.

Fröhlich O.K.(1955) General Theory of Stability of Slopes, Geotechnique, vol. 5.

Gazetas G.(1982) Shear Vibrations of Vertically Inhomogeneous Earth Dams, Int. Jour. for Numerical and Analytical Methods in Geomechanics, Vol.6, No.1, pp.219-241.

Goldscheider M.(1979) 'Standsicherheitsnachweis mit zusammengesetzten Starrkörper Bruchmechanismen', Geotechnik 4, S 179-.

Gudehus G.(1970) 'Ein Statisch und Kinematisch Korrekter Standsicherheitsnachweis für Böschungen', Berichte der Baugrundtagung, Düsseldorf.

Gudehus G.(1972) Lower and Upper Bounds for Stability of Earth Retaining Structures. Proc.5th ECSMFE Mardrid, 1, 5.21-28.

Gudehus G.(1980) 'Erddruckermittlung', Grundbautaschenbuch, Teil 1, Ernst und Sohn,, Berlin, 4. Auf. S.281.

Gußmann P.(1978) Das Allgemeine Lamellenverfahren unter Besonderer Berücksichtigung von äußeren Kräften. Geotechnik 1, S. 68-74.

Gußmann P.(1982) Kinematical Elements for Soils and Rocks. Proc. 4th IC Numerical Methods in Geomechanics, Edmonton, Canada.

Gußmann P.(1986) Die Methode der Kinematischen Elemente. Mit. 25, IGS Uni. Stuttgart.

Hovland H.J.(1977) Three-dimensional Slope Stability Analysis Method, Proceed. of ASCE Vol.103, No.GT9.

Hultin S.(1916) Kiesschüttungen für Kaianlagen. Teknisk Tidskrift, Nr.46, Stokholm.

Hunter J.H./Schuster R.L.(1968) Stability of Simple Cuttings in Normally Consolidated Clays. Geotechnique 18, No.3 pp.372-378.

Hynes-Griffin, M.E./Franklin, G.G.(1984), Rationalizing the Seismic Coefficient Method, Miscellaneous Paper GL-84-13, U.S. Army Corps of Engineers Waterways Experiment Station, Vicksburg, Mississippi.

Ishizaki H./Hatakeyama N./Serio M.(1962) Numerical Calculation of Two Dimensional Vibration of a Wedge-shaped Structure. 3rd. Symp. of EE.

Janbu N.(1954a) Stability Analysis of Slopes with Dimensional Parameters, Harvard Soil Mech. Series, no. 46, Harvard University, Cambridge, Mass., Jan. 1954.

Janbu N.(1954b) Application of Composite Slip Surfaces for Stability Analysis. Proc. Europ. Conf. Stability Earth Slopes, Stockholm, 3, S. 43.

Janbu N.(1957) Earthpressures and Bearing Capacity Calculations by Generalized Procedure of Slices. Procd. of. 4th ICSMFE Vol. II pp.207-212.

Janbu N.(1968) Slope Stability Calculations. Soil Mechanics and Foundation Engineering Report. The Technical University of Norway, Trondheim.

Janbu N.(1973) Slope Stability Computations in Embankment-Dam Engineering. pp.47-86.

Jibson R.W.(1993) Predicting Earthquake Indiced Landslide Displacements Using Newmark's Sliding Block Anaysis, Transportation Research Board 1411, TRB National Research Council, National Academy Press, Washington DC, pp.9-17.

Jumikis(1965) Theoretical Soil Mechanics. Van Nostrand Reinhold.

Karal K.(1977) Energymethod for Soil Stability Analysis. ASCE J.Geotech. Eng. Div. s.431-445.

Kavazanjian E./Jr. Matasivic N./Hadj-Hamou T/Sabatini P.J(1979) Design Guidance ; Geotechnical Earthquake Engineering for Highways, Vol.1 Design Principles, Geotechnical Engineering Circular 3, Publication FHWA-SA-97-076, Fedral Highways Administration, US Dept. of Transportation, Washington DC, May.

Klein(1940).

Körner R.M./Soong T.Y.(1998) Analysis and Design of Veneer Cover Soils, Proc. 6th. IGS Conf. St. Paul MN, IFAI.

Krammer S.L.(1996) Geotechnical Earthquake Engineering, Prentice Hall, Upper Saddle River, NJ.

Krammer S.L./Smith M.W.(1997) Modified NewmarkModell for seismic displacements of compliant slopes, Journ. Geotechnical & Geoenvironmantal Engineering, 123(7), pp.635-644.

Krey D.(1936) Erddruck, Erdwiderstand und Tragfähigkeit des Baugrundes, 4. Auf. Ernst & Sohn.

Lee, S.D.(1987) Standsicherheit von Schlitzen im Sand neben Einzelfundament Mitteilung Heft 27, Grundbauinstitut der Uni. Stuttgart.

Lee, S.D./Gußmann P.(1990) Study of bearing capacity of a footing in adjacent to the Slurry Wall in Sand. 9th. European Conference on Numerical Methods in Geotechnical Engineering. Jun. Santander, Spain.

Makdisi, F.I./Seed, H.B.(1978), Simplified Procedure for Estimating Dam and Embankment Earthquake-Induced Deformations, Journal of Geotechnical Engineering Division, ASCE, Vol. 104, No. GT7, pp. 849-867.

Marcuson W.F./Hynes M.E./Franklin A.G.(1990) Evaluation and use of residual strength in seismic safety analysis of embankments, Earthquake Spectra, 6(3), 529-572.

Mitchel J.K.(1993) Fundamentals of Soil Behavior. 2nd. ed. Wiley.

Morgenstern N.R.(1963) Stability Charts for Earth Slopes during Rapid Drawdown, Geotechnique Vol.13.

Morgenstern N.R./Price V.E.(1965) The Analysis of the Stability of General Slip Surfaces, Geotechnique, Vol.15.

Nelder J.A./Mead R.(1964) 'A Simplex Method for Function Minimization', Computer J.7, pp.308-313.

Newmark N.M.(1965) Effects of earthquakes on dams and embankments, Geotechnique Vol.15, No.2, June, pp.139-160.

Nonveiller E.(1965) The Stability Analysis of Slopes with a Slip Surface of General Shape. Proceed. 6th. ICSMFE Vol.II, S. 522-525.

Olson S.M./Stark T.D.(2002) Liquified strength ratio from liquefaction flow failure case histories, Canadian Geotechnical Journal 39, 629-647.

Petterson K.(1916) Kaieinsturz in Göteborg am 5.3.1916. Teknisk Tidskrift, Nr.46, Stokholm.

Poulos H.G./Davis E.H.(1974) Elastic Solutions for Soil and Rock Mechanics. Wiley.

Rocke G.(1993) Investigation of the failure of Carsington Dam, Geotechnique, Vol.43, No.1, p.175-180.

Schwefel H.P.(1977) 'Numerische Optimierung von Computer Modellen mittels der Evolutionsstrategie', Birkhäuser Verlag, Basel, Stuttgart.

Seed H.B.(1966) A Method for earthquake resistant design of earth dams ASCE JSMFD 92, SM1, pp.13-41.

Seed H.B.(1979) Consideration in the earthquake-resistant design of earth and rockfil dams, Nineteenth Rankine Lecture, Geotechnique, 29(3), 215-263.

Seed, H.B./Harder, L.F.(1990), SPT-based Analysis of Cyclic Pore Pressure Generation and Undrained Residual Strength, Proceed. of H. Bolton Seed Memorial Symposium.

Seed, H.B./Idriss, I.M.(1970), Soil Moduli and Damping Factors for Dynamic Response Analyses, Report EERC70-10, Earthquake Engineering Research Center, University of California, Berkeley.

Seed, H.B./Idriss, I.M.(1971), Simplified Procedure for Evaluating Soil Liquefaction Potential, Journal of SMFE Division, ASCE, Vol. 97, No. SM9, pp.1249-1273.

Seed H.B./Martin G.R.(1966) The seismic coefficient in earth dam design. ASCE JSMFD 92, SM3, pp.25-58.

Siegel R.A.(1975) STABL. User Manual Report JHRP-75-9, Perdue Uni, West Lafayette, Indiana.

Skempton A.W.(1964) Long-term Stability of Clay Slopes, Geotechnique, Vol. 14, No. 2.

Skempton A.W./Hutchinson N.J.(1969) Stability of Natural Slopes and Embankment Foundations. 7th Int. ICSMFE, Mexicocity, State of the art Vol. pp.291-340.

Skempton A.W./Vaughan P.R.(1993) The Failure of Carsington Dam. Geotechnique, Vol.43, No.1, pp.151-173, March 1993.

Smoltczyk U.(1993) Bodenmechanik und Grundbau, Verlag. Paul Daver GmbH, Stuttgart.

Sokolowski V.V.(1965) Statics of Granular Media (Uebers. a.d. Russ.). Oxford (Pergammon).

Spencer E.(1967) A Method of Analysis of the Stability of Embankments Assuming Parallel Inter-slice Forces, Geotechnique, Vol.17.

Spencer E.(1973) Thrust Line Criterion in Embankment Stability Analysis. Geotechnique 23, No.1, pp.85-100.

Spencer E.(1978) Earth Slope Subject to Lateral Acceleration, ASCE Geot. Eng. Div., Vol.104, Jan. 1978.

Stark T.D./Mesri G.(1992) Undrained shear strength of liquifed sands for stability analysis, ASCE Journal of Geotechnical Engineering, 121(11), 1727-1747.

Stark T.D./Eid H.T.(1997) Slope Stability Analysis in stiff fissured clay. ASCE J. Geotechnical and environmental Eng. 123, pp.335-343.

Striegler W./Werner D.(1969) Dammbau in Theorie und Praxis, Wien/New York, Springer.

Stroud/Butler(2022).

Taylor D.W.(1937) Stability of Earth Slopes, J. Boston Soc. Civ. Eng., Vol.24. no.3.

Tayor D.W.(1948) Fundamentals of Soil Mechanics. John Wiley & Sons, Hoboken, NJ.

Terzaghi K.(1925) Erdbaumechanik auf bodenphysikalischer Grundlage. Leipzig und Wien.

Terzaghi K.(1936) Critical height and factor of safety of slopes against sliding. Proced. 1st. ICSMFE G6. s.156-161.

Terzaghi K.(1950) Mechanism of Landslides, Application of Geology to Engineering Practice. Geolog. Soc. Am., Berkeley Volume, Harvard Soil Mechanics Series, S.83-123.

Terzaghi K./Peck, R.B.(1967) Soil Mechanics in Engineering Practice. 2nd. ed. Wiley.

Tounsend F.C.(1985) Geotechnical Characteristics of Residual Soil, ASCE GE vol.III, Jan.

US Corps of Engineers(1980) Slope Stability Manual EM-1110-2-1902, Washington, DC.

Vermeer P.A.(1995) Materialmodelle in der Geotechnik und ihre Anwendung. In : Finite Elemente in der Baupraxis. Modelierung, Berechnung und Konstruktion. Beitrag zur Tagung an der Universität Stuttgart. Ernst & Sohn, Stuttgart.

Vucetic, M./Dobry, R.(1991), Effect of Soil Plasticity on Cyclic Response, Journal of Geotechnical Engineering, ASCE, Vol. 117, No. 1, pp. 89-107.

Whitman R.V./Bailey W.A.(1967) Use of Computers for Slope Stability Analysis. Proceed. ASCE, J. of SMFD 93, SM4, S.475-498.

Woldt J.(1977) Beritrag zur Standsicherheitsberechnung von Erddämmen. Diss. Uni. Stuttgart.

DIN 1054 2005-01   Baugrund - Sicherheitsnachweise im Erd- und Grundbau

DIN 1055-100 ; 2001-03   Einwirkungen auf Tragwerke - Teil 100 ; Grundlagen der Tragwerksplannung
                - Sicherheitskonzept und Bemessungsregeln

DIN 4084 1987-07 Baugrund - Geländebruchberechnungen

E DIN 4084   Baugrund - Gelände - und Böschungsbruchberechnungen

EN 1991-1-1 ; 2002-10   Eurocode 1 ; Einwirkungen auf Tragwerke - Teil 1-1
        Allgemeine Einwirkungen auf Tragwerke ; Wichten, Eigengewicht und Nutzlasten im Hochbau

찾아보기

ㅊ

비탈지반안정

초판 인쇄 | 2024년 10월 10일
초판 발행 | 2024년 10월 15일

지은이 | 이상덕
펴낸이 | 김성배
펴낸곳 | (주)에이퍼브프레스

책임편집 | 최장미
디자인 | 엄혜림, 엄해정
제작 | 김문갑

출판등록 | 제25100-2021-000115호(2021년 9월 3일)
주소 | (04626) 서울특별시 중구 필동로8길 43(예장동 1-151)
전화 | 02-2275-8603(대표)   **팩스** | 02-2274-4666
홈페이지 | www.apub.kr

ISBN   979-11-986997-6-3   93530